高等学校计算机类系列教材
国家示范性软件学院系列教材

软件测试实用教程

——方法与实践（第2版）

武剑洁　编著

電子工業出版社
Publishing House of Electronics Industry
北京 · BEIJING

内 容 简 介

本书是华中科技大学精品课程建设成果。本书围绕软件测试的核心概念，介绍了软件测试的基本方法和过程，并通过丰富的案例予以实践。全书共三部分。第一部分软件测试概述，对软件测试的核心概念与思想(软件缺陷、测试用例、自动化测试)展开初步的讨论和测试实践。第二部分软件测试技术，详细讨论了传统的黑盒测试方法和白盒测试方法，针对每种测试方法均按照基本原理、测试用例设计和捉虫实践的顺序依次展开阐述；对应黑盒测试和白盒测试给出了综合案例实践。第三部分软件测试应用，从测试实施的角度，分为单元测试、集成测试和系统测试三个阶段进行讨论；最后提供了综合应用案例实践，从自动化测试的角度，结合单元测试工具、功能测试工具和性能测试工具，讨论自动化测试的设计与实施。

全书结构遵循学生的认知规律，循序渐进，由浅入深，并注重理论联系实际，使理论知识在实践运用中具有可操作性。本书配有电子课件、教学大纲、案例源代码或安装包、典型文档模板等教学资源。

本书可作为高等学校计算机、软件工程专业“软件测试”课程的教材，也可作为软件测试人员的技术参考书。

图书在版编目(CIP)数据

软件测试实用教程：方法与实践 / 武剑洁编著. —2 版. —北京：电子工业出版社，2012.11
高等学校计算机规划教材
ISBN 978-7-121-18678-3

I. ①软… II. ①武… III. ①软件－测试－高等学校－教材 IV. ①TP311.5

中国版本图书馆 CIP 数据核字(2012)第 239960 号

策划编辑：史鹏举
责任编辑：史鹏举
印　　刷：北京盛通数码印刷有限公司
装　　订：北京盛通数码印刷有限公司
出版发行：电子工业出版社
　　　　　北京市海淀区万寿路 173 信箱　邮编：100036
开　　本：787×1092　1/16　印张：19.5　字数：563 千字
版　　次：2012 年 11 月第 1 版
印　　次：2025 年 3 月第 19 次印刷
定　　价：59.00 元

凡所购买电子工业出版社图书有缺损问题，请向购买书店调换。若书店售缺，请与本社发行部联系，联系及邮购电话：(010)88254888。

质量投诉请发邮件至 zlts@phei.com.cn，盗版侵权举报请发邮件至 dbqq@phei.com.cn。

服务热线：(010)88258888。

前言

软件已渗透到每个人的日常生活，软件测试作为软件质量保证的关键内容之一，在软件质量控制上的地位不可替代。

当前，软件测试行业在国外已发展得相当成熟，国内软件在软件测试方面与国际水准相比仍存在着较大的差距，例如，重开发轻测试，不重视测试流程管理；管理随意，缺乏规范的软件测试管理体系；缺少自动化测试工具的支持(据软件测试网 2011 年对软件测试从业人员的调查表明，国内软件测试从业人员从事的测试工作类型主要集中在手动功能测试，高达 89%；而功能自动化测试和性能测试分别仅占 31%和 35%)。

软件测试工程师是目前软件行业中唯一存在缺口的职业，企业迫切需要各类院校提供满足企业需求的软件测试专门人才。国内软件测试从 2000 年开始发展至今已有 10 多年，但相关人才培养并未及时跟上市场发展的脚步。2002 年之前，国内高校鲜有软件测试课程。目前不少高院纷纷开设软件测试课程，甚至开设软件测试专业。然而，课程建设情况良莠不齐，软件测试专业仍然非常匮乏，软件测试课程的学时数仍然偏少，甚至有很多都没有单独开课，仅仅作为“软件工程”课程中的某一章节来介绍。高校每年培养和输送的专业测试人才仍远远无法满足企业的实际需求。

为了缩短高校毕业生水平与企业要求的差距，提高在校生对软件工程乃至软件测试过程的实践能力十分必要。为此，我们将科研实践和教学中积累的经验与体会按照概述、技术、应用三部分进行整理和提炼，与读者分享。

本书围绕软件测试的核心概念，讨论了软件测试的基本方法和过程，并通过丰富的案例予以实践。全书共三部分。第一部分软件测试概述，依托一个流行的第二日问题作为案例，对软件测试的核心概念与思想(软件缺陷、测试用例、自动化测试)展开初步的讨论和测试实践，使读者快速切入。第二部分软件测试技术，详细讨论了传统的黑盒测试方法和白盒测试方法，针对每种测试方法均按照基本原理、测试用例设计和捉虫实践的顺序依次展开阐述，讨论方法时选用了函数级别的小型实例，便于读者理解和掌握基本的测试技能；对应黑盒测试和白盒测试给出了综合案例实践，有助于读者根据所学的测试用例设计方法加以灵活运用。第三部分软件测试应用，从测试实施的角度，分为单元测试、集成测试和系统测试三个阶段进行讨论，使读者了解软件测试过程的展开，并学会撰写规范的测试用例报告和缺陷报告；最后提供了综合应用案例实践，从自动化测试的角度，结合单元测试工具、功能测试工具和性能测试工具，讨论自动化测试的设计与实施。

全书结构遵循学生的认知规律，循序渐进，由浅入深，并注重理论联系实际，使理论知识在实践运用中具有可操作性。本书主要特点如下：

(1) 紧跟技术发展前沿。本书除对基础知识进行分析讨论之外，还简要介绍了软件测试领域的研究热点和部分新技术及成果，有助于开拓学生视野，并给学生提供进一步研究的方向和思路。

(2) 突出案例分析和对比。案例的作用不应局限于对方法的简单验证。为此，本书在设计案例时，做到“三同三不”，即：

① 同一个案例，基于不同的需求，形成不同规模的程序，对应不同的测试阶段，便于学生分析各阶段的测试难度和工作量。例如，第二日问题具有单个函数版本、集成版本、系统版本等不同规模的多个程序版本。

② 同一个案例，使用不同测试方法进行测试，以助于学生进行测试设计。例如，第二日问题、保险金问题案例均使用了多种手工和自动化测试方法来展开测试尝试。

③ 同种测试方法，应用于不同案例，帮助学生理解测试方法的应用场合，从而能灵活运用各种方法。例如，针对边界值测试、独立路径测试等方法，应用于第二日、佣金、自动柜员机等多个案例进行测试。

(3) 强调自动化测试的设计。自动化测试必不可少，但自动化测试不等于看看用户手册、学会操作软件而已。因此，本书并未长篇大论地介绍测试工具的使用过程，而是依托案例，始终强调测试设计和自动化测试设计，即测试用例的设计应紧贴用户需求，自动化测试的设计应紧贴测试用例的需要，通过不同规模和特点的软件系统案例来展示如何根据被测系统特点，在不同阶段灵活使用不同的自动化测试工具。

读者可参考如下建议学习本书：

(1) 阅读第 1 章，通过亲自动手实践，初步理解什么是软件测试，如何做软件测试，如何引入自动化测试来提高测试效率。

(2) 阅读第 2 章，了解软件测试的发展历程、职业前景，扩展自己的视野，找到自己的兴趣点。

(3) 精读第 3、5 章，其中本科生可仅阅读第 3 章的边界值测试、等价类测试和场景法，以及第 5 章的静态白盒测试、对判定的测试、对路径的测试。略读第 4、6 章，在阅读的过程中应先自己尝试设计测试用例，然后对照书中内容，观察自己设计的测试用例与书上给出的测试用例有何异同。

(4) 结合自己参与开发的小型软件系统，阅读第 7～9 章，并注意针对系统中的不同模块进行测试阶段的实践，包括制订测试计划、设计测试用例和缺陷报告，其中测试用例报告、缺陷报告这类文档的撰写可参照第 10 章的内容。

(5) 阅读第 11 章，结合已经做过测试设计的小型软件系统，根据案例讨论中提到的测试设计思想和工具的使用方法，尝试设计和执行自动化单元测试、自动化功能测试以及性能测试。

本书配有电子课件、教学大纲、案例源代码或安装包、典型文档模板等教学资源，可登录电子工业出版社华信教育资源网（www.hxedu.com.cn），免费注册、下载。

本书可作为高等学校计算机、软件工程专业“软件测试”课程的教材，也可作为软件测试人员的技术参考书。

参加本书编写工作的还有陈传波、肖来元、沈刚、薛志东。在本书的写作过程中得到了多方面的帮助、指导和支持。感谢华中科技大学的同事们，在业务交流中作者受益匪浅，特别感谢吴涛、区士颀、陆永忠、曾喻江老师，在共同的科研和教学实践活动中，为软件测试课程的规划与建设、课程实践案例的收集和整理、课程教学方法的改革探讨等方面，付出了大量辛勤的劳动；还要感谢学生们，在教学过程中，他们的想象力和创造力为本书的撰写带来了很多思想的火花，特别感谢胡媛媛、操智雄、程军、桂绍武、周俊全、董全立、贾春雨、严晓娥，他们为本书的案例整理付出了大量的心血；最后要感谢我的家人和朋友，没有他们默默的支持和鼓励，我无法完成这样一个艰巨的任务。

由于作者水平和时间所限，书中难免会出现一些错误和纰漏，请各界同仁不吝赐教。

编著者

目 录

第三部分 软件测试应用

第一部分　软件测试概述

第1章　软件测试核心概念

内容提要

本章将着重介绍与软件测试工程师关系最密切的核心概念：软件测试、软件缺陷、测试用例以及自动化测试，并以第二日问题为例，通过不断的测试尝试，帮助理解测试工作的内容和目标。

1.1　引子：猎人打鸟

在正式开始介绍软件测试之前，先来回答一个问题：如果树上有 10 只鸟，开枪打死 1 只，还剩几只？看看一个聪明学生的回答。

某日，老师在课堂上想考考学生们的智商，于是问一个学生："树上有 10 只鸟，开枪打死 1 只，还剩几只？"

学生反问："是无声手枪么？"　　老师："不是。"

学生："枪声有多大？"　　老师："80～100 分贝。"

学生："那就是说，枪声会震得耳朵发疼？"　　老师："是的。"

学生："在这个城市里打鸟犯不犯法？"　　老师："不犯。"

学生："您确定那只鸟真的被打死啦？"

"确定。"老师已经不耐烦了，"拜托，你告诉我还剩几只就行了，OK？"

学生："OK。鸟里有没有聋子？"　　老师："没有。"

学生："有没有关在笼子里的鸟？"　　老师："没有。"

学生："树的旁边还有没有其他的树，树上还有没有其他鸟？"　　老师："没有。"

学生："方圆 10 里呢？"　　老师："就这么一棵树！"

学生："有没有翅膀断了这种残疾的鸟？"　　老师："没有。"

学生："有没有饿的压根飞不动的鸟？"　　老师："没有，都身体倍棒。"

学生："算不算怀孕肚子里的小鸟？"　　老师："都是公的。"

学生："都不可能怀孕？"　　老师："@-@…，绝不可能。"

学生："打鸟人的眼花没花？保证是 10 只？"　　老师："没有花，就 10 只。"

老师脑门上的汗已经流下来了，下课铃也响了起来。

学生仍在发问，没有想停下来的意思："有没有傻得不怕死的？"　　老师："都怕死。"

学生："有没有对忠于爱情的，即使情侣被打中自己也留下来？"　　老师："我说了都是公的嘛！"

学生："同志可不可以啊！"　　老师："+_+…，性取向都正常！"

学生："会不会一枪打死 2 只？"　　老师："不会。"

学生："一枪打死 3 只呢？"　　老师："不会！"

学生："4只呢？" 老师："肯定不会！"
学生："5只呢？" 老师："绝对不会！！！"
学生："那6只总有可能吧？" 老师："不——可——能！"
学生："...好吧，那么所有的鸟都可以自由活动么？" 老师："完全可以。"
学生："它们在受到惊吓而同时起飞的时候，会不会因为惊慌失措而互相乱撞上？" 老师："不会，每只鸟都装有卫星导航系统，可以自由飞行。"
老师已经晕倒在地，这时只听学生满怀信心地回答："恩，如果您的回答没有骗人，打死的鸟要是挂在树上没掉下来，那么就只剩下一只鸟；如果那只打死的鸟掉下来了，树上就一只鸟都不剩了。"

如果你是一个软件测试工程师，你能像这个学生那样给出这样的回答吗？

这个故事是业界流行的一个笑话，说是笑话，其实也不完全是。故事中的学生可谓是一个优秀的软件测试人员。面对一个要交付给用户的软件产品，你也能够以这样挑剔的眼光，在有限的时间内找到软件中尽可能多、对软件破坏力最严重的那些缺陷吗？

下面先来看看与软件测试工程师密切相关的几个核心概念，初步体验一下测试工程师的工作吧。

1.2 软件测试的概念

1.2.1 软件的定义及特点

1. 软件的定义

软件与我们的生活息息相关，从微软的Windows XP操作系统、Office办公软件、腾讯的QQ聊天工具，到电视机、洗衣机等家用电器中内嵌的控制软件，我们每天都在使用着软件，那么，软件究竟是什么？

软件可表示成：

软件(Software)= 程序(P)+ 数据(库)(DB)+ 文档(D)+ 服务(S)

其中，程序表示能够完成预定功能和性能的指令的集合，如C语言程序、Java程序等；数据(库)是依照某种数据模型组织起来并存储在二级存储器中的数据集合；文档指软件在开发、使用和维护过程中产生的文字与图形的集合，如《系统需求规格说明书》、《系统测试计划》、《用户手册》等；服务是指通过提供必要的手段和方法，满足接受服务的对象需求的过程，如安装指导、用户培训、售后技术支持、接受投诉等。随着计算机技术的飞速发展，特别是云计算的出现，其实质是通过提供云端技术服务来满足用户的需求，软件服务已不仅仅局限在通过人工来提供服务了，服务具有了更加广泛的内涵。

因此，软件测试不但包含传统意义上的针对可执行程序和源代码的测试，还应包括对数据、文档和服务的测试，软件测试工作应贯穿在整个软件的全生命周期中，在不同的软件开发阶段使用不同的测试策略，对应不同的测试内容，具有各自的侧重点。

2. 软件的特点

软件不同于硬件，软件是相对无形的东西，其特点如下：

(1) 软件必须依靠人的智力劳动才能创造出来，智力经验往往难以传承，且程序员在软件开发过程中常具有较大的随意性，使得开发的软件也常常具有较大的随意性。因此，软件测试人员必须具有异于常人的挑剔眼光，甚至使用一些旁门左道才可能发现潜伏的软件缺陷，导致大大增加了测试效果对软件测试人员经验的依赖性。

(2) 软件必须依托于具体的硬件设备才能运行，硬件的改变很可能导致软件不可用。因此，在软件测试工作中应针对各种主流的硬件设备支撑环境来测试软件是否可用。

(3) 软件不会如硬件一般产生磨损，但会随着其依托的硬件设备的变化，以及用户需求的不断变化而需要进行升级，且到了某个时候，当需求和硬件的变化使得软件不得不改变其体系架构的时候，该软件就必须被淘汰而换之以全新的软件。因此，应测试升级后的软件对旧版本的兼容性。

1.2.2　软件测试的定义

顾名思义，软件测试(Software Testing)就是对软件的测试，需要通过什么方式和手段、针对软件中的哪些组成部分、按照怎样的流程来完成测试工作，以及其工作的最终目的是什么呢？围绕这些问题，人们对软件测试纷纷给出了自己的认识，在此不再详细给出。

IEEE 给出了关于软件测试的标准定义：软件测试是使用人工和自动手段来运行或测试某个系统的过程，其目的在于检验被测软件系统是否满足规定的需要，或是弄清楚被测系统的预期结果与实际结果之间的差别。该定义从 5 个方面体现了测试工作的核心与实质。

(1) 软件测试的根本目的是确保软件满足用户需求

“软件测试的目的在于检验被测软件系统是否满足规定的需要”，即保证被测软件符合用户需求是软件测试的最终目的，换句话说，只要软件系统不符合用户需求，就认为其存在缺陷，必须进行处理。因此，用户需求是测试的唯一依据，也是缺陷判定的根据。

案例

某公司(以下称客户)曾要求开发方为公司的重要客户(以下称用户)开发一套在安防中使用的视频监控系统的后台管理软件，当软件项目经理要求与软件使用方(即最终用户)见面来讨论系统需求的时候，客户却认为用户太忙，很难找到一个客户、用户及软件开发方可以同时到场的时间，且客户认为自己对于用户的需求是非常了解的，于是客户将需求定义工作包揽了下来，本应在用户与开发方之间的需求讨论变成了客户与开发方之间的讨论。软件从需求分析到测试完成，整个开发历时 3 个月。软件交付给客户后，正好面临客户投标，于是，客户将该软件拿到招标方去进行演示，不幸的事情发生了，招标方根本不认可这套软件，招标方认为，与其他的两个投标方的演示相比而言，虽然该投标方提供的硬件设备较为先进，但其配套提供的软件系统在用户的权限管理、监控管理等方面的功能存在较多不合理的地方，且与其他同类设备和系统的兼容性不够。导致整个软件系统需要做大量改动，甚至不如重做。

由此可以看出，无论是软件开发还是软件测试，都必须紧贴用户需求，凡是用户不认可的，都将视为缺陷。如果不能紧贴用户需求来做软件开发和测试工作，最终将导致项目失败。

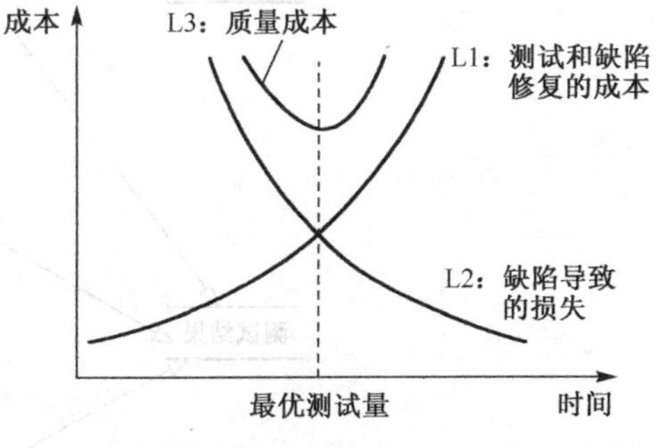

图 1.1　软件测试成本与缺陷导致损失的关系图

另外，软件测试的最终目的是保证软件符合用户的需求，而非追求完美。图 1.1 给出了软件测试成本与收益之间的关系。从该图可以看出，随着时间的增长，通过测试发现的软件缺陷越来越多，在一段时间内将不断降低软件缺陷导致的损失，但随着时间的继续推移，软件中的主要严重缺陷已经发现并修复之后，继续执行软件测试只能发现一些对软件功能没有重大影响的轻微缺陷，且发现这些缺陷也变得越来越困难，反而导致测试成本的增长。因此，只要用户认为软件可以接受，就可以停止测试了。

(2) 软件测试的目的是要衡量软件产品是否符合预期

尽管软件测试的根本目的是确保软件满足用户需求，但如何准确地理解和表达用户需求、如何验证软件是否符合用户需求呢？对于前者，显然是以系统需求规格说明书（以下简称 SRS）的形式来描述用户需求；对于后者，则需要通过设计测试用例(Test Case)，根据测试用例的执行情况来判断其实际输出结果与预期结果之间是否存在差异，且这种差异是否超出用户可以接受的范围，若二者的差异用户可以接受，则无须理会，否则将对应一个软件缺陷，需对该缺陷进行适当的处理。当用户需求不多、不复杂的时候，例如，针对一个支持 100 个文档的全文检索工具，其测试工作并不困难，然而，若面对一个支持 10000 人同时在线、具备 T 级海量数据的智能搜索能力、且需与十几个已有系统进行接口的管理平台，就很可能面临上千个测试点交织在一起的复杂局面，如何高效地设计测试用例和实施测试，系统地衡量软件产品是否符合预期，是一项艰巨而富有挑战的任务。

(3) 软件测试是一个持续进行的过程

软件测试是持续进行的过程，不可能一蹴而就，必须重视软件测试过程管理。图 1.2 给出了软件测试的一般过程。图中实心箭头表示输入工作产品，空心箭头表示各测试阶段的输出物。

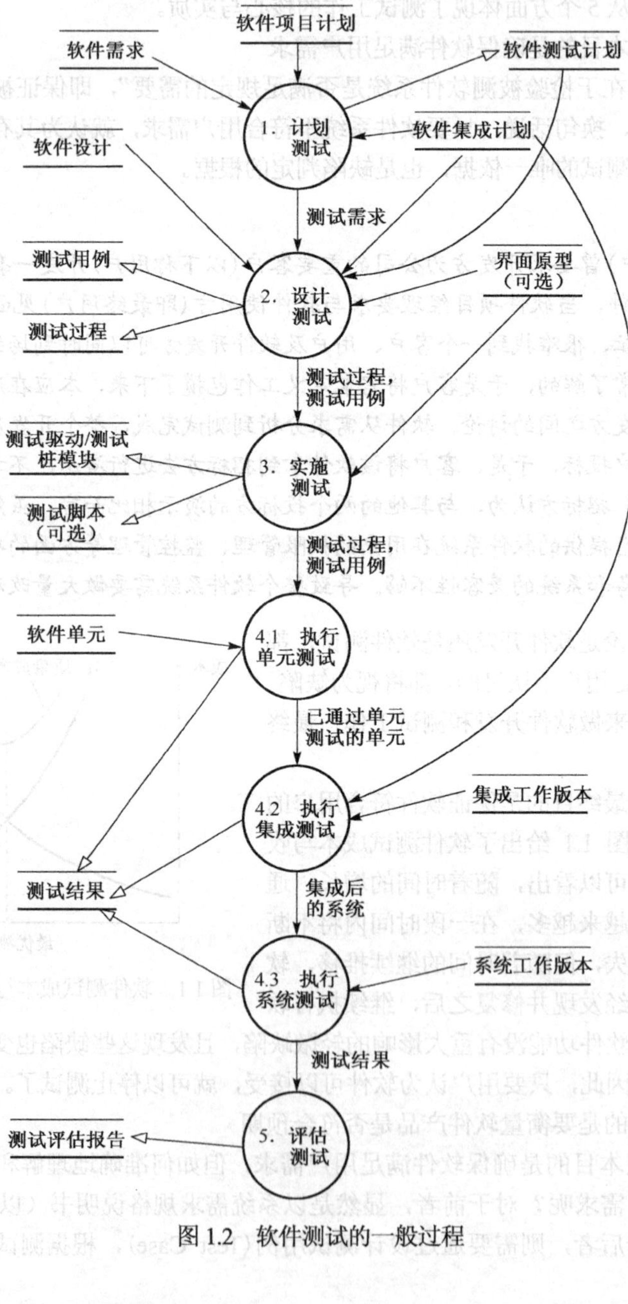

图 1.2 软件测试的一般过程

从该图可以看出，软件测试的过程主要分为 5 个主要的步骤，即计划测试、设计测试、实施测试、执行测试和评估测试。具体说明如下。

① 计划测试。

计划测试是根据软件项目计划来制订测试计划，即在软件测试开始之前，必须清楚地回答一个问题：哪些人，在何时，需做哪些测试工作，使用怎样的方法，需要哪些资源，遵循怎样的规范来完成，可能碰到哪些风险，如何解决。具体说明如下。

哪些人：即与完成测试任务相关的人员，主要是测试团队的人员，也可能包含开发团队的人员和做市场的人员，应针对不同类型人员的特点和自身技术基础来布置不同的测试任务。

在何时：即制订进度表，根据项目开发计划来对应制订测试进度计划。

需做哪些测试工作：即为测试活动提供测试范围，应明确指出在某个测试阶段哪些测试需要做，哪些测试不需要做。例如，已发布过或已全面测试过的部分，已外包给其他公司开发实现的子系统，或者一些开源子系统等常常是不需要测试的。同时，应确定系统关键功能(如系统核心操作)和高风险功能，并划分优先级别。注意若在计划中列出某特性不需要测试，应明确指出该特性不测试的理由，否则易导致误解而使得本该测试的特性被遗漏。

使用怎样的方法：即测试策略，如使用的黑盒和白盒测试方法，是否需要设计桩和驱动模块，回归测试策略等。

需要哪些资源：即哪些测试需要借助某些硬件设备、软件工具来支持，如测试用例管理工具、缺陷管理工具、性能测试工具、测试仪等。

遵循怎样的规范：即在测试过程中必须严格遵守的规则，如进入和退出测试的标准、测试的暂停/恢复标准、测试阶段交付物的规定、相关测试文档模板等。

可能碰到哪些风险：即与测试相关的人员和资源风险，如人员的流失、资源的到位和使用风险等。不考虑风险就等于接受失败，必须对风险管理实行全局管理方法。

针对不同的测试阶段应分别制订各自的测试计划，如单元测试计划、集成测试计划、系统测试计划。

② 设计测试。

设计测试是对照测试计划中选定的测试范围，对测试计划中的方法进行细化。在测试设计阶段有一个重要的概念：测试需求，即需要测试的特性，一般地，通过分析功能需求，找到每个功能点所需要测试的特性，从而得到测试需求，再从测试需求设计测试用例。

同样地，针对不同的测试阶段将得到不同的测试设计文档，如单元测试设计说明书、集成测试设计说明书、系统测试设计说明书。测试需求和测试用例将包含在测试设计文档中。

③ 实施测试。

实施测试是测试过程中最重要的环节。测试设计阶段所设计的测试用例仅仅是以文档或管理工具等多种书面形式进行记录的，测试用例无法自动执行，且在一些特殊情况下，测试用例无法独立执行，因此，实施测试就是根据需要，通过脚本开发、测试驱动/测试桩模块的开发，将静态的测试用例转化为可以实际执行的动态测试用例。例如，当函数 f1 调用函数 f2，而函数 f2 又调用函数 f3 时，若需要对函数 f2 进行测试，但函数 f1、f3 尚未编码完成或尚未进行单元测试而无法确保其正确性，此时为了确保对函数 f2 实施单元测试，需要开发函数 f1、f3 对应的驱动和桩模块，使得从 f1 到 f3 的调用过程在有限条件下顺利执行，以达到测试用例运行的目的。

④ 执行测试。

执行测试是采用手动方式或通过测试脚本来运行测试用例的过程。在测试执行的过程中，需要注意记录测试过程以及在测试中发现的缺陷。在各个测试阶段都对应有执行测试的这个环节，但单元测试与集成测试是可以同步进行的，只有系统测试必须在单元测试和集成测试完成之后才能开始执行。

⑤ 评估测试。

测试执行过程中需要不断的评估，主要分为两方面工作，其一是对测试用例的执行结果进行评估，若测试用例的实际输出与预期输出相吻合，或二者之间的差异在用户可以接受的范围内，则测试用例的测试结果为通过，否则就认为用例的测试结果为失败，对应记录下相关的缺陷，该评估是在每次测试用例执行后必须做的事情；其二是对一段时间内的测试过程进行评估，这里所提的评估也主要是指阶段性的测试评估工作，该评估不仅包含对测试工作效果的评价，还包含对被测对象质量的评价，目的在于总结测试工作的经验、发现测试工作的不足，以及做出后续工作决策。例如，通过测试用例对代码行或功能点的覆盖、测试用例执行率指标等来判断测试工作是否全面、彻底，通过缺陷的个数、缺陷分布等指标来判断被测对象质量是否达到要求，若二者均满足要求，则认为当前的测试工作和被测对象质量达到测试的退出标准，可以进入后续的测试或开发环节，否则需继续进行测试。

(4) 测试既需要动态执行也需要静态检查

定义中提到的运行系统强调必须通过实际执行被测软件系统来发现缺陷，但并未提示该如何执行软件系统，测试人员的作用就在于通过设计测试用例，利用特定的数据集(即输入数据)和动作集(即软件操作步骤)来考验被测系统，判断系统能否以用户预期的方式给予正确、及时的反馈。同时，该定义还强调必须通过静态检查被测系统来发现缺陷，例如，对相关开发文档的评审、对源代码的走查、对用户手册等用户相关文档的检查，这一静态检查过程往往不需要实际运行程序，因此，在一定程度上将大大降低测试的工作量。

(5) 测试不仅需要手动执行还需要自动执行

传统的测试工作多依靠人工方式来完成，如测试计划的制订、测试用例的设计，甚至测试用例的执行也多依赖于人工执行，根据软件测试网在2011年所做的软件测试行业调查(以下称2011行业调查)可知，到目前为止，国内软件测试从业人员的工作类型主要集中在手动功能测试，所占比例为89%，其次是测试用例设计，所占比例为67%。然而，随着软件规模和复杂性的不断攀升，仅仅依靠手动来完成海量的测试工作显得越来越不现实，为了提高测试工作效率，加快测试工作进度，必须更多地引入自动化测试工具来辅助测试人员完成部分机械化的测试工作(如测试用例的执行、单元测试用例结果的检验、代码质量的度量等)，例如，2011 行业调查表明，性能测试所占比例为 35%，功能自动化测试比例为 31%。

总之，从软件测试的标准定义可以看出，软件测试包含大量复杂的工作，要想将软件测试工作做好，需要解决至少如下3方面的问题：

① 围绕用户需求这个最根本的测试目的，需要考虑：如何有效地获取用户需求，如何准确理解和表达用户需求，如何保证用户需求的稳定性；

② 围绕软件产品是否符合预期这个测试目的，需要考虑：如何高效地设计测试用例，达到对成本、质量、进度的均衡控制；

③ 围绕测试过程的管理，需要考虑：如何合理评估和控制风险，如何规划整个测试工作，如何管理包括环境、工具、人力、测试交付物在内的所有相关资源。

后续章节将针对以上部分问题逐步展开详细地讨论。

1.2.3　捉虫实践 1：很简单？

根据软件测试的定义可知，软件测试就是要满足需求，那么，只要了解了用户需求，不就可以进行测试了吗？利用第二日问题案例来亲自动手开始测试吧。

1. 功能描述

第二日问题是一个简单的计算年月日的例子，其基本功能是：根据用户输入的有效日期(格式为年-月-日)，系统可以自动计算出下一天的日期。假如这就是用户需求，那么当不考虑如何接受用户输入，如何输出计算结果时，可将该需求细化为如下形式：

(1) 当用户输入为有效日期时，系统应自动计算出下一天的日期。其中，有效日期为 1800 年 1 月 1 日到 2050 年 12 月 31 日之间的所有日期，含 1800 年 1 月 1 日和 2050 年 12 月 31 日。

(2) 当用户输入无效时，即不满足有效输入条件时，系统不执行日期的计算，而是提示输入错误。

2. 开始测试

根据需求描述，设计的测试如表 1.1 所示。

表 1.1　第二日的第一次捉虫实践：随机测试

输入数据(年-月-日)	预期输出(年-月-日)
1950-6-15	1950-6-16
1800-1-1	1800-1-2
2050-12-31	2051-1-1
2012-5-10	2012-5-11
2004-12-31	2005-1-1
2000-2-28	2000-2-29
1799-1-1	提示输入错误
2051-1-1	提示输入错误
2012-0-16	提示输入错误
2012-13-20	提示输入错误
2012-6-31	提示输入错误
2011-2-29	提示输入错误

特别提醒注意的是：针对 2050-12-31，其预期输出并不是提示错误，而是计算出其下一天的日期，其中原因请仔细阅读第二日问题的功能描述，应严格区分输入的有效域和输出的有效域。

3. 测试分析

根据第二日问题细化后的需求，分别从有效日期和无效输入两方面着手，可以设计至少 12 个测试用例，那么，这就是测试吗？“很简单！我不需要任何计算机方面的知识，只要我有点常识，都可以设计这些用例啊。”当我们的嘴角浮现出轻蔑的微笑时，不妨深入思考如下问题。

Q：这些测试是如何设计得到的，是否存在一定的规律性？如果用别的日期来测试，能得到与这些数据一样的测试效果吗？

A：仅凭拍脑袋来测试是不行的，需要通过引入更多测试方法来指导测试的设计，以确保测试的效率。

Q：这些测试的质量如何？1800 年 1 月 1 日到 2050 年 12 月 31 日之间的日期那么多，为什么在此仅设计了 6 个测试，足够覆盖吗？在有效取值范围之外的日期那么多，也仅有 6 个测试，是否覆盖率太低？能不能直接选择有效范围内的所有日期进行穷举测试？

A：除了需要利用测试方法来提高测试效率之外，还需要引入测试标准，根据标准来衡量测试工作的充分性，控制测试的成本。

Q：这些测试如何执行？

A：目前给出的需求并未包含细节，所以设计得到的测试只能用于测试指导，例如，表中没有描述输入的操作步骤，无法做功能测试，而其输出中又未明确函数形式，也无法做函数层面的测试。因此，这些测试是无法对应实际的测试执行的。

Q：这些测试内容如何管理？发现了缺陷如何处理？

A：这些测试是无法管理的，因为这些测试内容没有编号，没有对应测试人，没有被测软件、版本等信息，无法进行责任划定，发现了缺陷也不知如何建立二者的关联。

总之，上面的测试看起来很简单，实际上测试工作才刚刚开始，测试不是一件轻而易举的事情。测试应包含详细的步骤说明，使得任何一个测试人员在看到测试设计文档时都能准确无误地执行对应的测试；测试应有一定的标准，来衡量测试工作的正确性和充分性；测试应进行良好的管理，以保证通过测试发现的缺陷能够得到及时的修复。

1.2.4 软件测试的认识误区

关于软件测试，人们常常有一些认识的误区，下面选择几个典型误区加以阐述。

(1) 如果有良好的设计和高水平的程序员，就不需要测试了

首先，从软件开发的全生命周期来说，任何一个开发阶段都有可能引入缺陷，特别是在需求分析阶段，其引入的缺陷数量最多，且其导致的后果往往最严重，而良好的设计应满足的一个重要前提是需求的稳定和准确。目前软件开发最常见的情况就是：用户不了解需求，或用户需求频繁变更，导致设计的频繁变化，程序员疲于应付，缺陷层出不穷。

案例

某公司(客户)曾要求开发方开发一套支持指标分析和高层决策的数据挖掘软件，1月份签订合同，按合同规定应该在10月底进行软件验收，可到了4月初，客户还在说："我都不知道最终我想要一个什么样子的软件，而且，我也不知道这个软件要给谁去用"，开发方只好一边通过开发原型和加强与客户的沟通交流来试图挖掘客户需求，同时根据以往的开发经验来推测系统需求。到了5月初，客户又说："我现在希望改变数据提取的粒度，以更细的粒度来观察数据"，这一需求的变更直接导致数据库设计的大量修改。在这样的情况下，如何能保证良好的设计呢？

其次，高水平的程序员也不能保证零缺陷。只要是人就一定会犯错，水平再高的程序员也不能确保在他所提交的源代码中无任何缺陷。有时候，设计人员和开发人员本身存在理解的错误，并陷入其中无法自拔，必须通过他人才能发现。且程序员一般乐于追求个性，认为"开发准则、编码规范，这些条条框框会限制我的灵感"，这些不良习惯加剧了缺陷的植入。

(2) 软件测试并不创造任何代码和产品，可以不需要测试

在软件项目小组中，开发人员的作用就像是建筑工人，从打地基到建造房屋，通过编写代码构建软件产品，形成可以运行的系统，完成用户期望的功能，开发人员认为自己的代码肯定是没有问题的。程序员对自己的程序就如同父母对待自己的子女一样，谁能客观地审视凝聚了自己无数心血而写出来的代码呢，更进一步来说，测试自己的代码等同于从自己的代码中挑刺，这无疑是在否定自己的工作、贬低自己的能力，有谁会这样做呢？而测试员的作用就像工程监理，会从用户的角度来考察软件产品，相对更加客观，也更容易发现软件中的缺陷。从设计测试用例、撰写缺陷报告等这些测试人员的工作内容来看，似乎测试人员并没有编写产品代码，但实际上测试员同样存在不同分工，负责白盒测试和自动化测试的人员需要对产品代码进行检查，需要开发测试代码(即撰写测试脚本)。因此，专职的测试人员是非常重要和必要的。

案例

很多人经常会问，测试人员与开发人员的最佳比例是多少，来看下面的典型数据：

微软公司的测试人员与开发人员的比例一般为 1∶1，甚至在Windows 2000 的开发团队中，有1800 个测试人员，900 个开发人员，测试人员与开发人员的比例为 2∶1。

而在谷歌公司，测试人员与开发人员比例为 1∶10，这是一个非常低的比例。

两个成功的软件公司，其测试人员与开发人员的比例为何差异这么大呢？主要是由于这两家公司对测试人员和开发人员工作范围的定义完全不同。在微软公司，单元测试由测试人员做，即测试人员必须重写一套代码来测试开发人员提交的产品代码，其工作量不比开发人员低，且微软开发的产品多为比较复杂的操作系统、服务器软件等，对测试人员的需求量很大。而谷歌公司的单元测试和功能测试一般由开发人员在自动化测试工具的支持下自己做，其单元测试的覆盖度高达 85%以上，因此，软件在交给测试人员时，在功能上基本没有缺陷，测试人员主要集中精力进行系统测试，且也多利用自动化工具来完成，对测试人员的需求较少。

因此，在不同公司和组织中，测试人员与开发人员比例受到产品类型、企业文化(即软件设计和代码的质量)、项目环境、质量要求水平、开发人员或测试人员的自身素质等影响，追求一个理想的比例是不切实际的。也许未来测试人员和开发人员会合二为一，但是不管怎样，不能没有测试，而且不能没有专职测试人员。

(3) 测试等于调试

测试是发现缺陷的过程，其前提条件是并不知道被测系统中是否存在缺陷，或者某个缺陷的触发条件究竟是什么，因此需要通过关键数据和步骤来挖掘潜伏的缺陷。而调试是修复缺陷的过程，其前提条件是已知缺陷的存在，即已经清楚在怎样的条件下会准确触发某个缺陷，但并不知道该缺陷是由哪个函数中的哪段代码出错而导致，因此，需要通过调试来定位出错代码行，从而最终修改代码、消灭缺陷。

案例

在某照片制卷系统的开发过程中曾无意中发现这样的现象：在当前正在编辑的制卷文档中调整图片顺序后，无论是否保存，进行第二次打印时，会提示“连接到打印机失败”。但该现象并不是百分之百出现，需通过进一步测试来确定缺陷的精确触发条件。从理论上说，只要出现过一次失效情况，就说明该系统一定存在某个缺陷，只要找到了缺陷的触发条件就一定能 100%触发该缺陷。就该测试而言，图片顺序的调整受到两个方面因素的影响：被拖动的图片原始位置与新位置之间的关系以及图片调整的动作类型，经进一步分析可得到如下几类情况：

① 被拖动图片原始位置与新位置在同一页内，即相邻两分页符之间的图片，如图 1.3 所示的 3 张图片 20101215610、20110118734、20110126779 就在同一页内；

② 被拖动图片原始位置与新位置在不同页内，即跨分页符的情况，如图 1.3 所示的图片 20110103715 与 20101215610 就是跨页放置的；

③ 被拖动图片向前拖动，如图 1.3 中将图片 20110126779 拖动到 20110103715 的位置；

④ 被拖动图片向后拖动，如图 1.3 中将图片 20110103715 拖动到 20110126779 的位置。

针对以上情况还需要考虑被拖动图片原始位置与新位置是否相邻、是否分别为边界位置(如某页首张或末尾图片)、是否包含空白位置(如图 1.3 中的图片 20110103715)等情况。

最终确定如下几组测试：

测试 1：同页内将末尾图片拖动到首张图片前，且为非第一次打印。

测试 2：同页内将首张图片拖动到末尾图片前，且非第一次打印。

图 1.3 图片位置示意图

测试 3：同页内将末尾图片拖动到首张图片前，再将其拖回末尾，且为非第一次打印。

测试 4：针对跨页情况，将后页末尾(或首张)图片拖动到前页首张(或末尾)图片前，且非第一次打印，并区分是否相邻页。

测试 5：针对跨页情况，将后页末尾图片(其后有空白)拖动到前页首张(或末尾，且有空白)图片前，且非第一次打印，并区分是否相邻页。

最终确定该缺陷的触发条件为：在同页内，将末尾图片拖动到首张图片前，且为非第一次打印，则系统会提示"连接到打印机失败"。

以上是测试的过程，通过不断调整系统输入条件和操作步骤，摸索缺陷的精确触发条件。

发现缺陷后需调试程序和修复缺陷，调试过程中首先要判断"连接到打印机失败"是系统自提示，还是程序员自己写入的错误提示，从而定位出错的最外层代码段，并确定是自己写入的错误提示，定位到 PrintHelp.cpp 中的 DrawPage(CDC & memDC)函数。接着通过查看代码发现该函数中包含一个静态变量 static DOCINFO di，开始文档打印时判断若 memDC.StartDoc(&di)的返回值小于零则触发系统提示"连接到打印机失败"。当第一次打印时，memDC.StartDoc(&di)的返回值正常，而经过测试 1 的操作后，该函数返回值就会小于零而导致触发系统提示。一个很自然的猜测是图片在边界位置的调整将导致存储图片的节点属性发生错误的更新，而导致无法正确初始化，但经变量查看后排除了该存储错误，最终判断在第一次打印后对 di 变量的赋值发生错误，为此，将该变量变为普通局部变量，该缺陷就再也没有出现过了。

以上过程是调试的过程，根据已知的缺陷触发条件，通过进一步查看代码、单步调试，进行猜测排除，并修改代码，最终修复缺陷。

(4) 软件需求规格说明应详细地包含所有用户需求

软件测试的最终目的是确保软件产品符合用户需求，因此，用户需求是软件测试的唯一标准，SRS 是为了开发的方便而以规范的形式展现的用户需求，这存在一个质量与成本的平衡问题。并非所有内容都需要写入 SRS，若需将软件使用中遇到的约定俗成的内容也全部写入 SRS，那么，SRS 将变得异常庞大，文档工作量会大大影响到开发的进度，就投入产出比而言，回报率太低。

案例

有些知识是大部分常用计算机的人都了解的，例如，打开“我的电脑”就可以查看和访问硬盘以及与计算机相连的设备中的文件，关于“我的电脑”有一个有名的笑话。如下。

用户：我买了你们的上网卡，怎么用啊。

客服经了解发现对方对计算机知识了解不多，就很耐心的从头教起：“请用鼠标双击我的电脑”。

用户：咦，你的电脑我怎么能击呢?

客服(险些晕倒)：那就用鼠标双击你的电脑，

用户举起鼠标，使劲在电脑上击打了两下：我刚才用力击打过了，没有什么变化啊。

客服晕死过去了。

这个例子属于比较极端的情况，但是 SRS 所面向的读者群一般具有相似的背景，因此，它允许合理的遗漏和忽略，此时，测试的标准应来源于大家的约定俗成(Common Sensc)或高层人士的判断。当然，SRS 还是代表了主要的测试标准和依据，除非迫不得已，否则还是依据 SRS 来进行测试。

(5) 软件测试可以提高软件质量

通过软件测试只能发现和汇报被测系统中存在的缺陷，但软件测试不负责修复缺陷，且受到时间、成本等方面的限制，不是所有发现的缺陷都能在产品发布之前得到及时的修复，因此，即使通过软件测试发现了大量缺陷，但这些缺陷不经过修复是不可能提高软件质量的。从这一角度出发，也说明了软件测试只是软件质量保证的一个重要手段，测试可以向管理人员提供数据和事实，如测试用例对功能点的覆盖率、测试用例的通过率、累计打开和关闭缺陷数等，从而帮助管理人员做出正确的决策，更好地控制软件质量，而非提高软件质量。

(6) 测试是没有技术含量的

很多人认为：“测试是没有技术含量的”。微软甚至曾经聘请家庭主妇去测试其 Windows 操作系统，更多公司则会选择刚毕业的、非计算机专业的学生去做一些测试工作，这些都直接导致人们认为测试入门的门槛是很低的。那么不妨看看，2011 年全世界 500 强排行榜中，做头把交椅的是美国的沃尔玛，其营业收入 4000 多亿美元，利润 163 亿美元，说白了不就是开超市的吗？是不是没啥技术含量呢？测试工作的特点决定了从事软件测试从业人员的水平参差不齐，但测试人员与开发人员的金字塔结构类似，高水平的测试人员除了需要掌握有关系统开发、数据库、中间件、协议等多方面知识，还需要熟练掌握测试用例的设计技巧、测试脚本的开发等测试相关技能，并不比开发人员逊色。实际上，2005 年之后，微软公司逐渐不再招聘太多软件测试工程师，代之以会编写自动化测试工具的软件开发测试工程师(Software Testing Engineer in Test)，并将大量低端测试工作外包出去，在劳动力成本更低的国家完成。

1.3　软件缺陷的概念

以符合用户需求为目标指导，发现缺陷是软件测试的主要手段，也是测试人员在日常工作中主要跟踪的对象之一。

2002 年，据美国商务部国家标准和技术研究所(NIST)进行的一项研究表明，软件中的缺陷每年给美国经济造成的损失高达 595 亿美元。在美国几乎所有企业在产品开发、生产、销售及售后服务等各个阶段都依赖软件，因此，软件缺陷的影响是非常巨大的。在这些关于缺陷的案例中，50%的问题由软件用户引起，另外 50%的问题则由开发商和经销商造成，如开发商测试不充分、经销商未负起应有的责任等。良好的测试能在早期开发阶段发现软件缺陷，减少大约 222 亿美元的损失。但事实是，截至 2002 年，半数以上的缺陷是在开发后期或销售到用户手中之后才被发现的。目前，尽管 80%的软件开发成本都用在缺陷的发现和修复，然而，软件产品在发布时的缺陷数仍然遥遥领先于其他类型的产品。为此，美国科学院在 2002 年 1 月发表了一份报告，建议国会采取法律手段，迫使软件开发厂商为软件的安全缺陷承担责任。有意思的是，欧洲在这方面已经开始了尝试。2001 年 9 月，荷兰的一家法庭判决 Exact Holding 因销售有缺陷的软件而犯有玩忽职守罪，并驳回了该公司所称的软件的早期版本都是不稳定的主张。软件缺陷早已成为一个全球性的问题。下面先介绍几个由于软件缺陷而引发的事故案例。

1.3.1　惨痛的教训：小虫子，大问题

1. 某网站电话门事件

2012 年 2 月，某全国性的申请工作又开始了，在指定的时间内，大家纷纷按照要求登录该申请网站进行网上报名，但是，网站刚刚开放申报后的 24 小时内，网站上所留的热线电话就因用户投诉几乎被打爆而不得不关闭。紧接着，在开放申报的第二天，网站上临时给出了一个帮助页面，针对各种能够解决的用户投诉给出了解决的办法，但是更多的缺陷只能依靠用户自己碰运气来解决了。典型的问题包括：

(1) 选择考试种类后，需填入的各单科成绩项(包括听力成绩、口试成绩、阅读成绩、写作成绩)与实际发放给考生的成绩单不一致，考生成绩单仅包含听力、口试和笔试成绩，因此，填写网站信息时只能将阅读和写作成绩填为零分，且提交后“考试种类”这一项总是自动清空。解决方案是：将网站上的相同内容重复填写两遍并提交，并在系统提示信息重复后将重复的内容删去，然后再提交，此时才能成功将考试种类录入。

(2) 申请表在填写时的效果与打印预览的效果不一致。例如，很多必填项在预览时无法显示完整的输入内容，导致用户难以判断申请提交后自动生成的 pdf 文件能否完整显示所有输入内容（且申请一旦提交不能修改，因此，用户不敢贸然提交)。

(3) 申请表的预览效果与最终打印效果不一致。

(4) 申请书的提交在 9:30 到 11:00 的高峰期无法成功执行，在其他时间则可能需重复尝试十几次之后才能成功。

这些缺陷不仅严重影响了用户的使用，而且对于时效性要求特别高的全国范围的应用而言，其影响面是非常广的。最终调查发现，导致这一问题的原因是该信息平台在 2011 年进行了升级改造，但改造后并未进行上线前的试运行，导致大量缺陷直接交付到用户手中，同时，对于升级后的系统没有给出应急方案，即针对可能出现的问题应能立即切换到升级前的原始版本。由此可以推测，该信息平台可能受到交付压力的限制而未在交付前进行足够的功能测试和性能测试，且在风险控制方面过于乐观，而导致这一事故。

2. 钢水外溢事件

2005 年，某钢厂的一座钢塔发生钢水外溢事件，现场工作的工人全部当场遇难。这一事件的起因是：为了保证钢塔的正常工作，车间现场安装了监控设备，主要用于控制钢塔的工作环境，即通过传感器采集钢塔内的温度、压力等数据，并传给监控设备中的监控软件进行处理，一旦发现有偏高或偏低的情况，就通过采取相应措施来调整钢塔环境，使之一直保持正常工作状态。然而监控设备中安装的监控软件由于受到生产现场其他设备的电磁干扰影响，未及时对采集的原始数据进行去噪处理，导致钢塔内的工作状态超标且未及时发现，最终酿成了这一重大安全事故。导致这一事件的主要原因应

该是需求分析不完善，未深入了解用户的实际使用环境，而导致软件需求存在重大的功能遗漏，这一遗漏单纯依靠测试人员是难以发现的。

3. 客轮超载事件

某客运码头曾为了提高单位的信息化水平，特地开发了一套自动售票系统，即通过该系统来方便旅客购买船票，并严格控制船只的载客量，一旦达到某船只的规定载客量，系统将不再出售船票。但系统中存在一个小 Bug，且在系统投入使用后很长时间都没有发现，险些导致重大事故。该 Bug 是把某类小型船只的载客量误算成大型船只的载客量，使得该类船只的实际出售船票数远远大于应出售的船票数，并直接导致船只的实际载客人数比核定载客人数大大超员。这一 Bug 是由海上巡逻艇在一次海上巡查任务中无意发现的，当时巡警发现某小型船只的吃水很深，靠上去检查后才发现该船实际载客量早已超过核定载客量，经后续调查才最终发现是自动售票系统原始代码中存在一个小 Bug 而造成的。看起来这是系统自身缺陷造成的安全隐患，所幸并未出事故，然而也从一个侧面反映出相关验收部门监管不利，未对系统进行严格的验收测试。因此，对于软件测试人员来说，一个小小的 Bug 是很可能会带来巨大灾难的，测试人员和开发人员都责任重大。

4. 服务器频繁崩溃事件

某公司于 2011 年 8 月投入运行一个支持问题解决的 Web 应用系统，作为内部员工工作使用，上线后一段时间内该系统随着数据量的迅速增加一直运行良好，并未出现明显的性能下降情况，但从 2012 年 4 月开始却频繁出现服务器崩溃的情况，且为不定期崩溃，有时相隔 5、6 天，有时相隔 10 来天，并无明显的规律，服务器崩溃对员工的正常工作带来了不良影响，导致工作效率下降。

通过测试发现，系统日志记录为内存溢出问题，而对于基于 Java 开发的系统来说，Java 语言本身的内存回收机制不应导致内存溢出的问题，经进一步调试才找到最终原因是由于在实现下载功能的程序代码中用到 ByteArrayOutputStream 类作为数据缓存流，在 http 流输出前将关闭缓存流，而 Apache 和 Tomcat 通信协议 AJP 本身是一个二进制流协议，导致在 http 流输出数据时越界，且数据长度无法确定，这样 mod_jk(Apache 的一个模块，负责与 Tomcat 通信) 在接收下载数据时内存瞬间撑大，而 mod_jk 本身存在一个 bug，即如果它的内存在瞬间撑大，则 mod_jk 可能回收不了这些内存，使得 Apache 内存无限制的增加(每下载一个附件就会增长 1～2 MB)，最终崩溃。

在该系统上线运行的初期，用户使用量不是很大，文件下载功能使用较少，且经常重启服务器，因此，并未出现该缺陷，随着用户使用量的不断增大才发现该缺陷。

由此可见，在软件产品交付给用户之前要想发现所有的缺陷往往是不可能的，部分缺陷要在特定的使用条件下才能触发。同时也说明，虽然开源代码是大家所欢迎的，但在自己的产品中加入开源代码往往是有风险的，不能因其开源就对其完全放心，开源代码也可能是植入产品中的定时炸弹。

5. 丰田汽车黑匣子阅读器缺陷

2010 年 9 月中旬，日本头号汽车制造商丰田汽车开始在全球大规模召回包括卡罗拉、凯美瑞、威驰、雅力士在内的 4 款车型 1100 多万辆车，接到的相关诉讼达到数百起，起因源于丰田车突然加速时的黑匣子阅读器软件缺陷导致撞车事故。而在此之前的一年中，丰田公司已经因为油门踏板等问题在全球范围内召回了超过 800 万辆汽车。

丰田汽车表示，用于对黑匣子(即事故数据记录器，Event Data Recorders)进行读取的阅读器存在一个软件方面的故障，该故障可能导致数据记录模块出现记录错误，误导了事故发生时司机对于车速的判断，使车辆突然失去控制地加速到时速 100 英里以上，并导致司机无法在突然的加速中控制车辆而造成事故。

自 2010 年 3 月份开始大规模爆发丰田汽车突然加速事故后的几个月，丰田汽车一直持不配合的态度，并想方设法逃避责任，例如，故意不公开汽车黑匣子资料、将责任归咎为驾驶人员误将油门当成刹车使用的人为因素等。然而，在各方面的调查压力下，丰田汽车不得不承认事实真相，并在 9 月份开始全球的大规模召回存在黑匣子缺陷的车辆。

至 2011 年 1 月，美国国家公路交通安全局表示已收到约 3000 份关于丰田汽车驾驶人突然加速的报告，包括 93 例死亡报告。美国 7 家保险公司起诉丰田汽车公司，索赔至少 23 万美元，以补偿保险商因丰田车突然加速造成事故而增加的赔偿金。但是，丰田汽车的麻烦并未结束，多起事件导致对丰田汽车质量的怀疑才是丰田汽车需要面对的最大问题。

1.3.2 软件缺陷的定义

软件缺陷，简单地说，就是 Bug，即小虫子，1945 年 9 月 9 日下午 3 点时，美国海军编程员、编译器的发明者 Grace Hopper(当时是 Hopper 中尉)正率领着他的小组构造“MarkII 型”计算机这个庞然大物，该计算机使用了大量的继电器，被放置在一栋老建筑中，在 9 月的炎热天气里，房间内没有空调，所有窗户都敞开着散热。忽然，MarkII 死机了。技术人员试了很多方法，最后定位到第 70 号继电器出错，并发现一只死去的飞蛾躺在该继电器触点之间。Hopper 小心地用镊子将蛾子夹出来，粘在“事件记录本”中，并注明“第一个发现虫子的实例”。为此，人们将计算机错误戏称为小虫子(Bug)。如今，当年的那只小虫子还躺在美国历史博物馆中，但它所代表的软件缺陷却伴随着软件的普及深入到每个人的生活中，影响着每个人，困扰着每个软件开发团队。

Ron Patton 给出了软件缺陷的经典定义，他认为，出于软件行业的原因，只有符合下列 5 条规则才能叫软件缺陷（注：作者根据自己的理解对原始定义进行了少许改动）：

(1) 软件测试员认为软件难以理解、不易使用、运行速度缓慢，或者最终用户认为不好。

(2) 软件未达到需求规格说明书中指明的功能。

(3) 软件出现了需求规格说明书中指明不会出现的错误。

(4) 软件功能超出需求规格说明书中指明的范围。

(5) 软件未达到需求规格说明书中虽未指出但应达到的目标。

下面简单谈谈以上规则的具体含义。

(1) 软件测试员认为软件难以理解、不易使用、运行速度缓慢，或者最终用户认为不好

从软件测试的标准定义可知，软件测试的最终目的是确保软件满足用户需求，因此，只要最终用户认为软件不好，当然对应到一个缺陷。另外，软件测试人员在一定程度上充当着用户的角色，如果连有着 IT 技术背景的测试人员都认为软件难以理解的话，用户恐怕就更难理解和使用该软件了。造成这种局面的主要原因往往是项目团队与客户或用户沟通不畅，不能充分站在用户的立场、根据用户的业务流程去进行软件开发和测试。

案例

2012 年 3 月 20 日，腾讯公司发布 QQ2012“QQ 圈子”功能抢先试用，一时间在全国引起了轩然大波。腾讯的技术专家认为，人类的大脑只能维系 150～200 个好友(即顿巴数，Dunbar Number)，然而，现代社会的流动性导致人们不断地流动，并在流动中不断忘却老朋友，却难以结识新朋友，为了帮助人们计算人际关系链，打理 QQ 好友关系并拓展人脉，技术专家们开发了 QQ 圈子，其核心技术是基于 QQ 好友关系/分组名/备注名，通过聚合分类数学算法进行人脉推荐。QQ 圈子的匹配度之精确和圈子范围之广，超出众人预料。该功能可实现按真实生活中的关系自动分圈，并向同一交际圈但仍属陌生人的对象发起对话。多年不见的小学、初中、高中同学，平时很少接触的同行等大都经归类合

并后在相应的圈子中出现，可以直接对他们发起对话。“全中国最了解你的社会关系的是腾讯。”匹配度高、使用者透明，“裸奔”社交令用户惊呼“恐怖”！在专家们看来，QQ 圈子是最贴合用户“不忘老朋友、结识新朋友”的这一用户需求的软件功能，然而，并非所有用户都买专家的账。大量用户认为 QQ 圈子挖出了自己并不打算想起的那些人，让更多用户忧心忡忡的是个人隐私的泄露，每天通过 QQ 所发送和接收的信息、文件是否都被腾讯所监控与记录，这都是引起用户担忧的。因此，很多用户认为 QQ 没有权利去主动挖掘自己的社交群，而应将更多主动权交给用户自己，这可以看做一个非常严重的缺陷。

当然，QQ 圈子是一个较为极端的例子，但软件产品必须紧贴用户需求，这是软件开发和测试的唯一目标。对于一般的项目型软件开发而言，软件面向的用户群相对单一，即使是这样，当软件使用者涵盖海内外多个城市的研发基地，涉及诸多不同部门，遵循不同的流程，触及多个国家的相关法律规定时，用户对软件的需求将变得异常复杂，要满足所有用户的需求是不可能的，此时需要遵循软件工程的规范流程，通过需求定义和需求分析，将用户的需求整理为开发团队认可的 SRS 的形式，并以此作为后续开发和测试的依据，只要软件与 SRS 的描述不一致，都认为是软件缺陷。

(2) 软件未达到需求规格说明书中指明的功能

该规则是指若被测系统不能提供在 SRS 中所指明应提供的功能，则对应一个软件缺陷。该规则对应的是遗漏缺陷，主要针对系统有效输入或有效操作下的功能的测试。用户最关心的往往是当其按照正确的流程、正确的操作输入正确的数据时，系统向其提供的功能能否达到用户所期望的结果。该规则的达成包含两方面的含义：

① 基本功能的保证，即应确保能实现有效输入下的基本功能；

② 性能的保证，即在保证提供基本功能之外，还能确保达到相关的性能指标。

例如，若 SRS 中指出：能基于用户输入的单个或多个关键词实现全文搜索，包括案例附件，且附件要求支持包括 word、pdf、excel、xml、ppt 在内的多种文档格式，且搜索结果要快速反馈。当用户输入“软件测试”时，就基本功能而言，希望系统能返回所有包含“软件测试”、“软件”、“测试”这几个关键词的案例和附件文档；就性能而言，预期结果是在高并发请求下(如 2000 个用户并发搜索)，针对每个用户都能在 3 秒内返回搜索结果。如果在测试中发现用户输入“软件测试”时，系统不给出任何反馈，则认为系统存在缺陷。

无论是功能要求，还是性能要求，都是用户在绝大多数情况下期望系统所提供的反馈，也是用户最关心的方面。测试人员应对 SRS 中描述的这些要求展开详尽而严格的测试。

(3) 软件出现了需求规格说明书中指明不会出现的错误

该规则是指若被测系统不能提供在 SRS 中所要求的容错性，即无法识别用户的无效输入或无效操作，并给予正确的反馈，则对应一个软件缺陷。该规则对应的是过错缺陷，主要针对系统无效输入或无效操作下的功能的测试。该规则的达成也包含两方面的含义：

① 系统能否应对所有可能的无效用户输入情况，包括无效输入数据和无效操作；

② 系统对每种无效输入情况，应以怎样的合理方式进行响应。

例如，若 SRS 中指出：当用户输入栏全为空格时提交搜索，系统应提示“请输入搜索关键词”。这是对应空格这种无效输入情况的系统响应。若测试中发现系统不给出任何反馈，则认为系统对于空格的容错存在缺陷。

当然，有时可能难以区别无效输入与正常功能，例如，用户输入“软键测试”时，系统对其进行自动纠错，即自动提示“您要找的是不是‘软件测试’”，这究竟是输入无效输入情况，还是属于纠错提示这一正常功能呢？一般地，若其描述对应一个单独的功能点，则应视其为正常功能，若其描述是包含在某个功能点中的，则应视其为无效输入情况。无论怎样，SRS中明确指出的内容都是需要测试人员重点关注和测试的。

系统的容错能力反映了系统对用户的友好性，且为评价软件系统易用性的重要标准之一，而针对系统容错性测试的设计则对测试人员提出了更高的要求。一般地，SRS中针对容错的明确描述较少，必须由测试人员主动分析和测试。

(4) 软件功能超出需求规格说明书中指明的范围

该条规则看似很奇怪，既然是SRS中没有提到的功能，是属于不给钱的部分，开发人员为何会去实现呢？且软件要完成的功能越多，引入缺陷的风险越大，将带来更大的测试工作量并提高软件开发成本，这种吃力不讨好的事情，谁会主动去做？这里有两种可能性。

① 开发人员认为SRS不完善，因此而自行添加某些自认为用户需要的功能；

② 开发人员为了自己开发和调试的方便而加入的功能，如一些快捷键功能、测试代码等。

案例

开发某项目时，因本身用户需求不清晰，导致SRS不完善，开发方一直不明确应以二维还是三维方式来展示建模和数据分析的结果，开发方认为三维展示更直观，能体现更高的技术含量，并在未与用户沟通的情况下花了一个月时间完成了三维展示的代码编写与实验。不幸的是，用户最重视的是系统对用户业务支撑能力的强弱，关键在于能否提供更多模型，对数据进行更加充分和有效的分析，而不在意结果如何展示。开发方的自做主张导致人力的大量浪费，并间接影响了项目进度。

这部分多余的功能是测试最头疼的部分。测试的依据是什么？SRS。既然SRS中未提到的功能（快捷键、测试代码、批处理等），将不会有测试用例去对应。这样最容易造成测试的漏洞。

完全靠测试人员来杜绝这类缺陷吗？那真是撞大运了。这类缺陷的杜绝主要应本着缺陷预防的思想，敦促开发人员养成良好的开发习惯，如及时沟通、完善文档、定期进行桌面交叉检查等。

(5) 软件未达到需求规格说明书中虽未指出但应达到的目标

该规则是指，有些目标是SRS中没有明确指出，而实际上被测系统又应该达到的。那么，什么功能是需求中没提到，而被测系统又必须达到的？这部分功能主要是指软件系统对外部使用环境的要求，特别是对那些硬件故障所导致的意外情况的处理，如意外掉电等。

案例

在之前提到的钢水外溢事件中，由于用户并不清楚现场工作的设备之间存在严重的电磁干扰，而在开发方进行监控设备需求调研的时候也没有注意到这一现象，因此，在需求分析时并未考虑对原始采集数据进行严格的去噪处理，最终导致了这次事故。

由此可见，在软件开发的早期，即需求分析阶段，必须充分挖掘用户的隐性需求，一旦需求冻结，测试人员对不包含在SRS中的、非约定俗成的需求是无法测试到的，同时在原则上也应该是不承担任何责任的。

总之，从以上5方面的缺陷定义可以看出，软件测试员的主要任务是：

① 根据用户的意见和反馈执行测试；

② 依据SRS的描述，针对系统在有效输入及有效操作下的正常功能进行测试；

③ 依据SRS的描述或个人经验，针对系统在无效输入或无效操作下的软件容错能力进行测试；

④ 开发人员应遵循良好的开发习惯，与用户和项目组成员及时沟通，避免植入无依据的软件缺陷；

⑤ 需求分析阶段强调测试专家的介入，从测试的视角完善SRS，提高系统的外部环境容错能力。

1.3.3　捉虫实践 2：虫子捉完了吗？

根据软件缺陷的定义，可以针对需求描述中所提到的每个功能点，且主要从基本功能及容错性两方面来设计测试。下面仍以第二日问题为例，动手开始第二次测试尝试。

1．功能描述

第一次测试尝试中没有明确给出一个待测的软件系统，现在用一个 Windows 类型的软件系统来实现第二日问题的功能。

第二日问题软件(以下简称 NextDateV1 系统)的运行界面如图 1.4 所示。

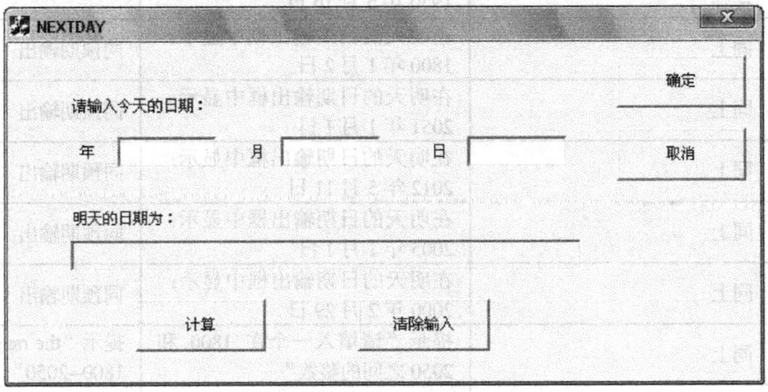

图 1.4　NextDateV1 系统的运行界面

其功能简述如下：

(1) 有效日期的正确计算

功能名称：有效日期的正确计算

功能编号：F01

功能说明：用户输入有效的年份、月份和日期，单击“计算”按钮，系统将自动计算并输出下一天的日期，输出文本框中的文字形式为“Tomorrow’s date is:×-×-×.”。其中有效日期为 1800 年 1 月 1 日到 2050 年 12 月 31 日之间的所有日期。

(2) 无效日期的合理提示

功能名称：无效日期的合理提示

功能编号：F02

功能说明：年份、月份和日期这 3 个输入条件中只要任意一个输入条件无效，则系统不执行日期的计算，清除输出文本框的文字，并弹出消息提示输入无效。

(3) 无条件文本清除

功能名称：无条件文本清除

功能编号：F03

功能说明：在任何时候单击“清除输入”按钮，系统所有编辑框中的文字都将清除，即显示为空白。

(4) 无条件确定

功能名称：无条件确定

功能编号：F04

功能说明：在任何时候单击“确定”按钮，系统窗口将关闭。

(5) 无条件取消

功能名称：无条件取消

功能编号：F05

功能说明：在任何时候单击“取消”按钮，系统窗口将关闭。

2. 开始测试

针对需求中提到的5个功能点，设计的测试见表1.2。表中“N/A”表示不需要输入数据。

表1.2 第二日的第二次捉虫实践：根据功能点及有效性来设计测试

测试的功能点	输入数据（年-月-日）	操作步骤	预期输出	实际输出	测试结果
F01	1950-6-15	输入年月日，单击“计算”按钮	在明天的日期输出框中显示：1950年6月16日	同预期输出	通过
	1800-1-1	同上	在明天的日期输出框中显示：1800年1月2日	同预期输出	通过
	2050-12-31	同上	在明天的日期输出框中显示：2051年1月1日	同预期输出	通过
	2012-5-10	同上	在明天的日期输出框中显示：2012年5月11日	同预期输出	通过
	2004-12-31	同上	在明天的日期输出框中显示：2005年1月1日	同预期输出	通过
	2000-2-28	同上	在明天的日期输出框中显示：2000年2月29日	同预期输出	通过
F02	1700-6-15	同上	提示“请填入一个在1800和2050之间的整数”	提示“the range of year is 1800--2050”	失败
	1799-1-1	同上	提示“请填入一个在1800和2050之间的整数”	提示“the range of year is 1800--2050”	失败
	2051-1-1	同上	提示“请填入一个在1800和2050之间的整数”	提示“the range of year is 1800--2050”	失败
	2012-0-16	同上	提示“请填入一个在1和12之间的整数”	提示“the range of month is 1--12”	失败
	2012-13-20	同上	提示“请填入一个在1和12之间的整数”	提示“the range of month is 1--12”	失败
	2012-6-31	同上	提示“该日期不存在”	输出明天的日期为：2012年7月1日	失败
F03	N/A	第一次进入系统，单击“清除输入”按钮	所有输入和输出编辑框中无任何文字	同预期输出	通过
	N/A	执行一次成功的计算，单击“清除输入”按钮	同上	同预期输出	通过
	N/A	选择F02中的某个测试，单击“清除输入”按钮	同上	同预期输出	通过
F04	N/A	第一次进入系统，单击“确定”按钮	窗口被关闭	同预期输出	通过
	N/A	执行一次成功的计算，单击“确定”按钮	同上	同预期输出	通过
	N/A	在针对F02的测试中选择一个测试，然后单击“确定”按钮	同上	同预期输出	通过
F05	N/A	第一次进入系统，单击“取消”按钮	窗口被关闭	同预期输出	通过
	N/A	执行一次成功的计算，单击“取消”按钮	同上	同预期输出	通过
	N/A	在针对F02的测试中选择一个测试，然后单击“取消”按钮	同上	同预期输出	通过

3. 测试分析

与第一次测试相比，本次测试有了一定的改进，体现在如下方面：

① 针对需求进行明确和细化，在每个测试中有明确的操作步骤和输入数据，测试可以执行；

② 对照 SRS 设计测试，至少可以满足测试完全覆盖所有功能点。

通过本次测试的实际执行甚至发现了 6 个缺陷，但这样的测试足够了吗？系统中的虫子捉完了吗？还有哪些方面需要进一步改善呢？

(1) 测试的完整性和有效性

从功能点的覆盖来看，测试是完全覆盖每个功能点的，且每个功能点都给出了不仅一个测试，这样的测试是否足够？是否满足测试完整性和有效性的要求？

以有效输入功能为例，有效日期是从 1800 年 1 月 1 日到 2050 年 12 月 31 日之间的所有日期，本次测试只选择了 6 个日期(与第一次测试相同)，这些测试用例具有典型性吗？或是从 250 年中随便抽取的 6 个日期而已？为什么不将所有的日期全部测试一遍呢？

从实际的测试工作来讲，就经济和技术方面来说，一般无法做到穷尽测试，只能选择少数情况进行测试，从而导致测试的风险。因此，每个测试都必须有明确的测试目的，即每个测试对应一类输入情况，或一类典型缺陷，必须使用特定的测试方法(即测试用例设计方法)来高效、快速地揭示被测系统中的缺陷，最大限度降低不测试的数据对软件交付造成的风险。

类似地，对应无效日期的合理提示，本次测试也只选择了 6 个日期，然而，无效日期应比有效日期多得多，是否意味着必须用更多的测试来覆盖系统无效区域？能采用相同的测试策略来处理有效输入和无效输入吗？

(2) 代码的测试

上述测试是针对需求进行的，完全不考虑代码如何设计和编写。那么，如何确保代码的正确性呢？

除了从需求的角度进行测试，当然还需要测试源代码，所不同的是，二者在测试途径和测试阶段上不同。就测试途径而言，源代码的测试更多是一种静态检查的过程，而对需求的测试更多是动态测试；就测试阶段而言，源代码的测试主要在单元测试阶段展开，需求的测试是在系统测试阶段进行的。这些测试工作该遵循怎样的流程和步骤呢？

(3) 测试的管理

表 1.2 中的所有测试都没有标识，面对大量的测试，怎么知道哪些测试是对应着系统的哪些功能？实际执行了哪些测试？遗漏了哪些测试？哪些测试是通过的，哪些测试没有通过？

表中所有测试都未指明被测软件运行在怎样的硬件和软件环境下，是否需要一定的网络环境支持？即测试环境，那么，该如何设置测试环境？相同的测试环境下需执行多少测试用例，该如何记录？

可以尝试执行针对功能点 F03 的第一个测试，当检查测试结果的时候，你认为该测试的执行结果可以反映真实情况吗？可以真正验证该功能点的正确么？如何确保系统的输出可以直观反映系统处理的本质？这反映了测试的效率和关联性问题。有时，为了确保测试的效率，不得不以牺牲测试之间的关联性为代价。以 F03 对应的测试为例，为了验证文本清除真实有效，应首先让系统执行一次有效的日期计算，否则仅从外部来观察系统将完全无法了解文本清除是否真正执行。从该角度来看，F03 功能的测试执行和结果检验是依赖于 F01 功能的测试的，设计测试时，应尽力降低或避免测试之间的这种耦合性。当不可避免关联情况时，应如何记录及处理这些导致关联的因素呢？

更进一步地，针对 F02 功能的 6 个测试的实际输出与预期输出均不吻合，测试结果都是“失败”，但是，在这些失败的测试中，显然前 5 个失败的测试用例对系统的影响不大，不影响用户对系统输入的正确理解，而第 6 个失败的测试用例是非常严重的，竟然没有识别出 6 月 31 日这种不存在的日期。可见不同的测试本身的重要性以及对应发现缺陷的重要程度是不一样的，如何区分这些重要度的差异呢？

总之，本次测试看起来已经有了不少改进，但仍然不够好。测试还应进一步引入针对性更强的测试方法，从而提高测试效率，降低测试风险；测试还必须通过一种支持管理的方式进行记录，保证通过测试发现的缺陷能够得到及时的修复。

1.3.4 软件缺陷的来源及代价

软件缺陷产生的原因有很多，部分典型原因包括：

(1) 软件及系统本身的复杂性不断增长，使得测试的范围和难度也随之增大；

(2) 与用户的沟通不畅使得无法及时获取最真实的用户需求；

(3) 需求不断变化，特别是敏捷开发模式下，测试开发和执行更难以跟上需求变化的步伐；

(4) 开发人员的自大、劳累和追求个性化，导致不断植入各种缺陷；

(5) 进度压力导致测试被压缩，无法进行充分的测试；

(6) 对文档的轻视致使测试缺乏依据，带来测试的漏洞。

实际上，在软件开发的各阶段均可能引入缺陷，并导致不同程度的损失，如图1.5所示。

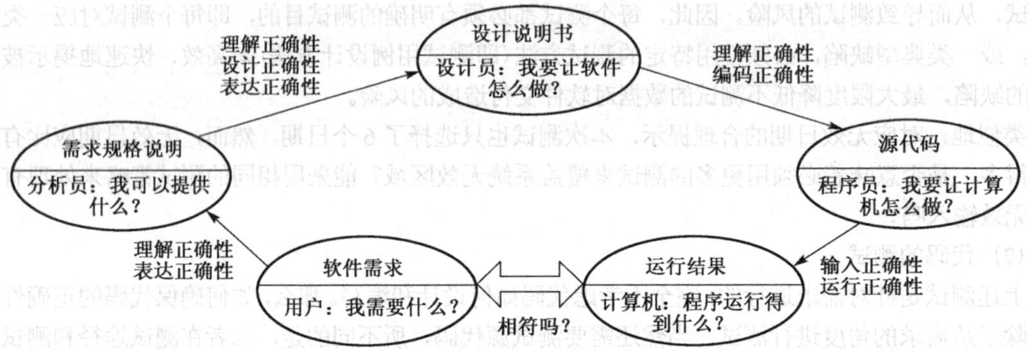

图1.5 软件生命周期的各个阶段

1.4 测试用例的概念

在有限的时间和成本下，如何高效地发现软件系统中尽可能多、尽可能严重的软件缺陷，一直困扰着测试人员，其核心在于测试用例的设计。

1.4.1 测试用例的定义

IEEE Standard 610(1990)对测试用例(Test Case，TC)给出的定义为：测试用例是一组测试输入、执行条件和预期结果，目的是要满足一个特定的目标，如执行一条特定的程序路径或检验是否符合一个特定的需求的用例。可表示成：

测试用例 = 输入 + 输出 + 测试环境

其中，输入是指测试数据和操作步骤，输出指系统的预期执行结果，测试环境是系统环境设置，即进行软件测试所必需的工作平台和前提条件。

1.3节所设计得到的一组输入和预期输出就是所谓的测试用例。测试用例设计的难点在于如何通过少量测试数据来有效揭示软件缺陷。

注意：软件测试环境与资源规划是测试计划中的一项重要内容，测试环境的配置是测试实施的重要环节，测试环境是否适合将严重影响测试结果的真实性和正确性。受篇幅限制，在此仅对其进行简要说明，有关测试环境的更多内容，可查阅其他书籍。测试环境包括硬件环境、软件环境、网络环境和历史数据，其中：

(1) 硬件环境指进行测试所必需的服务器、客户端、网络连接设备，以及打印机、扫描仪等辅助硬件设备所构成的环境，它是软件运行及提供部分功能的必要条件；

(2) 软件环境指被测软件运行时的操作系统、数据库及其他应用软件等构成的环境，它是应用软件运行的基础；

(3) 网络环境主要指针对 C/S 和 B/S 架构的软件；

(4) 历史数据是指测试用例执行所需初始化的各项数据。

1.4.2 测试用例的设计

测试用例由输入数据、操作步骤、预期执行结果及测试环境所构成，测试用例的设计主要也针对这几方面展开。一个原始而自然的设计方法就是对输入和输出进行穷举，针对每一种有效和无效的组合情况进行测试。然而，面向庞大的输入/输出集，穷尽测试通常是无法做到的，如何挖掘系统最可能出现缺陷的地方，有针对性地重点测试呢？下面以测试用例的输入数据为例，先简单讨论一下测试用例的设计原则。本书第二部分将继续展开详细的讨论。

对于某个测试对象(如一个函数)，其输入数据大致可分为以下 3 类：

(1) 正常数据

符合 SRS，合理、有效的输入数据，即被测对象可以接受的数据，例如函数的某个输入参数的有效取值范围。

(2) 错误数据

不符合 SRS，无意义、无效的输入数据，即被测对象不能接受的数据，例如函数的某个输入参数的无效取值范围。注意，无效输入可分为三类情况：第一，满足所有输入的数据类型要求，但不在有效取值范围内（这通常是在函数层面考虑的）；第二，部分输入不满足输入的数据类型要求；第三，缺少部分输入条件（第二、三种情况通常是在用户界面层考虑的）。

(3) 边界数据

介于正常数据与错误数据之间的临界数据，边界数据可能是有效的输入数据，也有可能是无效的输入数据，这要根据 SRS 的具体规定而定。

设计测试用例就是分别从以上 3 类数据中选择典型的测试数据来测试被测对象，为确保测试效率，基本原则如下：

① 测试用例的数量越少越好。测试用例越少，用例记录、执行、结果检查、管理所对应的工作量越少。

② 测试用例的典型性越高越好。测试用例具有典型性体现在每个测试用例代表被测对象对某一类数据的处理方式。

③ 测试用例对缺陷的定位性越强越好。当一组测试用例执行后发现不通过时，应能快速推测缺陷原因，利于程序员快速定位缺陷。

1.4.3 捉虫实践 3：如何提高效率？

1. 功能描述

本次实践主要侧重测试数据的选择，功能描述仍参照 1.2.3 节，不考虑具体的操作和系统界面。

2. 开始测试

考虑用一个函数来实现第二日问题的核心功能，该函数主要设计 3 个整型输入参数 Year、Month、Day，根据 3 个参数的有效取值范围可分析得到 3 类数据，并从每类数据中选择若干典型值，见表 1.3。

表 1.3　输入参数的数据类型和典型值分析

输入参数	正常数据	典型值	边界数据	典型值	错误数据	典型值
Year	[1800, 2050]	1925	1800, 2050	1799,1800,1801, 2049,2050,2051	(−∞, 1800], [2050, +∞)	1000, 2080
Month	[1, 12]	6	1, 12	0, 1, 2, 11, 12, 13	(−∞, 1), (12, +∞)	−5, 20
Day	[1, 31]	15	1, 31	0, 1, 2, 30, 31,32	(−∞, 1), (31, +∞)	−5, 40

以 3 个参数的 3 组典型值，分别构造测试用例的输入，可得部分测试用例如表 1.4 所示。

表 1.4　NextDate 函数的测试用例

用例 ID	输入			预期输出			备注
	Year	Month	Day	Year	Month	Day	
1	1925	6	15	1925	6	16	普通日期
2	1925	6	0		提示出错		无效输入
3	1925	6	1	1925	6	2	普通日期
4	1925	6	2	1925	6	3	普通日期
5	1925	6	30	1925	7	1	月末日期
6	1925	6	31		提示出错		日期不存在
7	1925	6	32		提示出错		无效输入
8	1925	6	−5		提示出错		无效输入
9	1925	6	40		提示出错		无效输入
10	1925	1	15	1925	1	16	普通日期
11	1925	1	0		提示出错		无效输入
12	1925	1	1	1925	1	2	普通日期
13	1925	1	2	1925	1	3	普通日期
14	1925	1	30	1925	1	31	普通日期
15	1925	1	31	1925	2	1	月末日期
16	1925	1	32		提示出错		无效输入
17	1925	1	−5		提示出错		无效输入
18	1925	1	40		提示出错		无效输入
19	1799	0	15		提示出错		无效输入
20	1799	0	0		提示出错		无效输入
21	1799	0	1		提示出错		无效输入
22	1799	0	2		提示出错		无效输入
23	1799	0	30		提示出错		无效输入
24	1799	0	31		提示出错		无效输入
25	1799	0	32		提示出错		无效输入
26	1799	0	−5		提示出错		无效输入
27	1799	0	40		提示出错		无效输入

受篇幅所限，表 1.4 仅给出了 27 个测试，若按照全组合的方式，可以计算出测试用例的总数为 9×9×9，即 729 个测试(即每个输入参数取 9 个典型值)。

3．测试分析

本次测试在第二次测试的基础上又有了明显的改进，体现在如下方面：

① 从正常数据、错误数据和边界数据的角度，设计了更多具有更好典型性的测试用例，针对普通日期、月末日期、不存在的日期和无效输入均有用例的覆盖；

② 每个测试用例给出了唯一的标识，便于测试用例的查找和管理。

但是，本次的测试带来了新的问题，分析如下：

(1) 测试用例的有效性

测试用例之间存在严重的冗余。如用例 1～3、8～11、15～17 均为普通日期的测试，冗余较严重。冗余的测试无法揭示新的缺陷，只能导致过多的工作量。

(2) 测试用例的规模

仅从 3 类数据的角度设计测试用例，得到的测试用例数量太多，对于这个简单的函数层面的测试，就得到了几百个测试用例，如果全部手动执行，测试人员会疯掉的。且随着输入参数个数和每个参数所选典型值的数量不断增加，测试用例数量的增长非常惊人。必须严格控制测试用例的数量。

(3) 缺陷定位问题

在本次测试中，设计的部分测试用例对缺陷的定位性较差。例如，用例 19~27 这组测试用例是对应 Year 和 Month 这两个输入参数均取错误数据，难以快速推测缺陷原因。如果设计的测试用例能对系统中的潜在缺陷有一定的定位能力，则将缩短程序员的调试时间，加快开发进度。

(4) 缺陷管理问题

对于失败的测试用例，将对应存在软件缺陷，该如何记录这些缺陷？怎样通过清晰简洁的方式向开发人员报告所发现的缺陷？是否能够确保所有缺陷在产品交付给用户之前都能够得到良好的修复？

从经济学的角度来说，在最短的时间内、以最少的人力发现最严重和最多的缺陷才能保证测试的效率。一方面，需要针对正常数据、边界数据、错误数据，以及系统业务流程等不同的方面，进行测试方法研究，利用规范的测试方法，在测试用例的规模、有效性、缺陷定位能力等方面提高测试的效率。另一方面，需要引入自动化测试，将测试人员从枯燥的测试执行工作中解放出来，让机器自动、准确地完成测试的执行。

1.5 自动化测试

1.5.1 自动化测试的定义

所谓自动化测试是相对手动测试而存在的，它是通过测试工具、测试脚本(Test Scripts)等手段，按照测试工程师的预定计划对软件产品进行自动的测试，从而验证软件是否满足用户的需求。自动化测试具有良好的可重复性、可操作性和高效率等特点，是提高测试覆盖率和可靠性的重要手段。自动化测试涉及测试流程、测试体系、自动化编译及自动化测试等多方面内容，而不仅仅是一个技术和工具的问题。

随着软件规模和复杂度的不断攀升，软件测试的难度和工作量不断增大，单纯依靠手动测试已经无法满足项目进度、风险及成本控制的需要，必须引入自动化测试。自动化测试不仅能够提供测试成功经验，提供对完整的测试流程的支持和各种测试的自动化实现，其本身也是支持尽早测试和连续测试的强有力的手段，包括支持测试指标的实时提取、项目质量的实时监控、支持每个迭代周期的增量测试和回归测试等。

1.5.2 自动化测试的任务

这是一个测试新人(以下称甲)与测试专家(以下称乙)之间的一段对话。

甲(期待地)：“请问，自动化测试能做什么呢？”

乙(不动声色)：“在回答你这个问题之前，请你先回答我，你希望自动化测试做什么？”

甲(几乎晕倒)：“啊，这个…我希望自动化测试能代替手动测试，这样我就不用每天执行那些枯燥的测试用例了。”

乙(面露难色)：“这个…你的期望值太高，而且太不具体，能说得详细些吗？”

甲(额头开始冒汗)：“嗯，我不明白，您能解释一下吗？

乙：“首先，不是所有的手动测试都可以用自动化测试来代替的，其次，希望自动化测试做什么事情，这是一个有关测试需求设计的问题。自动化测试其实只是一种测试活动，它需要制订明确的活动目标，也就是测试需求，或者说测试目标。举例来说，在某个软件系统中有个打印排版文件的功能，也是系统的核心功能。该功能在开发早期已经反复测试过了，属于稳定的功能。但每次在新版本中都要仔细地重测一遍，非常耗费时间，不测试又担心出错，因为之前就曾经因为改版而导致该功能失效。能否实现对该功能的快速重测呢？这就是测试需求，希望将该功能的测试改为自动化方式进行，以减轻测试人员工作量。”

甲(开心地笑了)：“哦，原来是这样，那假设我现在已经有了明确的测试需求，自动化测试能做什么呢？”

乙：“在开始自动化测试之前，还需要分析自动化测试需求，看这些需求是否合理可行，然后才能决定如何实施自动化测试。”

甲(着急地)：“那究竟怎样的需求才是适合用自动化测试实现的呢？”

乙：“这要看测试需求的具体内容，采用的自动化测试框架是怎样的，测试团队的代码开发能力和过程管理能力，不可同一而论。”

甲(抓狂)：“算了，这个问题貌似太难了，我问个具体的问题吧。嗯，请问需求阶段自动化测试能做什么呢？”

乙：“在回答你这个问题之前，请你还是先回答我，你希望在需求阶段自动化测试为你做些什么？”

甲(昏死过去)：“……”

自动化测试到底能做什么？在回答这个问题之前，确实需要认真思考一下，希望自动化测试为我们做什么？对于不同的项目，在不同的阶段，自动化测试的目标是不同的，例如希望改进测试过程，提高测试执行效率，或者希望提高测试覆盖率等。进一步来说，针对各个开发阶段，必须明确的问题包括：共需完成哪些工作，有哪些工作是适于采用自动化测试来完成的，受到测试团队的条件限制，可以采用怎样的方式、利用哪些工具来实现这些自动化测试内容。

以单元测试为例，如果是以函数为单元，针对重要或复杂的函数进行单元测试，那么希望自动化测试做些什么呢？

首先来看看采用手动测试时，需要做的测试工作有哪些：

(1) 对源代码进行走读，查找源代码中的常见缺陷，如变量未声明就使用、不同数据类型变量之间的比较等；

(2) 查看程序结构，对源代码的质量进行评价，如判断程序的复杂性是否符合要求、程序逻辑设计是否合理等；

(3) 使用多种测试方法，针对函数设计测试用例，执行测试用例，记录测试结果和缺陷；

(4) 根据测试用例和发现的缺陷对程序测试覆盖程度和被测函数质量进行分析，得出结论。

接下来，从这些手动测试工作中可以得到相应的测试需求，即希望自动化测试所做的工作：

(1) 自动对源代码进行走读，查找源代码中的部分典型缺陷；

(2) 通过某些复杂度模型，计算基于结构、代码行、变量数等可量化的指标，自动对源代码的质量进行评价；

(3) 针对函数自动生成测试用例，自动执行和校验测试用例；

(4) 针对函数自动控制其测试过程，并自动生成测试报告；

(5) 自动就测试覆盖率和函数质量等进行分析，得出测试分析报告。

根据测试需求，接着需要逐一分析，找到那些无法实现和只能有限实现自动化测试的需求，包括如下方面(不包含完全能实现的测试需求)：

(1) 只能针对特定编程语言和特定的缺陷类型，进行源代码的自动走读，通过分析源代码来提取某些类型的缺陷的特性，并予以提示；

(2) 通过工具是无法自动生成测试用例的，因为函数的预期输出只能由人设计得到，但自动化测试可以支持通过对程序的执行来达到某种程度的遍历（如对程序分支的遍历）。

最后，根据自动化测试框架实现自动化测试。

1.5.3 自动化测试技术

自动化测试技术主要包括录制/回放技术和脚本技术。

1. 录制/回放技术

录制/回放技术是早期较为流行的测试脚本生成技术。使用该技术的测试过程是：

(1) 通过自动录制测试人员对被测系统所做的操作，形成一个包含多个功能点的业务流程，将这些操作自动转换为工具可以识别的测试脚本；

(2) 测试人员根据测试的需要，在脚本中插入键盘输入、鼠标操作和测试数据，还需插入各种指令，用于支持对被测系统中重要对象属性的测试，如在某个按钮上设置检查点（Check Point），判断该按钮在特定条件下是否为禁止状态（Disable）等；

(3) 测试工具通过读取脚本，执行脚本中由测试人员插入的预定义指令，在测试人员执行的基本业务流程的基础上，重复执行指定的测试用例。

测试脚本以文件形式保存，脚本可采用录制/回放方式制作，也可以直接利用脚本语言编写完成。

录制/回放技术主要用于系统的自动化功能测试，主要目的是检验多个功能点在构成业务流程时是否满足复杂的约束条件，可称为交叉功能测试。典型工具包括 HP 公司的 QTP 功能测试工具。

录制/回放技术的优势在于：通过录制可以快速得到可回放的测试比较结果，且可以自动产生可直接使用的测试脚本，并自动准备了测试数据，在回归测试中可准确地重复执行指定测试用例。

录制/回放技术的局限性在于：

(1) 脚本使用效果严重依赖用户界面的稳定性。录制的脚本与所录制的对象紧密相关，脚本可能与特定字符串或位图的位置紧密相关，一旦用户界面发生变化，需要手动修改已录制好的测试脚本，甚至重新录制。回放时被测程序常出现很多不期望的窗口导致回放失败，需重新修改脚本，由此带来的工作量往往比手动测试还繁琐。

(2) 脚本识别的对象有限。随着编程语言和插件等的不断增加，脚本无法识别所有的界面控件，这些不能被脚本识别的对象将无法支持其测试。

(3) 脚本难以维护。手动录制的脚本只能作为测试用例设计的初始原型，仅依靠简单地录制/回放所包含的测试点非常有限。必须通过进一步脚本编程才能达到充分测试和重复测试的目的，且一个测试脚本只能包含有限的操作步骤，若测试脚本中包含过多复杂流程，将导致脚本一次性执行成功的几率非常低，反而会降低测试效率。

2. 脚本技术

脚本技术是实现自动化测试的基本要求之一，脚本语言具有与一般编程语言非常类似的语法结构，且多为解释型语言，可以方便地在 IDE 中对脚本进行编辑和修改。

脚本技术应提供的常见功能包括：

(1) 支持多种常用变量和数据类型。界面控件、鼠标或键盘操作等均可对应不同的数据类型，而放置在不同窗口中不同位置处的同类控件则用不同变量予以区别。

(2) 支持数组、列表、结构和其他混合数据类型。对于固定长度或未知数量的同类对象可用数组、列表等表示，对于复杂对象则可用结构或混合数据类型来表示。

(3) 支持各种条件逻辑和循环结构。当脚本需根据某些控件的状态或用户输入的有效性执行不同的分支和循环时，需使用条件逻辑和循环。

(4) 支持函数的创建和调用。为了支持脚本的复用和易维护性，需采用函数调用的形式。

(5) 支持文件读/写和数据源连接。为了实现测试数据与脚本的分离，需通过文件读/写操作和数据源连接操作，从外部读取测试数据，或将测试结果写入外部文件。

根据脚本支持的功能的不同，脚本技术可分为线性脚本、结构化脚本、共享脚本、数据驱动脚本、关键字驱动脚本等，简要说明如下：

(1) 线性脚本。线性脚本是顺序执行的测试用例，即每个测试用例可以通过脚本完整地被回放。但线性脚本只能顺序执行，若针对每个测试用例开发一个脚本，则工作量太大，重复代码多；而若将多个测试用例写在一个脚本中，只要有一个测试用例发生变化，都必须修改或重写脚本。

(2) 结构化脚本。结构化脚本是包含指令的脚本，指令可用于控制脚本的执行，典型的控制结构包括顺序、选择和循环，指令还可用于调用脚本，相当于函数调用的过程。结构化脚本可以批量执行类似功能。

(3) 共享脚本。共享脚本是指可以被多个测试用例所使用的脚本，其思想来源于测试用例的包含关系。即当多个测试用例包含相同的流程时，可将该流程制作为共享脚本，在需要时调用该脚本即可。共享脚本有利于实现脚本的重用，提高脚本可维护性。

(4) 数据驱动脚本。数据驱动脚本与线性、结构化和共享脚本不同的是，它不再将测试数据包含在脚本中，而是将测试数据存储在独立的数据库或数据文件中，脚本中仅包含控制信息。即使测试数据发生变化，仅需修改数据文件，不需要改动脚本。

(5) 关键字驱动脚本。关键字驱动脚本不仅将数据独立于脚本，而且可将测试逻辑以关键字(一般包括被测对象、操作步骤和值)的形式封装在数据文件中，随着测试用例数量的变化，测试脚本保持不变。

1.5.4 捉虫实践 4：如何消灭所有的虫子？

1. 功能描述

本次实践仍采用 Windows 类型的软件系统来实现第二日问题的功能，核心功能描述参见 1.3.3 节。所不同的是，系统界面添加了两个按钮，即“读取测试数据”和“自动测试”按钮，用于实现对系统核心函数的自动化测试，同时删去了原来的“确定”和“取消”按钮。NextDateV2 系统的运行界面如图 1.6 所示。

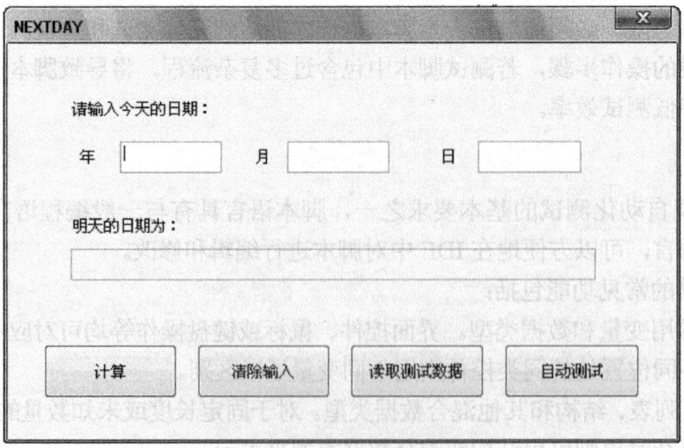

图 1.6 NextDateV2 系统的运行界面(含自动化测试)

2. 开始测试

(1) 测试用例

第二日问题的核心函数功能是计算下一天的日期，针对该核心功能，从完整的测试用例集合中随便抽取了部分测试用例，如表 1.5 所示。

表 1.5　NextDate 函数的测试用例

用例 ID	输入			预期输出			备注
	Year	Month	Day	Year	Month	Day	
1	1799	12	31	提示“请填入一个在 1800 和 2050 之间的整数”			越界日期
2	1800	1	1	1800	1	2	最小日期
3	2000	2	28	2000	2	29	闰月月末日期
4	1900	2	28	1900	3	1	非闰月月末日期
5	2010	1	31	2010	2	1	月末的日期
6	2010	4	30	2010	5	1	月末的日期
7	2010	12	31	2011	1	1	年末的日期
8	2050	12	31	2051	1	1	最大日期
9	2051	1	1	提示“请填入一个在 1800 和 2050 之间的整数”			越界日期
10	1800	6	15	1800	6	16	年份的边界
11	1801	6	15	1801	6	16	年份的边界
12	2050	6	15	2050	6	16	年份的边界
13	2051	6	15	提示“请填入一个在 1800 和 2050 之间的整数”			年份的边界
14	1925	1	15	1925	1	16	月份的边界
15	1925	2	15	1925	2	16	月份的边界
16	1925	11	15	1925	11	16	月份的边界
17	1925	12	15	1925	12	16	月份的边界
18	1925	6	1	1925	6	2	日期的边界
19	1925	6	2	1925	6	3	日期的边界
20	1925	6	30	1925	7	1	日期的边界
21	1925	6	31	提示“不存在的日期”			日期的边界

(2) 原始代码说明

第二日问题以 Visual Studio 2008 为开发平台，采用 C++语言，通过基于对话框的工程编写代码。主界面为对话框，对应类名 CNEXTDAYDlg，在该类中声明的变量和方法分别见表 1.6 和表 1.7。

表 1.6　CNEXTDAYDlg 类的变量

名称	类型	访问权限	含义
m_year	CString	Public	输入的年份
m_month	CString	Public	输入的月份
m_day	CString	Public	输入的日期
m_nextDay	CString	Public	输出的日期
year	int	Public	年份
month	int	Public	月份
day	int	Public	日期
nextDay	CString	Public	下一天日期的字符串

表 1.7　CNEXTDAYDlg 类的方法

名称	返回值类型	访问权限	含义
IsLeap (int year)	bool	Private	判断是否闰年
GetMonthDay (int month)	int	Private	获取该月的最大天数
AddOneDay ( )	void	Private	计算下一天的日期

受篇幅所限，具体代码见本书配套教学资源，下同。

(3) 测试需求

在第二日问题中，需要测试的是提供核心功能的函数，即CNEXTDAYDlg类的AddOneDay方法，为了对该函数实现自动化单元测试，测试需求可细化为如下内容：

① 自动读取每个测试用例的输入和预期输出；

② 自动执行测试用例；

③ 自动校验测试用例执行结果；

④ 自动控制测试过程；

⑤ 自动生成测试报告。

同时，还需要确保测试脚本独立、测试输入输出便于管理、所有文档统一管理。

(4) 测试脚本开发

从学生提交的作业中随便抽取了一份作业，来看看他的测试脚本是如何设计的。

① 在CNEXTDAYDlg类中添加的代码。在CNEXTDAYDlg类中声明私有变量CString PathName，用于存储测试数据文件所在路径，并添加公有方法 CString TestAddOneDay()，用于调用和测试AddOneDay()方法，代码如下。

```
CString  CNEXTDA YDlg::TestAddOneDay()// AddOneDay()方法的测试驱动函数
{
    UpdateData(TRUE);
    // 当年份在有效范围内，则调用被测函数，未排除形如2012年6月31日这类不存在的日期
    if (1800<=year&&year<=2050)           AddOneDay();
    else           return "";
    if ( 1<=day&&day<=31 && month&&month<=31 ){
        m_nextDay.Format("%d年%d月%d日",year,month,day);
        UpdateData(FALSE);
    }else
        m_nextDay="";
    return m_nextDay;// 实际上，在自动测试的过程中，输出编辑框不应有任何输出结果
}
```

在对话框中加入“读取测试数据”和“自动测试”按钮，并添加各自的响应函数OnBnClickedButton4和OnBnClickedButton3，具体代码如下。

```
void CNEXTDAYDlg::OnBnClickedButton4()
{// “读取测试数据”按钮的响应函数，功能是打开文件对话框，选择测试数据文件
   _TCHAR   strFileFilter[] = "所有文件(*.*)|*.*||";
    CFileDialog Dlg(TRUE,NULL ,NULL, OFN_HIDEREADONLY,strFileFilter);
    if(Dlg.DoModal()==IDOK) {// 弹出文件对话框
         PathName=Dlg.GetPathName();} // 获取测试数据文件的路径
}
void CNEXTDAYDlg::OnBnClickedButton3()
{// “自动测试”按钮的响应函数，功能是打开用户选择的测试数据文件，进行数据读取和测试用例执行
    CMyDateTest test(this); // 创建CMyDateTest类的对象，并调用该类的方法执行自动化测试
  tes  t.PathName=PathName;
    test.GetData ();
}
```

② 在 CMyDateTest 类中添加的代码。为了测试的需要，创建了一个新的类 CMyDateTest，在该类中声明的变量和方法如下。

```
public:
    CString  PathName;// 测试数据文件所在路径
    void  GetData();// 读取测试数据，并执行整个自动化测试过程
    CStringArray  IsPass;// 记录每个测试用例是否通过
    CStringArray  finalRes;// 记录最终测试结果
```

GetData()方法是完成自动化测试的核心方法。

(5) 执行测试

对测试脚本调试通过之后，就可以开始执行测试了。只需选择一个数据文件，用鼠标轻轻单击按钮，结果就出来了。若使用如图 1.7 所示的测试数据，将得到如图 1.8 所示的测试结果。

	A	B	C	D	E	F	G	H	I	J
1	年	月	日	预期输出	程序输出	测试结果	用例数	通过数量	未通过数量	测试时间
2	1799	12	31						0	
3	1800	1	1	1800年1月2日						
4	2000	2	28	2000年2月29日						
5	1900	2	28	1900年3月1日						
6	2010	1	31	2010年2月1日						
7	2010	4	30	2010年5月1日						
8	2010	12	31	2011年1月1日						
9	2050	12	31	2051年1月1日						
10	2051	1	1							
11	1800	6	15	1800年6月16日						
12	1801	6	15	1801年6月16日						
13	2050	6	15	2050年6月16日						
14	2051	6	15							
15	1925	1	15	1925年1月16日						
16	1925	2	15	1925年2月16日						
17	1925	11	15	1925年11月16日						
18	1925	12	15	1925年12月16日						
19	1925	6	1	1925年6月2日						
20	1925	6	2	1925年6月3日						
21	1925	6	30	1925年7月1日						
22	1925	6	31							
23										

图 1.7　测试数据 1

	A	B	C	D	E	F	G	H	I	J
1	年	月	日	预期输出	程序输出	测试结果	用例数	通过数量	未通过数量	测试时间
2	1799	12	31			通过	21	18	3	2012年6月5日20:16:50
3	1800	1	1	1800年1月2日	1800年1月2日	通过				
4	2000	2	28	2000年2月29日	2000年2月29日	通过				
5	1900	2	28	1900年3月1日	1900年3月1日	通过				
6	2010	1	31	2010年2月1日	2010年2月1日	通过				
7	2010	4	30	2010年5月1日	2010年5月1日	通过				
8	2010	12	31	2011年1月1日	2011年1月1日	通过				
9	2050	12	31	2051年1月1日	2051年1月1日	通过				
10	2051	1	1			通过				
11	1800	6	15	1800年6月16日	1800年6月16日	通过				
12	1801	6	15	1801年6月16日	1801年6月16日	通过				
13	2050	6	15	2050-6-16	2050年6月16日	未通过				
14	2051	6	15			通过				
15	1925	1	15	1925-1-16	1925年1月16日	未通过				
16	1925	2	15	1925年2月16日	1925年2月16日	通过				
17	1925	11	15	1925年11月16日	1925年11月16日	通过				
18	1925	12	15	1925年12月16日	1925年12月16日	通过				
19	1925	6	1	1925年6月2日	1925年6月2日	通过				
20	1925	6	2	1925年6月3日	1925年6月3日	通过				
21	1925	6	30	1925年7月1日	1925年7月1日	通过				
22	1925	6	31		1925年7月1日	未通过				
23										

图 1.8　测试数据 1 的测试结果报告

第 22 行的测试用例 1925 年 6 月 31 日这个无效日期，被测函数 AddOneDay( )竟然没检查出来，测试脚本很快就帮我们发现了这个缺陷。

然而，美好的感觉可能持续不了多少时间。看看这个脚本的问题吧。重新审视图 1.8 会发现，在 3 个未通过的测试用例中，第 13、15 行的用例似乎很奇怪，其中第 13 行的测试用例预期输出从图 1.7 中的 2050 年 6 月 16 日，变成了图 1.8 中的 2050-6-16，第 15 行也存在同样的问题，这明显不是被测函数的缺陷，而是测试程序的缺陷。实际上，若打开附带的测试数据 1.xls 文件，会发现，当双击 13 行的 2050 年 6 月 16 日这个单元格时，看到的确实是 2050-6-16，这个测试用例执行不通过并非测试代码的缺陷，而是测试数据文件本身存在错误，是制作测试数据文件的时候犯的错误。

这个测试脚本还有新的缺陷吗？再尝试一下另外一个测试数据文件，若将图 1.7 中的所有测试数据清空(但不删除，保持 21 行数据全部为空)，再次执行测试，竟然会得到如图 1.9 所示的测试结果。一个测试用例都没有，输出竟然是 21 个测试用例全部通过。

	A	B	C	D	E	F	G	H	I	J	K
1	年	月	日	预期输出	程序输出	测试结果	用例数	通过数量	未通过数量	测试时间	
2						通过	21	21	0	2012年6月5日20:19:19	
3						通过					
4						通过					
5						通过					
6						通过					
7						通过					
8						通过					
9						通过					
10						通过					
11						通过					
12						通过					
13						通过					
14						通过					
15						通过					
16						通过					
17						通过					
18						通过					
19						通过					
20						通过					
21						通过					
22						通过					
23											

图 1.9 空数据时的测试结果报告

更有甚者，当选择数据文件时，若选中的数据文件是已经包含了测试结果的数据文件，单击“自动测试”按钮，程序虽然会提示有重复文件的清空，但退出程序后，原来被选中的数据文件竟然无法手动删除了。

3. 测试分析

上面的核心函数 AddOneDay( )至少存在两方面问题：

(1) 函数未做很好的有效性校验，对于 1800 年 1 月 1 日到 2050 年 12 月 31 日之间的日期，当用户输入为 4、6、9 月的 31 号，以及 2 月的 29、30、31 号时，该函数无法正确处理；

(2) 函数中存在多余的语句，导致孤立节点，形成不可行路径(有关内容将在第 5 章继续讨论)。

而测试脚本存在的问题更多，体现在如下方面。

(1) 测试驱动程序不应完成被测函数应提供的功能

TestAddOndeDay( )方法是对被测函数 AddOneDay( )进行测试，称为测试驱动函数，该函数不需要进行输入的有效性校验，即使被测函数 AddOneDay 的功能中包含输入的有效性校验，其测试驱动函数也不应重复进行输入的校验，因此，被测函数的测试驱动程序只需要给被测函数正确提供输入参数，调用被测函数，并获取被测函数返回值即可。

(2) 测试的层面不清晰

AddOneDay()方法仅仅是根据输入的日期计算下一天的日期。而就系统层面而言，计算得到下一天的日期后，需转换为字符串方式，提供给界面向用户展示计算后的结果，这属于结果展示功能，而非 AddOneDay()方法需提供的功能。因此，在对 AddOneDay()方法的测试中，应贴合其功能来写测试代码，该方法唯一需要校验的是调用该方法后，日期能否发生正确的改变，而与存储系统输出的字符串无关，即 TestAddOneDay()方法中不需要对变量 m_nextDay 进行赋值，不需要查看 m_nextDay 变量是否正确赋值。

(3) 测试脚本应独立于被测对象

TestAddOneDay()方法是不应放在 CNEXTDAYDlg 类中的，它应该直接放在 CMyDateTest 类中，由于 AddOneDay()方法是一个私有方法，在 CNEXTDAYDlg 类的外部无法访问，一个可行的方式是在该类中添加一个公有方法，仅包含一条语句即可，即调用 AddOneDay()方法，这样就可以实现在该类的外部测试该方法了。事实上，TestAddOneDay()方法对于本例来说，是完全可以删去的。

(4) 测试脚本读取测试数据时的有效性校验不完备

在 CMyDateTest::GetData()方法中，读取测试数据文件时，并未考虑到空白数据行的识别，才会导致对空白数据文件竟然产生测试通过的错误。归根结底是测试代码的正确性未得到很好的保证。事实上，很多人会有这样的疑问，测试代码是对被测程序的检查，那么，如何保证测试代码的正确性呢？是否要对测试代码进行测试呢？

(5) 测试执行完成后，测试结果覆盖了原始测试数据

在本例中，测试执行结果是直接写入原始被选中的测试数据文件中的，导致原始测试数据文件的破坏，在自动化测试中，这种情况是应该严格被禁止的。

在自动化测试中，除了测试脚本，在数据驱动的测试中，测试数据文件也是必须确保正确的，测试数据的错误将导致不可靠的测试结果。

4. 进一步分析

从上面的自动化测试的实例可以看出，为了全面实现一个函数的自动化单元测试，需要撰写大量的代码，并确保其调试通过，能正确执行指定的测试功能。尽管单击一个按钮，眨眼之间所有测试都自动完成了，看起来很爽。但是，当为了分析、设计和编写自动化测试脚本而汗流浃背的时候，那感觉真是痛苦极了。没理由不怀疑，对于一个庞大的系统而言，自动化测试真的需要吗？换句话说，只要全面实施自动化测试，就一定能够降低测试工作量、加快测试进度、提高测试效率、甚至能达到穷尽测试吗？就第二日问题的 NextDate 函数的自动化测试而言，自动化测试的效果似乎远非如我们的期望相一致。那么，如何消灭软件中所有的虫子呢？至少从目前来看，是不可能做到的，因为永远不知道软件中有多少缺陷，也不知道这些缺陷隐藏在哪里，只能通过尽可能长时间、尽可能全面的测试来发现这些缺陷。自动化测试也不能杀死所有的虫子，但是，通过实施自动化测试，有可能有助于提高测试的效率，这才是自动化测试的目的。

1.5.5 自动化测试实施要点

1. 自动化测试的实质

自动化测试的最终目标是什么？是消灭手动劳动者(即手动测试员)吗？如果自动化测试是手动测试员的终结者，那么软件工厂是不是早就可以建成，大家早就开始忙着推广新时代的软件工业革命了呢？至少目前还没有看到有任何这样的迹象。

自动化测试的实质是为了快速、高效地发现和预防回归缺陷，而不是为了使用测试工具，因此，自动化测试(特别是基于UI的自动化测试)不是万能的，也不是测试的全部，更不是没有成本的。

那为什么测试人员乃至部分领导特别热衷于搞自动化测试呢？主要原因在于：

(1) 自尊心在作怪。与开发人员相比，测试人员常被认为是低人一等，因为他们不像开发人员那样经常写程序，测试人员希望通过自动化测试来编写大量的测试自动化代码，从而证明自己也有编写程序的能力，结果往往导致测试自动化框架越来越复杂，并不能实际解决测试效率和成本的问题。

(2) 绩效的需要。手动测试通常被认为是没有技术含量的，为了向管理层展示自己的业绩(事实上，很多领导也喜欢看那些数字证明的业绩)，测试组不得不实施自动化测试，通过注入测试自动化达到80%，程序覆盖率达到90%之类的措辞来吸引眼球。

总之，自动化测试非常重要，但并非万能，必须掌握自动化测试与手动测试的时机，才能达到最佳效果。这一点从一个经验数据可见一斑，测试人员一般会用30%的时间来阅读代码，20%的时间编写测试代码，50%的时间用于编写测试用例和执行测试用例。

2. 自动化测试的时机

简单地说，除非被测试的软件需要重复测试7次以上，否则没有做自动化测试的意义。即自动化测试主要用于回归测试，其最大的作用在于提高回归测试的效率。

具体来说，实施自动化测试的时机如下：

(1) 项目没有严格的时间压力。当项目处于巨大的时间压力下时，测试人员太忙了，压根没有时间尝试新的东西，自动化测试无法展开。

(2) 具有良好定义的测试策略和测试计划。如果测试组都不知道要测什么、什么时候测试，且并未定义标准的测试过程，则无法根据需要选择合适的测试工具、调配测试资源和分配相关人力来负责测试脚本的开发和维护。

(3) 被测系统支持自动化测试。涉及人工对硬件进行频繁操作的功能是难以实施自动化测试的。且如果被测系统的用户界面不稳定，经常变化，或者被测函数的接口经常需要修改，或者数据库表的设计经常变化，甚至用户需求经常变化，将无法展开自动化测试。简言之，只有稳定的、主要涉及软件的功能才能支持自动化测试。

(4) 有充足的硬件来运行测试程序。当缺乏多余的硬件设备时，只能将有限的硬件分配给手动测试，因为自动化测试通常不能比手动测试发现更多的缺陷。

(5) 被测系统的缺陷数量稳定在较低的水平。若被测系统包含太多的软件缺陷，这说明系统的开发质量本身很差，采用手动测试就足够了。所谓杀鸡焉用牛刀就是这个道理。

1.5.6 自动化测试的局限性

一看到自动化测试，很多人就会发出“哇喔”的惊叹，短短几秒内，上百个测试用例可以全部跑完，并自动生成测试统计报告，而那些图形化的结果展示更让人相信，自动化测试是将测试人员从无聊透顶的手动测试中解放出来的银弹。然而，要做到这些，必须将测试人员也变成开发人员，来编写测试代码，调试测试代码，甚至重写测试代码，此时的测试问题已经变成一个开发项目，测试人员将花费绝大部分的时间和精力来构建和维护自动化测试代码，而不是放在对软件的测试，软件测试似乎已经偏离了其原始的正确方向。因此，自动化测试不是万能机器人，不能过度依赖于自动化测试。只有手动测试才能最大限度地发挥人的主观能动性，根据真实的用户情况，在真实的用户环境中使用真实的用户数据，识别出各种与软件业务逻辑密切相关，以及与软件特性相关的软件缺陷。

1.6　本章小结

本章介绍了软件和软件测试的几个最重要的概念，包括软件、软件测试、软件缺陷、测试用例和自动化测试，其中，通过软件测试的概念让大家初步认识到软件测试的全过程和涉及的工作内容，软件缺陷和测试用例是两个让测试工程师终日忙碌的重要对象，自动化测试则是帮助软件测试人员提高工作效率的利器。同时，本章以第二日问题为案例，通过 4 次测试实践，帮助读者逐步了解测试方法，熟悉测试流程，纠正对测试的错误认识。更多有关测试方法和流程的内容将在第二、三部分逐步展开讨论。

思考与练习

1. 测试员在测试过程中应尽量追求完美。该描述正确吗？

2. 软件测试的目的是发现缺陷。该描述正确吗？

3. 自动化测试的难点在于如何快速学会使用测试工具？该描述正确吗？

4. 为什么说软件的需求规格说明书往往是软件缺陷的最大来源？对软件测试工作有何启发？

5. 请仿照 NextDate 问题，针对 PrevDate 问题设计测试用例。PrevDate 问题的功能简述如下：当用户输入有效日期时(从 1800 年 1 月 1 日到 2050 年 12 月 31 日之间的所有日期)，系统将自动计算出前一天的日期。否则，系统不执行日期的计算，并给出消息提示输入无效。

6. 请根据测试用例的定义和管理的需要，设计一个测试用例报告的模板。

第 2 章　软件测试背景

内容提要

了解了软件测试的核心概念后，可以开始动手测试了，不过，在真正开始技术讨论之前，本章将向读者简单介绍一下软件测试的发展历程、软件测试技术现状、当前软件测试的研究热点和行业现状，便于读者确定自己的研究兴趣和技术主攻方向。

2.1　引子：一个中国黑客高手

找茬是指吹毛求疵地进行挑剔和批评，鸡蛋里挑骨头算不算找茬？读者肯定会说，“当然算，鸡蛋里挑骨头，这都不算找茬的话，就没有啥事情可称为找茬啦”，但是，这种“找茬”充其量是小儿科水平，真正的骨灰级“找茬”是要让别人哭着喊着求你来找茬，找完之后还要特虔诚地对你说声“谢谢”，并额外付给你一大笔酬金。哇哦，还有这么好的事情？先来看看中国学生黑客刘蝶雨的故事吧。更多有关刘蝶雨的精彩内容，请阅读凌志军（人民日报社主任编辑、资深记者和畅销书作家、法学硕士）的著作《追随梦想：中国人在微软》。

刘蝶雨本是湖南湘潭大学计算机系的一名普通学生，他从 2002 年 6 月 30 日开始走上测试黑客的不归路。那一天，他偶然看到一篇外国人写的关于如何发现程序中的错误的文章，很多在刘蝶雨看来非常困难的事情，顿时变得简单了，就像文章作者所说，“并不需要你有多么高深的知识和多高明的技巧，你只要从特殊的角度去看它。”于是，带着几分好奇、几分兴趣、几分要证明自己能力的欲望，刘蝶雨开始以微软的浏览器为靶子，在其上到处找，并不停地找到“臭虫”（即 Bug，缺陷）。

刘蝶雨的行为很快就让微软总部的安全小组盯上了，并成功地找到了他。不过，他并没有被惩罚，而是被邀请到微软亚洲研究院去实习。刘蝶雨在开始实习工作的连续 7 天内，以每日一个的频率，在浏览器上找到 7 个其他人很难找到的 Bug，他自己很兴奋，微软总部的人更兴奋，惊叹“这个人怎么这么厉害”。

在实习的第 8 天，时任微软亚洲研究院新技术开发部经理的林斌向刘蝶雨推荐了一本软件程序员必读书，介绍如何编写安全的代码，他拿到书之后，立即直接深入到书的作者所领导的小组去找臭虫，并再次获得了成功。他在浏览器的地址栏里发起自己的“战役”。当他使用一种方式来表达一个字母时，浏览器没有任何问题。他继续扩展到第二种方式，仍然没有问题。他一口气做下去，不断扩展出新的表达方式，字符串延伸到第 81 次，系统毛病终于出来了，他笑了，再接再厉，扩展出至少 200 种变化，字符串形成前所未有的长度。结果发现，从第 81 种变化开始，一直到第 100 种，系统均会出问题，最终竟莫名其妙地进入一个银行的网页。“真是太绝了。”林斌说，“别人的测试，只变化十几次、二十次，就已经不得了。实际上他的变化是从 0 到 200 多次，就是在中间一个短暂的阶段，他发现了问题。问题报告总部，那边的人佩服得一塌糊涂。”“这种测试，根本想象不到。”微软总部的安全小组回电说。

最终，刘蝶雨成功加盟微软，成为微软亚洲研究院的一名“微软小子”。

软件测试就是软件行业的这种“找茬”职业，它位居 2007 年 IT 热门职业的榜首，与 3G 人才、动漫人才并列目前国家重点培养对象的前 3 甲，软件测试工程师认证成为 IT 认证新贵。您也想如刘蝶雨一样成为一名测试黑客吗？那么，还犹豫什么，现在就开始测试之旅吧。

2.2　软件测试的发展历程及现状

2.2.1　软件测试的发展历程

1．第 1 阶段：初始阶段

20 世纪 70 年代以前是软件测试发展第一阶段，由于软件规模很小，软件开发过程中软件测试的含义较狭窄，测试等同于“调试”，目的是修复软件中已发现的缺陷，常由开发人员自行完成，该阶段对测试的投入少，且一般需等软件编写完成时才进行简单的测试。直至 1957 年，软件测试才开始与调试区别开来。但人们潜意识里认为软件测试的目的是“使自己确信产品能工作”，并形成一种“为了让我们看到产品在工作，就得将测试工作往后推一点”的错误认识。因此，测试活动始终相对滞后于开发活动。随着软件规模的日益扩大和软件复杂度的不断提升，这种模式已无法适应软件行业发展的需要。

2．第 2 阶段：定义阶段

进入 20 世纪 70 年代，软件工程开始受到广泛关注，人们开始针对软件测试方法和过程展开探索，并产生一些有效的测试方法，初步建立软件测试基础理论，形成了分别以 Bill Hetzel 和 Glenford J Myers 为代表的两大思想流派：

(1) Bill Hetzel，代表著作 *The Complete Guide to Software Testing*，提出软件测试的第一类方法：软件测试的目的是验证软件是工作的，即软件功能是按预先设计执行的，以正向思维逐个验证被测软件系统所有功能点的正确性。第一类方法是主流和行业标准，以需求和设计为本，有利于界定测试工作的范畴，便于部署测试重点。

(2) Glenford J Myers，代表著作 *The Art of Software Testing*，提出软件测试的第二类方法：软件测试的目的是证伪，即测试就是验证软件是“不工作的”，以逆向思维发现被测软件系统中的缺陷。第二类方法更强调测试人员发挥主观能动性，用逆向思维方式思考开发人员理解的误区、不良的习惯、程序代码边界等，试图破坏系统，有助于发现更多软件系统中的缺陷。

该阶段最重要的里程碑事件包括：

① 1972 年，Bill Hetzel 博士在美国北卡罗来纳大学组织举行了历史上第一次以软件测试为主题的正式学术会议；

② 1979 年，Glenford J Myer s 博士出版了软件测试领域第一本最重要的专著 *The Art of Software Testing*。

3．第 3 阶段：集成阶段

20 世纪 80 年代初，软件快速趋向大型化和高复杂度，软件质量越来越重要。软件开发方式逐渐由混乱无序的开发过程过渡到结构化的开发过程，人们逐步将质量概念引入软件开发，软件测试已不仅仅是一个发现缺陷的过程，还包含软件质量评价的内容，是软件质量保证的重要措施之一。该阶段出现了软件测试行业标准(IEEE/ANSI)和 ISO 国际标准。

该阶段最重要的里程碑事件包括：

(1) 1981 年，Bill Hetzel 首次在大学中开设 *Structured Software Testing* 公共课，标志着软件测试走下神坛，成为更多 IT 技术人员需要掌握的核心技术；

(2) 1988 年，David Gelperin 和 Bill Hetzel 在 *Communications of ACM* 上发表论文 *The Growth of Software Testing*，首次介绍系统化的软件测试和评估流程；

(3) 开始出现 QA(质量保证)和 SQA(软件质量保证)部门。

4．第4阶段：管理、测量和最佳化阶段

进入20世纪90年代，软件测试进入全面发展时期。一方面软件测试工具开始盛行，针对单元测试、系统测试等不同阶段的各种测试工具逐渐在多种软件测试活动中使用，软件测试工具厂商逐渐崛起。另一方面，软件测试技术研究取得较大的突破，形成多种测试过程模型，如：

(1) Gelper博士提出的测试支持模型(Testing Support Model，TSM)，用于评估测试小组所处环境对于测试人员的支持程度；

(2) Burnstein博士提出的测试成熟度模型(Testing Manturity Model，TMM)，依据软件能力成熟度模型(Capability Maturity Model，CMM)框架提出测试的5个不同级别。

如今，随着软件开发方法和软件应用的不断发展，软件测试不断得到完善，人们正尝试从不同的角度，使用不同的方法，研究不同领域的软件测试相关问题。

2.2.2 软件测试的现状

1．国外现状

在软件业发达国家(如美国)，软件测试已发展得相当成熟，并成为一个独立的产业，主要体现在如下方面：

(1) 软件测试在公司中的地位非常重要。公司内部软件测试人员与开发人员的比例一般高于1∶1，必要时会达到1.5∶1的比例。比尔·盖茨在马萨诸塞州技术学院的一次演讲中曾说："在微软，一个典型的开发项目组中测试工程师比编码工程师多得多，可以说，花费在测试上的时间要比花费在编码上的时间多得多"。

(2) 软件测试的理论研究蓬勃发展。国际上每年都举办各种有关软件测试的学术年会，涌现出大量相关研究论文，并以美国卡耐基·梅隆大学的软件工程研究所最为著名。

(3) 软件测试市场繁荣。针对软件测试各阶段的自动化测试需求，不少专业公司致力于开发软件测试标准和自动化测试工具，并形成较大的产业，如HP的QTP和LR工具、IBM的Rational系列工具，也有不少专业人士提供了大量开源测试工具，如BugFree、BugZilla、JMeter等。

2．国内现状

中国的软件测试技术研究起步于20世纪80年代，随软件工程的研究而逐步发展起来，因起步较晚，导致相比欧美发达国家仍存在很大差距。进入20世纪90年代以后，随着国内经济持续快速增长，软件行业得到快速发展，国家大大提高了对软件产业的重视程度，也带动软件测试领域朝着正确的方向发展。目前国内测试行业的现状主要体现在如下方面：

(1) 对软件测试的认识和重视程度在不断提高。因企业承接的项目规模偏小，对测试资金投入估计不足；且企业为争夺项目，承接项目时承诺的开发时间很紧，导致测试时间不够。为此，国家各部委、各行业正在通过测试来规范软件行业的健康发展。自2001年起，在信息产业部关于计算机系统集成资质及信息系统工程监理资质认证中，软件测试能力被定为评价公司技术能力的一项重要指标。

(2) 对软件产品化测试的技术研究从手动向自动化方式转变。国内软件企业规模偏小，往往通过关系得到企业订单，缺乏对企业的长远规划，对产品质量要求不严，对测试不肯投资，导致产品得不到严格测试就交付客户使用。因此，传统测试仍以手动为主，造成低效率、高差错率的局面，随着软件规模的扩大，针对企业的网络应用环境需要支持大量用户和复杂的软硬件应用环境，测试工作量越来越大，自动化测试及管理已成为项目测试的一大趋势。

(3) 软件测试人员需求大，人员素质不断提高。从软件测试网连续5年来的测试从业人员调查报告可以看出，软件测试人员多为职场新手，很多对测试一无所知的人在从事基础的测试工作，无法保

证测试工作的质量。随着软件外包服务的迅猛发展，外包对软件质量要求高，国内软件企业要想在国际市场立足，必须重视软件质量，这就要求软件企业必须重视并加强软件质量的把关者——测试人员的选拔、培养和知识培训。

(4) 测试服务体系初步形成规模。随着用户对软件质量的要求越来越高，信息系统验收必须通过第三方测试机构的严格测试进行判定。“以测代评”正成为我国科技项目择优支持的一项重要举措，全国各地新成立的软件测试机构已达 10 余家，其中国家级软件测试机构有 3 家，即中国软件评测中心(http://www.cstc.org.cn)、赛宝软件评测中心(http:// www.scstlab.com.cn)和中国电子技术标准化研究院(http://www.cesi.ac.cn)。

2.2.3 外包测试的现状

外包软件测试是指软件企业将软件项目中的全部或部分测试工作交给提供软件外包测试服务的公司(简称外包公司)，由这些公司来为软件进行专门的测试，在技术和管理上提高软件测试的有效性，并使软件企业可以更好地专注于核心竞争力业务，降低软件项目成本。从为软件公司提供外包测试服务的业务模式看，外包测试主要存在现场测试、公司内部测试、设立联合研发中心 3 种模式。

(1) 现场测试模式(On-Site)

即人员外派模式，外包公司将自己的测试人员派到客户现场提供包括测试计划制订、测试用例编写、测试脚本开发、测试流程优化等整个过程在内的测试技术服务，可派整个测试团队独立测试，也可将测试技术员分散在客户测试团队。该模式下，公司基本只提供人员，由客户负责控制项目实施过程，便于客户保证项目信息安全，并监控软件测试的进度和质量。该模式下，外包公司也可以外包项目形式承接测试任务，测试团队中的项目经理负责与客户及研发团队沟通，并在一定程度上控制测试的进展。

文思创新、博彦科技等是国内较为知名的提供外包测试服务的企业，这类公司主要为欧美和日韩的知名软件公司(如 Microsoft、HP、IBM 等)以及国内大型 IT 公司(如华为等)提供测试外包和人力外包服务。这类企业对员工的外语水平、综合素质和专业素质要求较高。

(2) 内部测试模式(In-House)

内部测试模式又分为：完全离岸外包模式(Off Shore)、现场增援与离岸结合模式(On Site+Off Shore)，其中，前者是指承接客户的软件测试任务后，在外包公司内部进行软件测试工作，按照约定提交软件测试工件或者软件测试报告，服务费用按软件测试外包的工作量收费，该模式适用于外包项目较成熟、定义明确的情况；后者则指部分人员需外派到客户处进行现场测试，其他人员留在外包公司内部做测试。一些本地化产品的测试多采用这种模式。

(3) 设立联合研发中心模式

该模式下，外包公司与客户设立联合研发中心和测试实验室，使外包公司与客户关系更加紧密，形成在供应商和客户关系基础之上的战略合作伙伴关系。这种模式多被大公司所采用，如 IBM、神州数码等，该模式也是测试外包公司的发展方向。

外包软件测试行业的前景非常看好，近年来，我国软件外包产业年均增长率为 36.5%，处于快速发展阶段，软件外包测试的兴起意味着更多机会，通过提供软件测试服务，国内软件本地化公司可扩展服务业务范围，不断扩大发展规模。

2.3 软件测试的研究热点

当前软件测试的研究热点主要体现在 4 个方面。

(1) 针对软件特点而展开的实用软件测试技术和方法的研究

随着当前软件应用行业的日益广泛，针对不同应用的软件(如Web应用、嵌入式系统、游戏软件等)具有各自的特点，对应也有特殊的测试重点和测试方法。

例如，随着网络技术的飞速发展，各类基于Web的应用软件成为当今软件开发的重点，Web应用程序的特殊性主要体现在：

① 整体结构为多层结构，表示层、业务逻辑层、数据层处于不同系统平台；

② Web应用程序多由典型实体构成，如HTML、CGI、JSP、XML等；

③ 从运行机制上看具有分布式、并发、动态、实时交互等特征；

④ 综合使用多种编程技术，如CGI、PHP、ASP、JSP、数据库等，导致系统实现复杂；

⑤ 程序运行性能与环境和负载具有复杂的关系，如客户端浏览器缓存的设置、网络情况、服务器配置、用户访问方式、用户分布特性等，均影响到Web应用程序的性能。

因此，对Web应用程序的测试重点包括对系统的安全测试、性能测试、Cookies的测试、对超链接的测试、脚本语言容错的测试，以及对浏览器的兼容性测试等。

再如，嵌入式系统是以应用为中心、以计算机技术为基础、软硬件可裁剪的专用计算机系统，在国防建设和社会生活中发挥越来越重要的作用，如航天器、汽车、智能手机等设备中的系统均为嵌入式系统，嵌入式系统具有实时性强，外部交互复杂，依赖特定硬件平台，系统资源较缺乏，对成本、体积功耗等要求严格等特点，给软件测试工作带来了如下的变化：

① 测试内容不仅包括单元测试和系统测试，还包括部件测试，且系统测试中除需验证系统功能和性能，还需重点关注配置项之间，以及配置项与硬件之间的接口；

② 嵌入式系统一般具有高鲁棒性、容错性和可靠性要求，可采用故障注入测试方法，针对系统外部接口和总线开展测试；

③ 铁路、医疗等安全关键系统不允许软件失效，应制订一系列相关标准和规范，如IEC61508、《载人航天工程软件研制工作要求》等；

④ 嵌入式系统的开发与运行环境分离，需在多个环境下进行双重测试，如何模拟真实硬件设备间的高速通信、增强测试环境的适应性、确保分布式系统调度正确性等，都是嵌入式系统测试平台搭建的主要难点。

(2) 针对新的软件开发技术展开的软件测试技术研究

20世纪60、70年代因大型软件系统开发引起的软件危机促成了Yourdon和De Marco的结构化分析与结构化设计的软件工程方法的盛行，针对这种开发过程，对应的基本测试方法有黑盒测试和白盒测试方法，并分单元测试、集成测试和系统测试3个不同的阶段展开测试活动。

随着软件复杂度和规模的不断提高，传统的从需求分析→设计→实现→测试的开发模式将导致大量重复劳动，只有引入软件复用机制才能提高软件生产效率并掌控软件产品的质量，20世纪80年代出现了面向对象方法(Object-oriented Method，OOM)，用对象作为描述客观世界的基本单元，通过类的实例化、继承和多态的特性实现复用。在面向对象开发方式下，测试也发生了变化，对应有面向对象分析的测试、面向对象设计的测试及面向对象编码的测试，特别地，继承导致的父子关系、多态导致的对象的不确定性和对象所具有的状态性质等，都是面向过程的开发中所没有的，对应需找到新的测试方法。

然而，面向对象的建模一般针对单一应用系统，对象抽象针对问题域，对象模型的生成过程是静态的，软件重用的粒度是原子级的。为此，20世纪90年代出现了面向构件的开发方法(Component-orirented Method，COM)。构件化建模针对领域应用系统，构件抽象针对解域，构件化模型即构架的生成过程是动态的，软件重用粒度是组合级的。构件具有类、类库、框架等多种形态，具有分析件、设计件、代码件、运行件等多种层次，具有名称、属性、接口等多方描述。在基于构件的开发方式下，测试也变得不同，构件生产者面临构件应用环境复杂多变、构件测试环境配置异常困难等问题，构件使用者则面临难以获得软件源程序而导致测试较盲目、难以产生合适的测试数据以保证底层元素的高覆盖等问题，共同的问题是测试集的组合爆炸、构件测试如何保证重用以及缺少构件测试工具等。对应的测试方法则有基于元数据的构件测试方法、软件构件流程图方法、错误注入的构件测试和测试序列技术等。

(3) 软件自动化测试技术的研究

自动化测试是软件测试领域一个长期研究的方向，人们期望最大限度地通过自动化测试提高测试效率，支持各阶段的自动化测试，内容包括：

① 如何通过读取源代码或需求文档，自动生成测试用例；

② 如何通过读取和分析源代码，自动计算相关度量指标，从而对源代码的质量进行测量；

③ 如何自动选择测试用例包，自动执行回归测试；

④ 如何针对特定应用软件进行自动化测试；

⑤ 自动化测试脚本技术研究等。

(4) 软件可信性研究

互联网的普及和发展为信息资源的广泛共享和利用提供了可能，但也导致安全性、可靠性、可用性等问题日益凸显，信息系统常无法以人们所信任的方式工作，并直接或间接对用户和社会造成损害。ISO/IEC15408 标准指出：一个可信的组件、操作或过程的行为，在任意操作条件下是可预测的，并能很好地抵抗应用软件、病毒及一定物理干扰造成的破坏。软件可信性是软件质量的一种特殊表现形式，重点关注使用层面的综合化质量属性及保障。人们从软件可信性度量与建模、可信软件构造与验证、可信软件演化与维护等方面展开了多方面研究。

在可信的概念和结构研究方面，Avizienis 等人提出可信安全计算的基本概念和分类方法；David 等人对大规模互联网服务的体系结构与可信问题进行了深入研究。目前关于软件可信性的度量研究主要集中在软件的可靠性度量和安全性评估。Y.K.Malaiy 认为软件可靠性模型是软件可靠性度量的主要手段。M.Ohba 依据建模对象把软件可靠性模型分为两类：利用软件复杂度确定软件缺陷数的静态模型和以与运行时间相关数据或信息为建模对象的动态模型(如马尔科夫过程模型等)。根据模型应用阶段可分为面向整个开发过程的建模(如 Rayleigh 模型)和面向后期测试阶段的建模(即软件可靠性增长模型)。随着软件可信性概念的引入，依据建模运用的数学方法可将软件可信性模型分为基于经典概率统计学的参数估计模型(如 J-M 模型等)和计算数学的非参数估计模型(如神经网络法等)。

在可信软件构造与验证方面，可信软件构造主要借助已有软件工程的方法，面对开放的网络环境，将服务计算与工程作为一种重要的研究途径。在服务组合研究中，采用工作流作为典型构造方法，采用基于服务间依赖关系的软件构造方式，以提高软件组件的复用能力、灵活性和可信性，较少涉及对网络化软件的可扩展性和动态演化性的研究。对可信软件的验证，多采用基于概率统计、模糊数学和主观逻辑及证据理论的可信模型等工具，从模型检测和测试的角度，研究如何验证软件可信性。

可信软件的演化和维护则是一个分布、多方协作和维护的过程，服务软件具有高度自治性和动态性，当前研究主要针对分布自治的服务软件组合运行，且主要针对多源软件的组合与运行模式来研究软件可扩展性、可用性问题。对于自适应演化问题，则基于人工智能和自动控制的方法，通过对人类智能和控制方法的模拟，获取产生自适应演化能力的方法。当前的研究较少涉及网络化服务软件的运行问题。

2.4 国内软件测试职业现状

根据软件测试网(http://www.51testing.com)从2007年到2011年所做的软件测试行业从业人员调查报告可以看出，国内软件测试从业人员总体职业特点是：人才需求大，职业稳定，无性别歧视，但仍需掌握一定的业务和技术能力。表2.1、表2.2给出了2011年软件测试行业从业人员调查报告中的部分统计数据，表中仅给出占比前3位的选项，单位为%。

不妨对照表中的部分技术要求，看自己在哪些方面仍然有欠缺以作为学习努力的方向。

表2.1　2011年软件测试行业从业人员调查问卷的部分题目列表

选项 内容 调查问题	A	B	C
年龄分布	1985—1990年	1980—1984年	1990后，或1975—1979年
性别分布	男	女	—
学历分布	本科	大专	硕士
测试工作类型	手动功能测试	测试用例设计	测试管理
从业年限	1～3年	<1年	3～5年
收入情况(月薪)	3001～5000元	5001～8000元	2001～3000元
测试中存在的障碍	开发人员提供的需求不够规范，可测试性不好	需求管理不好，导致测试资产与需求不一致	缺少前端测试分析、测试设计过程，导致测试覆盖不充分
静态测试类型	不做静态测试	项目评审	终端用户/客户评审
动态测试类型	系统测试	压力/容量测试	单元/模块测试，或集成/联调测试
收集缺陷信息的渠道	全手动	半手动半自动	全自动
是否提交测试报告	一直提交	有时提交	从不提交
希望提高的测试技能	自动化测试技能	性能测试	测试管理
对测试技术或管理岗位有价值的认证证书	软件评测师认证(国家软考认证)	ISTQB(国际软件测试资格认证)	PMP(美国项目管理协会项目经理认证)
掌握的软件开发语言	C/C++，或Java	C#	JavaScript，或无掌握
掌握的脚本语言	无掌握	Shell脚本	Python
掌握的数据库	MS SQL Server	Oracle	MySQL
最常用的功能自动化测试工具	QTP	公司自主开发工具	其他
最常用的性能测试工具	LoadRunner	公司自主开发工具	其他(多对性能测试工具无接触)
最常用的测试管理工具	QC/TD	公司自主开发工具	Jira和Bugzilla
最常用的单元测试工具	其他(多对单元测试工具无掌握)	Junit和公司自主开发工具	Jtest和C++Test

表 2.2 问卷调查部分结果统计

选项 / 调查结果 / 调查问题	A	B	C	备注
年龄	61	28 5		职场新人是测试工作主力军，缺乏资深测试人员
性别	54	46 —		—
学历	64	29 5		测试人员需有一定教育背景和文化程度
测试工作类型	89	67 36		公司对手动功能测试的人员需求仍然是最大的
从业年限	41	30 18		从业时间在 5 年以上的比例逐年上升
收入情况（月薪）	38	23 19		测试人员入职待遇高于同等工作年限的其他岗位薪酬
测试中存在的障碍	61	53 46		对测试效率影响较大的是开发过程，而非自动化测试
静态测试类型	38	33 27		公司对静态测试的重视不够
动态测试类型	74	36 31		动态测试非常普及，只有 9%的人不做动态测试
收集缺陷信息的渠道	56	39 4		缺陷的收集方式仍然很落后，多采用全手动方式
是否提交测试报告	57	34 9		大部分公司对测试流程有相当严格的规范要求
希望提高的测试技能	79	69 58		性能测试和安全性测试的关注度逐年上升
对测试技术或管理岗位有价值的认证证书	54	47 32		
掌握的软件开发语言	43	22 21		C/C++逐年降低，Java 小幅上升，C#基本持平
掌握的脚本语言	57	25 8		大部分公司对测试人员无脚本语言的要求
掌握的数据库	62	50 50		SQL Server 呈下降趋势，MySQL 逐年上升
最常用的功能自动化测试工具	52	25 21		QTP 工具份额略下降，开源工具 Selenium 呈上升趋势，而 Robot 仅占 4%的份额
最常用的性能测试工具	65	19 18		LoadRunner 逐年上升，开源工具 JMeter 的份额高达 7%
最常用的测试管理工具	42	20 19		Bugfree 的份额高达 17%
最常用的单元测试工具	40	24 8		完全无单元测试的比例呈大幅下降趋势

2.5 本章小结

本章主要介绍了软件测试的发展历程、国内外软件测试技术现状、软件测试当前研究热点和测试行业现状等内容，对软件测试有进一步研究兴趣的读者和有意致力于从事软件测试工作的读者，不妨选择自己感兴趣的研究方向做深入了解，或者从软件测试从业人员现状中了解一些自己需要掌握的相关专业基础知识，为今后进入软件测试行业打下坚实的基础。

思考与练习

1．软件测试的目的是什么？

2．为什么国内软件测试的发展相比欧美等发达国家存在较大的差距？

3．根据国内软件测试从业人员的现状分析，你认为如何才能做一个合格的软件测试工程师呢？

第二部分　软件测试技术

第3章　黑盒测试技术

内容提要

本章将介绍黑盒测试的基本原理，并围绕最重要的5种测试方法展开讨论。其中，边界值测试、等价类测试、基于决策表的测试和基于正交表的测试主要从数据优选的角度展开测试，适用于单元测试阶段，用于对函数或类的方法进行测试；而基于场景的测试则是从业务流程优选的角度展开测试，适用于系统测试阶段，用于对功能、界面等进行测试。

3.1　概述

3.1.1　基本原理和特点

黑盒测试是最重要的一类软件测试方法，其原理如图3.1所示。

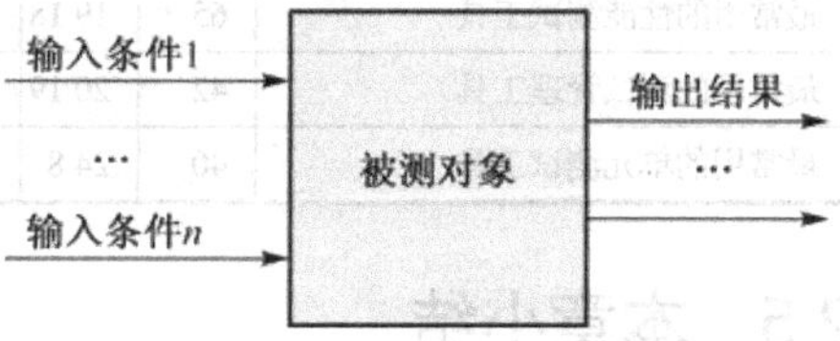

图3.1　黑盒测试的基本原理

从该图可以看出，黑盒测试仅需知道被测对象的输入和预期输出，不需要了解其实现的细节，例如，程序的实现逻辑如何、源代码如何撰写等。因此，黑盒测试方法最大的优势在于如下两方面：

(1) 黑盒测试方法对测试人员的技术要求相对较低，测试人员甚至可以是对软件开发完全不懂的非计算机专业的人员，只要对照SRS或用户手册，按照文档中描述的软件操作步骤和特性执行软件，观察输出结果就可以了。

(2) 黑盒测试不需要了解程序实现的细节，因此，测试团队与开发团队可以并行完成各自的任务，一旦SRS确定后，开发团队就可以开始系统设计工作，而与此同时，测试团队也可以开始着手测试计划的制订和测试的设计工作，二者相互并不干扰，从而提高团队开发进度。

黑盒测试方法简单有效，可以整体测试系统的行为，可以从头到尾(End-to-End)进行数据完整性测试。但是，测试结果的覆盖度不容易度量，测试的潜在风险较高，还需要通过白盒测试来评估黑盒方法的测试覆盖率。这方面的内容将在第5章进行讨论。

3.1.2　适用阶段

随着被测对象粒度的变化，黑盒测试方法可以用于不同的测试阶段：

(1) 当被测对象为函数时，黑盒测试方法完成的是对函数功能的测试，此时不需要查看函数代码如何编写，只需要了解函数的接口和返回值就可以利用黑盒测试方法设计测试用例和执行测试，对应的是单元测试阶段；

(2) 当被测对象为功能时，黑盒测试方法完成的是对整个软件系统的功能和易用性等特性的测试，此时，也不需要查看每个功能点是如何编程实现的，只需要对照 SRS 关于输入和输出的规定，就可以设计测试用例和执行测试，此时对应的是系统测试阶段，或有用户共同参与的验收测试阶段。

3.1.3 测试方法的评价

典型的黑盒测试方法包括等价类测试、边界值测试、基于决策表的测试方法等，可从如下方面来评价某种测试方法的质量：

(1) 测试用例对被测对象的覆盖率

测试最怕漏洞，采用某测试方法设计的测试用例对被测对象的覆盖程度越高，遗漏缺陷的风险就越低。

(2) 测试用例的冗余

每种测试方法实际上都是对被测对象的某个关键问题进行建模，该模型通常是被测关键问题的简化，因此，设计得到的测试用例可能存在冗余，导致测试用例的数量虽多，却无法提高缺陷的发现率，反而大大增加测试工作量。因此，测试用例的冗余越低越好。

(3) 测试用例的数量

在满足测试用例无漏洞和无冗余的前提下，采用某测试方法所得到的测试用例数量越少，对应测试用例报告的撰写、测试用例的管理、测试用例的脚本开发、测试用例执行和结果检验的工作量越低。

(4) 测试用例对缺陷的定位能力

每个或每批测试用例都是对应某类缺陷而设计的，如某个输入条件的边界，或某类等价数据等，好的测试方法能确保当一批测试用例失败时，可快速隔离和定位导致测试用例失败的缺陷。

(5) 测试用例设计的复杂度

测试方法的复杂度越低，测试用例的设计越简单，对测试人员的经验依赖性越低，设计测试用例所花费的工作量越低。

当然，每种测试方法都难以在以上所有方面达到最优，但不同的方法一般具有不同的适用场合，可产生不同的测试效果，应结合使用多种方法才能保证整体的测试效果。

3.2 边界值测试

3.2.1 基本原理

人们从长期的测试工作中总结出一个经验：大量缺陷发生在被测对象的输入域或输出域的边界(即极值)上，而非输入或输出域的内部。设计测试用例时，如果针对边界附近重点加以检验，常常可取得良好的测试效果，取得较高的测试回报率。边界值测试符合人们的一个基本假设：如果软件在能力达到极限的时候能够运行，那么其在正常情况下一般也不会有什么问题。

由此得到边界值测试的基本原理是：在被测对象的边界及边界附近设计测试用例。

3.2.2 测试用例设计

1. 边界值测试的难点

边界值测试的核心和难点在于：

(1) 如何选择输入域或输出域，以进行后续的边界值测试用例设计；

(2) 如何确定输入域或输出域的边界，确保覆盖被测对象所有可能的边界；

(3) 如何确定输入域或输出域边界附近的邻域范围，便于及时发现所有潜伏在边界附近的缺陷；

(4) 如何根据被测对象的边界及其邻域设计测试用例。

下面先以输入域的边界值测试为例，说明如何设计测试用例，针对输出域的测试见3.2.4节。

2. 输入域的确定

原始输入域往往是由多个输入条件共同构成的具有一定实际意义的输入域(以下称整体输入域)，整体输入域的边界通常很清晰，很容易展开测试，但边界点太少，难以覆盖所有隐含的边界情况，尤其是各个输入条件之间存在较为复杂的约束关系时更是如此，因此，可将整体输入域拆分成由各个输入条件分别构成的单个输入域的集合(以下称个体输入域)。

3. 边界的确定

对于某个输入条件而言，边界的确定可参照如下原则：

(1) 若输入条件规定了取值范围，则以该范围作为边界；

(2) 若输入条件规定了值的个数，则以值的个数为边界；

(3) 若输入域是有序集合(如有序表、顺序文件等)，则选取集合中特定次序的数据作为边界，如第一个或最后一个数据等。

实际上，针对某个输入条件确定边界点时，可基于如下的思路：

(1) 首先，在需求描述中寻找最大极限边界，例如，最高/最低、最前/最后、最多/最少等。对于凡是可用数值来描述的输入条件来说，无论在SRS中是否明确指出其边界，其极限边界条件是一定存在的，因为当输入条件对应到系统实现时，在程序编写的层面上，该输入条件最终需用某个数据变量来表示，该变量必须对应某个数据类型，则一定有其对应的取值范围，例如，C++中int型变量的取值范围是：−32768～32767，当SRS中未明确规定输入条件的边界时，该取值范围就是其极限边界。

(2) 接着，在需求描述中寻找其他较为明显的边界，这些边界点的主要特征是：当在该点附近一个极小的邻域内分别取小于、等于和大于该点的3个值时，被测对象对这些值的处理方式不完全相同，则该点就是导致被测对象的输出发生本质变化的边界点。换言之，某个输入条件的边界不仅包含最小值点和最大值点，还可能存在其他非极值性质的边界点。

(3) 最后，还需要关注在软件内部的边界点，称为次边界条件或内部边界条件，例如，2的乘方、ASCII字符表等。软件的最终用户一般是看不到这类边界的，寻找这类边界条件通常要求测试人员具有一定的编程经验，当然，这类边界点主要在单元测试中加以考虑。

确定边界点时，既可针对整体输入域进行，也可针对个体输入域来寻找，但针对个体输入域确定边界点时，需分别针对每个输入条件的输入域(即每个个体输入域)分别确定其边界点，且边界点的确定必须遵循一个重要的假设——独立性假设，即假设各个输入条件之间相互独立，不产生相互影响，即不具有相互依赖关系。也就是说，当针对某个输入条件确定边界点时，不考虑其他输入条件可能对该输入条件所产生的任何影响。

4. 边界点附近邻域的设置

在边界点及其附近均可能存在缺陷，因此，对于每个输入条件的每个边界点(设为P点)，需在该点附近确定大小为1的邻域，并基于所有输入条件的所有边界点及其邻域来设计测试用例。注意：这里的“1”是指1个单位长度，并未数字意义上的“1”。因此，该邻域应根据测试分析的结果灵活设置。

5. 测试用例的设计

已知每个输入条件的边界点集合及其邻域，只需在这些边界和邻域中选择适当规模的数据(称测试数据)，即可构造一批针对边界的测试用例，关键在于如何选择测试数据、如何选择边界组合方式，来保证测试用例的质量。

(1) 测试数据的选择

① 穷举法。一个最简单的方法就是在每个边界点的邻域范围内取所有数据构成测试数据的集合。优势在于边界及其邻域范围内所有数据均可测试到，显然，当输入条件为连续型数值时，理论上不可能穷举所有数据，且邻域内的测试数据较多，导致的测试负担重。

② 典型值法。针对穷举法数据量大的不足，可选择边界邻域内的典型值作为测试数据，一般地，对于某个边界点 x_{min}，邻域为 a，其中 a 必须大于零。则在该边界点处可选择 $x_{min}-a$，x_{min}，$x_{min}+a$ 这 3 个值作为测试数据。优势在于这样的测试数据包含了边界点本身以及最远离该边界点的邻域数据，具有典型性，且数据量大大降低。

(2) 边界组合方式的选择

① 强边界法。强边界法的思想是要求测试用例覆盖所有输入条件的所有边界组合(称强边界)，即每个测试用例都对应多个输入条件同时取边界测试数据的情况。优势在于可测试到所有的边界组合情况，但不足是不利于缺陷的隔离和定位(即当多个边界测试用例失败时，无法快速定位究竟是哪个输入条件的边界处理错误导致缺陷)。

② 弱边界法。弱边界法的思想是基于一个重要的假设——单缺陷假设，即被测对象只要在某个输入条件的某个边界出错，则在任何包含该输入条件的某个边界的情况下一定会出错，那么测试时仅覆盖输入条件的单个边界点即可，无需测试多个输入条件同时取边界测试数据的情况。因此，弱边界法的策略是在任何一个测试用例中，有且只能有一个输入条件的取值为边界邻域内的测试数据，其他输入条件应取正常值(一般为相邻边界点之间的中值)。弱边界法的实质是将调试的思想引入测试，优势在于便于快速隔离和定位边界缺陷，且大大降低测试用例的数量。

③ 全边界法。全边界法是将所有边界组合情况全部纳入测试内容，即强边界+弱边界。优势在于可测试到所有边界，但由此导致的巨大测试量也往往是难以承受的。

(3) 测试方案

假设有两个输入条件 x、y，每个输入条件仅有 2 个边界点，分别是 x_{min}、x_{max} 和 y_{min}、y_{max}，且满足 $x_{min}<x_{max}$ 和 $y_{min}<y_{max}$，若这些边界点对应的邻域均为 a，其中 a 为大于等于 1 的整数。基于以上思想，通过选择不同的测试数据，采用不同规模的边界组合方式，可得到不同的测试方案。

测试方案 1 如图 3.2(a)所示，测试数据采用穷举法，边界组合采用全边界法。阴影区域就是测试用例所覆盖的区域。显然，测试用例的规模非常大。

测试方案 2 如图 3.2(b)所示，测试数据采用穷举法，边界组合采用强边界法。阴影区域是测试用例所覆盖的区域。测试用例规模大大降低，但不利于缺陷的隔离和定位。

测试方案 3 如图 3.2(c)所示，测试数据采用典型值法，边界组合采用强边界法。黑色圆点表示测试用例。测试用例的数量进一步降低，但缺陷难以隔离的问题仍然存在。

测试方案 4 所图 3.2(d)所示，测试数据采用典型值法，边界组合采用弱边界法。黑色圆点表示测试用例。测试用例的数量很少，且缺陷容易隔离。

综合几方面因素，一般采用测试方案 4：典型值法+弱边界法。本书后续将默认采用此方案，不再赘述。

推广到一般情况，当有两个输入条件 x、y，且每个输入条件各有 nx、ny 个边界点，分别是

$x_1, x_2, \cdots, x_{nx}$ 和 $y_1, y_2, \cdots, y_{ny}$，各自满足 $x_1 < x_2 < \cdots < x_{nx}$ 和 $y_1 < y_2 < \cdots < y_{ny}$ 时，则在理想情况下，针对 x 边界的测试用例的数量为：

$$N_{\mathrm{BVT}-x} = 3\mathrm{nx}(\mathrm{ny}-1) \tag{3.1}$$

类似地，针对 y 边界的测试用例的数量为：

$$N_{\mathrm{BVT}-y} = 3\mathrm{ny}(\mathrm{nx}-1) \tag{3.2}$$

总的测试用例的数量为：

$$N_{\mathrm{BVT}} = 3\mathrm{nx}(\mathrm{ny}-1) + 3\mathrm{ny}(\mathrm{nx}-1) \tag{3.3}$$

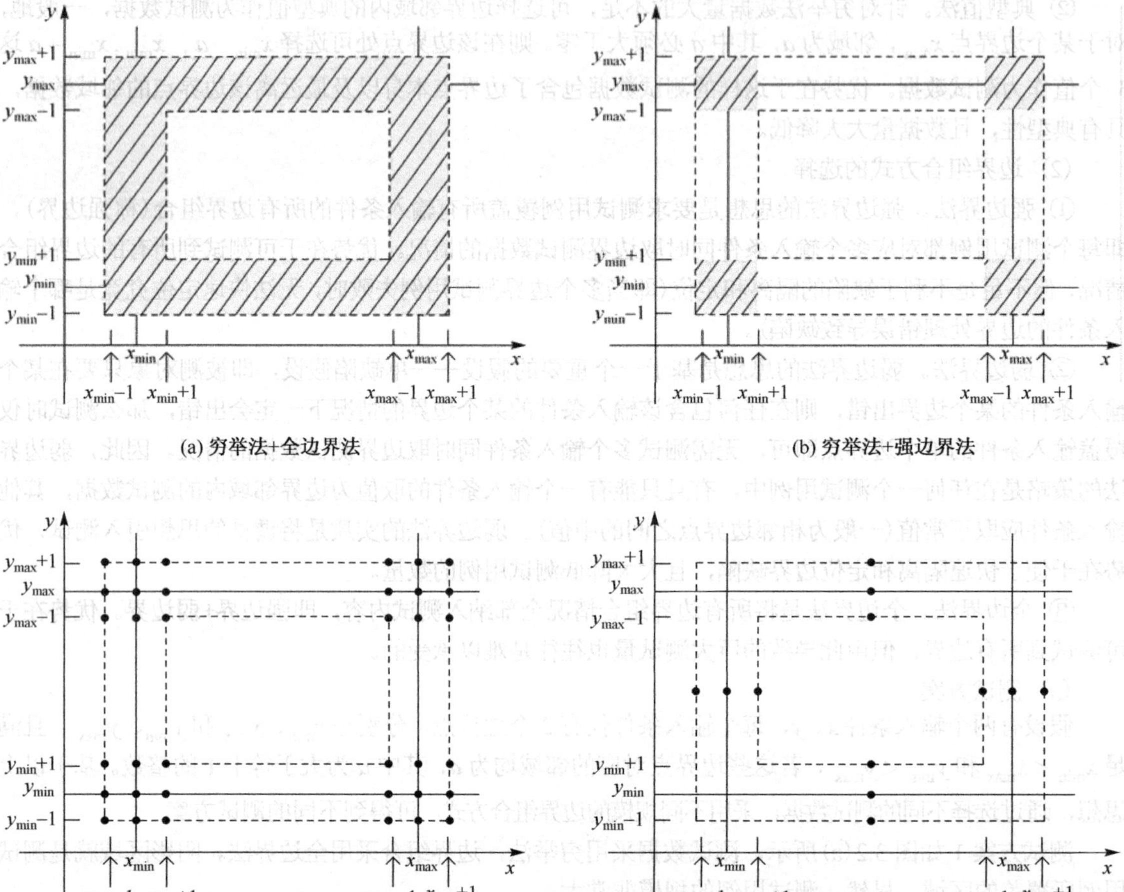

图 3.2 边界值测试的测试方案比较

图 3.3 给出了两个输入条件、多个边界点情况下边界值测试的测试用例示意图。

由此可见，随着输入条件与边界点数量的增加，基本边界值分析的测试用例规模也将大大增长，由此带来惊人的测试工作量。要想在进度压力下做到完备的测试，一般是不可能的，如此巨大的工作量也使得手动测试显得非常困难。编写脚本使测试用例的生成和执行能够实现自动化显得尤其必要。由于边界值测试的思想较为简单，机械化程度较高，所以相对较容易实现自动化测试，具体实现的原理和途径可参照 11.1 节自行尝试。

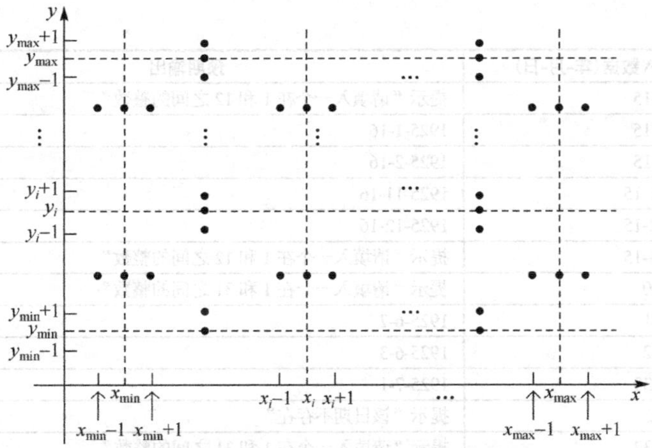

图 3.3　两个输入条件、多个边界点的边界值测试用例

3.2.3　捉虫实践 1：第二日问题的边界值测试

下面以第二日问题为例，展开针对输入域的边界测试。

1．针对个体输入域的边界值测试

(1) 边界和测试数据确定

边界值测试可从某输入条件的最大取值范围开始，然后在该范围中寻找其他较为明显的边界，且应遵循独立性假设。

第二日问题的输入可拆分为 3 个输入条件：年份、月份、日期，其中，

① 年份的最大取值范围是在需求中明确指出的，从 1800 年到 2050 年；

② 月份的最大取值范围可根据常识得到，从 1 月到 12 月；

③ 日期的最大取值范围仍根据常识得到，从 1 号到 31 号(注意，尽管不同月份包含的日期数不同，但独立性假设要求日期的边界应忽略年份和月份对其产生的影响，可接受的日期最大值应为 31)。

由此得到第二日问题的边界点和测试数据如表 3.1 所示。

表 3.1　第二日问题的边界点和对应测试数据

输入条件	边界点	测试数据
年份	1800, 2050	1799, 1800, 1801, 2049, 2050, 2051
月份	1, 12	0, 1, 2, 11, 12, 13
日期	1, 31	0, 1, 2, 30, 31, 32

(2) 测试用例设计

基于单缺陷假设，选择典型值法+弱边界的方案，得到测试用例如表 3.2 所示。测试用例的操作步骤均为：输入年月日，单击“计算”按钮。

表 3.2　第二日问题的边界值测试用例

ID	输入数据(年-月-日)	预期输出	备注
ND-BVT-001	1799-6-15	提示“请填入一个在 1800 和 2050 之间的整数”	年份的边界
ND-BVT-002	1800-6-15	1800-6-16	
ND-BVT-003	1801-6-15	1801-6-16	
ND-BVT-004	2049-6-15	2049-6-16	
ND-BVT-005	2050-6-15	2050-6-16	
ND-BVT-006	2051-6-15	提示“请填入一个在 1800 和 2050 之间的整数”	

续表

ID	输入数据(年-月-日)	预期输出	备注
ND-BVT-007	1925-0-15	提示“请填入一个在1和12之间的整数”	月份的边界
ND-BVT-008	1925-1-15	1925-1-16	
ND-BVT-009	1925-2-15	1925-2-16	
ND-BVT-010	1925-11-15	1925-11-16	
ND-BVT-011	1925-12-15	1925-12-16	
ND-BVT-012	1925-13-15	提示“请填入一个在1和12之间的整数”	
ND-BVT-013	1925-6-0	提示“请填入一个在1和31之间的整数”	日期的边界
ND-BVT-014	1925-6-1	1925-6-2	
ND-BVT-015	1925-6-2	1925-6-3	
ND-BVT-016	1925-6-30	1925-7-1	
ND-BVT-017	1925-6-31	提示“该日期不存在”	
ND-BVT-018	1925-6-32	提示“请填入一个在1和31之间的整数”	

(3) 测试分析

以上用例是否存在冗余和漏洞呢。表3.3针对不同测试重点的测试用例进行了统计。表中无效日期是指输入条件的取值无效，不存在日期指输入条件取值有效但该日期实际是不存在的。

表3.3 针对不同测试重点的测试用例分布情况

用例的特点	简单计算	月末日期	年末日期	无效日期	不存在日期
用例总数	11	1	1 6 1		
所占百分比	55%	5%	5%	30% 5%	

不难看出，有大量测试用例涉及简单日期计算和无效日期处理，冗余较为严重，且闰月的情况(2月月末的日期)完全没有测试到，肯定存在漏洞。然而，边界值测试关注的是边界，只要能以最少的测试用例保证覆盖所有可能的边界，就不应视做冗余和漏洞，而从特殊值的角度所观察到的冗余和漏洞在等价类测试和基于决策表的测试中将通过等价划分及相似用例的合并策略来予以避免。

事实上，在单缺陷假设下，边界值测试从理论上来说本身就是存在漏洞的，它遗漏了所有输入条件的边界组合情况。就第二日问题来说，两个输入条件同时取边界（如2012年12月31日）和3个输入条件同时取边界的情况（如1800年1月31日）都没有测试到，它们对应的测试用例数量分别为：108个(即6×6×3)和216个(即6×6×6)。有效的解决途径是利用随机测试或基于正交表的测试方法来做补充测试，有关基于正交表的测试方法见3.5节。

2. 针对整体输入域的边界值测试

第二日问题的有效输入日期是在1800年1月1日到2050年12月31日之间的所有日期，若从整体输入域的角度来考虑，边界点只有两个：1800-1-1(最小值)和2050-12-31(最大值)，在个体输入域的边界值测试用例基础上补充对应的6个用例即可，如表3.4所示。操作步骤略。

表3.4 第二日问题的边界值测试用例(针对整体输入域)

ID	输入数据	预期输出
ND-BVT-001	1799-12-31	提示“请填入一个在1800和2050之间的整数”
ND-BVT-002	1800-1-1	1800-1-2
ND-BVT-003	1800-1-2	1800-1-3
ND-BVT-004	2050-12-30	2050-12-31
ND-BVT-005	2050-12-31	2051-1-1
ND-BVT-006	2051-1-1	提示“请填入一个在1800和2050之间的整数”

在针对输入域的边界值测试用例中还可以发现，既有针对正常数据的测试（如 ND-BVT-002），也由针对错误数据展开的测试（如 ND-BVT-001），因此，边界值测试关注的是边界，并非输入的有效性。

3.2.4　针对输出域的边界值分析

边界值测试不仅可以从问题的输入域来寻找边界，还可以从问题的输出域寻找边界，特别是在被测对象的输入域与输出域完全不相似的条件下，针对输出域的边界值测试尤为重要，可作为针对输入域边界值测试的有力补充，这在边界点确定的基本原则中已经讲得很清楚。但从输出域的边界设计测试用例相比输入域的边界测试仍有不同的地方。

针对输出域进行边界值测试要考虑的问题如下：

(1) 如何选择合适的输出域来寻找边界点；

(2) 如何限定边界点附近邻域的大小，是否仍可简单地按照 1 个单位长度来限定；

(3) 针对边界值附近邻域内选中的测试数据，是否可以顺利确定对应的测试用例。

不妨在对案例的实际讨论中展开分析。

3.2.5　捉虫实践 2：佣金问题的边界值测试

1．佣金问题简述

这是一个有关佣金计算的例子(以下称佣金问题)，其主要功能是根据销售员销售各种酒水的业绩(即月销售额)来计算销售员的佣金。以下是该问题的具体描述。

某酒水销售公司指派销售员销售各种酒水，其中白酒、红酒和啤酒的单价分别为 168 元/瓶、120 元/瓶、5 元/瓶。对于每个销售员，白酒每月的最高供应量为 5000 瓶，红酒为 3000 瓶，啤酒为 30000 瓶，各销售员每月至少需售出白酒 50 瓶，红酒 30 瓶，啤酒 300 瓶。每到月末的时候，各销售员向酒水销售公司上报他所在区域的销售业绩，酒水销售公司根据其销售额计算该销售员的佣金，并作为奖金发放，计算方法如下：

(1) 2 万元以下(含)：4%；

(2) 2 万元(不含)～4.5 万元(含)：1%；

(3) 4.5 万元以上(不含)：0.5%。

最终将由佣金计算系统生成月销售报告，对当月售出的白酒、红酒和啤酒总数进行汇总，并计算销售公司的总销售额和各销售员的佣金。

2．输出域的选择

对于本案例，可仿照第二日问题从输入域的角度设计测试用例，输入条件为 3 个：白酒、红酒和啤酒的销售量，每个输入条件只有两个边界点：最低销售量和最高供应量，因此，从个体输入域设计得到的测试用例数量与第二日问题完全相同。

但由于第二日问题的输入域与输出域十分相似，故不需要针对输出域重复进行边界值测试。而在佣金问题中，一方面，输入域与输出域完全不同，有必要对输入和输出的边界均进行测试；另一方面，针对输入域设计的测试用例所对应的输出结果集中在一个很小的取值范围内，可能无法覆盖输出域的所有边界，因此需要补充针对输出域展开边界值测试。在输出域的选择上，虽然该问题的最终输出是销售员的佣金，但因从销售额到佣金的计算较为复杂，而销售员当月的销售额较容易计算，因此，应取销售额作为中间输出域进行边界值测试。

3. 测试用例设计

下面从输出域来展开边界值测试。明显的边界可从两个方面获取：

(1) 各种酒水的月最低售出标准和最高供应量，这两个边界直接决定了销售员的最低和最高销售额，进而决定该销售员佣金的最小和最大值。

(2) 佣金比率发生变化的数据点，这些数据点将导致销售员提成基本比例的变化，进而影响该销售员的最终佣金。

分析结果如图 3.4 所示。

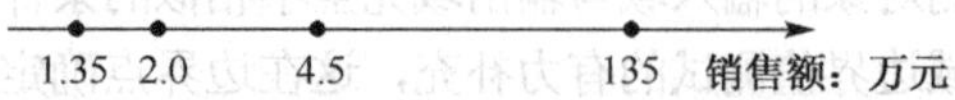

图 3.4　佣金问题的边界点(针对输出域)

若选择 1 元为邻域单位长度，对应设计得到的测试用例如表 3.5 所示。表中预期输出是指销售员的总提成。

表 3.5　Commission 问题的边界值测试用例(针对输出域)

ID	输入数据(单位：瓶)			销售额(单位：元)	预期输出(单位：元)	备注
	白酒销售量	红酒销售量	啤酒销售量			
COMM-BVT-001	50	30	300	13500	540.00	最低销售额边界
COMM-BVT-002	50	30	301	13505	540.20	
COMM-BVT-003	69	49	505	19997	799.88	提成变化的极值点
COMM-BVT-004	69	49	506	20002	800.02	
COMM-BVT-005	143	123	1,243	44999	1049.99	提成变化的极值点
COMM-BVT-006	143	123	1,244	45004	1050.02	
COMM-BVT-007	5000	3,000	29,999	1349995	7574.98	最高销售额边界
COMM-BVT-008	5000	3,000	30,000	1350000	7575.00	

若选择 1000 元或其他邻域单位，将得到不同的测试用例，可以自行尝试一下。

4. 测试分析

基于前述针对输入域的测试用例，佣金问题的测试用例预期输出完全落在 4.5 万元到 135 万元之间，针对输出域的边界值测试是非常必要的。而输出域的边界值测试带来了额外的测试不确定性，分析如下：

(1) 针对边界值附近邻域内选中的测试数据，是否一定可以确定对应的测试用例

例如，在边界点 2 万元附近以 1 元为邻域将分别得到测试数据 19999 元和 20001 元，就理论而言，应分别设计至少两个测试用例，满足对应这两个销售额，但在表 3.5 中实际对应 2 万元边界点邻域的销售额是 19997 元和 20002 元。这是因为找不到或者无法方便地找到对应 19999 元和 20001 元的输入值，这类情况在针对输出域的测试设计中是很常见的，这时只能进行折中，即在该输出边界点的附近寻找其他输入，使得对应输出尽量靠近输出边界点(见表 3.5 中的测试用例 COMM-BVT-003 和 COMM-BVT-004)。

(2) 可以同时有多组输入对应相同的系统输出

当销售额为 20002 元时，不仅有表 3.5 中的测试用例 COMM-BVT-004 对应该销售额，若取输入为：白酒、红酒和啤酒销售量分别为 69、50 和 482 瓶，也满足销售额是 20002 元，到底该取哪个测试用例呢？此时也应结合被测系统的业务实际来考虑。有时，将得到多个均符合业务实际的测试用例，那么，只要时间允许，测试用例越多越好，即以牺牲冗余度来换取更大的测试覆盖率。

3.2.6　边界值测试小结

边界值测试是一种最基本、最简单的黑盒测试方法，通常可作为等价类测试的补充。

边界值测试基于两个重要的假设：独立性假设和单缺陷假设。

边界值测试的一般步骤为：

(1) 分析被测对象的输入域和输出域，若二者不相似，则在针对输入域的边界值测试之后，还需要针对输出域进行边界值测试；

(2) 分析被测对象的输入域，选择针对整体输入域，或在独立性假设下将整体输入域拆分为多个个体输入域进行边界值测试；

(3) 若针对整体输入域进行边界值测试，则直接确定整体输入域的边界，并转第(6)步；

(4) 若针对个体输入域进行测试，则对每个输入条件执行第(5)、(6)步；

(5) 根据独立性假设确定其边界点，包括最大有效取值范围的边界点，以及导致系统处理方式发生较大变化的极值点；

(6) 在每个边界点处以 1 个单位长度划定邻域，并抽取 3 个典型测试数据 $x_{\min}-a$, $x_{\min}$, $x_{\min}+a$ ；

(7) 根据单缺陷假设，采用典型值法+弱边界法的测试方案，设计测试用例；

(8) 若需针对输出域进行补充边界值测试，则应选择合理的输出域，确定边界点，划定邻域，抽取测试数据，以及根据输出测试数据设计测试用例。

从表面上看，边界值测试关注的是系统边界，并不关注系统对不同类型数据的处埋规律，因此，该法设计的测试用例往往具有较大的系统冗余与漏洞，但这并不影响该法的有效性，因为就边界而言，该法设计得到的测试用例并不存在冗余，而所谓的漏洞将在后续的等价类测试中进行覆盖。当然，单缺陷假设将导致边界值测试在系统边界上是存在测试漏洞的，但这种漏洞可以通过随机测试或基于正交表的测试方法加以弥补。

边界值测试的注意事项如下：

(1) 边界值测试并不关心某个输入条件的边界点是被测对象可以接受的正常值，还是不能接受的错误数据，只关心该值是否是系统处理的边界，因此，分析边界点和测试数据时，不需要特别考虑某个取值的有效性，仅需在设计测试用例时针对有效和无效输入数据，分别设计其预期输出即可。

(2) 设计测试用例时，在单缺陷假设下，每个测试用例仅覆盖单个输入条件的边界，其他输入条件应取正常值，该正常值并非唯一地取整个取值范围内的中值，而是指输入条件的每相邻两个边界点之间的中值。在黑盒测试的综合案例中将进一步加以分析（见 4.1 节）。

3.3　等价类测试

3.3.1　基本原理

软件测试的基本原则之一是不可能做到穷尽测试，然而，为了能捉到每一个臭虫，每一种测试方法都希望能达到两个目标：

(1) 测试的完备性：即使采用少量测试用例，也能在理论上完全覆盖被测对象的输入域和输出域；

(2) 测试的无冗余性：测试用例之间不存在冗余，每个测试用例都是为了揭示某一类型的软件缺陷而设计的，删去任何一个测试用例都将影响对该类缺陷的挖掘能力。

为了满足以上目标，人们提出了等价类测试方法，基本原理是通过等价划分的方式来将数据分片，从每个分片中抽取典型数据展开测试。不妨以被测系统的输入域为例，若要满足测试用例对整个有效输入域和无效输入域的完全覆盖，并确保测试无冗余，可在理论上找到一种划分方式，将该输入域划分为一些子集(称等价类)，这些子集满足：

(1) 每个子集内所有数据等价，即被测系统对该子集中每个数据的处理方式相同（保证覆盖）；

(2) 各子集之间互不相交，即输入域中的某个数据或某项唯一隶属于某个子集（保证无冗余）；

(3) 所有子集的并集是整个输入域（保证完备）。

因此，若从每个子集中随便抽取一个(且仅此一个)数据，所构成的数据集合可满足测试的完备和无冗余性，从而将难以穷举的输入域缩减为少量典型数据的集合，降低测试工作量。

以上思想可用图3.5来表示。图中将系统输入域划分为5个子集 $C1 \sim C5$，并在每个子集中选取一个数据 pi，构成测试集合 $p1 \sim p5$。

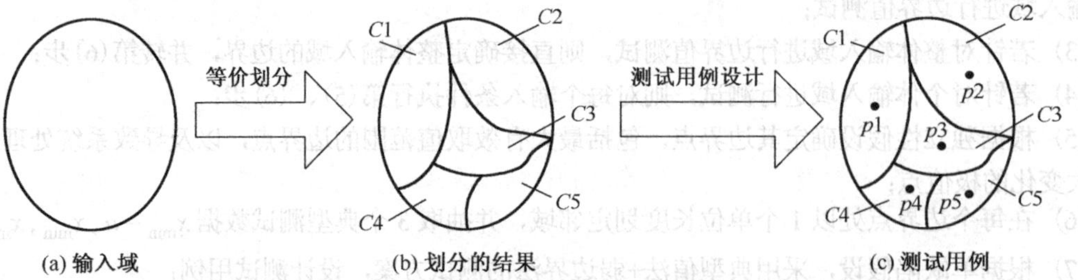

图3.5 等价类测试的基本原理

实际上，等价类测试既可以对被测系统的输入域进行划分，有时常常还需针对输出域进行等价类划分，以避免输入域等价类测试的漏洞。

3.3.2 测试用例设计

1. 等价类测试的难点

等价类测试中需要解决的核心和难点问题在于：

(1) 如何选择输入域或输出域，以进行后续的等价划分。

(2) 如何对输入域或输出域划分等价类，以确保系统对每个等价类中的所有项采用相同的处理方式。是否存在一般规律？

(3) 如何根据划分得到的等价类集合设计测试用例，简单地将所有等价类按照排列组合方式构建测试用例就可以了吗？

(4) 理论上而言，等价类测试可以做到测试的完备和无冗余，实际设计得到的测试用例确实可以保证满足理论目标吗？

2. 输入域的确定

与边界值测试类似，可根据被测对象的特性，针对整体输入域进行等价划分，可将整体输入域拆分成由各个输入条件分别构成的个体输入域进行等价划分。

3. 有效等价类和无效等价类

等价类可分为有效等价类和无效等价类：

(1) 有效等价类是对于SRS而言，合理、有意义的输入数据构成的集合，即被测对象能接受的数据。用于考查软件的正常工作能力。

(2) 无效等价类是对于SRS而言，不合理、无意义的输入数据构成的集合，即被测对象不能接受的数据。用于考查软件的容错能力。

划分等价类时，既可针对整体输入域进行等价划分，也可针对个体输入域划分等价类，但针对个体输入域划分等价类时，需分别针对每个输入条件的输入域(即每个个体输入域)划分各自的有效等价类和无效等价类，且划分时必须遵循一个重要的假设——独立性假设，即假设各个输入条件之间相互独立，不产生相互影响，即不具有相互依赖关系。也就是说，当针对某个输入条件划分有效等价类和无效等价类时，不考虑其他输入条件可能对该输入条件所产生的任何影响。

4. 等价类的划分

就某个输入条件而言，等价类的划分可参照如下的原则：

(1) 若输入条件规定了取值范围，且取值范围上、下限之间的数据是有意义的数据，则取值范围内的数据构成一个有效等价类，小于下限、或大于上限的所有数据分别构成两个无效等价类；

(2) 若输入条件规定了"必须如何"的条件，则满足必须条件的数据构成一个有效等价类，其他数据构成一个无效等价类；

(3) 若输入条件是一个布尔量，则取真值的数据构成一个有效等价类，取假值的数据构成一个无效等价类；

(4) 若输入条件是一个逻辑量，即规定了输入数据的一组值，且系统要对每个输入值分别进行处理，则可为每一个输入值确立一个有效等价类，此外还要针对这组值确立一个无效等价类，它是所有不允许的输入值的集合。

实际上，等价类划分可基于一种非常简便的原则：先将某个输入条件所有可能的取值划分为一个有效等价类，其余取值划分为一个无效等价类。针对有效等价类，通过不断施加规则，将满足规则和不满足规则的数据划分为不同的有效等价类，重复该步骤，将有效等价类中不断划分为更多子有效等价类，直至无法继续划分为止，最终得到的每个有效等价类代表了被测对象的一种特殊的处理方式。对于无效等价类也采取相同原则进行划分，不过，一般没有必要对无效等价类进行过多的等价划分。

而等价类中的所有数据是否完全等价也可以遵循一个简单的原则：在某个指定的等价类中，被测对象对该等价类中的输入数据或输入项的处理方式是否一致，例如，在等价类中随便选择靠近边界或中值附近的几个值，观察被测对象对于这些数据的处理方式是否完全一致，如果不一致，则该等价类需要进一步做等价划分。

5. 针对有效等价类的测试用例设计

(1) 强组合方式下的等价类测试

针对有效等价类，设计测试用例时应保证该测试用例的输入为有效输入，即构成测试用例的每个输入条件均对应某个有效等价类。基于该原则设计测试用例时，可采用一种所谓强组合方式，使得最终得到的测试用例完全覆盖所有输入条件的有效等价类的所有组合情况，其实质是构成有效等价类数量的笛卡儿乘积，即完全组合。

假设当前的整体输入域被拆分为两个输入条件 x、y，且输入条件 x 有 m 个有效等价类，输入条件 y 有 n 个有效等价类，分别是 CX1, CX2, …, CXm 和 CY1, CY2, …, CYn，则无论 m 与 n 的大小关系如何，都将得到 mn 个测试用例。测试用例的集合如表 3.6 所示。

表 3.6　两个输入条件的强组合方式等价类测试用例设计(多个有效等价类)

测试用例	x	y
T1	CX1	CY1
T2	CX1	CY2
…	…	…
Tn	CX1	CYn
…	…	…
Tmn–n	CXm	CY1
…	CXm	CY2
Tmn–2	…	…
Tmn–1	CXm	CYn

测试用例如图3.6(a)中的圆点所示。不失典型性，当m为3，n为2时，得到的测试用例如图3.6(b)中的圆点所示。

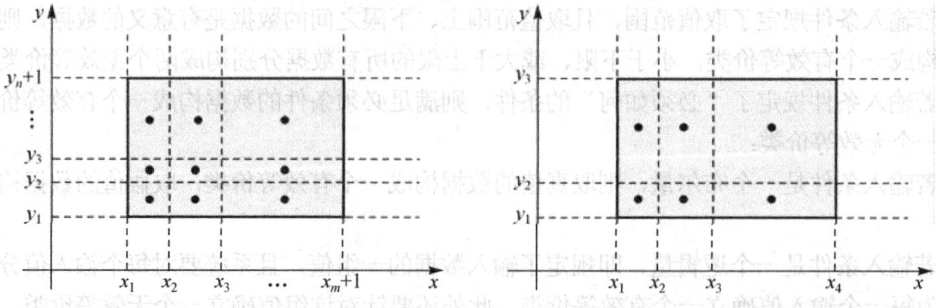

(a) 任意m、n值时的等价类测试用例　　(b) m=3、n=2时的等价类测试用例

图3.6　强组合方式的等价类测试用例：两个输入条件，多个有效等价类

就理论上而言，强组合方式下的测试用例集合是唯一的，并能达到对整个有效输入域的覆盖，例如，图3.6(b)的6个测试用例完全覆盖了灰色区域中的6个区域，从而确保完备的测试。然而，只要选择强组合形式的等价类测试就一定能够实现完备的测试吗？请先自行思考一下。

从经济性的角度而言，理论上完备和无冗余的全组合测试无疑导致测试用例规模庞大，若想在一定程度上降低测试工作量的话，可以考虑一种折中的策略，即弱组合方式的测试用例设计。

(2) 弱组合方式下的等价类测试

弱组合方式的基本思想是：测试用例仅需完全覆盖所有输入条件的有效等价类即可。

仍假设当前的整体输入域被拆分为两个输入条件x、y，等价类划分同前，且满足$m>n$，则将得到m个测试用例。这m个测试用例的集合如表3.7所示(如图3.7(a)中的圆点所示)。不失典型性，当m为3，n为2时，得到的测试用例如图3.7(b)中的圆点所示。

表3.7　两个输入条件的弱组合方式等价类测试用例设计(多个有效等价类)

测试用例	x	y
T1	CX1	CY1
T2	CX2	CY2
…	…	…
Tn	CXn	CYn
Tn+1	CXn+1	CY1
Tn+2	CXn+2	CY2
…	…	…
Tm	CXm	CYm–n

当然，弱组合形式下的测试用例集合并非唯一，不同集合的测试效果也是不同的。从图3.7中可以直观地看出，弱组合形式下的等价类测试无法达到对整个有效输入域的覆盖，因此，并非真正意义上的完备的测试。一般情况下，默认采用强组合方式来设计测试用例，本书不再特别说明。

6. 针对无效等价类的测试用例设计

对于无效等价类，设计测试用例时将引入一个新的假设——单缺陷假设，即一个测试用例仅覆盖一个输入条件的某一个无效等价类，每个测试用例均不能同时覆盖多个无效等价类。其实质在于，可将每个无效等价类看做一种可能的缺陷，设计测试用例时应针对每类可能的缺陷单独进行测试。

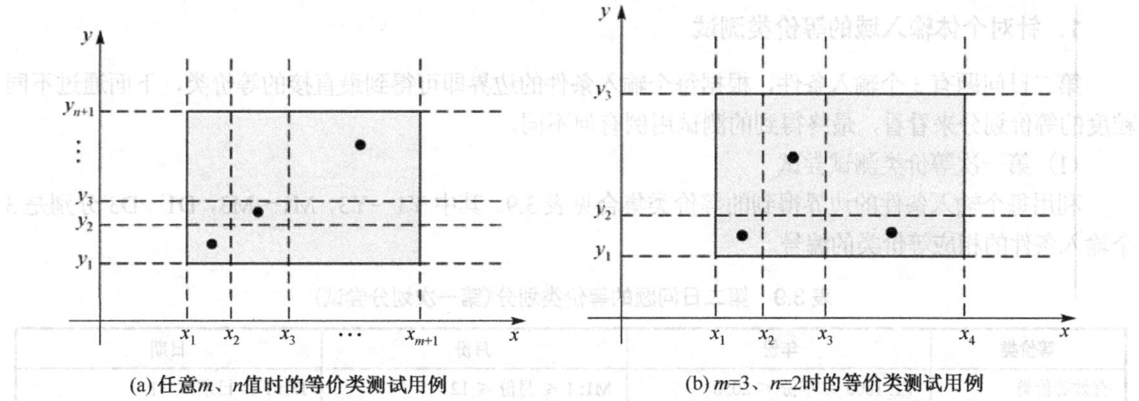

图 3.7 弱组合方式的等价类测试用例：两个输入条件，多个有效等价类

假设当前的整体输入域被拆分为两个输入条件 x、y，有效等价类的划分同前，且 x 和 y 分别有 2 个无效等价类 CXm+1, CXm+2 和 CYn+1, CYn+2，则将得到 $2(m+n)$ 个测试用例。这些测试用例的集合如表 3.8 所示(如图 3.8(a) 中的圆点所示)。不失典型性，当 m 为 3、n 为 2 时，得到的测试用例如图 3.8(b) 中的圆点所示。

表 3.8 两个输入条件的无效等价类测试用例设计(多个有效等价类)

测试用例	x	y	测试用例	x	y
TX1	CXm+1	CY1	TY1	CX1	CYn+1
TX2	CXm+1	CY2	TY2	CX2	CYn+1
…	…	…	…	…	…
TXn	CXm+1	CYn	TYm	CXm	CYn+1
TXn+1	CXm+2	CY1	TYm+1	CX1	CYn+2
TXn+2	CXm+2	CY2	TYm+2	CX2	CYn+2
…	…	…	…	…	…
TX2n	CXm+2	CYn	TY2m	CXm	CYn+2

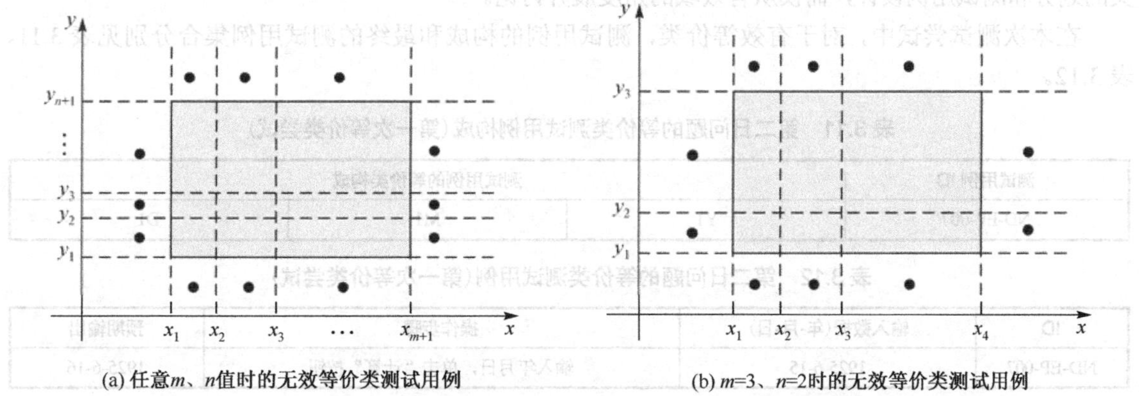

图 3.8 无效等价类的测试用例：两个输入条件，多个有效等价类

3.3.3 捉虫实践 3：第二日问题的等价类测试

下面以第二日问题为例，展开针对输入域的等价类测试。

1. 针对个体输入域的等价类测试

第二日问题有3个输入条件，根据每个输入条件的边界即可得到最直接的等价类，下面通过不同粒度的等价划分来看看，最终得到的测试用例有何不同。

(1) 第一次等价类测试尝试

利用每个输入条件的边界得到的等价类集合见表3.9。其中Y1～Y3，M1～M3，D1～D3分别是3个输入条件的相应等价类的编号。

表3.9　第二日问题的等价类划分(第一次划分尝试)

等价类	年份	月份	日期
有效等价类	Y1: 1800 ≤ 年份 ≤ 2050	M1: 1 ≤ 月份 ≤ 12	D1: 1 ≤ 日期 ≤ 31
无效等价类	Y2: 年份 <1800	M2: 月份 <1	D2: 日期<1
	Y3: 年份 >2050	M3: 月份 >12	D3: 日期 >31

根据上述等价类划分，针对无效等价类展开测试，可以得到如下的测试用例(见表3.10)。从该表可以看出，每个测试用例仅对应一个无效等价类。

表3.10　第二日问题的无效等价类测试用例(第一次等价类测试尝试)

ID	输入数据(年-月-日)	操作步骤	预期输出	备注
ND-EP-001	1700-6-15	输入年月日，单击“计算”按钮	提示“请填入一个在1800和2050之间的整数”	年份在Y2中
ND-EP-002	3000-6-15	输入年月日，单击“计算”按钮	提示“请填入一个在1800和2050之间的整数”	年份在Y3中
ND-EP-003	1925-10-15	输入年月日，单击“计算”按钮	提示“请填入一个在1和12之间的整数”	月份在M2中
ND-EP-004	1925-16-15	输入年月日，单击“计算”按钮	提示“请填入一个在1和12之间的整数”	月份在M3中
ND-EP-005	1925-6--10	输入年月日，单击“计算”按钮	提示“请填入一个在1和31之间的整数”	日期在D2中
ND-EP-006	1925-6-36	输入年月日，单击“计算”按钮	提示“请填入一个在1和31之间的整数”	日期在D3中

从系统健壮性(即容错能力)来考虑，测试用例ND-EP-001到ND-EP-007可以很好地考察系统容错能力，但一般情况下，针对无效输入的测试并非测试重点，在后续案例中将不再讨论针对无效等价类的划分和测试用例设计，而仅从有效域的角度展开讨论。

在本次测试尝试中，对于有效等价类，测试用例的构成和最终的测试用例集合分别见表3.11、表3.12。

表3.11　第二日问题的等价类测试用例构成(第一次等价类尝试)

测试用例ID	测试用例的等价类构成		
ND-EP-007	Y1	M1	D1

表3.12　第二日问题的等价类测试用例(第一次等价类尝试)

ID	输入数据(年-月-日)	操作步骤	预期输出
ND-EP-007	1925-6-15	输入年月日，单击“计算”按钮	1925-6-16

对于这样的结果，可能会产生疑问，在250年的范围内，只需要一个测试用例就可以达到测试的完备和无冗余吗？这一个测试用例的质量究竟如何？

① 就经济性而言，只有一个用例，数量足够少，其所代表的测试工作量极低。

② 就典型性而言，足够典型，因为它代表的是一个非月末的普通日期，占全年日期的96.7%。换句话说，如果该测试用例通过，那么从理论上可以推测，在96.7%的情况下系统是没有缺陷的。

然而，这样的测试可以确保完备吗？显然不能。测试最怕的是漏洞，没有覆盖到的3.3%虽然仅代表了小概率事件，但是存在缺陷的风险却是极高的，因此，必须对当前的有效等价类做进一步划分，以避免测试的漏洞。

回忆一下，曾提到等价类测试追求的是没有漏洞，但是，它所说的无漏洞是就等价类对输入域的覆盖而言没有遗漏，然而，当等价划分本身存在遗漏时，对应有效等价类的组合就存在遗漏，必然导致最终的测试存在漏洞。因此，理论上非常完美的等价类测试在应用中会因等价划分的不合理而导致实际的测试漏洞。

(2) 第二次等价类测试尝试

等价类的划分通常需要结合领域知识，即充分利用被测系统本身的业务特性来划分。在第二日问题中，特殊日期主要在于月末日期，而不同月份的月末日期又各有不同。由此可得到新的有效等价类划分方式(见表3.13)。其中M1表示包含31天的月份，M2表示包含30天的月份。

表3.13 第二日问题的等价类划分(第二次划分尝试)

等价类	年份	月份	日期
有效等价类	Y1: 1800 ≤ 年份 ≤ 2050，且为闰年	M1: 1, 3, 5, 7, 8, 10, 12	D1: 1 ≤ 日期 ≤ 27
	Y2: 1800 ≤ 年份 ≤ 2050，且为非闰年	M2: 4, 6, 9,11	D2: 28
		M3: 2	D3: 29
			D4: 30
			D5: 31

根据该等价类划分最终可得到30(2×3×5)个测试用例，如表3.14所示。测试用例的操作步骤均为：输入年月日，单击“计算”按钮。

表3.14 第二日问题的等价类测试的测试用例(强组合方式)

ID	输入数据(年-月-日)	预期输出	等价类组合	备注
ND-EP-001	2000-7-13	2000-7-14	Y1-M1-D1	普通日期
ND-EP-002	2000-7-28	2000-7-29	Y1-M1-D2	普通日期
ND-EP-003	2000-7-29	2000-7-30	Y1-M1-D3	普通日期
ND-EP-004	2000-7-30	2000-7-31	Y1-M1-D4	普通日期
ND-EP-005	2000-7-31	2000-8-1	Y1-M1-D5	月末日期
ND-EP-006	2000-6-13	2000-6-14	Y1-M2-D1	普通日期
ND-EP-007	2000-6-13	2000-6-14	Y1-M2-D2	普通日期
ND-EP-008	2000-6-28	2000-6-29	Y1-M2-D3	普通日期
ND-EP-009	2000-6-29	2000-6-30	Y1-M2-D4	普通日期
ND-EP-010	2000-6-30	2000-7-1	Y1-M2-D5	月末日期
ND-EP-011	2000-2-13	2000-2-14	Y1-M3-D1	普通日期
ND-EP-012	2000-2-13	2000-2-14	Y1-M3-D2	普通日期
ND-EP-013	2000-2-28	2000-2-29	Y1-M3-D3	普通日期
ND-EP-014	2000-2-30	提示“该日期不存在”	Y1-M3-D4	无效日期
ND-EP-015	2000-2-31	提示“该日期不存在”	Y1-M3-D5	无效日期

续表

ID	输入数据(年-月-日)	预期输出	等价类组合	备注
ND-EP-016	1925-7-13	1925-7-14	Y2-M1-D1	普通日期
ND-EP-017	1925-7-28	1925-7-29	Y2-M1-D2	普通日期
ND-EP-018	1925-7-29	1925-7-30	Y2-M1-D3	普通日期
ND-EP-019	1925-7-30	1925-7-31	Y2-M1-D4	普通日期
ND-EP-020	1925-7-31	1925-8-1	Y2-M1-D5	月末日期
ND-EP-021	1925-6-13	1925-6-14	Y2-M2-D1	普通日期
ND-EP-022	1925-6-28	1925-6-29	Y2-M2-D2	普通日期
ND-EP-023	1925-6-29	1925-6-30	Y2-M2-D3	普通日期
ND-EP-024	1925-6-30	1925-7-1	Y2-M2-D4	月末日期
ND-EP-025	1925-6-31	提示“该日期不存在”	Y2-M2-D5	无效日期
ND-EP-026	1925-2-13	1925-2-14	Y2-M3-D1	普通日期
ND-EP-027	1925-2-28	1925-3-1	Y2-M3-D2	2月末日期
ND-EP-028	1925-2-29	提示“该日期不存在”	Y2-M3-D3	无效日期
ND-EP-029	1925-2-30	提示“该日期不存在”	Y2-M3-D4	无效日期
ND-EP-030	1925-2-31	提示“该日期不存在”	Y2-M3-D5	无效日期

从上表可以看出，随着输入条件的等价划分数的增加，测试用例数大大增加。

这批测试用例的质量如何？

① 就经济性而言，每个输入条件划分为更多等价类，测试用例数大大增加，但在可以接受的范围之内；

② 就完备性而言，这些用例主要覆盖了3类情况，即普通日期、31号、30号和非闰年2月月末日期，以及无效日期，而年末日期、闰年2月月末日期是没有覆盖到的；

③ 就冗余性而言，不只一个测试用例对应普通日期，冗余情况较为严重。

特别地，在M1中，取7月作为典型值设计测试用例，如果改为取12月，则可按照Y1-M1-D5或Y2-M1-D5的组合得到2000年12月31日或1925年12月31日这两个测试用例，就可以覆盖到年末的日期，测试漏洞就迎刃而解啦。那么，在等价类中取不同的值会对测试结果产生不同的影响吗？当等价划分合理时，在某个等价类中无论取何值，测试效果不会有任何差别，只有当等价划分存在漏洞时，取值的差异才会导致测试的差异。可以尝试一下，若在M1中取7月，则将遗漏年末日期，若在M1中取12月，则将遗漏7月31日这类月末日期，无论怎样，漏洞总是存在，只能通过进一步等价类划分才能解决测试漏洞的问题。

另外，针对个体域划分等价类时，是基于独立性假设，将年、月、日条件之间的关联性强行忽略了，而实际上，三者是有关联的，不同月份的日期不同，例如，是否为闰年对2月的天数将产生影响，因此，在独立性假设条件下，将整体输入域拆分为3个个体输入域时，二者并不完全吻合，针对个体域所做的等价划分实际上是一个扩大了的、具有冗余的输入域，它不仅包含了部分无效域的数据，而且导致针对有效域的等价划分存在冗余。

图3.9给出了有关冗余的示意图。若用矩形表示第二日问题的整体输入域，椭圆表示有效输入域，椭圆以外区域为无效输入域(见图3.9(a))，则在独立性假设下将整体有效输入域拆为3个个体输入域时，得到的输入域实际是一个扩大了的伪有效输入域(见图3.9(b))，其实际包含了无效输入域中的部分数据(见图3.9(c)中阴影区)。例如，以2012年为例，该年只有366天，然而，日期的输入域被强行限定在1号到31号之间(忽略月份对日期的影响)，致使每个月都强制限制为31天，从而将诸如4月31日、2月30日这样的无效日期包含在个体输入域中进行等价划分。这样不仅导致针对原有效输入域

的测试用例覆盖了无效输入域的部分数据，而且使得原有条件之间的约束关系不再对等价划分起作用，从而产生测试用例的冗余。

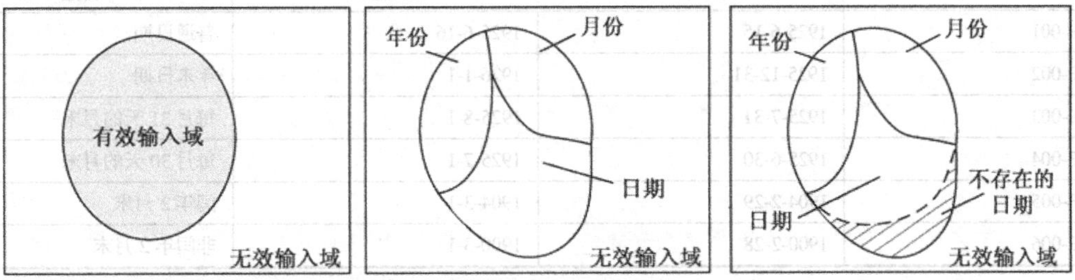

图 3.9　独立性假设导致的冗余示意图

可以根据以上分析，自行对第二次测试尝试的等价划分进行修改，并设计测试用例，再观察测试结果会发生怎样的变化。

2. 针对整体输入域的等价类测试

由于第二日问题的输入是某个日期，它其实是由年份、月份、日期这 3 个输入条件共同构成的一个整体，是具有实际意义的。从系统实现的角度而言，在展示层(即用户界面层)完全可以通过一个日历控件来实现输入数据的获取，因此，第二日问题可从整体输入域的角度来划分等价类。

就整体输入域而言，等价划分仍然从有效输入域的最小值和最大值开始，整体有效域的最小值是 1800 年 1 月 1 日，最大值是 2050 年 12 月 31 日，由此得到：

有效等价类：Dt={日期|从 1800 年 1 月 1 日开始到 2050 年 12 月 31 日截止的所有日期}，

无效等价类：VDt1 = {日期|1800 年 1 月 1 日以前的所有日期}，VDt2 = {日期|2050 年 12 月 31 日以后的所有日期}。

显然，一个有效等价类不能满足测试完备性的要求，需要结合特殊值，从整体输入域的角度，通过不断施加规则，将该有效等价类不断划分下去。典型的思路如表 3.15 所示。

表 3.15　整体输入域的等价划分

步骤	划分对象	施加的规则	划分结果
1	整体输入域	是否为系统可接受的日期	Dt={日期|1800 年 1 月 1 日开始到 2050 年 12 月 31 日截止的所有日期}
			VDt1 = {日期|1800 年 1 月 1 日以前的所有日期}
			VDt2 = {日期|2050 年 12 月 31 日以后的所有日期}
2	Dt	是否为普通日期	Dt1={日期|1800 年到 2050 年间的所有普通日期}
			Dt2={日期|1800 年到 2050 年间的所有月末日期}
3	Dt2	是否为年末日期	Dt21={日期|1800 年到 2050 年间的每年 1 月到 11 月的最后一天}
			Dt22={日期|1800 年到 2050 年间的每年 12 月 31 日}
4	Dt21	是否为 2 月末的日期	Dt211={日期|1800 年到 2050 年间的每年中的 1、3、5、7、8、10 月 31 日}
			Dt212={日期|1800 年到 2050 年间的每年中的 4、6、9、11 月 30 日}
			Dt213={日期|1800 年到 2050 年间的每年中的 2 月最后一天}
5	Dt213	是否为闰年	Dt2131={日期|1800 年到 2050 年间的闰年 2 月 29 日}
			Dt2132={日期|1800 年到 2050 年间的非闰年 2 月 28 日}

最终将整体有效输入划分为 Dt1、Dt22、Dt211、Dt212、Dt2131、Dt2132 六个有效等价类，对应 6 个测试用例如表 3.16 所示(操作步骤略)。

表 3.16 整体输入域的有效等价类测试用例

ID	输入数据(年-月-日)	预期输出	备注
ND-EP-001	1925-6-15	1925-6-16	普通日期
ND-EP-002	1925-12-31	1926-1-1	年末日期
ND-EP-003	1925-7-31	1925-8-1	每月 31 天的月末
ND-EP-004	1925-6-30	1925-7-1	每月 30 天的月末
ND-EP-005	1904-2-29	1904-3-1	闰年 2 月末
ND-EP-006	1900-2-28	1900-3-1	非闰年 2 月末

3．测试分析

从以上测试过程可以看出，无论是基于整体输入域还是基于个体输入域做等价类测试，都必须严格保证等价类中所有项的等价特性，否则，都将造成测试的漏洞。就测试难度而言，若直接基于原始的整体输入域划分等价类，测试不会产生冗余，但测试用例的设计难度较大，要求测试人员对被测对象充分了解，对需求充分理解，且能对被测对象进行合理的等价划分。而将整体输入域拆分为多个输入条件，构成个体输入域来做等价类测试时，测试用例的设计难度较低，但当输入条件之间具有关联性时，将导致测试的冗余。如何消除这种冗余呢？将在基于决策表的测试中利用决策表的合并化简特性来消除冗余。

3.3.4 针对输出域的等价类测试

当被测对象的输入域与输出域不相似时，不仅需要针对输入域做等价类测试，还需要针对输出域做补充的等价类测试，思路与针对输入域的等价类测试非常类似，具体步骤如下：

(1) 选择合适的输出域来划分等价类

等价类测试不一定要针对最终的输出域来划分等价类，而应根据需要，选择某个中间输出域来做等价划分和设计测试用例。

(2) 针对选定的输出域划分等价类

等价类的划分原则与输入域是完全一样的，不再赘述。

(3) 根据划分的等价类设计测试用例

由于针对输出域的测试往往关注的是某一个输出，所以一般不需要考虑等价类的组合，且关注的重点是有效输出，因此，测试用例应集中于有效等价类。至于输出域的无效等价类，其实质是对应到无效输入域的，一般可不必考虑。

3.3.5 捉虫实践 4：佣金问题的等价类测试

有关佣金问题的描述同 3.2.5 节，不再重复给出。后续同理。

1．输出域的选择

在输出域的选择上，虽然该问题的最终输出是销售员的佣金，但因从销售额到佣金的计算较为复杂，而销售员当月的销售额较容易计算，因此，应取销售额作为中间输出域进行等价类划分。

2．等价划分和测试用例设计

对于佣金问题，由前面的边界值分析已知有 4 个边界点，分别是 1.35、2.0、4.5、135 万元，利用边界点即可方便地确定其各个等价类(如表 3.17 所示)。

表 3.17　佣金问题的等价类划分(单位：万元)

有效等价类	S1: 1.35 ≤ 销售额 ≤ 2.0	S2: 2.0 < 销售额 ≤ 4.5	S3: 4.5 < 销售额 ≤ 135.0
无效等价类	S4: 销售额 < 1.35	S5: 销售额 > 135.0	

对应有效等价类设计的测试用例见表 3.18。表中预期输出是指销售员的总提成。

表 3.18　佣金问题的等价类测试用例(针对输出域)

ID	输入数据(单位：瓶)			销售额(单位：元)	预期输出(单位：元)	备注
	白酒销售量	红酒销售量	啤酒销售量			
COMM-EP-001	60	39	398	16750	670.00	销售额：S1 中
COMM-EP-002	106	86	875	32503	925.03	销售额：S2 中
COMM-EP-003	2074	2053	20544	697512	4312.56	销售额：S3 中

一般而言，输出较输入的数量少一些，所以针对输出的测试用例规模会小一些，但输入的不确定性在一定程度上仍然增加了测试用例设计的工作量。

3.3.6　等价类测试小结

等价类测试的目标是从理论上追求测试的完备性和无冗余性。

等价类测试基于两个重要的假设：独立性假设和单缺陷假设。

等价类测试的步骤如下：

(1) 分析被测对象的输入域和输出域，若二者不相似，则在针对输入域的等价类测试之后，还需要针对输出域进行等价类测试；

(2) 分析被测对象的输入域，选择针对整体输入域，或在独立性假设下将整体输入域拆分为多个个体输入域进行等价划分；

(3) 若针对整体输入域划分有效和无效等价类，则对每个等价类设计一个测试用例，转第(7)步；

(4) 若针对个体输入域划分有效和无效等价类，则执行第(5)步；

(5) 对于有效等价类，在强组合方式下设计测试用例；

(6) 对于无效等价类，基于单缺陷假设来设计测试用例；

(7) 设计测试用例时，对于每个等价类，通常测试数据的选择是从该等价类中抽取一个正常值，即该取值范围内的一个较接近中值的数据即可，若输入条件是布尔型条件或逻辑型条件，则不存在典型数据的抽取问题；

(8) 若需针对输出域进行等价类测试，则应选择合理的输出域进行等价划分，并补充设计测试用例。

等价类测试的注意事项如下：

(1) 当等价划分不合理(即存在漏洞时)，将导致测试用例的漏洞；

(2) 当输入条件之间存在关联时，若基于个体输入域进行测试，将导致测试用例的冗余。

3.4　基于决策表的测试

3.4.1　基本原理

在等价类测试中由于引入独立性假设，导致当实际的被测对象输入条件之间存在相互关联时，等价划分强行忽略这种关联性，最终使设计的测试用例存在较为严重的冗余，增大了测试工作量。基于决策表的测试的基本思想就是通过对决策表进行化简，消除测试用例的冗余，缩减测试用例规模，同时保持等价类测试的效果。因此，基于决策表的测试是以等价类测试为基础的，理论上来说，测试的完备性和无冗余性通过决策表可以得到较为完美的体现。

3.4.2 测试用例设计

1. 决策表的结构

典型的决策表结构如表 3.19 所示，可分为 4 个部分：

(1) 输入区：决策表的左上角为输入区，包含被测对象所有的输入条件；

(2) 输出区：决策表的左下角为输出区，包含所有分解细化后的预期输出结果；

(3) 输入取值区：决策表的右上角为输入取值区，覆盖了每个输入条件所有可能的有效取值情况；

(4) 输出取值区：决策表的右下角为输出取值区，覆盖所有预期输出结果的取值情况。

决策表中的每一列对应一个测试用例，其中上半部分为测试用例的输入，下半部分是用例的预期输出。

表 3.19 决策表的结构

输入条件 A	A1	A2	A1	A2	A1	A2	A1	A2	A1	A2	A1	A2
输入条件 B	B1	B1	B2	B2	B3	B3	B1	B1	B2	B2	B3	B3
输入条件 C	C1	C1	C1	C1	C1	C1	C2	C2	C2	C2	C2	C2
预期输出 1	×			×	×	×				×	×	
预期输出 2		×	×			×		×	×			×

基于决策表的测试实质是针对个体输入域的有效等价类测试的扩充，体现在如下方面：

(1) 在输入取值区中列出的所有取值并非具体的数据，而是每个输入条件的有效等价类，从决策表的输入取值可以看出，它实际上相当于在有效输入域上的强组合方式的等价类测试，因此，从理论上而言，只要有效等价类划分不存在漏洞，则基于决策表的测试可以保证有效输入域上完备的测试。

(2) 决策表针对输入条件仅考虑有效等价类，不考虑无效等价类。实际上，针对无效等价类的测试一般不存在冗余，不需要考虑冗余的消除。

(3) 决策表的输出取值区并不涉及输出域的等价划分。

2. 决策表的化简

等价类测试无法处理被测对象输入条件之间的约束关系，导致测试的冗余。而决策表通过化简来识别输入条件之间，以及输入与输出之间的各种关系，达到降低测试用例规格、避免测试冗余的目的。

对测试用例进行化简的前提条件包括：

(1) 输出相同：欲化简的多个测试用例的预期输出结果应完全相同；

(2) 输入相似：欲化简的多个测试用例的输入应相似，仅有一个输入条件取值(即对应的等价类)可以不相同，其他输入条件的取值(即对应的等价类)应完全相同。

化简的结果是使得某个输入条件的取值对测试用例的输出无影响，这也符合等价类中元素等价的概念。当然，经过一次化简后，若决策表中剩余测试用例仍然满足化简的条件，则可继续化简，直到无法化简为止。

3. 测试用例的设计

基于决策表的测试用例设计一般步骤如下：

(1) 分析输入域，并对个体输入域进行有效等价类划分；

(2) 分析输出域，并对预期输出结果进行细化；

(3) 建立完整的决策表；

(4) 对决策表进行不断地化简，直至无法继续化简；

(5) 根据最终的决策表设计测试用例。

基于决策表的测试质量取决于对输入域等价划分的准确性和对输出域的细化程度，通常需要多次迭代才能完成。

3.4.3 捉虫实践 5：第二日问题的决策表测试

下面以第二日问题为例，展开基于决策表的测试。

1. 第一次基于决策表的测试尝试

输入、输出的确定。对于第二日问题，在 3.3.3 节的第二次等价类测试尝试中，表 3.13 列出了一组针对年份、月份、日期的有效等价类划分，可作为决策表的输入。若采用强组合方式的等价类测试，其测试用例的数量应为 30 个。

从表 3.14 的测试用例预期输出可以看出，系统输出分为几种情况：普通日期、月末日期、不存在的日期，根据这几种情况可将系统输出细化为：日期加 1、日期为 1、月份加 1、月份为 1、年份加 1、提示该日期不存在这 6 个输出结果。

据此建立决策表如表 3.20 所示。

表 3.20 第二日问题的决策表(第一次决策表尝试)

测试用例	1	2	3 4 5			6	7	8	9	10	11	12	13	14	15
年份在	Y1	Y1	Y1	Y1	Y1	Y1	Y1	Y1	Y1	Y1	Y1	Y1	Y1	Y1	Y1
月份在	M1	M1	M1	M1	M1	M2	M2	M2	M2	M2	M3	M3	M3	M3	M3
日期在	D1	D2	D3	D4	D5	D1	D2	D3	D4	D5	D1	D2	D3	D4	D5
日期加 1	×	×	×	×		×	× ×				×	×			
日期为 1					×				×				×		
月份加 1					?				×				×		
月份为 1					?										
年份加 1					?										
提示该日期不存在										×				×	×
测试用例	16	17	18	19	20	21	22 23		24	25	26	27	28	29	30
年份在	Y2	Y2	Y2	Y2	Y2	Y2	Y2	Y2	Y2	Y2	Y2	Y2	Y2	Y2	Y2
月份在	M1	M1	M1	M1	M1	M2	M2	M2	M2	M2	M3	M3	M3	M3	M3
日期在	D1	D2	D3	D4	D5	D1	D2	D3	D4	D5	D1	D2	D3	D4	D5
日期加 1	×	×	×	×		×	× ×				×				
日期为 1					×				×			×			
月份加 1					?				×			×			
月份为 1					?										
年份加 1					?										
提示该日期不存在										×			×	×	×

以用例1～4的化简为例，这4个用例的输出均为日期加1，输入条件满足：年份在Y1中，月份在M1中，只有日期从D1到D4取不同值。因此，这4个用例可以一次性合并化简为一个测试用例，其对应的含义是：当年份为闰年时，只要是包含31天的月份，且日期不是31号，则预期输出均为日期加1。

经两次化简后得到的决策表如表3.21所示。

表3.21　化简后第二日问题的决策表

测试用例	ND-DT-001	ND-DT-002	ND-DT-003	ND-DT-004	ND-DT-005	ND-DT-006	ND-DT-007	ND-DT-008	ND-DT-009	ND-DT-010	ND-DT-011
年份在	Y1,Y2	Y1,Y2	Y1,Y2	Y1,Y2	Y1,Y2	Y1,Y2	Y1	Y2	Y1	Y2	Y1,Y2
月份在	M1	M1	M2	M2	M2	M3	M3	M3	M3	M3	M3
日期在	D1～D4	D5	D1～D3	D4	D5	D1	D2	D2	D3	D3	D4,D5
日期加1	×		×			×	×				
日期为1		×						×	×		
月份加1		?		×				×	×		
月份为1		?									
年份加1		?									
提示该日期不存在					×					×	×
原始用例数目	8	2622				2	1	1	1	1	4

可以看出，完整的决策表应包含30个测试用例，这与强组合形式的等价类测试的用例规模是一致的，而经化简后，决策表仅包含11个测试用例，大大减少了测试用例数。但该决策表中存在不确定的测试用例(ND-DT-002)。请自行思考，为何会出现这一输出不确定的测试用例。该用例证明针对输入的等价类划分仍然存在问题，即等价类中的元素并非完全等价。

同时，测试用例ND-DT-005、ND-DT-010、ND-DT-011的各输入条件均对应有效等价类，而得到的日期却是无效的日期。因此，决策表通过化简可以消除用例间的冗余，却无法消除因整体输入域拆分为个体输入域时而导致的那些无效域数据。

2. 第二次基于决策表的测试尝试

为了得到正确的决策表，最终采用的有效等价类划分如表3.22所示，构成如表3.23所示的决策表。表中显示，完整的决策表应包含40个测试用例，而经化简后仅含12个测试用例(见表3.24)。操作步骤略。这批测试用例覆盖了能考虑到的所有特殊日期。

表3.22　第二日问题的有效等价类划分

等价类	年份	月份	日期
有效等价类	Y1: 1800 ≤ 年份 ≤ 2050，且为闰年	M1: 1, 3, 5, 7, 8, 10	D1: 1 ≤ 日期 ≤ 27
	Y2: 1800 ≤ 年份 ≤ 2050，且为非闰年	M2: 4, 6, 9,11	D2: 28
		M3: 2	D3: 29
		M4: 12	D4: 30
			D5: 31

对于佣金问题来说，其输入条件之间不存在任何相关性，不需要使用决策表进行测试。

表 3.23　第二日问题的决策表(第二次决策表尝试)

年份在	Y1,Y2	Y1,Y2	Y1,Y2	Y1,Y2	Y1,Y2	Y1,Y2	Y1	Y2	Y1	Y2	Y1,Y2	Y1,Y2
月份在	M1,M4	M1	M2	M2	M2	M3	M3	M3	M3	M3	M3	M4
日期在	D1～D4	D5	D1～D3	D4	D5	D1	D2	D2	D3	D3	D4,D5	D5
日期加 1	×	×				×	×					
日期为 1		× ×						×	×			×
月份加 1		× ×						×	×			
月份为 1												×
年份加 1												×
提示该日期不存在					×					×	×	
原始用例数目	16	2	6 2	2	2	2	1	1	1	1	4	2

表 3.24　第二日问题的决策表测试用例(第二次决策表尝试)

ID	输入数据	预期输出	备注
ND-DT-001	2000-7-13	2000-7-14	31 天月份的普通日期
ND-DT-002	2000-7-31	2000-8-1	31 天月份的月末
ND-DT-003	2000-6-13	2000-6-14	30 天月份的普通日期
ND-DT-004	2000-6-30	2000-7-1	30 天月份的月末
ND-DT-005	2000-6-31	提示“该日期不存在”	无效日期
ND-DT-006	2000-2-13	2000-2-14	2 月普通日期
ND-DT-007	2000-2-28	2000-2-29	2 月普通日期
ND-DT-008	1925-2-28	1925-3-1	非闰年 2 月末
ND-DT-009	2000-2-29	2000-3-1	闰年 2 月末
ND-DT-010	1925-2-29	提示“该日期不存在”	无效日期
ND-DT-011	2000-2-30	提示“该日期不存在”	无效日期
ND-DT-012	2000-12-31	2001-1-1	年末日期

对比表 3.24 与表 3.16（针对整体输入域的等价类测试）的结果，基于决策表的测试不仅包含了不存在的日期，还包含多个针对普通日期的测试，且无法继续化简。因此，基于决策表的测试尽管能在一定程度上消除测试冗余，但仍会受到各输入条件的等价划分的限制，并不保证达到完全的无冗余。

3.4.4 决策表测试小结

决策表是一种较为复杂的黑盒测试方法，其目标是在特定条件下消除等价类测试的冗余，基本思想是基于强组合等价类测试得到有效域上完整的测试用例集合，并通过合并化简消除用例间的冗余。

决策表是以强组合的等价类测试为基础的，因此，决策表遵循独立性假设。

基于决策表的测试用例设计步骤如下：

(1) 分析输入域，并对个体输入域进行有效等价类划分；

(2) 分析输出域，并对预期输出结果进行细化；

(3) 建立完整的决策表；

(4) 将决策表中相似的用例不断进行化简，直至无法继续化简；

(5) 根据最终的决策表设计测试用例。

基于决策表的测试需注意如下方面：

(1) 当从整体输入域拆分个体输入域时，若输入条件之间不存在相关性，则不需要使用决策表的测试方法，因为等价类测试生成的测试用例之间本身就不存在冗余；

(2) 基于决策表的测试不处理无效等价类，它不需要遵循单缺陷假设；

(3) 基于决策表的测试仅针对输入域展开分析，但需要从设计的角度对输出域进行细化，这样得到的测试用例才更加准确，但这并不涉及代码的编写。

3.5 基于正交表的测试

3.5.1 基本原理

在边界值测试中，由于受到单缺陷假设的限制而形成边界的测试漏洞，如何补充测试，以保证较少的测试工作量和均衡的测试分布，是补充设计测试用例时需要考虑的问题。另外，当对被测对象的边界、等价等毫无概念的时候，如何选择测试数据和设计测试用例呢？基于正交表的测试通过引入正交表，在数据完全无规律或测试人员不了解数据规律的条件下，仍可利用数据均布的特性来设计测试用例，避免测试方法的片面性，达到合理分布测试点并有效降低测试工作量的目的。

基于正交表的测试方法来源于日本质量管理专家田口玄一提出的正交试验法，其基本原理是根据正交性原理，从全面试验中挑选部分有代表性的试验点，并能求出最佳工艺参数和工艺条件，这些代表性试验点的特性为：

(1) 均匀分散。试验点均匀分布在整个试验范围内，每个试验点具有充分的代表性。

(2) 整齐可比。试验便于结果分析，可以充分估计出每个实验条件对试验指标的影响，找出影响最大的条件。这对于软件系统的性能测试是非常重要的。

3.5.2 测试用例设计

1. 正交表的结构

正交表是运用组合数学理论的一种规格化表格，一般用 L 来表示。正交表分为等水平正交表和混合水平正交表两类。

常用的正交表有 $L_8(2^7)$、$L_9(3^4)$、$L_{16}(4^5)$、$L_8(4\times2^4)$等。

(1) 等水平正交表

等水平正交表是指构成正交表的各输入条件的取值个数相同，至于每个输入条件取何值并未规定，边界值、等价类测试数据等均可，且各测试数据的间隔也没有严格规定，可以等间隔，也可以不等间隔。通常用 $L_n(q^s)$ 表示等水平正交表，各符号含义如下：

n：表示实际测试用例的个数，对应正交表的行数(Runs)；

q：表示每个输入条件所取测试数据的个数，对应正交表中每个输入条件的取值个数(一般称水平数，Levels)；

s：表示输入条件的总数(一般称因子数，Factors)，对应正交表的列数；

q^s：表示理论上全组合方式的测试用例个数，由此可知，基于正交表的测试效率为 n 与 q^s 的比值。

(2) 混合水平正交表

混合水平正交表表示构成正交表的各输入条件的取值个数不完全相同，通常用 $L_n(q_1^{s_1}\times q_2^{s_2})$ 表示混合水平正交表，同样地，对取值类型和各取值间隔并无规定。各符号含义如下：

n：表示实际测试用例的个数；

$q_1^{s_1}$：表示在所有输入条件中，有 s_1 个输入条件的取值个数均为 q_1；

$q_2^{s_2}$：表示在所有输入条件中，有 s_2 个输入条件的取值个数均为 q_2。

以下仅讨论等水平正交表，故下文中的"正交表"均指等水平正交表，不再做特殊说明。标准的 $L_9(3^4)$ 正交表见表 3.25。

表 3.25　标准的 $L_9(3^4)$ 正交表

输入条件 / 测试数据 / 用例 ID	A	B	C	D	输出 y_i
1	A1	B1	C1	D1	y_1
2	A1	B2	C2	D2	y_2
3	A1	B3	C3	D3	y_3
4	A2	B1	C2	D3	y_4
5	A2	B2	C3	D1	y_5
6	A2	B3	C1	D2	y_6
7	A3	B1	C3	D2	y_7
8	A3	B2	C1	D3	y_8
9	A3	B3	C2	D1	y_9

从该表可以看出，表中最左侧列为测试用例序号，中间若干列表示输入条件，且每列对应一个输入条件，最右侧列表示预期输出，每行表示一个测试用例。需要注意的是：

① 表中 Ai、Bi、Ci $(i=1,2,3)$ 并不表示实际取值，而是指取值的序号，如 A1、A2、A3 表示输入条件可以取 3 个典型值；

② 输出列 y_i 在不同条件下具有不同含义，对于一般的测试来讲，y_i 仅用于列出测试用例的预期输出结果，但在性能测试中，y_i 为衡量性能的相关指标，通过对该指标值进行判断可以方便地对影响性能测试效果的输入条件进行分析，以改进系统性能。

2．正交表的性质和特点

(1) 正交表的性质

正交表的主要性质如下：

① 每一列中每个输入条件的各个测试数据出现的次数相同。由于每个数值代表一个不同的取值，每个输入条件的每种取值与其他输入条件的各取值构成测试用例的概率完全相同，从而保证在各个取值上能够最大限度排除其他输入条件的取值对测试结果所造成的干扰。

② 任意两列所构成的各有序数对出现的次数相同。这样可充分确保测试用例在整个取值空间分布的均匀性，从而有力保证了测试用例(或数据)的代表性。

例如，在正交表 $L_9(3^4)$中（见表 3.25），第 1、2、3 种取值在每列中各出现 3 次，只是位置不同罢了。且任意两列构成的有序数对(X1,Y1)、(X1,Y2)、(X1,Y3)、(X2,Y1)、(X2,Y2)、(X2,Y3)、(X3,Y1)、(X3,Y2)、(X3,Y3)各出现一次，也仅存在位置的差别，其中 X 和 Y 可用 A、B 或 C 来替换。

(2) 正交表的特点

基于正交表的测试主要特点如下：

① 无需穷举所有组合情况，只需要使用少量的抽样组合数据构成测试用例，可明显提高效率；

② 用正交表抽样出的组合数据分布均匀，对组合情况具有最佳的覆盖性；

③ 能减少手动对组合数据抽样导致的大量测试遗漏。

图3.10给出了同等条件(3个输入条件，每个输入条件取3个典型值)下，正交表测试与其他组合方式所得到的测试结果的对比。显然，正交点不仅可确保测试数据均布，且测试用例的规模得到了很好的控制。

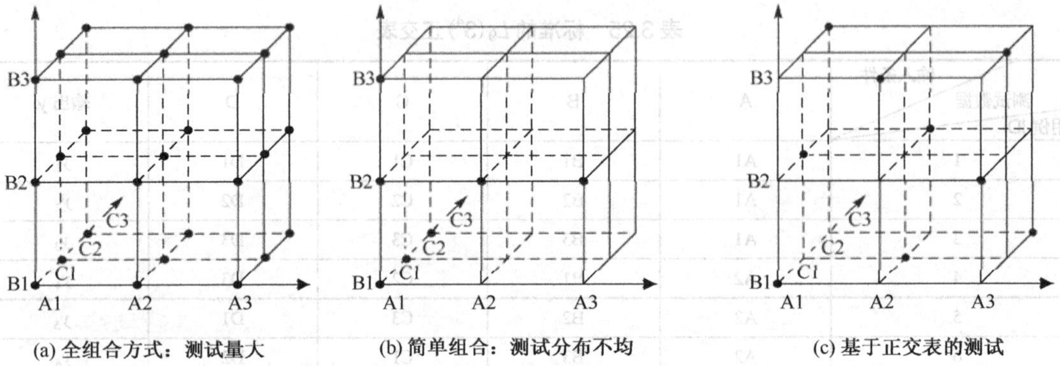

图3.10 正交表测试与其他组合方式下的测试用例

3. 结果的分析

正交表不仅可保证测试用例均匀分散、整齐可比，还可以方便地进行结果的分析，这对于性能测试而言是非常重要的。常用的结果分析方法有次序评分法、公平评分法、极差分析法、方差分析法等。在此仅讨论在软件测试中使用较多的极差分析法。

极差分析法的基本思想是对应每个测试用例计算某性能指标的值，然后对每个输入条件计算极差，即该输入条件取不同测试数据时对应的考核指标均值的最大、最小值之间的差值，极差最大的输入条件就是对该性能指标影响最大的输入条件。通过极差分析法可以确定影响性能指标的主要条件，便于绘制性能指标随输入条件的取值变化而变化的趋势图，并有利于推测性能调优的方向。关键业务的响应时间、传输速率、每秒处理事务数等都是性能测试中经常使用的考核指标。

一般地，对于等水平正交表 $L_n(q^s)$，可定义如下概念：

F_{ij}：第 j 个输入条件中第 i 个取值所对应的指标的和，其中 i=1,2,…,q，j=1,2,…,s。

k_j：第 j 个输入条件中同一取值出现的次数，该值等于测试用例总数(n)与第 j 个输入条件的总取值个数(q)的商。

$\dfrac{F_{ij}}{k_j}$：第 j 个输入条件中第 i 个取值所对应的指标的平均值。

D_j：第 j 个输入条件的极差，即 $D_j = \max\left\{\dfrac{F_{1j}}{k_j},\dfrac{F_{2j}}{k_j},\cdots,\dfrac{F_{qj}}{k_j}\right\} - \min\left\{\dfrac{F_{1j}}{k_j},\dfrac{F_{2j}}{k_j},\cdots,\dfrac{F_{qj}}{k_j}\right\}$。

S_j：第 j 个输入条件中每个取值所对应的指标之和的总和，即 $S_j = F_{1j} + F_{2j} + \cdots = \sum_{i=1}^{n} y_i$。

对于表3.25所示的标准 $L_9(3^4)$ 正交表来说，可计算出上述概念对应的值如下：

F_{ij}：$F_{11} = y_1 + y_2 + y_3$　$F_{12} = y_1 + y_4 + y_7$　$F_{13} = y_1 + y_6 + y_8$　$F_{14} = y_1 + y_5 + y_9$

$F_{21} = y_4 + y_5 + y_6$　$F_{22} = y_2 + y_5 + y_8$　$F_{23} = y_2 + y_4 + y_9$　$F_{24} = y_2 + y_6 + y_7$

$F_{31} = y_7 + y_8 + y_9$　$F_{32} = y_3 + y_6 + y_9$　$F_{33} = y_3 + y_5 + y_7$　$F_{34} = y_3 + y_4 + y_8$

k_j：$k_1 = k_2 = k_3 = 3$

$$D_j: D_1 = \max\left\{\frac{F_{11}}{k_1},\frac{F_{21}}{k_1},\frac{F_{31}}{k_1}\right\} - \min\left\{\frac{F_{11}}{k_1},\frac{F_{21}}{k_1},\frac{F_{31}}{k_1}\right\} \quad D_2 = \max\left\{\frac{F_{12}}{k_2},\frac{F_{22}}{k_2},\frac{F_{32}}{k_2}\right\} - \min\left\{\frac{F_{12}}{k_2},\frac{F_{22}}{k_2},\frac{F_{32}}{k_2}\right\}$$

$$D_3 = \max\left\{\frac{F_{13}}{k_3},\frac{F_{23}}{k_3},\frac{F_{33}}{k_3}\right\} - \min\left\{\frac{F_{13}}{k_3},\frac{F_{23}}{k_3},\frac{F_{33}}{k_3}\right\} \quad D_4 = \max\left\{\frac{F_{14}}{k_4},\frac{F_{24}}{k_4},\frac{F_{34}}{k_4}\right\} - \min\left\{\frac{F_{14}}{k_4},\frac{F_{24}}{k_4},\frac{F_{34}}{k_4}\right\}$$

$$S_j: S_1 = F_{11} + F_{21} + F_{31} = \sum_{i=1}^{9} y_i \quad S_2 = F_{12} + F_{22} + F_{32} = \sum_{i=1}^{9} y_i$$

$$S_3 = F_{13} + F_{23} + F_{33} = \sum_{i=1}^{9} y_i \quad S_4 = F_{14} + F_{24} + F_{34} = \sum_{i=1}^{9} y_i$$

4．测试用例的设计

基于正交表设计测试用例的一般步骤如下：

(1) 将整体输入域拆分为个体输入域，确定所有输入条件及其最大取值范围

当输入条件为连续变化量时，可确定连续变化范围的最小和最大边界点。对于离散型输入条件，确定其所有可能的取值。

(2) 确定每个输入条件的取值个数

当输入条件为连续变化量时，一般以最小、最大边界点为基准，按照等距或系统特性进行不等距采样，确定需要选取的值的个数。而当输入条件为离散型量时，也可借鉴连续型输入条件的思想确定取值个数，所不同的仅在于最终确定的测试数据必须是实际能够取到的值。

(3) 选择合适的正交表

正交表存在一定的规律性，在一个形如 $L_n(q^s)$ 的正交表中，q、s、n 之间具有一定的对应关系，并非任意输入条件和取值个数均可得到与输入条件数及取值个数完全相同的正交表，例如，当有 3 个输入条件，且每个输入条件有 3 种取值时，并不能得到形如 $L_n(3^3)$ 的正交表，正确的方式是根据输入条件个数和取值个数在已有的正交表中选择最符合当前测试要求的正交表，以支持后续的测试用例设计。

假设已知输入条件数为 *ni*，每个输入条件的取值个数均为 *nv*，要确定的正交表为 $L_n(q^s)$，则有：

① 表中每个输入条件的取值个数 q，应等于已知输入取值个数 *nv*；

② 表的列数 s，不应小于已知输入条件的个数 *ni*；

③ 正交表的行数 n，不应小于最少测试用例数，其中，正交表的行数(即最少测试用例数)= 1+Σ(每列取值个数–1)。

在选择正交表时，经常会碰到如下情况：

① 针对已有输入条件个数和测试数据个数(即取值个数)，找不到合适的正交表，此时，应通过适当增加某些输入条件的测试数据来贴近差距最小的正交表，增加的原则是针对重要的或取值范围较大的输入条件，抽取那些较为重要的或风险较高的测试数据；

② 对测试用例的规模有一定要求，或者要求进行更多测试来验证性能测试指标的规律性，此时，应尽量选择测试用例数较多的正交表；

③ 给定输入条件的测试数据个数并非完全相同，此时应按输入条件的最多测试数据个数来选择正交表，同时应对部分输入条件进行测试数据补足，来满足等水平正交表的要求。

(4) 建立正交表

根据选定的正交表，将输入条件和对应测试数据填入正交表的各列。

设置输入条件时，应遵循一个基本的假设：独立性假设，即不考虑输入条件之间的相关作用关系，且各输入条件可随机放置在每列中。

设置测试数据时，用输入条件的每个测试数据替换正交表中的数字，这也是随机对应的，不一定需要严格按照数字的实际大小来确定表中数字与测试数据取值大小的对应关系。

当正交表中包含的输入条件数大于实际的输入条件数时，多余的列可不填。

(5) 测试结果分析

在性能测试中，测试执行完毕后，需采用极差分析法进行性能指标的分析，找出对指标影响最大的输入条件，并确定性能调整的方向，甚至确定最优的输入取值的组合。

3.5.3 捉虫实践6：第二日问题的正交表测试

下面以第二日问题为例，观察在对被测对象的数据完全不了解的情况下，如何构造正交表展开测试，以及若结合边界值和等价划分来构建正交表并展开测试，测试效果会有何不同。

1. 结合边界的正交表测试

第二日问题有3个输入：年份、月份和日期，当对其数据完全不了解的时候，通常可以先找到其最大和最小边界，以此建立正交表。

(1) 边界值第一次尝试

由3.3节的边界值分析可知，3个输入的边界值点分别为：

① 年份：1800年，2050年；

② 月份：1月，12月；

③ 日期：1号，31号。

若仅以边界值点作为测试数据，则最少测试用例数=1+3×(2−1)=4，故选择正交表$L_4(2^3)$，得到测试用例见表3.26。

表3.26 第二日问题的正交表测试用例(边界值第一次尝试)

输入条件 / 测试数据 / ID	年份	月份	日期	预期输出
ND-OTT-001	1800	1	1	1800-1-2
ND-OTT-002	1800	12	31	1801-1-1
ND-OTT-003	2050	1	31	2050-2-1
ND-OTT-004	2050	12	1	2050-12-2

(2) 边界值第二次尝试

根据一般的想法，可在边界点之间补充一个正常值，得到测试数据如下：

① 年份：1800，1925，2050；

② 月份：1，6，12；

③ 日期：1，15，31。

最少测试用例数= 1+3×(3−1) = 7，故选择正交表$L_9(3^4)$，构成的测试用例见表3.27。

表 3.27　第二日问题的正交表测试用例（边界值第二次尝试）

输入条件 / 测试数据 / ID	年份	月份	日期	预期输出
ND-OTT-001	1800	1	1	1800-1-2
ND-OTT-002	1800	6	31	1801-1-1
ND-OTT-003	1800	12	15	1800-12-16
ND-OTT-004	1925	1	15	1925-1-16
ND-OTT-005	1925	6	31	提示“该日期不存在”
ND-OTT-006	1925	12	1	1925-12-2
ND-OTT-007	2050	1	31	2050-2-1
ND-OTT-008	2050	6	1	2050-6-2
ND-OTT-009	2050	12	15	2050-12-16

(3) 边界值第 3 次尝试

若在每个边界附近的邻域内取测试数据，并保证为有效值，可得测试数据如下：

① 年份：1800，1801，2049，2050；

② 月份：1，2，11，12；

③ 日期：1，2，30，31。

最少测试用例数=1+3×(4–1)=10，故选择正交表 $L_{16}(4^5)$，构成的测试用例如表 3.28 所示。

表 3.28　第二日问题的正交表测试用例（边界值第 3 次尝试）

输入条件 / 测试数据 / ID	年份	月份	日期	预期输出
ND-OTT-001	1800	1	1	1800-1-2
ND-OTT-002	1800	2	2	1800-2-3
ND-OTT-003	1800	11	30	1800-12-1
ND-OTT-004	1800	12	31	1801-1-1
ND-OTT-005	1801	1	2	1801-1-3
ND-OTT-006	1801	2	30	提示“该日期不存在”
ND-OTT-007	1801	11	31	提示“该日期不存在”
ND-OTT-008	1801	12	1	1801-12-2
ND-OTT-009	2049	1	30	2049-1-31
ND-OTT-010	2049	2	31	提示“该日期不存在”
ND-OTT-011	2049	11	1	2049-11-2
ND-OTT-012	2049	12	2	2049-12-3
ND-OTT-013	2050	1	31	2050-2-1
ND-OTT-014	2050	2	1	2050-2-2
ND-OTT-015	2050	11	2	2050-11-3
ND-OTT-016	2050	12	30	2050-12-31

2．结合等价划分的正交表测试

基于正交表的测试最适合处理数据完全无规律的情况，而若基于等价划分，使数据具有一定规律性，测试结果究竟会得到改善，亦或是变得更差呢？注意在此不考虑无效等价类。

(1) 等价类第一次尝试

根据第一次等价划分的结果(见表 3.9)，并取有效等价类的一个正常值作为测试数据，则最少测试用例数 = 1 + 3 × (1 − 1) = 1，故无须建立正交表，仅需一个测试用例，就是 1925 年 6 月 15 日。

(2) 等价类第二次尝试

若等价划分方式不变，增加测试数据，并按数据间三等分的原则抽取，测试数据如下：

① 年份：1883，1966；

② 月份：4，8；

③ 日期：10，20。

仍选择正交表 $L_4(2^3)$，构成的测试用例如表 3.29 所示。

表 3.29 第二日问题的正交表测试用例(等价类第二次尝试)

输入条件 / 测试数据 / ID	年份	月份	日期	预期输出
ND-OTT-001	1883	4	10	1883-4-11
ND-OTT-002	1883	8	20	1883-8-21
ND-OTT-003	1966	4	20	1966-4-21
ND-OTT-004	1966	8	10	1966-8-11

(3) 等价类第三次尝试

等价划分方式不变，继续增加测试数据，改为抽取 4 个等间隔的测试数据，需选择正交表 $L_{16}(4^5)$，构成的测试用例如表 3.30 所示。

表 3.30 第二日问题的正交表测试用例(等价类第三次尝试)

输入条件 / 测试数据 / ID	年份	月份	日期	预期输出
ND-OTT-001	1850	3	6	1850-3-7
ND-OTT-002	1850	5	12	1850-5-13
ND-OTT-003	1850	7	18	1850-7-19
ND-OTT-004	1850	9	24	1850-9-25
ND-OTT-005	1900	3	12	1900-3-13
ND-OTT-006	1900	5	18	1900-5-19
ND-OTT-007	1900	7	24	1900-7-25
ND-OTT-008	1900	9	6	1900-9-7
ND-OTT-009	1950	3	18	1950-3-19
ND-OTT-010	1950	5	24	1950-5-25
ND-OTT-011	1950	7	6	1950-7-7
ND-OTT-012	1950	9	12	1950-9-13
ND-OTT-013	2000	3	24	2000-3-25
ND-OTT-014	2000	5	6	2000-5-7
ND-OTT-015	2000	7	12	2000-7-13
ND-OTT-016	2000	9	18	2000-9-19

(4) 等价类第四次尝试

当采用更合理的等价类划分方式时(见表 3.13)，第二日问题的 3 个输入条件分别具有不同的有效等价类数目，若仅在每个等价类中选取一个典型取值，则不满足等水平正交表的要求，为此，必须对包括等价类数目少的年份和月份的测试数据进行扩充，其中年份在 Y1 和 Y2 中各选择 2 个典型值，月份则在 M1 这个更大的等价类中抽取典型值，测试数据如下：

① 年份：1850，1900，2000，2004；

② 月份：2，3，6，10；

③ 日期：14，29，30，31。

根据对应的正交表 $L_{16}(4^5)$ 设计的测试用例如表 3.31 所示。

表 3.31　第二日问题的正交表测试用例(等价类第四次尝试)

输入条件 / 测试数据 / ID	年份	月份	日期	预期输出
ND-OTT-001	1850	2	14	1850-2-15
ND-OTT-002	1850	3	29	1850-3-30
ND-OTT-003	1850	6	30	1850-7-1
ND-OTT-004	1850	10	31	1850-11-1
ND-OTT-005	1900	2	29	提示“该日期不存在”
ND-OTT-006	1900	3	30	1900-3-31
ND-OTT-007	1900	6	31	提示“该日期不存在”
ND-OTT-008	1900	10	14	1900-10-15
ND-OTT-009	2000	2	30	提示“该日期不存在”
ND-OTT-010	2000	3	31	2000-4-1
ND-OTT-011	2000	6	14	2000-6-15
ND-OTT-012	2000	10	29	2000-10-30
ND-OTT-013	2004	2	31	提示“该日期不存在”
ND-OTT-014	2004	3	14	2004-3-15
ND-OTT-015	2004	6	29	2004-6-30
ND-OTT-016	2004	10	30	2004-10-31

(5) 等价类第五次尝试

当采用更加合理的等价划分时（见表 3.22），采用相同的扩充原则，得到测试数据如下：

① 年份：1850，1900，1950，2000，2004(该值是结合白盒测试而选择的一种闰年取值情况)；

② 月份：2，3，6，8，12；

③ 日期：14，28，29，30，31。

最少测试用例数 = 1 + 3 × (5 − 1) = 13，应选正交表 $L_{25}(5^6)$，构成的测试用例如表 3.32 所示。

表 3.32　第二日的正交表测试用例(等价类第五次尝试)

输入条件 / 测试数据 / ID	年份	月份	日期	预期输出
ND-OTT-001	1850	2	14	1850-2-15
ND-OTT-002	1850	3	28	1850-3-29
ND-OTT-003	1850	6	29	1850-6-30
ND-OTT-004	1850	8	30	1850-8-31
ND-OTT-005	1850	12	31	1851-1-1
ND-OTT-006	1900	2	28	1900-3-1

续表

输入条件 / 测试数据 / ID	年份	月份	日期	预期输出
ND-OTT-007	1900	3	29	1900-3-30
ND-OTT-008	1900	6	30	1900-7-1
ND-OTT-009	1900	8	31	1900-9-1
ND-OTT-010	1900	12	14	1900-12-15
ND-OTT-011	1950	2	29	提示“该日期不存在”
ND-OTT-012	1950	3	30	1950-3-31
ND-OTT-013	1950	6	31	提示“该日期不存在”
ND-OTT-014	1950	8	14	1950-8-15
ND-OTT-015	1950	12	28	1950-12-29
ND-OTT-016	2000	2	30	提示“该日期不存在”
ND-OTT-017	2000	3	31	2000-4-1
ND-OTT-018	2000	6	14	2000-6-15
ND-OTT-019	2000	8	28	2000-8-29
ND-OTT-020	2000	12	29	2000-12-30
ND-OTT-021	2004	2	31	提示“该日期不存在”
ND-OTT-022	2004	3	14	2004-3-15
ND-OTT-023	2004	6	28	2004-6-29
ND-OTT-024	2004	8	29	2004-8-30
ND-OTT-025	2004	12	30	2004-12-31

3. 测试分析

为了评价某测试方法所设计的测试用例的典型性，引入测试用例典型性指标：针对特殊值的测试用例占所有测试用例的比率。下面使用该指标对不同测试策略下的正交表测试进行分析。

(1) 结合边界的正交表测试

表3.33给出了边界值测试与基于边界分析的正交表的测试结果的对比数据。从测试用例的数量和数据典型性来看，似乎正交表的测试效果更优一些，但正交表在缺陷的隔离与定位方面的效果不如边界值测试。因此综合来看，二者应结合起来使用，即边界值测试是基于单缺陷假设的，可有效控制测试用例规模，且便于缺陷的隔离和定位，同时通过基于边界数据来构建正交表，得到的测试用例将覆盖多个输入条件同时取边界的情况，且测试用例为均匀分布，便于覆盖到强边界情况，可起到对边界子测试很好的补充测试作用。

表3.33 基于单缺陷假设的边界值测试与结合边界的正交表测试的对比

基本思想	测试方法	测试用例数目	代表性	测试全面性			
				年末日期	月末日期	闰月情况	不存在日期
仅测边界点	正交表	4	50%	25%	25%	0	0
	边界值测试	6	16.7%	0	0 0		1
测边界附近点	正交表	16	37.5%	6.25%	12.5%	0	18.75%
	边界值测试	12	16.7%	0	8.3%	0	8.3%

(2) 结合等价划分的正交表测试

表3.34给出了等价类测试与基于等价划分的正交表的测试结果的对比数据。

表 3.34　等价类测试与结合等价划分的正交表测试的对比

基本思想	测试方法	测试用例数目	代表性	测试全面性			
				年末日期	月末日期	闰月情况	不存在日期
简单划分(1 个典型值)	正交表	1	0	0	0	0	0
	等价类测试	1	0	0	0	0	0
简单划分(2 个典型值)	正交表	4	0	0	0	0	0
	等价类测试	8	0	0	0	0	0
简单划分(4 个典型值)	正交表	16	0	0	0	0	0
	等价类测试	64	0	0	0	0	0
改善划分方式	正交表	16	43.8%	0	18.8%	6.25%	28.8%
	等价类测试	24	50%	0	16.7%	8.3%	25%
再次改善划分方式	正交表	25	36%	4%	12%	8%	12%
	等价类测试	40	40%	12.5%	25%	25%	37.5%

从该表可以看出：

① 对于简单的等价划分，当在等价类中仅选取一个典型值作为测试数据时，仅包含一个测试用例，不需要建立正交表。

② 在不改变等价划分的前提下，随着等价类中选取测试数据量的增大，等价类测试的效果并未得到明显改善，体现在测试用例规模迅速增大，冗余不断增大，测试漏洞情况却未得到任何改善；在正交表测试中，也是同样的情况。但是，对比等价类测试的测试结果，基于正交表的测试所得到的测试用例更均匀，测试用例规模更小，相对体现出更大的优势。

③ 通过改善等价划分，等价类测试的效果得到了明显改善，体现在测试漏洞更少，而且对比等价类测试的结果，基于正交表的测试尽管在测试用例规模上具有一定优势，但在测试典型性方面却远不如等价类测试。

因此，综合来说，良好的等价划分是确保测试完备的基础，等价类测试本身可以确保良好的测试效果，此时不需要使用基于正交表的测试。

总之，根据上述分析可得到如下结论：一般地，应采用边界值测试和等价类测试方法，并通过结合边界值来建立正交表和设计测试用例，对边界进行补充测试，从而测试到多个边界缺陷共存的情况。

3.5.4　正交表测试小结

基于正交表的测试是根据正交性原理，从全组合的测试用例中挑选具有一定代表性的测试用例的测试方法，其主要优点在于得到的测试用例数量少、测试分布均匀、结果易于分析。该法适于处理对数据完全不了解或者针对边界进行补充测试的情况。

该法的主要难点在于如何根据系统的输入条件选择合适的正交表，以及根据测试用例的指标测量结果分析出最优的输入组合。

基于正交表的测试并非在任何复杂的输入输出条件下都能体现出优势。当充分结合业务与数据特点来设计测试时，正交表很难体现出优势，而当数据点具有较大随机性时，正交表的优势较为显著。在本章所使用的两个案例中，相比第二日问题，佣金问题更适于采用正交表的测试方法，因为其输入条件之间不存在任何关联性，且其输入条件的约束非常少，每个输入条件只有 2 个边界点，在边界值测试的基础上，很适于采用正交表来做补充测试。

同时还需注意，正交表并未在任何情况下都可以使用，在如下情况下是无法使用正交表的：

(1) 输入条件数太多；

(2) 输入条件之间是互斥关系，即当一个输入条件存在时，另一个输入条件不能存在。

3.6 基于场景的测试

3.6.1 基本原理

前面所讨论的4种黑盒测试方法主要侧重于测试数据的选择，关注的点仅在输入取值，并不涉及操作步骤，无法对涉及用户操作的动态执行过程进行测试覆盖，最适于在函数层面上展开测试。然而对于复杂系统来说，若在功能的层面上做测试，则不仅涉及测试数据的问题，更重要的是如何从全局把握系统的整个业务流程，确保针对多个功能点交叉、存在复杂约束的条件下，测试可以充分覆盖到。另外，即使是对于单个的功能点，也存在功能实现的操作流程的问题，只有在熟悉流程的基础上才谈得上局部细节的测试设计，如测试数据的选择。如何针对这类程序执行的动态过程，设计高层测试用例呢？

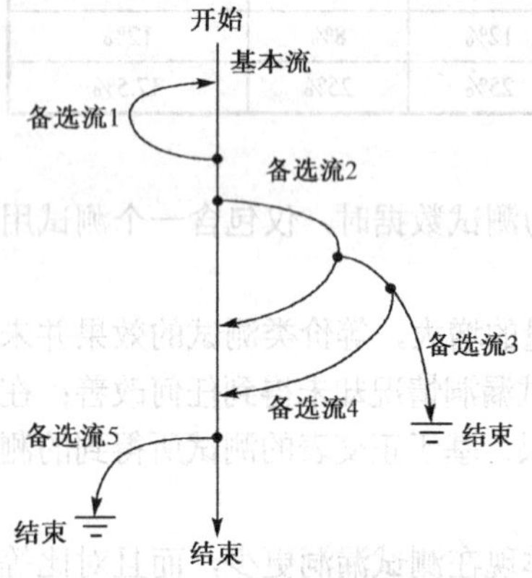

图3.11 基于场景的测试原理图

为了解决该问题，人们提出了基于场景的测试，该法以事件流为核心，是高层测试设计的基础，通常用在功能测试中。基于场景的测试的基本思想：通过分析不同事件的触发顺序和处理结果，构建各个事件流，并基于这些事件的触发控制业务流程，形成多个不同场景，最终基于场景设计测试用例。

图3.11给出了基于场景的测试方法的原理。图中从开始到结束的一条自上而下的有向线段表示基本事件流(简称基本流)，每个基本流代表了一个被测的典型功能点或主业务。在基本流上的各个触发点上产生不同的事件，触发业务流程分支，形成多个备选事件流(简称备选流)，由基本流和备选流可共同形成从开始到结束的不同业务流程(简称场景)。每个场景至少对应一组输入和一个预期输出结果，即测试用例。

3.6.2 测试用例设计

1. 基于场景测试的难点

基于场景的测试中需要解决的核心和难点问题在于：

(1) 如何根据需测试的业务来构建基本流和备选流；

(2) 如何基于这些事件流构建场景，以满足测试完备和无冗余的要求；

(3) 如何根据场景设计测试用例。

2. 基本流和备选流的设置

针对每个要测试的业务，将构建一个基本流和若干备选流。

(1) 基本流

基本流是从系统的某个初始状态开始，经一系列状态变化后到达终止状态的过程中最主要的一个业务流程。所谓“基本”，意指该事件流是整个业务流程中最基本的一个流程。基本流所涉及的业务规则不一定很复杂，但通常被认为是一条最高风险的业务流程，例如，该业务流程所包含的功能点是用户最常使用的功能，该流程所对应的用户操作是需求中规定的正确的操作，能反映绝大多数用户操作被测系统的顺序，或者，该流程所包含的功能点涉及某个复杂的核心算法，必须确保其正确性。

从风险的角度来说，围绕某个被测业务的基本流只有一个，且应确保基本流的执行正确无误。

(2) 备选流

备选流是以基本流为基础，在经过基本流上每个判定节点(包括条件判定和循环判定)处满足不同的触发条件，而导致的其他事件流。

与基本流不同的是，基本流是一条从初始状态到终止状态的完整的业务流程，而备选流仅仅是业务流程中的一个执行片段。根据起始节点和终止节点的形式不同，得到的备选流的类型也不同，如表 3.35 所示。其中，备选流 1 和 2 的区别在于，备选流 1 是反向执行的，类似于程序结构中的循环结构，而备选流 2 是普通的判定结构。典型示例见图 3.11。

表 3.35 备选流的类型(基于不同的起始和终止节点形式)

备选流类型	起始节点	终止节点	典型示例
1	从基本流的某个判定节点开始	基本流上的某个状态	备选流 1，备选流 2
2	从基本流的某个判定节点开始	其他的系统终止状态	备选流 5
3	从其他备选流的某个判定节点开始	基本流上的某个状态	备选流 4
4	从其他备选流的某个判定节点开始	其他的系统终止状态	备选流 3

基于一个基本流，将得到多个备选流，且备选流的数目取决于基本流上判定节点的数目与事务分析的颗粒度，粒度越细，考虑越周全，得到的备选流数目就越多，相应的测试工作量越大。

表 3.36 列出了基本流与备选流的区别。

表 3.36 基本流与备选流的区别

	基本流	备选流
测试重要性	重要	次要
数目	1 条	1 条或多条
初始节点位置	系统初始状态	基本流或其他备选流
终止节点位置	系统终止状态	基本流或系统其他终止状态
是否是完整的业务流程	是	否，仅为业务流程的执行片段
能否构成场景	能	否，需和基本流共同构成场景

3．场景的构建

场景是基本流与备选流的有序集合。一个场景可以仅包含一个基本流，也可由基本流和至少一条备选流共同构成。场景实际是用于描述流经用例的路径，从一个测试用例开始到该测试用例结束应遍历该路径上所有的基本流和备选流。因此，一个测试用例唯一对应一个场景。

以图 3.11 所示的原理图为例，可得到如下场景：

场景 1：基本流；

场景 2：基本流+备选流 1；

场景 3：基本流+备选流 2；

场景 4：基本流+备选流 2+备选流 3；

场景 5：基本流+备选流 2+备选流 4；

场景 6：基本流+备选流 5；

场景 7：基本流+备选流 1+备选流 2+备选流 5；

场景 8：基本流+备选流 1+备选流 2+备选流 3；

场景 9：基本流+备选流 1+备选流 2+备选流 4。

除了以上 8 个场景之外，还可以构建更多的场景，由此带来的一个棘手的问题：当备选流数量众多时，场景的构建实际上等同于业务执行路径的构建，备选流越多，则执行路径越多，与程序执行路径问题类似，将导致场景爆炸的问题。

如何从可能无穷尽的场景中抽取典型场景进行测试，以满足测试的完备性和无冗余性要求呢？在此提出场景设计的基本原则如下：

(1) 最少的场景数等于事件流的总数，即基本流与备选流的总数；

(2) 有且唯一有一个场景仅包含基本流；

(3) 对应某个备选流，至少应有一个场景覆盖该备选流，且在该场景中应尽量避免覆盖其他的备选流。

基于以上原则，得到对应图3.11的最少场景是包含场景1到场景6的集合。那么，该原则真的能确保测试的完备性和无冗余性吗，将在第5章白盒测试对路径的测试中继续展开讨论。

4. 测试用例的设计

基于场景的测试用例设计一般步骤如下：

(1) 分析被测业务，基于风险的思想找到基本流和所有备选流；

(2) 根据基本流和备选流构造适当规模的场景；

(3) 根据场景设计测试用例；

(4) 对每个测试用例补充测试数据，并实施测试。

3.6.3 捉虫实践7：自动柜员机问题的场景测试

1. 自动柜员机问题简述

为了提高银行工作效率、方便储户，多数银行都配有自动柜员机(简称 ATM 机)系统，下面就针对自动柜员机系统的一个主要业务——用户取款业务，经简化处理后，使用基于场景的方法来设计测试用例。所谓用户取款业务主要是指为用户提供插卡、校验和取款操作的全过程。下面结合场景测试方法的主要步骤分别予以讨论。

2. 事件流的构造

围绕用户取款业务，构造基本流和备选流描述如下。

(1) 基本流

基本流的初始状态是ATM系统处于准备就绪状态，表现为屏幕上呈现欢迎画面。后续业务流程如下。

① 插卡：用户将ATM卡插入ATM机的卡槽。

② 卡校验：系统读取被插卡的账户代码，判断该卡是否为本系统可接受的卡。在基本流中，卡校验顺利通过，即对应一张系统可接受的ATM卡。此处对应第1个校验点。

③ 密码输入：系统自动读取卡的账户，获取其预设密码，并要求用户输入6位数字取款密码。

④ 密码校验：系统根据卡账户的预设密码，并与用户输入的密码比较，判断二者是否一致。对基本流而言，输入的密码正确。此处对应第2个校验点。

⑤ 取款交易选择：本步骤是对现实的简化，在一般的ATM系统中，系统将提示可支持的各种交易类型，如取款、存款、查询余额等。在此直接选择取款交易，不再选择其他交易类型。同时，系统一般还会提示可选择的账户类型，如活期、零存整取等，在此也一并简化了，默认选择活期账户。

⑥ 取款金额设置：系统要求用户输入要取款的金额数。注意，取款的金额应为50的整数倍，且应受到数目上的各种限制。

⑦ 取款校验：系统将账户、密码、交易类型(本例为“取款”交易)及金额数作为一笔交易发送给银行系统，启动校验过程。对于基本流而言，系统处于联机状态，对用户的授权请求予以答复，且批准完成取款，并更新账户余额。此处对应第3个校验点。

⑧ 出钞：系统从现金槽中提供现金钞票。

⑨ 凭条打印选择：本步骤实际是对现实的简化，一般在一次事务完成之后，系统会在此提示选择交易类型，本例中简化处理，不再重复提示交易类型选择，而是直接进入后续交易凭条打印环节。本步骤是由系统提示是否打印本次交易信息。对于基本流而言，用户选择打印交易凭条。此处对应第4个校验点。

⑩ 提供交易凭条：系统从 ATM 机的小票卡槽中提供交易凭条，并更新 ATM 机内部记录。

⑪ 退卡：系统返还用户的 ATM 卡。

用例至此结束，这时 ATM 机再次回到准备就绪状态。

(2) 备选流

基本流中得到 4 个关键校验点如下：

校验点 1：对应步骤②，对卡的有效性进行校验，判断卡是否有效；

校验点 2：对应步骤④，对用户输入的密码进行校验，判断输入的密码是否匹配预设密码；

校验点 3：对应步骤⑦，对输入的取款金额进行校验，判断取款金额设置是否有效；

校验点 4：对应步骤⑨，对凭条打印进行选择，判断是否需要打印交易凭条。

根据上述校验点，可分别得到各校验点处的备选流，分析如下。

① 备选流 1：卡错误。

在基本流步骤②处触发，在校验 ATM 卡时发现该卡无效，则应将该卡退回，并提示卡无效，系统回到准备就绪状态，本用例终止。

② 备选流 2：密码错误。

在基本流步骤④处触发，校验密码时有 3 次输入密码的机会，当第一次或第二次密码输入错误后，仍有继续输入密码的机会，则系统提示密码错误，要求用户再次输入密码，系统返回密码输入状态，在步骤③处重新加入基本流。

③ 备选流 3：密码失败。

该备选流仍在基本流步骤④处触发，校验密码时，当密码第 3 次输入错误后不再有输入机会，此时系统提示密码失败，并直接吞掉用户的 ATM 卡，并提示用户到银行柜台办理相关取卡事宜，系统返回准备就绪状态，本用例终止。

注意：备选流 2、3 是由相同的事件触发的(密码输入错误)，只是事件多次被触发后，将导致系统产生不同的处理结果。这与程序执行中的循环结构是非常类似的。

④ 备选流 4：输入金额错误。

在基本流步骤⑦处触发，校验用户输入的取款金额时失败，禁止取款，要求用户重新输入取款金额，系统返回金额输入状态，在步骤⑥处重新加入基本流。

注意：取款金额错误可分多种情况，例如，金额格式错误，取款账户的余额不足，ATM 机现金不足，达到账户单次取款的最大金额等，但在本例中，并未针对所有可能的错误情况分别构建备选流，请有兴趣的读者不妨思考一下，为什么要这样做。

⑤ 备选流 5：不打印凭条。

在基本流步骤⑨处触发，选择是否打印交易凭条时选择不打印，则直接退还用户的 ATM 卡。

用户取款业务的基本流和备选流如图 3.12 所示。

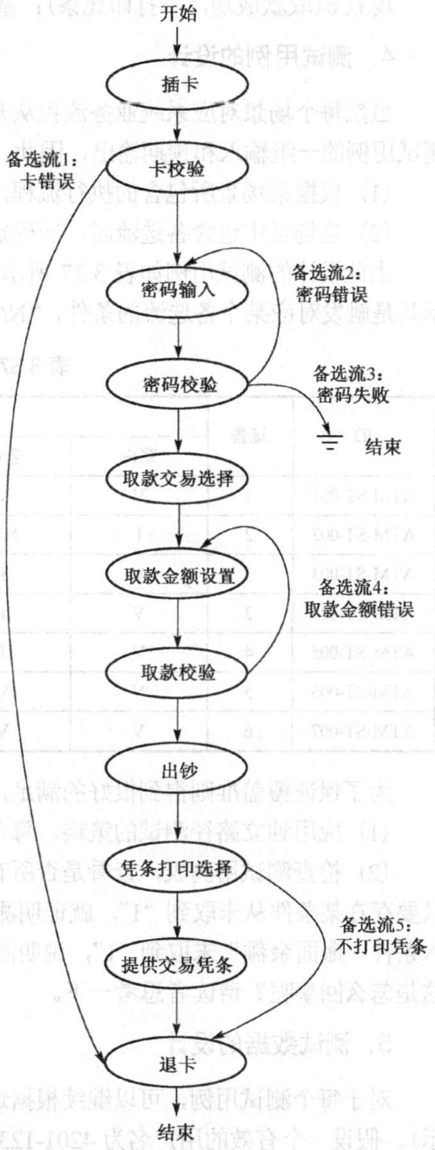

图 3.12　自动柜员机系统的基本流和备选流

实际上，在卡密码校验处，一旦用户3次输入密码错误，系统将用户的卡没收后，仍然会回到系统欢迎画面，似乎应从基本流的退出状态来结束。但由于此处包含了一个吞卡的动作，因此，与备选流1和备选流5的执行结果不完全一致，所以，备选流3的执行结果是不同于备选流1和备选流5的。

3．场景的设计

根据取款业务的基本流和5个备选流得到的场景集合如下：

场景1(取款成功，且打印凭条)：基本流；

场景2(卡错误)：基本流+备选流1；

场景3(密码错误)：基本流+备选流2；

场景4(密码失败)：基本流+备选流3；

场景5(取款金额错误)：基本流+备选流4；

场景6(取款成功，不打印凭条)：基本流+备选流5。

4．测试用例的设计

虽然每个场景对应系统业务流程从开始状态到结束状态的一系列执行过程，但其实质仍然是对应测试用例的一组输入和预期输出，因此，对应每个场景可设计一个或多个测试用例。具体步骤如下：

(1) 根据某场景所包含的执行流程，分析出系统应满足的所有输入条件和预期输出；

(2) 当场景中包含备选流时，应确定触发该备选流执行的输入条件，并予以标记。

由此设计的测试用例如表3.37所示。表中“V”表示该条件必须有效才可以执行该用例，“I”表示其是触发对应某个备选流的条件，“N/A”表示此测试用例中不需要设置该输入条件。

表3.37 自动柜员机问题的测试用例

ID	场景	输入				预期输出
		账户	密码	取款金额	账面余额	
ATM-ST-001	1	V	V V V			取款成功，并打印交易凭条
ATM-ST-002	2	I	N/A	N/A	N/A	消息提示，退回卡，用例结束
ATM-ST-003	3	V	I	N/A	V	消息提示，返回基本流步骤③
ATM-ST-004	3	V	I	N/A	V	消息提示，返回基本流步骤③
ATM-ST-005	4	V	I	N/A	V	消息提示，吞卡，用例结束
ATM-ST-006	5	V	V	I	V	消息提示，返回基本流步骤⑥
ATM-ST-007	6	V	V V V			取款成功，但不打印交易凭条

为了保证覆盖准则得到很好的满足，可通过以下途径来达到：

(1) 应用独立路径测试的策略，每条独立路径对应一个场景。相关内容见5.4节。

(2) 检查测试用例表，查看是否所有输入都取到“I”的情况，即曾经作为测试用例的触发条件，只要存在某条件从未取到“I”，就证明测试用例存在漏洞，未覆盖所有的场景。注意：表3.37中的输入条件“账面余额”未取到“I”，说明测试用例有漏洞，而测试用例又确实是覆盖到所有5个场景，这是怎么回事呢？请读者思考一下。

5．测试数据的设计

对于每个测试用例，可以继续根据边界值、等价划分等方法，设计具体的测试数据(如表3.38所示)。假设一个有效的用户名为4201-123-456，其对应的正确密码为888888。

表 3.38　自动柜员机的测试数据

ID	场景	输入					预期输出
		账户	密码	取款金额	账面余额	ATM 现金余额	
ATM-ST-001	1	4201-123-456	888888	50.00	1500.00	10000.00	取款成功，账户余额更新为 1445.00 元
ATM-ST-002	2	6222-789-321	N/A	N/A	N/A	10000.00	消息提示，退回卡，用例结束
ATM-ST-003	3	4201-123-456	888881, 88888	N/A	1500.00	10000.00	消息提示，返回基本流步骤③
ATM-ST-004	3	4201-123-456	8888881, 8888882, 888888	N/A	1500.00	10000.00	消息提示，返回基本流步骤③
ATM-ST-005	4	4201-123-456	888881, 888882, 888883	N/A	1500.00	10000.00	消息提示，吞卡，用例结束
ATM-ST-006	5	4201-123-456	888888	40.00, 50.00	1500.00	10000.00	消息提示，返回基本流步骤⑥

3.6.4　场景测试小结

基于场景的测试是通过分析被测业务流程，构建基本流和备选流，并生成场景进而得到测试用例的测试方法。该法主要用于功能测试。

基于场景的测试的主要难点在于如何根据业务实际提炼出基本流，如何很好地控制备选流的数量，以及如何从无穷尽的场景中选择少量典型场景进行测试。

基于场景的测试的注意事项如下：

(1) 设计测试用例时，一个测试用例唯一对应一个场景，但一个场景可能需要设计多个测试用例；

(2) 基于场景的测试仅需针对输入域展开分析，不适于从输出域来展开测试；

(3) 构建场景时可能存在逻辑上可行，而实际上完全不可能实现的场景，针对这类问题的讨论参见第 4 章的案例分析——信息采集系统。

3.7　黑盒测试总结

黑盒测试仅通过分析 SRS 中有关被测对象的输入和输出的描述来设计测试用例，不需要了解被测对象的实现细节，因此，方法简单，对测试人员的技术要求较低，适用面很广。

本书所讨论的黑盒测试方法主要分为两类：

(1) 功能层面的测试方法，侧重于系统业务流程的梳理，基本思想是基于动态业务过程设计用例，目标是希望测试能完全覆盖所有的主业务流程，保证系统在各功能点交叉约束条件下能实现用户期望的基本功能。典型方法为基于场景的测试。

(2) 函数层面的测试方法，侧重于系统测试数据的选择，基本思想是基于静态的测试数据来设计用例，目标是希望测试能完全覆盖所有的有效和无效输入或输出域，并重点覆盖边界及边界附近的数据，保证系统对所有可能的输入数据都能正确处理。典型方法为边界值测试、等价类测试、基于决策表的测试和基于正交表的测试。

总体来说，在每个项目的测试过程中，测试人员会根据被测软件的特点和所处阶段的特点，综合运用这些黑盒测试方法，以期提高测试效率和测试的覆盖程度。

建议的综合使用策略如下：

(1) 对于业务流程清晰的系统，先基于场景的思想，以合适的粒度分析出基本流和备选流，并构造典型场景和设计测试用例，然后针对每个测试用例，使用其他的测试方法设计测试数据；

(2) 在任何情况下都需要使用边界值测试，且先基于单缺陷假设设计测试用例，然后利用正交表的测试做边界的补充测试；

(3) 在任何情况下，都需要使用等价类测试，可针对输入域或输出域、可基于整体或基于个体进行等价划分，尽量保证测试的完备性和无冗余性；

(4) 若被测对象输入条件之间包含相互依赖关系，则基于有效域的等价划分，使用决策表消除测试的冗余；

(5) 对于参数配置类的软件系统，或对被测对象完全不了解时，应采用基于正交表的测试方法来设计测试用例，保证测试的均布性。

黑盒测试方法不仅包括本书所介绍的方法，还包括错误推测法、因果图法、功能图法、元素分析法、语法测试等方法，受篇幅所限，在此不一一介绍。总的来说，在测试工作中不在于使用了多少种测试方法，而应充分了解用户需求，充分了解被测软件系统的特性，灵活使用合适的测试方法，才能达到最佳的测试效果。

3.8　本章小结

本章介绍了黑盒测试中的几个典型的测试方法，包括边界值测试、等价类测试、基于决策表的测试、基于正交表的测试和基于场景的测试，并不提倡在任何情况下，都拿着每种方法去生搬硬套，而应从分析业务、分析系统本身的功能和特性入手，结合各种测试方法的适用性和特点来设计测试用例，满足测试效率的需要。第4章将选择几个典型的软件系统，运用本章所介绍的测试方法展开测试实践。

思考与练习

1．在3.2节介绍的边界值测试中，为何不区分边界点的有效性，即不考虑边界点是否为系统可以接受的数据，且不考虑边界点附近的测试数据是否为系统可以接受的数据？

2．请对3.2节的佣金问题，采用边界值测试方法，从输入域的角度设计测试用例。

3．针对无效等价类，为何不采用强组合方式设计测试用例，即测试到所有可能的无效等价类组合情况？

4．请对3.3节的佣金问题，采用等价类测试方法，从输入域的角度设计测试用例。

5．当在某个校验点上可能得到的备选流数量很多时，将导致备选流数目的激增，如何解决该问题？

第 4 章　黑盒测试案例实践

内容提要

本章将围绕两个案例展开黑盒测试实践，其中，保险金案例是一个函数级别的案例，信息采集系统则是一个单机的系统级别的案例。通过这两个案例，采用多种黑盒测试方法设计测试用例，观察不同规模的系统对测试方法的运用、测试工作量将产生怎样的影响。本章不涉及测试的实施，即如何将测试用例转化为可执行的测试脚本，这部分内容将在第 11 章测试应用案例实践中予以介绍。

4.1　保险金案例实践

4.1.1　案例说明

保险金问题主要是为投保人计算其需要购买的车险，一年内的保险金计算公式为(注意，该公式与我国实际计算车险的方式并不一致，不可作为实际车险计算的依据)：

保险金 = 基本保险费率 × 年龄系数 − 安全驾驶折扣

且车险的计算还需满足如下条件：

(1) 基本保险费率为 1000 元/年；

(2) 年龄系数和安全驾驶折扣见表 4.1；

(3) 投保人必须是年满 16 岁，且不足 80 岁的人；

(4) 投保人驾照上的分数初始为 12 分，每当违反交通规则时，将以整数为单位扣掉 1 分或若干分；

(5) 如果投保人驾照上的当前分数高于门限分数(见表 4.1)，则投保时可给予其安全驾驶折扣；

(6) 如果投保人驾照上的当前分数被扣至达到甚至低于零分，则该投保人的驾照被吊销。

要求根据保险金的计算公式计算某投保人在一年内应缴纳的保险金。

表 4.1　年龄系数、门限分数和安全驾驶折扣的设置

年龄	年龄系数	门限分数	安全驾驶折扣(单位：元)
16 ≤ 年龄 <25	2.8	11	50
25 ≤ 年龄 <35	1.8	9	100
35 ≤ 年龄 <45	1.0	7	150
45 ≤ 年龄 <60	0.8	5	200
60 ≤ 年龄 <80	1.5	7	250

4.1.2　测试分析

保险金案例是一个典型的函数级别的案例。保险金问题没有明显的业务流程，无须使用基于场景的测试，可直接选择边界值、等价类、决策表等测试方法设计测试用例。

保险金问题的输入条件包括：投保人的年龄(以下简称年龄)和投保人驾照上的当前分数(以下简称分数)。通过分析年龄和分数这两个输入条件之间的关系，可以看出，它们之间是存在相互关联的。因此，需要选用边界值测试和基于决策表的测试方法来设计测试用例。

同时还可以发现，虽然输入为两个输入条件，输出仅为一个结果，系统输入与输出很不相似，但输出是完全依赖于输入计算得到的。所以，仅需针对系统输入域进行测试设计即可。

4.1.3 测试用例设计

1. 边界值测试

(1) 边界点的确定

年龄的边界可由需求描述第 3 条和表 4.1 方便地得出，分数的边界则由需求描述第 4～6 条和表 4.1 而得到，如下：

① 年龄的边界点(6 个)：16, 25, 35, 45, 60, 80；

② 分数的边界点(6 个)：0, 5, 7, 9, 11, 12。

(2) 测试数据的选择

根据年龄和分数的边界点，按照一个单位长度的邻域设置原则，并按 $x_{\min}-a$，$x_{\min}$，$x_{\min}+a$ 的测试数据设置方法，可得到测试数据如下：

① 年龄的测试数据(18 个)：15, 16, 17, 24, 25, 26, 34, 35, 36, 44, 45, 46, 59, 60, 61, 79, 80, 81；

② 分数的测试数据(13 个)：–1, 0, 1, 4, 5, 6, 7, 8, 9, 10, 11, 12, 13。

需要注意的是：就理论而言，每个边界点附近应能找到 3 个测试数据，但分数的边界点太过于靠近，每个边界附近的邻域点也可能本身就是边界点，因此，在分数这个输入条件的边界附近只能得到 13 个测试数据。

(3) 测试用例的设计

根据单缺陷假设，可得到边界值测试用例的数量为 18×(6–1)+13 ×(6–1)=155 个。由于测试用例数量太多，在此仅以年龄的一个测试数据 25 和分数的一个测试数据 9 为例，给出测试用例的设计，见表 4.2。

表 4.2　针对年龄和分数的某个边界的测试用例

输入		预期输出		备注
年龄	分数	年龄系数	安全驾驶折扣(单位：元)	
25	3	2.8	0	针对年龄的边界
25	6	2.8	0	
25	8	2.8	0	
25	10	2.8	0	
25	12	2.8	100	
20	9	2.8	0	针对分数的边界
30	9	1.8	0	
40	9	1.0	150	
52	9	0.8	200	
70	9	1.5	250	

针对年龄和分数的边界值测试用例如图 4.1 所示。注意，当针对年龄的边界及边界附近的测试数据设计测试用例时，分数应取每两个相邻边界点之间的正常值(即中值)，但对于 11 和 12 这两个边界点来说，它们属于分数这个输入条件的两个相邻边界点，二者的中值无法取到，此时，只能取二者任意一个值作为正常值来设计测试用例。

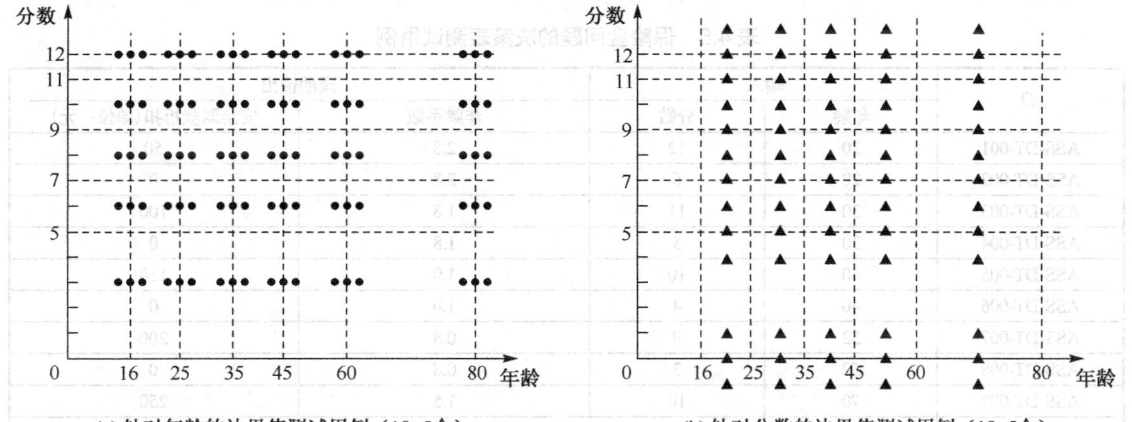

(a) 针对年龄的边界值测试用例（18×5个）　(b) 针对分数的边界值测试用例（13×5个）

图 4.1　保险金问题的边界值测试用例

从最终得到的测试用例来看，即使只有两个输入条件，但只要每个输入条件的边界点足够多，即便是基于单缺陷假设，所得到的测试用例数目仍然是非常多的。

2. 基于决策表的测试

(1) 等价类的划分

根据表 4.1，可很自然地得到年龄和分数的等价类划分如表 4.3 所示。其中，分数的等价划分先按最大最小值得到初始有效等价类，并以此为基础，通过使用不同的门限分数，将各等价类划分出来。具体过程不再给出。

表 4.3　保险金问题的等价类划分

等价类	年龄	分数
有效等价类	A1: 16 ≤ 年龄 <25	S1: 分数 =12
	A2: 25 ≤ 年龄 <35	S2: 分数 =10, 11
	A3: 35 ≤ 年龄 <45	S3: 分数 =8, 9
	A4: 45 ≤ 年龄 <60	S4: 分数 =6, 7
	A5: 60 ≤ 年龄 <80	S5: 1 ≤ 分数 ≤ 5
无效等价类	A6: 年龄 <16	S6: 分数 =0
	A7: 年份 ≥ 80	S7: 分数 <0
		S8: 分数 ≥ 13

(2) 决策表的构建和化简

根据有效等价类的划分构建决策表并化简，结果如表 4.4 所示。对应的测试用例见表 4.5。

表 4.4　保险金问题的决策表

输入	年龄	A1	A1	A2	A2	A3	A3	A4	A4	A5	A5
	分数	S1	S2-S5	S1, S2	S3-S5	S1-S3	S4, S5	S1-S4	S5	S1-S3	S4, S5
输出	年龄系数	2.8	2.8	1.8	1.8	1.0	1.0	0.8	0.8	1.5	1.5
	安全驾驶折扣	50	0	100 0		150	0	200	0	250 0	

表 4.5　保险金问题的决策表测试用例

ID	输入		预期输出	
	年龄	分数	年龄系数	安全驾驶折扣(单位：元)
ASS-DT-001	20	12	2.8	50
ASS-DT-002	20	6	2.8	0
ASS-DT-003	30	11	1.8	100
ASS-DT-004	30	5	1.8	0
ASS-DT-005	40	10	1.0	150
ASS-DT-006	40	4	1.0	0
ASS-DT-007	52	9	0.8	200
ASS-DT-008	52	3	0.8	0
ASS-DT-009	70	10	1.5	250
ASS-DT-010	70	4	1.5	0

3. 基于整体输入域的等价类测试

实际上，保险金问题并不是一个很复杂的系统，若就整体输入域进行等价类划分，测试用例的设计会更加简单。此时的整体输入域是一个由年龄和分数构成的二元组<年龄, 分数>，其最大的有效等价类为 AS = {<年龄, 分数>|16 ≤年龄<80，且 0 ≤分数<12}。

接着，按照是否给予安全驾驶折扣的原则，可将整体有效等价类划分为有安全驾驶折扣、无安全驾驶折扣两个有效等价类，再利用不同的年龄段，分别针对有安全驾驶折扣和无安全驾驶折扣的有效等价类继续进行有效等价类的划分，最终得到的有效等价类如表 4.6 所示。

表 4.6　保险金问题基于整体输入域的有效等价类划分

<table>
<tr><th>序号</th><th>等价类</th><th>备注</th></tr>
<tr><td>1</td><td>AS1 = {<年龄, 分数>|　16 ≤ 年龄 <25，且分数=12}</td><td>有安全驾驶折扣</td></tr>
<tr><td>2</td><td>AS2 = {<年龄, 分数>|　16 ≤ 年龄 <25，且 0≤分数≤11}</td><td>无安全驾驶折扣</td></tr>
<tr><td>3</td><td>AS3 = {<年龄, 分数>|　25 ≤ 年龄 <35，且 9<分数≤12}</td><td>有安全驾驶折扣</td></tr>
<tr><td>4</td><td>AS4 = {<年龄, 分数>|　25 ≤ 年龄 <35，且 0<分数≤8}</td><td>无安全驾驶折扣</td></tr>
<tr><td>5</td><td>AS5 = {<年龄, 分数>|　35 ≤ 年龄 <45，且 7<分数≤12}</td><td>有安全驾驶折扣</td></tr>
<tr><td>6</td><td>AS6 = {<年龄, 分数>|　35 ≤ 年龄 <45，且 0<分数≤6}</td><td>无安全驾驶折扣</td></tr>
<tr><td>7</td><td>AS7 = {<年龄, 分数>|　45 ≤ 年龄 <60，且 5<分数≤12}</td><td>有安全驾驶折扣</td></tr>
<tr><td>8</td><td>AS8 = {<年龄, 分数>|　45 ≤ 年龄 <60，且 0<分数≤4}</td><td>无安全驾驶折扣</td></tr>
<tr><td>9</td><td>AS9 = {<年龄, 分数>|　60 ≤ 年龄 <80，且 7<分数≤12}</td><td>有安全驾驶折扣</td></tr>
<tr><td>10</td><td>AS10 = {<年龄, 分数>|　60 ≤ 年龄 <80，且 0<分数≤6}</td><td>无安全驾驶折扣</td></tr>
</table>

以这样的等价划分设计得到的测试用例同表 4.5，但相比基于决策表的测试而言，测试用例的设计工作量小多了。

4.1.4　测试小结

保险金问题是一个函数层面的案例，主要特点是：

(1) 包含的功能点很单一，不涉及业务流程，但包含复杂的输入/输出计算关系，需要针对输入域和输出域进行关键数据的覆盖测试。

(2) 该案例的测试用例设计以测试数据的选择为主，测试重点在于如何选择典型数据来测试所有情况下的计算，难点是如何高效地设计测试用例，达到测试的完备和无冗余。

(3) 该案例的测试应尽量考虑以自动化测试为主，可基于单元测试工具来辅助完成测试脚本的开发。

4.2　信息采集系统案例实践

4.2.1　案例说明

信息采集系统来源于某和谐校园项目，该系统的主要功能是以学校为单位(仅针对中小学)，采集该校所有在校学生的基本信息和照片信息，并进行自动校验，找出所有不符合要求的信息，提醒学校负责信息采集的人员(简称管理员)进行手动修改，若校验通过，系统将自动按照规范的要求，对全校信息进行汇总和规格化处理。该系统以 Visual Studio 2008 为开发平台，采用 C++语言开发实现。

1．软件需求跟踪矩阵

表 4.7 截取了软件需求跟踪矩阵的一部分内容。

表 4.7　软件需求矩阵

软件需求功能标号	软件需求功能标题	软件需求变更标识	需求状态	优先级
1.1	照片文件导入	原始	已批准	高
1.2	照片浏览	删除	已批准	低
1.3	照片文件校验	原始	已批准	高
1.4	查看照片文件校验结果	原始	已批准	中
1.5	照片文件导出	原始	已批准	高
2.1	信息文件导入	原始	已批准	高
2.2	信息文件校验	原始	已批准	高
2.3	查看基本信息校验结果	原始	已批准	中
2.4	查看基本信息	删除	已批准	中
2.5	信息文件导出	修改	已批准	中
3	登录系统	增加	已批准	低
4	版权声明	增加	已批准	低
5	帮助	增加	已批准	高
6	用户操作提示	增加	已批准	中

2．系统需求规格说明

下面给出系统需求规格说明书的一部分内容。其中，有关版权声明、帮助、用户操作提示等功能及非功能需求不再给出，被删除的功能需求也不再列出。

信息采集系统　软件需求规格说明

日期	版本	说明	作者
2010-3-24	1.0.0324	关于项目的需求规格说明	武剑洁

1．引言

1.1　编写目的

对产品进行定义，在该文档中详尽说明该产品的软件需求，包括修正或发行版本号。

1.2　背景

说明：该产品的主要功能是以学校为单位(仅针对中小学)，采集该校所有在校学生的基本信息和照片信息，并进行自动校验，找出所有不符合要求的信息，提醒相关人员进行手动修改，若校验通过，系统将自动按照规范的要求，对全校信息进行汇总和规格化处理。采用 Visual Studio 2008 平台，使用 C++语言开发实现。

本软件名称：信息采集系统

本项目的任务提出者：（略）

开发者：（略）

用户：学校教师

1.3 术语定义

无。

1.4 参考资料

序号	标题	文件名称	发表日期	资料来源
1	相关说明	0.1 相关说明.doc	2010-3-24	（略）
2	照片处理方法	0.2 照片处理方法.doc	2010-3-23	（略）
3	采集表	0.3 采集表.xls	2010-3-17	（略）

2. 任务概述

2.1 目标

本软件是为了支持学生的信息采集。通过该软件可以直接按学校为单位，统一导入学生照片和学生基本信息，经自动校验后规格化为统一的格式。

2.2 用户的特点

本软件的最终用户具有基本的计算机操作能力，同时要求软件的使用越简单越好。

3. 需求规定

3.1 照片文件导入

功能编号	1.1	功能简述	导入所有学生的照片文件
前提条件	用户成功登录系统		
触发因素	执行信息文件导入功能		
执行步骤	无		
例外情况	无		
事后条件	自动导入指定目录下及其子文件夹中的所有照片文件，以支持后续的校验		
备注	1．以学校为单位，所有照片文件应放在某个目录结构下，格式形如：××学校\照片文件\。注意关键字为“照片文件”。 2．若照片文件不满足该目录要求，则无法识别导入的照片文件。 3．导入的照片格式必须为 jpg 格式，否则不予处理		

3.2 照片文件校验

功能编号	1.3	功能简述	对学生的照片文件进行校验，找出错误
前提条件	照片文件成功导入		
触发因素	单击“校验并导出”按钮		
执行步骤	1．设定转换后要求的照片尺寸(默认为 282×389)。 2．单击“校验并导出”按钮		
例外情况	若设定的照片尺寸大小非法，系统应予以提示		
事后条件	对于存在错误的照片文件，将错误结果显示在错误列表中		
备注	1．存储照片的文件应为 jpg 格式。 2．对于非 jpg 格式的照片不予处理。 3．照片文件应以班级、年级为单位，按照××年级\××班级的形式分别进行存储，否则无法识别班级和年级。		

	4．照片文件名的数字部分的内容应与学生证号保持一致，否则认为是错误。校验时以读入的信息文件的学生证号为准，只要该学生证号格式正确就认为是正确的学生证号。 5．照片文件名的文字部分的内容应与学生姓名保持一致，否则认为是错误。 6．校验过程中应给出等待进度条。 7．重新选择学校目录后，错误提示列表应清空。 8．若校验中发现错误，则应在校验完成后提示："请根据错误列表依次核对并修改照片文件和信息文件。完成后重新单击"校验并导出"按钮

3.3　查看照片文件校验结果

功能编号	1.4	功能简述	对照片文件校验结果进行查看
前提条件	照片文件校验结束		
触发因素	单击错误列表中的某行		
执行步骤	1．单击错误列表中的某行，查看错误描述和来源。 2．或双击错误列表中的某行，定位该错误		
例外情况	无		
事后条件	若仅单击错误列表中的某行，则仅能查看错误的基本信息； 若双击错误列表中的某行，则自动跳转到出错文件，并呈选中状态，但不打开文件		
备注	1．错误列表中应依次显示：错误原因、所在文件和出错行。 2．所在文件应给出出错文件完整的路径。 3．当某行错误信息太长时，自动提供水平滚动条，支持拖动查看。 4．当错误行太多时，自动提供垂直滚动条，支持拖动查看		

3.4　照片文件导出

功能编号	1.5	功能简述	将学生的照片文件按指定尺寸统一导出
前提条件	信息文件和照片文件均校验通过		
触发因素	单击"校验并导出"按钮		
执行步骤	1．设定转换后要求的照片尺寸(默认为 282×389)。 2．单击"校验并导出"按钮		
例外情况	若设定的照片尺寸大小非法，系统应予以提示		
事后条件	选中文件夹及其子文件夹中的所有照片，自动按照设定的大小进行尺寸转换，且以覆盖方式替换原始文件		
备注	1．转换后的照片尺寸应为大于零的整数。 2．转换后原始文件夹下的目录结构不应做任何改动。 3．对于非 jpg 格式的照片不予处理		

3.5　信息文件导入

功能编号	2.1	功能简述	导入所有学生的信息文件
前提条件	用户成功登录系统		
触发因素	单击"选择学校目录"按钮		
执行步骤	1．单击"选择学校目录"按钮，打开文件选择对话框。 2．选择学校所在目录。 3．单击"确定"按钮		
例外情况	若未选择目录文件，单击"确定"按钮，系统应给出提示，要求用户选择目录文件		
事后条件	自动导入指定目录下及其子文件夹中的所有信息文件，以支持后续的校验		
备注	1．以学校为单位，所有信息文件应放在某个目录结构下，格式形如：某某学校\信息文件\。注意关键字为"信息文件"。 2．若信息文件不满足该目录要求，则无法识别导入的信息文件。 3．信息文件必须为 excel 文件，支持的格式为 03 和 07 格式。 4．初次设置学校目录时，导出目录默认设置为学校目录下的"导出文件"，形如：××学校\导出文件\。 5．重新设置学校目录后，原有的导出目录若为默认设置，则应根据新设置的学校目录而变化，若原有导出目录不同于默认设置，则应保持不变。 6．重新设置学校目录后，错误提示列表应清空。 7．进入系统主界面后，默认输入焦点为：选择学校目录		

3.6 信息文件校验

功能编号	2.2	功能简述	对学生的信息文件进行校验，找出错误
前提条件	学生基本信息文件已经成功导入		
触发因素	单击“校验并导出”按钮		
执行步骤	单击“校验并导出”按钮		
例外情况	无		
事后条件	对于存在错误的信息文件，将错误结果显示在错误列表中		
备注	1. 存储学生基本信息的文件应为xls格式或xlsx格式。 2. 以学校为单位，所有学生的基本信息文件放在“信息文件”目录下，如某某学校\信息文件\某某年级\，否则无法识别。 3. 信息文件应以班级、年级为单位，按照××年级\××班级的形式分别进行存储，否则无法识别班级和年级。 4. 每个班级的学生信息用一个Excel文件来保存，仅占用Sheet1，不要放在其他Sheet中。 5. 信息文件名的规则为：采集表(×××区××××学校××班).xls。 6. 学生证号中提取的所属区代码应与Excel文件名中对应的区名称保持一致。 7. 学生证号必须为13位。 8. 若身份证号存在，则将第7～14位填入Excel表中对应的出生年月栏，若身份证号不存在，则不做任何处理。 9. 身份证号应符合国家规范的要求。 10. 校验过程中应给出等待进度条。 11. 重新选择学校目录后，错误提示列表应清空。 12. 若校验中发现错误，则应在校验完成后提示：“请根据错误列表依次核对并修改照片文件和信息文件。完成后重新单击“校验并导出”按钮		

3.7 查看基本信息校验结果

功能编号	2.3	功能简述	对信息文件校验结果进行查看
前提条件	信息文件校验结束		
触发因素	单击错误列表中的某行		
执行步骤	1. 单击错误列表中的某行，查看错误描述和来源； 2. 或双击错误列表中的某行，定位该错误		
例外情况	无		
事后条件	若仅单击错误列表中的某行，则仅能查看错误的基本信息； 若双击错误列表中的某行，则自动跳转到出错文件，并呈选中状态，但不打开文件		
备注	1. 错误列表中应依次显示：错误原因、所在文件和出错行。 2. 所在文件应给出出错文件完整的路径。 3. 当某行错误信息太长时，自动提供水平滚动条，支持拖动查看。 4. 当错误行太多时，自动提供垂直滚动条，支持拖动查看		

3.8 信息文件导出

功能编号	2.5	功能简述	将学生的信息文件按年级为单位进行统一导出
前提条件	信息文件和照片文件均校验通过		
触发因素	单击“校验并导出”按钮		
执行步骤	1. 单击“选择导出目录”按钮，打开文件选择对话框。 2. 设置导出文件目录，单击“确定”按钮。 3. 单击“校验并导出”按钮。 4. 系统校验后通过，所有数据无误，则自动进行数据的导出。		
例外情况	无		
事后条件	1. 系统自动读出该学校所有学生的基本信息，按某某区\某某学校\武汉市中小学电子学生证信息采集表(×××区××××学校××××年级).xls的形式进行存储。 2. 导出后将所有文件保存在指定导出目录下。 3. 系统提示：“成功导出，请按照导出目录查看导出文件”		
备注	1. 每个年级存为一个Excel文件。 2. 在每个Excel文件中，每个班级占用一个Sheet		

3.9　登录系统

功能编号	3	功能简述	登录系统
前提条件	无		
触发因素	登录，即双击系统执行文件打开系统		
执行步骤	情况一：登录系统 1．双击系统执行文件，打开系统，进入系统登录界面； 2．输入用户名“admin”； 3．输入密码“dzxsz”； 4．单击“登录”按钮。 情况二：取消登录 1．双击系统执行文件，打开系统，进入系统登录界面； 2．输入用户名和密码(无论是否正确都没关系)； 3．单击“取消”按钮		
例外情况	若不输入用户名或密码，单击“登录”按钮，则系统提示“请输入用户名和密码”		
事后条件	对于情况一：若输入的用户名和密码正确，则进入系统主界面。否则系统提示“用户名或密码错误”。 对于情况二：系统直接关闭		
备注	1．输入焦点默认在用户名。 2．输入跳转顺序应为：用户名、密码、登录、取消。		

系统的登录界面和主界面分别如图 4.2、图 4.3 所示。

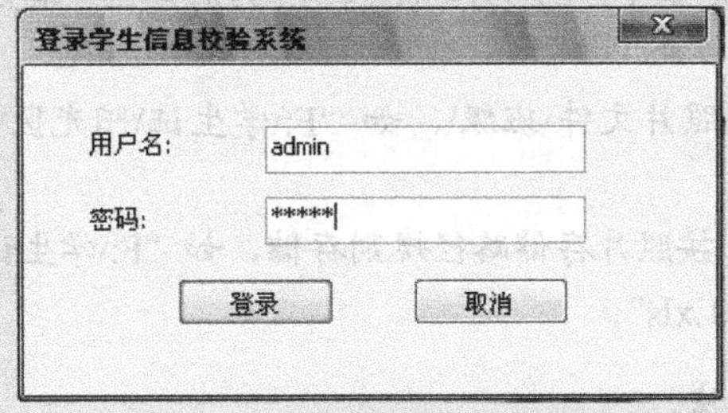

图 4.2　信息采集系统登录界面

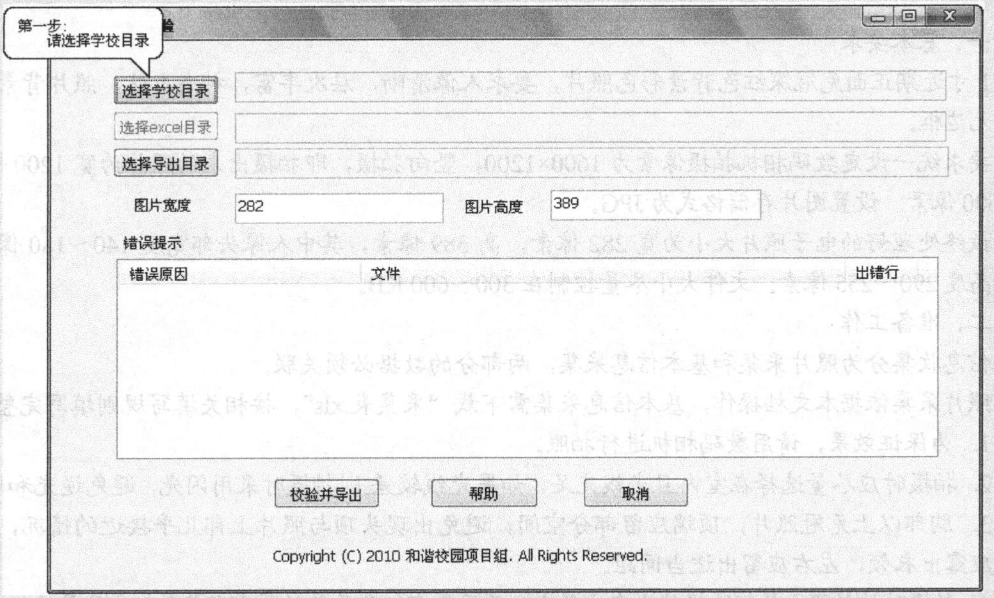

图 4.3　信息采集系统主界面

参考资料

序号	标题	文件名称	发表日期	资料来源
1	相关说明	0.1 相关说明.doc	2010-3-24	(略)
2	照片处理方法	0.2 照片处理方法.doc	2010-3-23	(略)
3	采集表	0.3 采集表.xls	2010-3-17	(略)

参考资料1：相关说明。

相关说明

信息采集分为照片采集和基本信息采集，两部分的数据必须关联。照片采集依据《照片处理方法》操作，基本信息采集需下载“采集表.xls”，按相关填写规则填写完整。

为了使照片和学生信息关联，照片的命名规则和存储路径应严格按以下要求执行：

照片命名规则：学生证号+学生姓名.jpg，如“2006050020003张三.jpg”。

学生证号编码规则如下：

(1) 学生证号统一为13位，前1至4位为入学年份，第5至6位为分区编码，第7至9位为学校编码，第10至13位为校内学生编码。

(2)分区编码全市统一规定如下：01为阳光区，15为海岸区，其他略；学校编码、学生编码由各区、校自行统一。

照片存储路径：区\学校\照片文件\班级\，如“F:\学生证\阳光区\月亮小学\照片文件\0601班\2006050020003张三.jpg”。

学生基本信息存储路径：按照片存储路径规则存储，如“F:\学生证\阳光区\月亮小学\信息文件\采集表(×××区××××学校××班).xls”。

参考资料2：照片处理方法。

照片处理方法

一、基本要求

1寸近期正面免冠深红色背景彩色照片，要求人像清晰，层次丰富，神态自然，照片背景为红色，无边框。

要求统一设定数码相机拍摄像素为1600×1200，竖向拍摄，即拍摄出来的照片为宽1200像素，高1600像素。设置图片存储格式为JPG。

最终处理好的电子照片大小为宽282像素，高389像素，其中人像头部宽度140～180像素，头部高度290～255像素。文件大小尽量控制在300～600 KB。

二、准备工作

信息收集分为照片采集和基本信息采集，两部分的数据必须关联。

照片采集依据本文档操作，基本信息采集需下载“采集表.xls”，按相关填写规则填写完整。

1. 为保证效果，请用数码相机进行拍照。

2. 拍摄时应尽量选择在室内且光线充足，如果光线较差，则拍摄时采用闪光，避免逆光和阴影。

3. 胸部以上免冠照片，顶端应留部分空间，避免出现头顶与照片上部几乎接近的情况，照片下部应露出衣领，左右应留出适当间距。

4. 拍摄时被拍照人最好选择端坐在方凳上，后面要有红色平展的幕布做背景，应尽量统一着装。

参考资料 3：采集表(excel 格式)。

采集表

学生证号	姓名	性别	民族	出生年月	所属区代码	学校	入学年份	班级	身份证号码

4.2.2　测试分析

从功能需求来看，信息采集系统案例是一个功能较为简单的软件系统，它不再是一个单纯用函数就可以实现的软件。因此，它是一个系统层面的案例，其测试方面的要求如下：

(1) 有两个主要的系统界面，需要考虑与用户输入、输出相关的易用性问题，需对应进行用户界面的功能测试和易用性测试。

(2) 存在明显的业务流程，且对应这些业务流程涉及多个功能点的测试问题，可使用基于场景的测试方法。

(3) 该系统的核心是对相关数据进行校验，即查错的过程，因此，测试的重点是如何考虑到所有的无效输入情况，并构建对应的测试数据文件。若系统能够查找出测试数据文件中植入的所有错误情况，才证明系统的校验能力是符合用户需求的。这是与常规系统最大的差别所在。对于一般的软件系统来说，测试重点是针对主要业务的正常功能，而本系统的主要业务是针对无效数据的校验，测试重点反而是针对无效数据，是考察系统的“容错性”。当然，从测试方法的选择来说，仍然需要从边界值和等价划分的角度来设计测试用例。

4.2.3　测试用例设计

对于信息采集系统案例，要解决的核心问题包括：

(1) 如何规划测试内容，即有哪些方面需要进行测试；

(2) 如何选择测试数据，即如何尽可能多的考虑到系统的无效情况，以覆盖无效域；

(3) 如何运行测试用例，即采用手动测试，还是使用自动化测试。

围绕上述问题，一般的测试用例设计思路如下：

(1) 根据系统需求，分功能模块进行功能点的测试，并结合边界值、等价类划分等测试方法设计功能测试用例；

(2) 分析业务流程，基于场景法，分析系统主流程，针对每个流程进行子流程分析，构建需要测试的场景，并针对场景设计测试用例；

(3) 分析系统界面，针对各个主要界面，分不同的界面区域进行用户界面测试。

1. 基于模块的功能测试

就系统功能来说，可按照业务流程，分为不同的功能模块进行测试，需测试的功能包括：

(1) 系统登录；

(2) 文件导入(包括照片文件和信息文件的导入)；

(3) 文件校验(包括照片文件和信息文件的校验及结果查看)；

(4) 文件导出(包括照片文件和信息文件的导出)；

(5) 其他功能(包括版权声明、帮助等)。

下面以文件校验为例，分析功能测试的设计，其他功能模块的测试可参照此思想自行设计。

文件校验涵盖的功能点有照片文件校验、查看照片文件校验结果、信息文件校验、查看基本信息校验结果，对应被测功能特性如表4.8所示。

表4.8 文件校验对应的被测功能特性

SRS功能编号	测试项编号	内容	测试优先级
1.3	F1.3	照片文件校验	高
1.4	F1.4	查看照片文件校验结果	中
2.2	F2.2	信息文件校验	高
2.3	F2.3	查看基本信息校验结果	中

根据等价划分的思想，以测试项F1.3照片文件校验为例，照片文件校验即为照片文件格式的校验，可分为照片文件类型、文件存储位置、文件名格式、文件存在性、文件重复性这几个输入条件，其中，有效等价类分别是这些输入条件合法的情况，无效等价类分别为输入条件非法的情况，由此得到测试项F1.3对应的测试需求如表4.9所示。

表4.9 测试项F1.3对应的测试需求

序号	测试需求	优先级
F1.3.1	照片文件格式校验，文件合法	中
F1.3.2	照片文件格式校验，文件类型非法，其他条件合法	高
F1.3.3	照片文件格式校验，文件存储位置非法，其他条件合法	高
F1.3.4	照片文件格式校验，文件名格式非法，其他条件合法	高
F1.3.5	照片文件格式校验，不存在照片文件，其他条件合法	中
F1.3.6	照片文件格式校验，照片文件重复，其他条件合法	低

测试用例如表4.10～表4.15所示。

表4.10 测试需求F1.3.1对应的测试用例

测试需求	F1.3.1			
描　　述	照片文件格式校验，文件类型合法(为jpg格式)			
优 先 级	中			
预置条件	照片文件成功导入			
编制时间	2010-3-28			
用例序号	输入条件	操作步骤	预期输出	备注
01	已成功导入6年级0501班的信息文件。1张照片文件，满足： 文件类型：jpg格式 存储位置：中山路小学\照片文件\6年级\0501班 文件名：学生证号+姓名	单击“校验并导出”按钮	错误列表无变化	单张照片的处理
02	已成功导入6年级0501班的信息文件。一批照片文件共10张，满足条件同上。(文件名无重复)	同上	同上	多张照片的处理
03	已成功导入6年级0501班到0507班的信息文件。一批照片文件共200张， 存储位置均为：中山路小学\照片文件\6年级，但存储在不同班级目录下，分别为0501班～0507班，每个文件夹中包含的照片数目均不相等，其他条件同上	同上	错误列表无变化。校验过程中出现等待提示	照片数量较多，且存储在不同位置时的处理

表 4.11　测试需求 F1.3.2 对应的测试用例

测试需求	F1.3.2			
描　　述	照片文件格式校验，文件类型非法，其他条件合法			
优 先 级	高			
预置条件	照片文件成功导入，且不含信息文件			
编制时间	2010-3-28			
用例序号	输入条件	操作步骤	预期输出	备注
01	已成功导入 6 年级 0501 班的信息文件。1 张照片文件，满足： 文件类型：bmp 格式 存储位置：中山路小学\照片文件\6 年级\0501 班 文件名：学生证号+姓名	单击"校验并导出"按钮	错误列表中增加一条记录：照片类型错误	单张照片的处理
02	已成功导入 6 年级 0501 班的信息文件。一批照片文件共 10 张，满足条件同上。(文件名无重复)	同上	同上	多张照片的处理
03	已成功导入 6 年级 0501 班到 0507 班的信息文件。一批照片文件共 200 张， 存储位置均为：中山路小学\照片文件\6 年级，但存储在不同班级目录下，分别为 0501 班～0507 班，每个文件夹中包含的照片数目不等，其中有 60 张照片的类型分别为 bmp、gif 和 png 格式，其他条件同上	同上	校验过程中出现等待提示。且错误列表中增加 60 条记录：照片类型错误	照片数量较多，且存储在不同位置时的处理

表 4.12　测试需求 F1.3.3 对应的测试用例

测试需求	F1.3.3			
描　　述	照片文件格式校验，文件存储位置非法，其他条件合法			
优 先 级	高			
预置条件	照片文件成功导入			
编制时间	2010-3-28			
用例序号	输入条件	操作步骤	预期输出	备注
01	已成功导入 6 年级 0501 班的信息文件。1 张照片文件，满足： 文件类型：jpg 格式 存储位置：中山路小学\照片文件 1 文件名：学生证号+姓名	单击"校验并导出"按钮	错误列表中增加一条记录：找不到照片文件	单张照片的处理
02	已成功导入 6 年级 0501 班的信息文件。一批照片文件共 10 张， 存储位置：中山路小学\照片文件，其他条件同上。(文件名无重复)	同上	同上	多张照片的处理
03	已成功导入 6 年级 0501 班的信息文件。一批照片文件共 10 张， 存储位置：中山路小学\信息文件\照片文件，其他条件同上	同上	同上	多张照片的处理

表 4.13　测试需求 F1.3.4 对应的测试用例

测试需求	F1.3.4
描　　述	照片文件格式校验，文件名格式非法，其他条件合法
优 先 级	高
预置条件	照片文件成功导入
编制时间	2010-3-28

续表

测试需求	F1.3.4			
用例序号	输入条件	操作步骤	预期输出	备注
01	未导入任何信息文件， 1张照片文件，满足： 文件类型：jpg格式 存储位置：中山路小学\照片文件\6年级\0501班 文件名：学生证号	单击“校验并导出”按钮	错误列表中增加一条记录：照片命名不合理	未包含姓名
02	未导入任何信息文件， 1张照片文件，满足： 文件名：姓名， 其他条件同上	同上	同上	未包含学生证号
03	未导入任何信息文件， 1张照片文件，满足： 文件名：姓名+学生证号， 其他条件同上	同上	同上	学生证号与姓名顺序反了
04	已成功导入6年级0501班的信息文件。1张照片文件，满足： 文件名：学生证号+姓名，学生证号本身格式正确，但与excel文件中的学生证号不一致，姓名一致， 其他条件同上	同上	错误列表中增加一条记录：照片名中学号和excel文件中不匹配	学生证号与别人的可能弄错了
05	已成功导入6年级0501班的信息文件。 1张照片文件，满足： 文件名：学生证号+姓名，学生证号本身格式错误，姓名一致， 其他条件同上	同上	错误列表中增加一条记录：照片名学生证号有问题	学生证号错误
06	已成功导入6年级0501班的信息文件。 1张照片文件，满足： 文件名：学生证号+姓名，但与excel文件中的姓名不一致，学生证号一致， 其他条件同上	同上	错误列表中增加一条记录：照片名中名字和excel文件中不匹配	姓名弄错了
07	已成功导入6年级0501班的信息文件。 1张照片文件，满足： 文件名：学生证号+空格+姓名(或者文件名在学生证号与姓名之间加入其他符号均可) 其他条件同上	同上	错误列表中增加一条记录：照片名中名字和excel文件中不匹配	学生证号与姓名之间不能有任何符号
08	已成功导入6年级0501班～0507班的信息文件。 一批照片文件共100张， 文件名包含以上01～07的每种错误情况， 文件类型：jpg格式 存储位置：中山路小学\照片文件 存储位置均为：中山路小学\照片文件\6年级，但存储在不同班级目录下，分别为0501班～0507班，每个文件夹中包含的照片数目不等	同上	错误列表中针对每类错误分别增加一条错误记录	

表4.14 测试需求F1.3.5对应的测试用例

测试需求	F1.3.5
描　　述	照片文件格式校验，不存在照片文件，其他条件合法
优 先 级	中
预置条件	照片文件成功导入
编制时间	2010-3-28

续表

测试需求	F1.3.5			
用例序号	输入条件	操作步骤	预期输出	备注
01	已成功导入 6 年级 0501 班的信息文件。 指定存储位置：中山路小学\照片文件\6 年级\0501 班但无照片文件	单击“校验并导出”按钮	错误列表中增加一条记录：找不到 0501 班的照片目录	
02	已成功导入 6 年级 0501 班和 0502 班的信息文件。 指定存储位置：中山路小学\照片文件\6 年级\0501 班，中山路小学\照片文件\6 年级\0502 班， 但均无照片文件	同上	错误列表中增加两条记录：找不到 0501 班的照片目录。 找不到 0502 班的照片目录	

表 4.15　测试需求 F1.3.6 对应的测试用例

测试需求	F1.3.6			
描　述	照片文件格式校验，照片文件重复，其他条件合法			
优 先 级	低			
预置条件	照片文件成功导入			
编制时间	2010-3-28			
用例序号	输入条件	操作步骤	预期输出	备注
01	已成功导入 6 年级 0501 班和 0502 班的信息文件。 指定存储位置：中山路小学\照片文件\6 年级\0501 班和中山路小学\照片文件\6 年级\0502 班， 1 张照片文件，文件类型和文件名均符合 0501 班某学生的信息，但该照片文件也同时位于在 0502 班目录下	单击“校验并导出”按钮	错误列表中增加一条记录：找不到照片文件对应的学生信息	

受篇幅所限，其他测试项对应的测试需求和测试用例不再列出。

需要注意：对应各功能点设计测试用例时，应尽量遵循独立性原则，即一般应尽量将功能点的功能测试独立出来，不要受到其他功能的影响。例如，测试照片文件格式校验时，尽量不要受到信息文件的影响，即最好仅导入照片文件进行校验，不要导入任何信息文件。然而，通过查看测试需求所对应的各测试用例可以发现，在本例中，在大部分情况下，导入了一个甚至多个信息文件作为测试用例的前提条件。这与所说的独立测试是否矛盾呢？其实，这主要是由于在信息采集系统中，照片文件格式的正确性校验多需要根据信息文件的内容来加以判断，例如，某照片文件名为学生证号+姓名，系统本身并不清楚该学生证号+姓名是否匹配，必须根据从信息文件中读取的学生信息来判断照片文件名中的学生证号和姓名是否匹配。在这种情况下，为了确保测试的效果，必须导入测试所需的信息文件，但尽量将信息文件对照片文件其他格式等方面的影响降低到最小。当测试信息文件的格式和内容时，由于不需要参考照片文件的有效性，在测试用例中将不再包含任何照片文件。

2．基于场景的业务流程测试

在各个功能点的测试中，主要基于独立性原则设计测试用例，以避免各功能点之间的相互影响。而对于整个系统来说，其业务的实现往往是包含多个功能点的，必须针对业务流程进行测试，也可以看做交叉功能测试。此时可采用基于场景的测试方法。

对于复杂的系统来说，若将整个系统的业务流程全部绘制在一张图中是很不现实的，可行的策略是按照分层分析的思想，先分析顶层主业务流程，然后对该流程中的每个业务节点，再分析该节点的业务流程，直至达到无须继续细分的程度为止。

(1) 顶层的主流程分析

信息采集系统涉及的主要界面只有登录界面和系统主界面，而登录界面仅包含系统登录这个功能

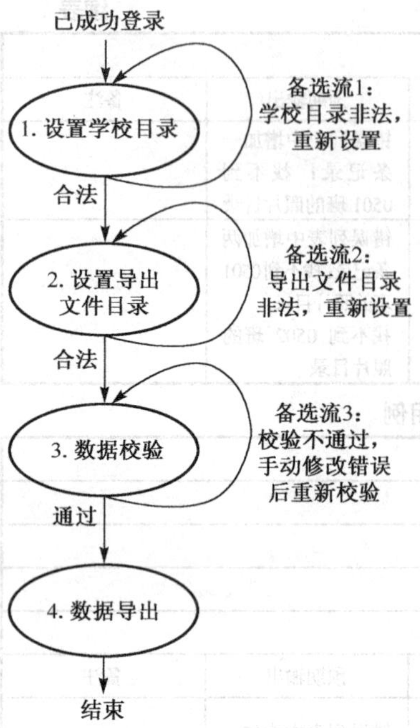

图 4.4　顶层的基本流和备选流

点，其他功能均在系统主界面实现，因此，基于场景法分析系统业务流程时，可针对系统登录的流程进行单独测试，而将其他流程作为重点进行测试。通过对需求的分析得到顶层的基本流和备选流如图 4.4 所示(本图不包含登录的流程)。

其中，基本流的初始状态是用户已成功登录系统，基本流的步骤包括：

① 设置学校目录；

② 设置导出文件目录；

③ 进行数据校验；

④ 进行数据导出。

备选流 1：学校目录设置错误。

在基本流步骤①处触发，校验学校目录时发现目录设置非法，包括目录为空、目录格式非法等情况，需回到步骤①重新设置学校目录。

备选流 2：导出文件目录设置错误。

在基本流步骤②处触发，校验导出文件目录时发现目录设置非法，包括目录为空、目录格式非法等情况，需回到步骤②重新设置导出文件目录。

备选流 3：数据校验不通过。

在基本流步骤③处触发，对照片文件和信息文件校验时发现错误，需手动对被校验文件进行修改后，回到步骤③重新进行校验。

(2) 第二层的主流程分析

顶层主流程中的每个节点大多包含多个功能点，例如，设置学校目录实际包含了 2 个功能点，即照片文件导入和信息文件导入；数据校验则包含照片文件校验、查看照片文件校验结果、信息文件校验、查看基本信息校验结果这 4 个功能点。为了对这些功能点进行进一步分析，可选择重要的节点继续展开流程分析，并基于场景进行测试。为此，选择数据校验和数据导出节点进行主流程分析，结果如图 4.5 所示。关于基本流和备选流的描述不再给出。值得注意的是：尽管在本例中，测试重点是对导入的照片文件和信息文件进行校验，即针对数据有错误的情况进行测试，但一般情况下，基本流仍然是包含正常输入的流程，因此，在第二层的主流程分析中，设计的基本流是对应数据文件完全正确的情况，备选流是包含文件格式及内容错误的情况。

根据第二层主流程分析得到的基本流和备选流，可得到场景如下：

① 场景 1(所有数据文件格式和内容正确，且成功导出)：基本流；

② 场景 2(数据格式错误，内容正确，且不修改错误)：基本流+备选流 1+备选流 3+备选流 5；

③ 场景 3(数据格式正确，内容错误，且不修改错误)：基本流+备选流 2+备选流 3+备选流 5；

④ 场景 4(数据格式错误，内容正确，手动修改错误后成功导出)：基本流+备选流 1+备选流 3+备选流 4+基本流；

⑤ 场景 5(数据格式正确，内容错误，手动修改错误后成功导出)：基本流+备选流 2+备选流 3+备选流 4+基本流；

⑥ 场景 6(数据格式和内容均有错误，且不修改错误)：基本流+备选流 1+备选流 2+备选流 3+备选流 5+基本流。

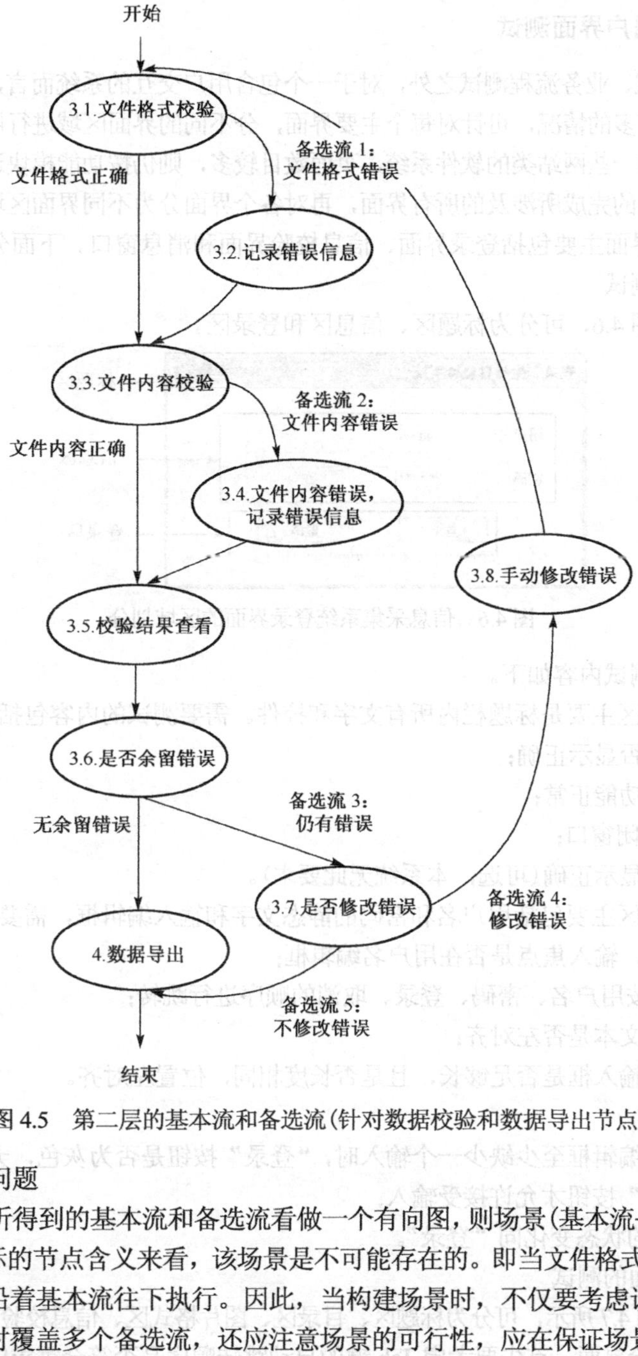

图 4.5　第二层的基本流和备选流（针对数据校验和数据导出节点）

(3) 不可行场景问题

如果将主流程分析得到的基本流和备选流看做一个有向图，则场景（基本流+备选流 1）是一个完全可行的场景，但从实际的节点含义来看，该场景是不可能存在的。即当文件格式存在错误时，“是否余留错误”节点不可能沿着基本流往下执行。因此，当构建场景时，不仅要考虑该场景尽量简单，在该场景中应尽量避免同时覆盖多个备选流，还应注意场景的可行性，应在保证场景可行性的前提下，选择使得场景尽量简单的事件流的组合。

在白盒测试的基路径测试中，也存在不可行路径问题，相关分析详见第 5 章。

(4) 测试用例的设计

根据场景分析流程中每个节点，提炼出系统的输入和输出，结合边界值、等价类划分等测试方法即可设计测试用例。

以场景 2 为例，该场景包含了除登录系统、版权声明、帮助之外的所有功能点，因此对应该场景的测试，只需根据前面功能点的测试结果来考虑即可，不再赘述。

3. 基于界面的用户界面测试

除了单一功能测试、业务流程测试之外，对于一个包含用户交互的系统而言，还需要针对用户界面进行测试。对于界面不多的情况，可针对每个主要界面，分不同的界面区域进行用户界面测试。而当界面较多时，例如，诸如一些网站类的软件系统，页面数目较多，则仍按功能模块进行划分，对应不同的功能模块，考虑其功能的完成所涉及的所有界面，再对各个界面分为不同界面区域进行GUI测试。

信息采集系统的界面主要包括登录界面、信息校验界面和消息窗口。下面分别予以讨论。

(1) 登录界面的测试

系统登录界面见图4.6，可分为标题区、信息区和登录区。

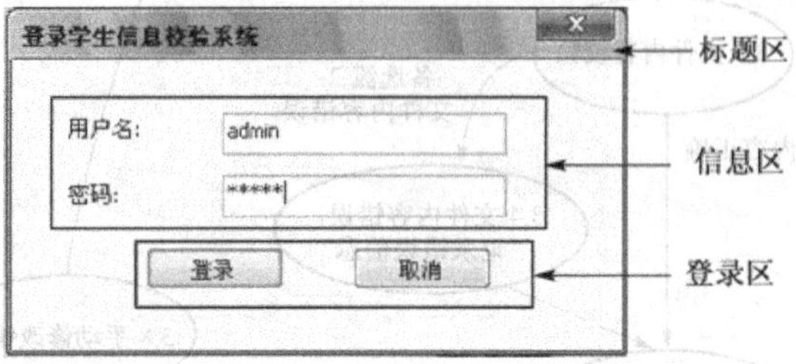

图4.6　信息采集系统登录界面的区域划分

针对不同区域的测试内容如下。

① 标题区。标题区主要是标题栏内所有文字和控件。需要测试的内容包括：

- 标题栏文字是否显示正确；
- 关闭按钮是否功能正常；
- Alt+F4可否关闭窗口；
- 系统图标是否显示正确(可选，本系统无此要求)。

② 信息区。信息区主要包括用户名和密码的静态文字和输入编辑框，需要测试的内容有：

- 进入该界面时，输入焦点是否在用户名编辑框；
- Tab顺序是否按用户名、密码、登录、取消的顺序进行跳转；
- 用户名和密码文本是否左对齐；
- 用户名和密码输入框是否足够长，且是否长度相同，位置左对齐。

③ 登录区。

- 用户名和密码编辑框至少缺少一个输入时，“登录”按钮是否为灰色，无法接受输入，直至二者均有输入时，“登录”按钮才允许接受输入；
- “取消”按钮的状态变化同“登录”。

(2) 信息校验界面的测试

信息校验界面如图4.7所示，可分为标题区、目录区、图片格式区、信息校验区、动作区和版权区。

针对整个信息校验界面，首先要考虑Tab键的自动跳转顺序是否符合需求中规定的顺序。其他针对不同区域的测试内容如下。

① 标题区。标题区的测试内容同前类似，不再赘述，但要额外注意，标题区包含最大化、最小化按钮，应对照需求规格说明，观察创建最大、最小化时，窗口内的控件是随之而变化，还是固定不变，以及是否存在某些情况下禁止最大、最小化按钮。

② 目录区。目录区主要包括学校目录、Excel目录和导出目录的选择，需测试的内容包括：

- 进入信息校验界面时，输入焦点是否在选择学校目录按钮；
- Excel目录应禁止人为设置，即应为禁止状态。

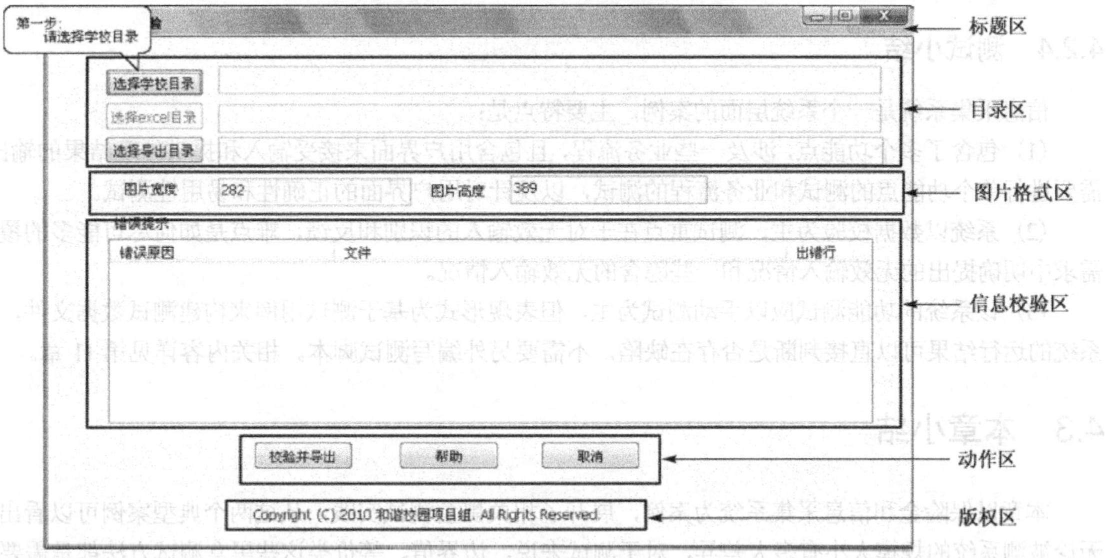

图 4.7 信息校验界面的区域划分

③ 信息校验区。信息校验区主要为错误提示列表，需测试的内容包括：

- 默认该列表无滚动条；
- 当校验出的错误较多，当前列表高度不能完全显示所有错误行时，应自动出现垂直滚动条；
- 当某错误描述太长，导致默认的错误列表框宽度不足以显示所有文字时，自动出现水平滚动条；
- 双击分列符，自动展开该列；
- 各列排列次序禁止调整；
- 各列名称禁止修改。

④ 动作区。动作区包括“校验并导出”、“帮助”、“取消”3 个按钮，只需测试在数据文件的校验过程中，3 个按钮是否均为禁止状态。

图片格式区和版权区仅需功能测试即可，只要满足页面控件放置合理、大小适中即可，对界面易用性无过多要求。

(3) 消息窗口的测试

当某个功能完成后，或者用户输入错误时，系统需要分别给出相关消息提示，针对这些消息窗口，应给出统一的格式要求。测试时也应注意覆盖。

消息窗口主要包括任务成功的提示和任务失败的提示，如图 4.8 所示。

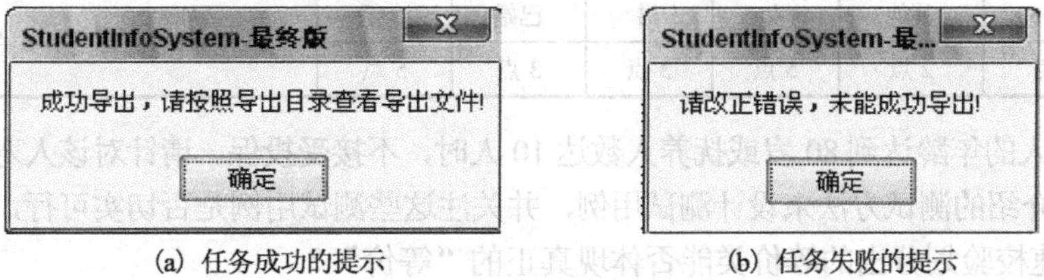

(a) 任务成功的提示　　(b) 任务失败的提示

图 4.8 消息窗口

测试时，应注意消息窗口的标题文字、对应提示符号的图形、提示文字风格等，必须在整个系统中保持一致。

4.2.4 测试小结

信息采集系统是一个系统层面的案例，主要特点是：

(1) 包含了多个功能点，涉及一些业务流程，且包含用户界面来接受输入和提供处理结果的输出，需要进行单个功能点的测试和业务流程的测试，以及针对用户界面的正确性和易用性测试。

(2) 系统以数据校验为主，测试重点在于对无效输入的识别和反馈，难点是如何尽可能多的覆盖需求中明确提出的无效输入情况和一些隐含的无效输入情况。

(3) 该系统的功能测试应以手动测试为主，但表现形式为基于测试用例来构建测试数据文件，从系统的运行结果可以直接判断是否存在缺陷，不需要另外编写测试脚本。相关内容详见第11章。

4.3 本章小结

本章以保险金和信息采集系统为案例，展开了相关黑盒测试实践，从这两个典型案例可以看出，无论被测系统的规模大小有多大差异，对于测试来说，边界值、等价类这些黑盒测试方法都是需要使用的，但需要在具体应用时灵活掌握。而且，并非在任何情况下都需要使用所有的黑盒测试方法，当设计测试用例时，应从分析业务、分析系统本身的功能和特性入手，达到方法的灵活运用。同时，保险金问题的代码规模很小，功能单一，其测试重点和难点在于测试数据的优选；而信息采集系统具有一定规模的功能点，并涉及用户操作界面，因此，其测试已经不仅仅是函数层面的黑盒测试，还需要考虑界面功能和易用性方面的测试。受到内容连贯性的要求，更多关于系统测试的方法和实践方面的内容将在本书第三部分进行讨论。

在设计测试用例的过程中，需要测试人员额外注意：做测试不要将注意力过多放在纯粹的技术细节上。我们的软件最终应满足用户的需求，在做测试时首要应考虑的是用户的业务情况是怎样的？根据实际业务的流程来分析系统、设计测试用例，抛开这些核心内容去谈测试用例的设计是没有意义的。

思考与练习

1．下面是一个有关人寿保险的案例。描述如下：某保险公司的人寿保险的保费计算方式为投保额×保险费率，其中保险费率依点数不同而有区别，10点及10点以上保险费率为0.6%，10点以下保险费率为0.1%，且点数由投保人的年龄、性别、婚姻状况和抚养人数来共同决定，具体规则如下：

年龄			性别		婚姻		抚养人数
20～39	40～59	其他	女	男	已婚	未婚	1人扣0.5点，最多扣3点(四舍五入取整)
6点	4点	2点	5点	3点	3点	5点	

特别地，当人的年龄达到80岁或抚养人数达10人时，不接受投保。请针对该人寿保险金的计算问题，利用本章所介绍的测试方法来设计测试用例，并关注这些测试用例是否切实可行，是否符合常理。

2．如何快速校验划分出的等价类能否体现真正的“等价”？

3．当时间有限时，应优先针对输入域进行测试，还是针对输出域进行测试？为什么？

第 5 章　白盒测试技术

内容提要

本章将介绍白盒测试的基本原理，并围绕最重要的 5 种测试方法展开讨论。其中，静态白盒测试、对变量的测试主要采用静态方法进行测试，一般不需要设计测试用例；而对判定的测试、对路径的测试和对循环的测试则主要是动态测试的方法，需要设计测试用例。特别地，在对判定的测试中，需结合边界值的思想设计测试用例，而对路径的测试方法的思想可以用于对整个系统功能的业务流程进行测试。因此，黑盒测试方法和白盒测试方法都应在整个测试过程中灵活使用。

5.1　概述

5.1.1　基本原理和特点

白盒测试是另一类重要的软件测试方法，其原理如图 5.1 所示。

从该图可以看出，原先在黑盒测试中无法看到的程序细节被揭开，白盒测试基于软件的源代码，已知产品的内部工作过程，主要是对程序内部结构展开测试，关注程序实现的细节。但同时也可以看出，该原理图中给出的只是程序结构而已，并非一行行源代码，因此，白盒测试关注的对象包括两方面：

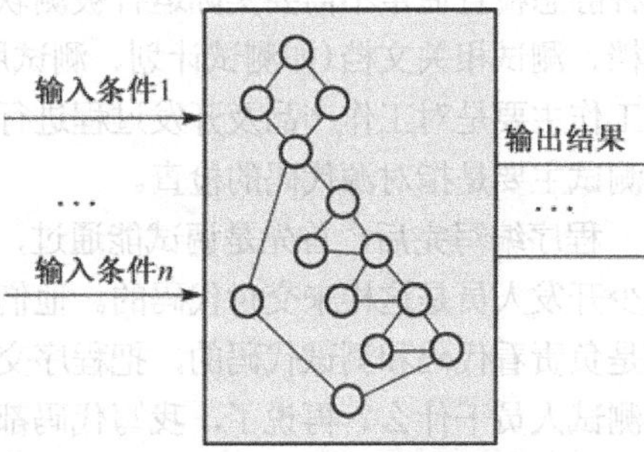

图 5.1　白盒测试的基本原理

(1) 源代码，即直接查看源代码，查看代码的规范性，并对照函数功能查找代码的逻辑缺陷、内存管理缺陷、数据定义和使用缺陷等；

(2) 程序结构，即通过函数调用图、算法流程图等反映程序设计的相关图表，找到程序设计的缺陷，或评价程序的执行效率，以利于程序的结构优化。

白盒测试方法最大的优势在于如下两方面：

(1) 针对性强，测试效率高，通过不同的白盒覆盖指标有助于衡量对被测对象的测试覆盖程度；

(2) 在函数级别开始测试工作，缺陷修复的成本低。

但是，由此也造成白盒测试的主要局限性在于：对测试人员的技术要求高，没有一定编程经验的人是无法做白盒测试的。

5.1.2　适用阶段

随着被测对象粒度的变化，白盒测试方法可以用于不同的测试阶段：

(1) 当被测对象为函数时，白盒测试方法完成的是对函数代码和结构的测试，主要关注的是函数源代码的逻辑是否符合该函数的功能要求，查看源代码中是否存在典型的编程缺陷，或从设计优化的角度观察源代码结构是否合理、是否过于复杂等，此时对应的是单元测试阶段，主要由开发人员自己来完成测试工作；

(2) 当被测对象为功能时，白盒测试不再对源代码进行检查，此时更多的是借鉴白盒测试方法的思想，完成对业务流程的覆盖测试。此时对应的是集成测试甚至系统测试阶段，主要由测试人员来完成测试工作。

5.1.3　测试方法的评价

白盒测试通过重点关注源代码中不同类型的结构，如判定表达式、执行路径、循环结构、数据变量等，引入不同的白盒覆盖指标，从而得到不同的白盒测试方法，这些方法的侧重点不同，对应源代码结构的覆盖程度也不同。例如，满足判定覆盖意味着百分之百地满足语句覆盖，因此测试测试用例时，一般可根据覆盖指标的强弱来选择对应的测试方法。

另一方面，在第3章介绍黑盒测试方法时曾提到，尽管黑盒测试方法简单有效，但测试结果的覆盖度不容易度量，测试的潜在风险较高，需要通过引入白盒测试覆盖指标来评估黑盒测试方法的测试覆盖率，将在5.7节讨论这方面内容。

5.2　静态白盒测试

5.2.1　概述

在软件测试的定义中谈到，软件测试工作不仅包括对系统的动态测试，还包括对系统的静态检查，这种静态检查通常不需要实际运行被测软件，而是直接对软件形式和结构进行分析，内容涵盖对开发文档、测试相关文档(如测试计划、测试用例说明书等)、程序界面，以及程序源代码的评审，这种评审工作主要是对工作产品及开发过程进行管理，是软件质量保证的重要措施之一。本书所谈的静态白盒测试主要是指对源代码的检查。

程序编写完后，首先是调试能通过，然后用几个关键数据尝试一下，如果能正常运行就可以了。不少开发人员是这样来交付代码的。他们往往会认为："测试是测试人员的事情，我是负责写代码的，不是负责看代码和测试代码的，把程序交给测试人员，让他们设计测试用例，执行测试就行啦，否则要测试人员干什么？再说了，我写代码都够忙的了，哪有时间做复审？"然而，事实上，代码的静态检查不仅需要做，而且将大大降低返工(Rework)的成本，从业界的数据表明，通过同行评审发现缺陷的返工成本是在测试阶段的14.5倍，产品发布后发现缺陷的返工成本是在设计阶段的45倍。且大部分静态测试是需要开发人员自己来完成的。

静态白盒测试的内容主要包括代码检查、静态结构分析、代码质量度量等。

5.2.2　代码检查

代码检查主要是通过同行评审(Peer Review)方法来发现缺陷，即基于缺陷预防的思想，以评审会议为形式，通过多人对软件交付物进行检查，从而发现缺陷或获得改进优化的机会。虽然同行评审需要大量投入时间和人力资源，但同时也将带来丰厚的额外回报。

1. 方法分类

同行评审方法主要包括：审查(Inspection)、团队评审(Team Review)、走查(Walk Through)、结对编程(Pair Programming)、同行桌查(Peer Desk Check)、轮查(Pass Around)、特别检查(Ad hoc Review)。表5.1从评审目的、评审形式、评审过程等方面对这些评审方法进行了比较。表中的"持续"是指评审过程不限于一次会议过程(通常在2小时以内)，而是从产品模块开发开始一直持续到开发完成为止；"可能"是指不确定是否需要举行会议，可在会议中由参与人员同时进行单独评审并汇总，也可由参与人员分别抽时间单独评审后由组织者汇总意见；"修复"是指评审会议结束后作者是否需对发现的缺陷进行修复；“确认”是指对缺陷修复的结果是否需要指派专人进行确认修复。从方法的比较可以看出，审查、团队评审、走查是使用最广泛的同行评审方法。

表 5.1　不同同行评审方法的比较

评审方法	评审目的	参与人员	评审形式	适用对象	评审过程					正式程度
					计划	准备	会议	修复	确认	
审查	发现缺陷，找到违反既定标准的问题	不含作者，3～8人	专门的会议	软件生命周期中重要阶段的产品	是	是	是	是	是	最正式
团队评审	发现缺陷，达成共识，教育参加者	作者可为组长，3～5人	专门的会议	阶段性产品	是	是	是	是	是	↓
走查	发现缺陷，达成共识，教育参加者	作者为主导，2～3人	专门的会议	架构，蓝图，源代码	是	否	是	是	否	↓
结对编程	发现缺陷并立即修复	结对编程人员（2人）	两程序员在同一个工作站上进行	产品模块开发（包括设计、算法、代码）	是	否	持续	是	是	↓
同行桌查	发现缺陷	不含作者，单人	独立评审	阶段性产品	否	是	否	是	否	↓
轮查	发现缺陷	不含作者，多人并行同行桌查	每人分别独立评审，最后汇总	阶段性产品	否	是	可能	是	否	最随意
特别检查	解决当前问题	单人（程序员）	与作者讨论	需要解决的问题	否	否	是	是	否	

2. 评审流程

同行评审的一般流程都基本相似，完整的同行评审流程如图 5.2 所示。

该评审过程所涉及的角色包括：

① 作者：被评审工作产品的提供者；

② 评审主持人：也称组织者、协调员；

③ 评审员：对工作产品进行评审的人员，有时，评审员需要在评审会上充当测试人员的角色，负责设计测试用例，但他本人并不一定是测试工程师；

④ 讲解员：对被评审工作产品进行讲解的人员；

⑤ 记录员：也称秘书，记录缺陷和决议的人员。

下面对该过程的各个环节分别予以简要说明。

（1）计划评审会议

一般地，设计部门应在评审前 3 天向项目管理部提交《设计和开发评审申请表》，经批准后才进入计划评审会议阶段。该阶段主要涉及的角色和工作如下：

① 项目经理：根据申请表来指定合适的会议主持人。

② 作者：提供工作产品（Work Product）作为被评审的对象，并在提交前检查工作产品是否符合相关标准和规范。

③ 评审主持人：对本次评审会议进行规划，具体工作包括：

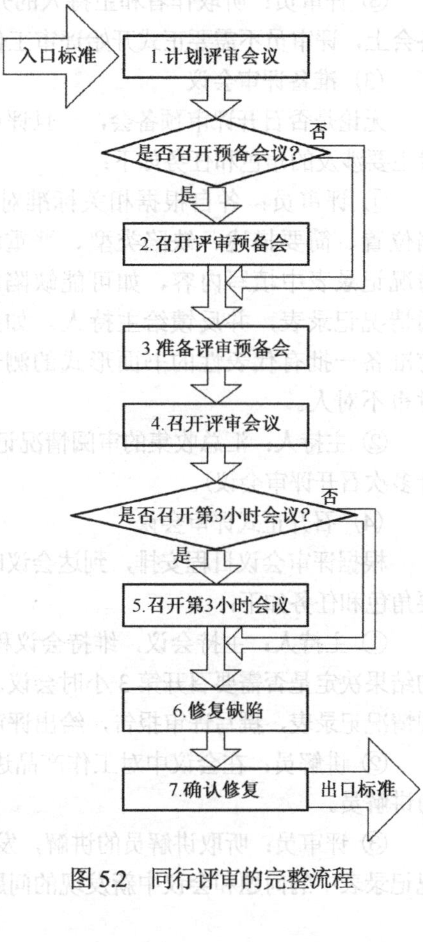

图 5.2　同行评审的完整流程

● 制订评审计划：明确评审目的，制订评审日程，正确估计准备时间和工作量。

● 检查入口标准：包括文档符合标准模板，作者对文档中的错误进行认真的自检，所有未解决的问题都被标记为TBD(待确定)，已列出文档中使用的术语词汇表。

● 准备评审材料包：包括被评审的工作产品，所需参考资料，工作产品评审检查表(用做评审对照)，工作产品审阅情况记录表(用于记录发现的缺陷)。但应注意被评审的代码应控制在500行以内，文档不超过40页。

● 选择合适的评审员：选择3～6人参加本次评审会议。

● 分发评审材料：将评审材料包和评审通知单发送给每个评审员，将评审工作产品、评审员角色、评审日程和评审目的告知每个评审员，要求参加会议的每位成员在会前认真研究程序。

(2) 召开评审预备会

评审人员向评审主持人提出申请，由主持人决定是否需要召开评审预备会，为了确保评审质量，就需要先召开一个2小时以内的评审预备会，目的是确保参加正式评审会议的人员能清楚地了解评审流程和评审目的，正确理解自己的责任，且评审员得到的评审材料正确无误。会议主要涉及的角色和具体工作如下：

① 作者：向评审员简要介绍工作产品和相关资料，包括工作产品的目标、相关实现细节、开发标准等。

② 主持人：向评审员说明评审流程及相关要求，确定评审重点(如需特别注意的问题、应满足的特殊标准、需审查的接口等)。

③ 评审员：听取作者和主持人的介绍，并查看所有得到的工作产品正确无误。注意，在评审预备会上，评审员不需要正式开始评审工作产品。

(3) 准备评审会议

无论是否召开评审预备会，一旦评审员拿到了评审材料包，就开始为正式评审会做准备，在该阶段主要涉及的角色和任务如下：

① 评审员：各自根据相关标准对工作产品进行认真细致的检查，记录发现的缺陷，包括缺陷位置、简要描述、缺陷类型、严重程度、相关耗时等，可直接在资料上做记号，最好在审阅情况记录表中填写内容，如可能缺陷的清单、值得改进的地方、未遵守标准的地方等，填写审阅情况记录表，并反馈给主持人。如果有的评审员需要作为测试人员角色参与会议，则还应提前准备一批有代表性的书面形式的测试用例。注意：评审员评审的是工作产品，而非作者，即对事不对人。

② 主持人：汇总收集的审阅情况记录表，并判断是否需要增加评审的投入(例如增加评审员，或分多次召开评审会议)。

(4) 召开正式评审会议

根据评审会议日程安排，到达会议时间时，由主持人组织所有相关人员召开评审会议，涉及的主要角色和任务如下：

① 主持人：主持会议，维持会议程序，控制会议进度，限制争论和辩驳。会议结束时根据讨论的结果决定是否需要召开第3小时会议。若不需要第3小时会议，则在会议结束后一天内负责更新审阅情况记录表，撰写评审报告，给出评审结论。

② 讲解员：在会议中对工作产品进行讲解，以引导评审员浏览工作产品。一般地，作者不能作为讲解员。

③ 评审员：听取讲解员的讲解，发表意见，指出工作产品中存在的问题(包括预先提交的审阅情况记录表中的问题和会议中新发现的问题)，与作者确定问题、定义问题的严重程度。如果需要模拟测

试，则需用事先准备好的测试用例分别沿程序逻辑运行(即模拟运行)，并将程序的状态(如变量的值)记录在白纸或白板上，供分析和讨论所用。注意：会议中不需要现场修复缺陷。

④ 作者：倾听讲解和评审员的意见，回答评审员的提问。

⑤ 记录员：记录每个达成共识的缺陷(包括发现人)，并确保评审员同意对问题的记录，同时记录未达成共识的缺陷，标记为 TBD，作为第 3 小时会议评审的对象。更新审阅情况记录表。

(5) 召开第 3 小时会议

当评审会议中发现较多未达成共识的缺陷，或需进一步针对确认的缺陷讨论解决方案时，主持人将召开第 3 小时会议，会议涉及的主要角色和任务如下：

① 主持人：主持会议，维持会议程序，控制会议进度。会议结束后一天内负责更新审阅情况记录表，撰写评审报告，并给出评审结论。

② 评审员：对标记为 TBD 的问题进行讨论，给出确定意见，并针对达成共识的缺陷的修复方案提出自己的意见。

③ 作者：倾听评审员的意见，提出自己的看法。

④ 记录员：记录每个达成共识的缺陷及其对应的解决方案。

(6) 修复缺陷

无论是否召开第 3 小时会议，当所有缺陷均达成共识后，就进入缺陷修复阶段，主要涉及的角色只有作者，其任务是针对提交的审阅情况记录表，对每个缺陷进行定位、调试和修复，然后提交修复后的工作产品，同时更新审阅情况记录表，在表格中简要说明对每个缺陷的修复过程。还需对该缺陷清单进行分析和整理，以便于对缺陷检查表进行扩充，提高后续静态测试的效率。

(7) 确认修复

作者修复缺陷后，评审组还需要再次确认所有缺陷得到了正确的修复，此阶段涉及的主要角色和任务如下：

① 主持人：指派专人对修复后的工作产品进行确认。查看最终提交的审阅情况记录表，判断工作产品是否符合退出标准，其中，退出标准包括：

- 所有明确的缺陷得到正确修复；
- 所有 TBD 问题已全部解决；
- 审阅情况记录表得到更新，并分发给相关人员；
- 将遗留缺陷或问题上报给项目经理或上级主管审批，交质量保证单位备案；
- 相关文档登记录入项目的配置管理系统。

② 评审员：对照更新后的审阅情况记录表，认真检查修复后的工作产品，判断是否所有缺陷均得到了正确的修复，且未引入新的缺陷。若发现缺陷并未真正修复，则打回给作者要求其继续修复。若所有缺陷都已确认修复，则更新审阅情况记录表，并提交给主持人。

实际上，上述给出的是一个完整的流程，对于不太正式的评审来说，通常不需要这么多环节，可根据实际情况灵活地加以裁减。例如，可以直接召开评审会议而无须召开评审预备会，或者，若在评审会议中已对所有缺陷达成共识，且缺陷严重程度不高，则无须召开第 3 小时会议等。相关流程可参考表 5.1。表 5.2 给出了典型的评审日程安排。

3. 评审结果

同行评审通常有如下 3 类结果：

(1) 正常：评审专家做好了评审准备，评审会议顺利进行，达到了预期目的，达成明确的评审结论，不需要再次评审。

(2) 延期：30%以上的评审专家并未做好评审准备，会议无法正常进行，需要重新安排评审日程。

(3) 取消：初审阶段就发现工作产品中存在太多问题，需要作者进行修复，然后再进行第二次同行评审。

表5.2 典型的评审日程安排

里程碑	职责	说明
第1天	程序员	向审查协调员提交审查的目标数据
第1、2天	组织员	形成并复制审查资料袋，安排会议时间和地点，邀请3～4名审查成员和1名主持人
第3、4天	审查小组	用1～2小时阅读/研究审查资料袋中提供的信息，制订一份建议的缺陷清单
第4、5天	审查小组	举行会议
第5天	主持人	组织审查会议得到的信息，包括将报告的缺陷录入缺陷数据库，将审查指标录入项目的测量指标数据库，将审查小组所做的新缺陷根源分析录入缺陷检查清单数据库
第5天	组织员	接收来自主持人的审查资料袋和报告，回顾审查过程的不足，若有必要还需要改进审查过程/数据库

4. 注意事项

同行评审各个阶段中，每个角色都有一些主要注意的事项，列举如下：

(1) 计划和准备阶段的问题

管理层的问题及对策如下：

① 不重视。管理层对评审重视不足，未对评审制订明确的期望目标，对不参加评审的人和不合格的评审无任何对应措施，导致审查流于形式。对策：管理层需要大力支持评审工作，包括建立评审策略、目标、制度，要求开发组成员遵守相关政策。

② 无计划。未将重要的评审纳入项目计划，缺乏明确的组织过程，造成评审工作草率，无法取得实际成效。对策：应对同行评审进行计划，特别是在项目早期，在对重要文档进行评审之前应做详细的相关安排。同行评审发现缺陷的效率应为测试发现缺陷的3倍以上。

③ 无培训。评审员一般均为领域专家，但不一定熟悉评审过程。主持人在评审会议中起到控制进度、解决争执等重要作用，更应充分熟悉评审过程。对策：必须对评审员和主持人进行培训，使之了解审查原则，掌握完整的评审方法。

主持人的问题及对策如下：

① 评审员不合理，导致遗漏重要的需求或降低评审效率。对策：应注意评审员的互补性，选择不同类型、充分了解工作产品的人参与评审，以便于从不同技术角度发现缺陷。

② 评审员搭配不合理。对策：评审员应有明确分工。

③ 让管理者参与评审，导致作者对评审感到紧张和局促。对策：尽量不要让作者的直接上司参加评审，除非作者要求其参加，但评审结果应通知相关管理人员。

④ 制订的日程不合理，未留出充裕时间给评审员进行会前准备。对策：准备时间应大于开会时间(一般为2～3天)，使评审员能充分检查工作产品。

⑤ 无检查表，难以确保评审内容的完整性。对策：应结合以往经验预先给出工作产品评审检查表用做评审对照，不易漏掉关键缺陷，并能提高评审效率。

作者的问题及对策如下：

不认真检查工作产品，导致其质量差，将查错责任完全推给评审员，在评审会中发现太多问题。对策：主持人应给出评审入口标准，严格把关，要求作者先做好自我检查，只要不符合进入标准的工作产品应退回修复，同时还对作者提供必要的培训，如提供相关质量工具等，帮助其提高工作产品质量。

(2) 评审会进行阶段的问题

主持人的问题及对策是：

① 过分注重会议时间，不重视产品质量。为了保证评审进度而一味挤压评审时间，特别是工作产品的预审时间，使之无法得到充分的评审。对策：做好计划，若需评审的内容太多，则分多次进行评审。

② 不控制进度，针对某个技术问题讨论时间过长，导致会议拖沓，效率低。对策：应将会议时间控制在 90～120 分钟之间，若在准备阶段发现要处理的问题较多，应分为多次评审会，每次会议处理几个模块。

评审员的问题及对策如下：

① 无评审重点，易遗漏关键缺陷。对策：应在准备阶段就给出明确的评审重点，确保发现最严重的缺陷，不要太关注细枝末节。

② 不考虑数据之间、业务之间及系统之间的相关性，评审不全面。对策：应充分对照已有成果，考虑工作产品在数据、接口、业务等方面之间的关联。

③ 过分依赖检查表，使评审时关注的问题较为雷同，容易忽略其他环节。对策：除了对照检查表，还应从其他方面试图发现工作产品中的缺陷，提高工作产品的抽样率。

④ 在会议中措辞刻薄，进行人身攻击，使作者对评审产生强烈的抵触。对策：对事不对人，应注意发言的措辞，指出工作产品中的具体问题即可，不应对作者进行评价，不要将评审变成评价。且主持人应提前将评审员的反馈发给作者，使作者对评审有十足把握和信心。

⑤ 不重视评审会，不提前检查工作产品，仅在会议现场查看，难以发现关键问题。对策：应认真对待评审，提前对工作产品进行严格检查。

⑥ 过多讨论缺陷的修复，会议效率不高。对策：评审会议重点是发现问题，不是解决问题。会议中发现的缺陷数应为会前发现缺陷数的 2 倍以上。

⑦ 担心得罪人，而拒绝评审他人的工作。对策：主持人应加强评审员与作者的沟通，不将评审双方变成敌对双方。

⑧ 现场修改缺陷。评审会的焦点在于发现缺陷，而非修复缺陷，针对发现的缺陷应在会后自行讨论如何修改，以免浪费与会人员的时间。

⑨ 评审会变成个人批斗会。评审员所提建议应针对程序，不应针对程序员。

⑩ 测试用例太多，且计算复杂。需要提前设计测试用例时，这些用例应确保结构简单，数量不多，因为人脑执行程序的速度远远不如计算机执行的速度。测试用例本身并不起关键作用，仅作为怀疑程序逻辑和计算错误的参照。在多数代码走查中，多数缺陷是在向程序员提问的过程中发现的，而非测试用例本身发现的。

(3) 评审会后阶段的问题

主持人的问题和对策如下：

① 对发现的缺陷缺乏有效跟踪，导致发现的缺陷得不到及时修复。对策：制订评审进入和退出标准，并在评审中严格遵循该标准。

② 评审中仅仅是收集数据，却不注重上报和改进。对策：应将度量数据存储到组织度量库，并提交给专人进行统计和分析，然后上报给上级主管，让管理层决定哪些数据重要，并用于指导后续的度量数据收集和评审效果监控。

Myers 指出，代码走查和审查通常可以有效地找出 30%～70%的逻辑设计和编码缺陷(该百分率是针对已知缺陷而言)。但同行评审也存在一些局限性：

① 会议耗费了大量的时间，这类会议若次数太多，将影响开发进度。

② 需要与会者具有丰富的知识和经验。

5.2.3 静态结构分析

1. 基本原理

程序的结构形式是白盒测试的主要依据和对象，研究表明，程序员将38%的时间都花费在对软件系统的理解。编写代码时，源代码通常是以纯文本方式呈现，文字间的唯一区别仅在于字体和文字的颜色，然而，众多条件判定和循环结构导致程序结构复杂，若程序员的代码编写规范性差的话，代码可读性更差，难以阅读和理解。静态结构分析通过引入多种形式的图表（如函数调用关系图、模块控制流图等），帮助人们快速了解程序设计和结构，更好地理解源代码，以及找到程序设计缺陷和代码优化的方向。下面选择最常见的两类图进行讨论。

2. 函数调用关系图

函数调用关系图将被测系统中各函数间的调用关系通过树形方式进行展现，测试重点为：

(1) 函数之间的调用关系是否符合要求；

(2) 是否存在递归调用，递归调用一般对内存的消耗较大，长时间运行很容易导致崩溃，对于不必要的递归调用可尽量改为循环结构；

(3) 函数调用层次是否太深，过深的调用层次容易导致数据和信息传递的错误或遗漏，并增大集成测试的负担，可通过适当增加单个函数的复杂度来加以改进；

(4) 是否存在孤立的函数，孤立函数意味着永远执行不到的场景或路径，代表编码或设计的不合理。

通过查看函数调用图不仅能发现明确的缺陷，还有利于确定测试重点，一般原则包括：

(1) 根节点是需要优先测试的，它不仅涉及的接口较多，而且起到主要的控制执行作用，其执行正确性至关重要；

(2) 叶子节点是需要优先测试的，它可能包含核心算法或较为复杂的算法，整个输出结果的正确性多依赖于这类节点的输出正确性；

(3) 接口数量多的节点是需要优先测试的，被频繁调用的节点内部或接口存在缺陷，将导致被其调用的所有节点的错误，而调用多个其他模块的节点若存在缺陷，则需要在众多被调用模块中查找并定位缺陷，由此造成的测试工作量都是很大的。

3. 函数控制流图

函数调用关系图是对多个函数之间的关系进行描述，是从外部查看函数；函数控制流图正好与此相反，它是从函数内部进行考察。函数的控制流图是由节点和边组成的有向图，其中，节点表示一条或多条语句，边代表节点之间的控制走向，即语句的执行。函数的控制流图可以直观地反映函数的内部逻辑结构，展示程序中明显的缺陷，并揭示程序是否隐含缺陷的风险情况。测试重点包括：

(1) 是否存在多出口情况，多个程序出口意味着程序不是从一个统一的出口退出该变量空间，如果涉及指针变量的赋值、空间分配这类情况，多出口的程序最容易导致空指针、内存未释放这类缺陷，同时，每增加一个程序出口就意味着代码的环复杂度增加 1。因此，多出口一般会同时带来高环复杂度的问题。有关环复杂度的定义和计算请阅读5.4.1节的相关内容。

(2) 是否存在孤立的语句，孤立的语句意味着永远执行不到的路径，必然代表着一个明显的编码缺陷。

(3) 环复杂度是否太大（一般地，环复杂度不应大于10），环复杂度太高可能是由多种原因造成的，例如，程序出口太多，判定节点数目太多，未采用结构化程序设计等，过高的环复杂度导致路径数量的激增，容易引入缺陷，并造成测试难度和测试工作量的增大。

(4) 是否存在非结构化的设计，非结构化的设计通常是由goto、break、continue等语句导致，表现形式为程序执行强行跳入某个判定或循环结构，或者从判定或循环结构中强行跳出，造成的后果是导致程序的非正常执行结构，程序可读性差，同时增加测试的难度和工作量，不仅容易导致缺陷而且在测试中不易发现，形成测试的漏洞。有关非结构化设计的详细内容请阅读 5.4.1 节的相关内容。

5.2.4　代码质量度量

1．软件质量模型

为了更好地理解、预测和评价软件的质量，人们建立了各种软件质量模型来描述影响软件质量的特性，在软件整个生命周期的各个阶段对软件质量进行评估，ISO9126 质量模型是最著名的模型之一。1991 年由国际标准化组织（ISO/IEC JTC1）颁布 ISO/IEC 9126-1991（GB / T 16260—1996）标准，即《软件产品评价-质量特性及其使用指南》，几经修正最新版本为 ISO/IEC 9126:2001。该标准规定了软件产品质量的 3 个质量模型，即外部质量模型、内部质量模型和使用中质量模型，其中外部和内部质量模型由 3 层组成（见图 5.3）：

第一层：即高层（Top Level），为质量特性，也是软件质量需求评价准则（SQRC），共 6 个；

第二层：即中层（Mid Level），为质量子特性，也是软件质量设计评价准则（SQDC），共推荐了 27 个；

第三层：即低层（Low Level），为质量度量，也是软件质量度量评价准则（SQMC）。关于质量度量，并未给出推荐内容，而是由使用单位自行制订。

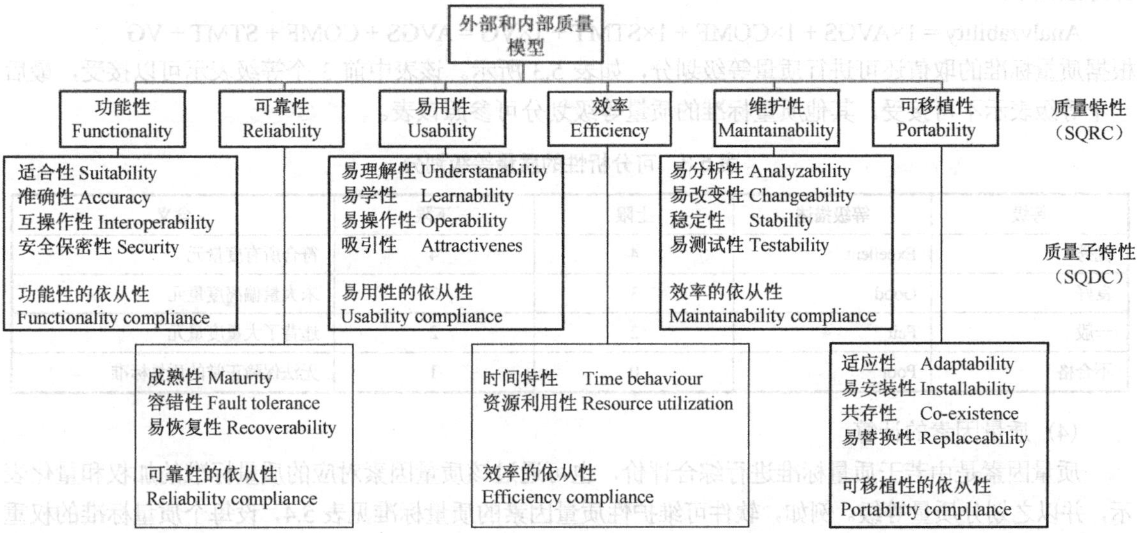

图 5.3　ISO9126 外部和内部质量模型

2．代码质量度量模型

（1）代码质量度量模型的定义

类似地，可构建三层代码质量度量模型，见图 5.4。

该度量模型共分三层，从上到下依次为：

① 质量因素（Factors）：对应 ISO 9126 质量模型的质量特性。

② 质量标准（Criteria）：对应 ISO 9126 质量模型的子特性。不同质量因素由多个质量标准组成。

③ 质量度量元（Metrics）：规范软件的行为属性。每个质量标准由多个质量度量元组成。

质量因素和质量标准的规定见图 5.3，该代码质量度量模型的关键在于定义、量化和计算各个质量度量元。

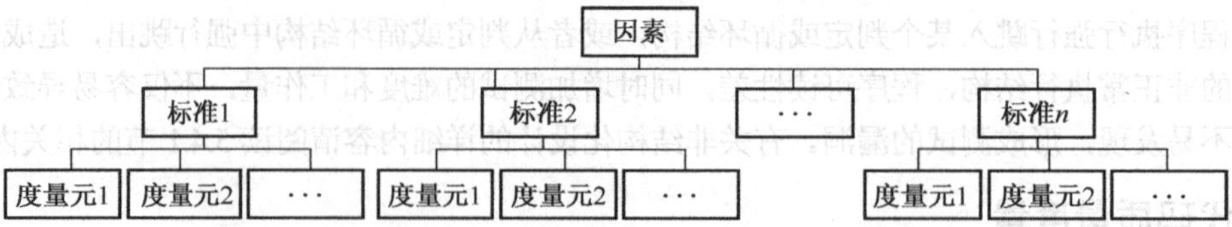

图 5.4　代码质量度量模型

(2) 质量度量元的定义和计算

质量度量元是量化的行为规范，通过对每个度量元设定上、下限，可将其转为数字。当被测代码关于该度量元的实际取值落在规定的上、下限范围内时，就认为被测代码关于该项度量元是合格的，并赋值为“1”，否则赋值为“0”。例如，将程序环复杂度作为质量度量元 VG，上、下限分别为 10 和 1，若某段代码的环复杂度为 11，则被测代码关于环复杂度指标不合格，值为“0”。质量度量元一般由各单位自行规定，数量多达几十个，在此不一一列举。

(3) 质量标准的计算

质量标准由若干质量度量元综合进行评价，必须建立度量元与质量标准的计算公式，才能对质量标准进行量化。一个简单而常见的方式是将质量标准定义为度量元的加权和。例如，软件可分析性质量标准的质量度量元为 AVGS、COMF、STMT、VG，权重均为 1，由此得到可分析性质量标准的计算方法如下：

Analyzability = 1×AVGS + 1×COMF + 1×STMT + 1×VG = AVGS + COMF + STMT + VG

根据质量标准的取值还可进行质量等级划分，如表 5.3 所示。该表中前 3 个等级表示可以接受，最后一个等级表示不可接受。其他质量标准的质量等级划分可参照该表。

表 5.3　可分析性的质量等级划分

等级	等级描述	上限	下限	含义
优秀	Excellent	4	4	符合所有度量元
良好	Good	3	3	未大量偏离度量元
一般	Fair	2	2	违背了大量度量元
不合格	Poor	0	1	无法保障正常的质量标准

(4) 质量因素的计算

质量因素是由若干质量标准进行综合评价，也可通过该质量因素对应的质量标准的加权和量化表示，并以之划分质量等级。例如，软件可维护性质量因素的质量标准见表 5.4，设每个质量标准的权重均为 1，则可维护性的计算方式如下：

Maintainability = Analyzability+Changeability+Stability+Testability

表 5.4　软件可维护性因素的质量标准

质量标准	标准名称	质量度量元				权重
可分析性	Analyzability	AVGS	COMF	STMT	VG	1
可修改性	Changeability	GOTO	LVAR	PARA	VOCF	1
稳定性	Stability	DRCT_CALLS	NBCALLING	PARA	RETU	1
可测试性	Testability	DRCT_CALLS	LEVL	PARA	PATH	1

由此得到该质量因素的等级划分如表 5.5 所示。

表 5.5　软件可维护性因素的质量等级划分

等级	等级描述	上限	下限	含义
优秀	Excellent	12	12	符合所有质量标准
良好	Good	8	11	未大量偏离质量标准
一般	Fair	4	7	违背了大量质量标准
较差	Poor	0	3	无法保障正常的质量因素

通过将代码质量度量模型应用于被测程序，得到量化的数据，就可以对软件质量进行评估了。通常情况下，质量优秀的模块与质量良好模块的总数占全部模块的 80%以上，则可认为被测软件系统是可接受的。

3．代码质量的自动度量

代码质量可通过测试工具来完成自动度量，以直观的图表形式呈现，既利于后续的分析，又节省了人力、加快了工作进度。

Logiscope 就是一个典型的静态测试工具，该工具根据图 5.4 所示的代码质量度量模型来评价被测代码的质量。其基本工作原理和步骤包括：

(1) 划分作用域

通过划分作用域实现分阶段的代码质量分析和显示。不同作用域之间彼此独立。例如，对于 C++、Java 语言实现的代码，划分的作用域包括：

① 应用程序作用域：针对整个应用程序；

② 类作用域：针对系统中的各个类；

③ 函数作用域：针对系统中的各个函数。

(2) 计算相应质量因素

根据代码质量度量模型自动计算相应质量因素。

(3) 以图表方式进行显示

利用 Audit 工具实现软件质量详细分析结果的图形表示，包括：

① 以函数调用图显示过程和函数之间的关系，来评审应用系统的体系结构设计；

② 以模块控制流图显示算法的逻辑路径，来表示过程和函数的逻辑结构；

③ 以 Kiviat 图和饼图展示函数和系统的质量度量元检测结果，即显示被测代码的质量等级与所选择的质量参考模型之间的一致性。

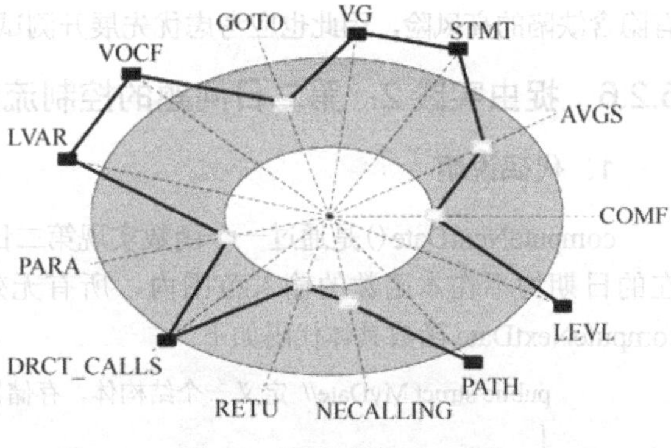

图 5.5　度量元的 Kiviat 图

例如，图 5.5 是所有度量元的 Kiviat 图，图中每个轴代表一个待测度量元，内、外环分别表示度量元的下、上限，若相应度量元的测试值落在内、外环之间，则表明被测程序符合相关度量元，否则不符合对应度量元。

5.2.5　捉虫实践 1：自动柜员机问题的函数调用图分析

1．函数调用图

自动柜员机问题仍为 3.6.3 节的自动柜员机案例，该系统的函数调用关系图如图 5.6 所示。

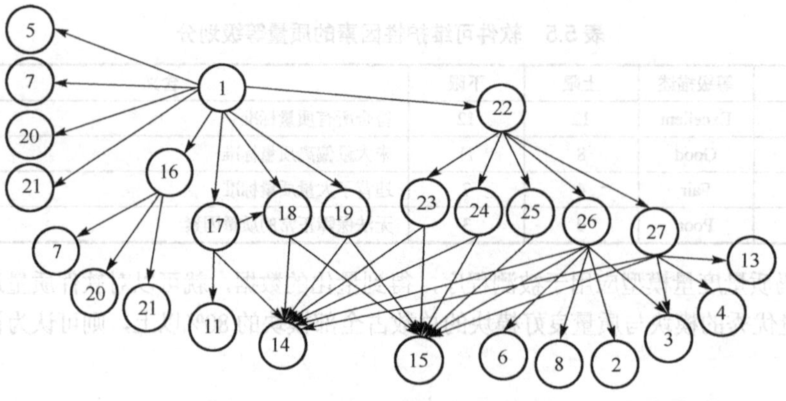

图 5.6 ATM 系统的函数调用关系图

2．测试分析

从该图的整体调用层次来看，具有 4 层调用结构，因此调用层次并不深。同时，该函数不存在递归调用和孤立函数的情况。

从单个节点来看测试重点，包括如下情况：

(1) 节点 1 为调用图的根节点，属于上层控制模块，其本身所处的位置非常重要，它关系到能否正确展现该子系统或系统的全貌，且该节点调用的下层模块多达 9 个，使得其接口的正确性验证变得非常重要。因此，节点 1 的函数应优先测试，以确保上层控制的正确。

(2) 节点 14、15 为调用图的叶子节点，属于底层模块，且这两个节点分别被多达 7 个和 6 个上层节点所调用，这种被频繁调用的函数也应确保接口的正确性。因此，节点 14、15 的函数也应优先测试，并重点测试。

(3) 节点 26、27 虽然是中间节点，但均具有多个接口，如节点 26 包含 1 个上层调用接口和 6 个下层调用接口，节点 27 则包含 1 个上层调用接口和 5 个下层调用接口，这类接口数量较多的节点将具有隐含缺陷的高风险，因此也应考虑优先展开测试。

5.2.6 捉虫实践 2：第二日问题的控制流图分析

1．代码说明

computeNextDate() 是通过一个函数实现第二日问题的程序，该函数仅接受有效输入，即凡是不存在的日期均不在本函数的输入范围内，所有无效输入是通过其他函数处理的，在此不再列出。computeNextDate 函数具体代码如下。

```
public struct MyDate// 定义一个结构体，存储日期
{
    public int m_year;// 年份
    public int m_month;// 月份
    public int m_day;// 日
};
MyDate computeNextDate( MyDate date )// 计算下一天的日期
{
    MyDate tomorrow = new MyDate();// 将今天的日期赋值给明天的日期
    tomorrow.m_year = date.m_year;
    tomorrow.m_month = date.m_month;
```

```
tomorrow.m_day = date.m_day;
int lastday = 28;// 计算某个月的月末日期
if ((date.m_month % 2 == 1 && date.m_month < 8) ||
(date.m_month % 2 == 0 && date.m_month >= 8))
    lastday = 31;
else if (date.m_month == 4 || date.m_month == 6 || date.m_month ==
          9 || date.m_month == 11)
    lastday = 30;
else
{ // 2 月
    if ((date.m_year % 4 == 0 && date.m_year % 100 != 0) ||
          date.m_year % 400 == 0)// 是闰年
        lastday = 29;
    else// 不是闰年
        lastday = 28;
}
// 如果日期是本月最后一天，则下一天是下个月第一天，否则就是普通日期
if (date.m_day == lastday)// 月末的日期
{
    tomorrow.m_day = 1;
    if (date.m_month == 12)// 年末的日期
    {
        tomorrow.m_month = 1;
        tomorrow.m_year++;
    }
    else
    {// 月末的日期
        tomorrow.m_month++;
    }
}
else// 普通日期
{
    tomorrow.m_day++;
}
return tomorrow;
}
```

2. 函数控制流图

computeNextDate 函数的控制流图如图 5.7 所示，图中各类符号遵循 Logiscope 的规定（见图 5.8）。

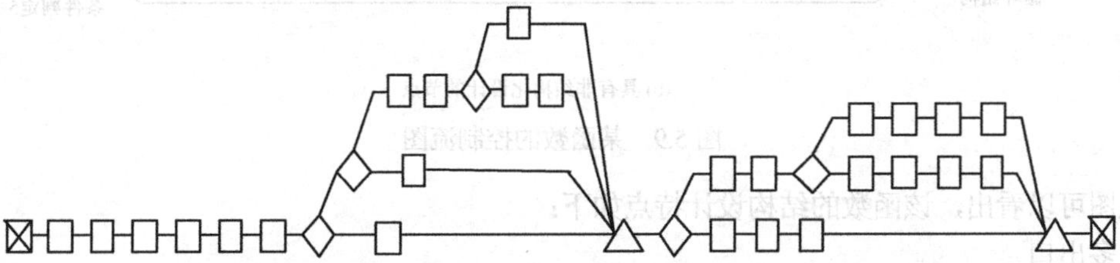

图 5.7　computeNextDate 函数的控制流图

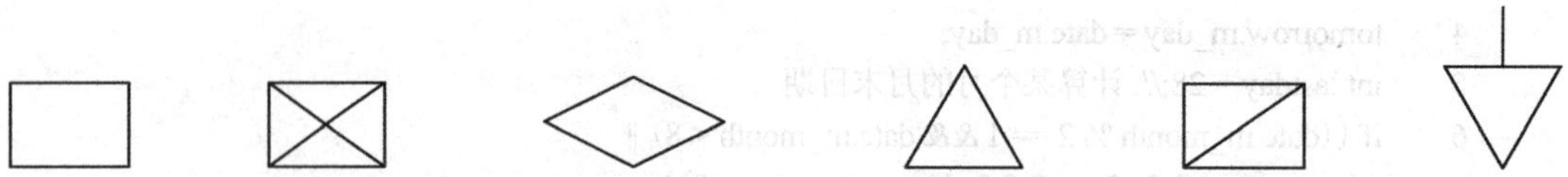

(a) 串行语句　(b) 函数入/出口　(c) 逻辑判断（开始）　(d) 逻辑判断（结束）　(e) break 语句　(f) 包含函数调用

图 5.8　Logiscope 的基本符号含义说明

3．测试分析

从 computeNextDate 函数的控制流图可以看出，它是一个单入口和单出口的程序，且不存在孤立的语句，该函数的环复杂度为 6，对应函数结构较为简单。就控制流图来说，该函数的结构设计是符合要求的。

当然，并非所有的函数结构都是这样简单的，图 5.9 给出了另一个实际函数的控制流图，其中图 5.9(a)是原始的控制流图，图 5.9(b)对原始控制流图中的部分程序结构进行了解释说明。

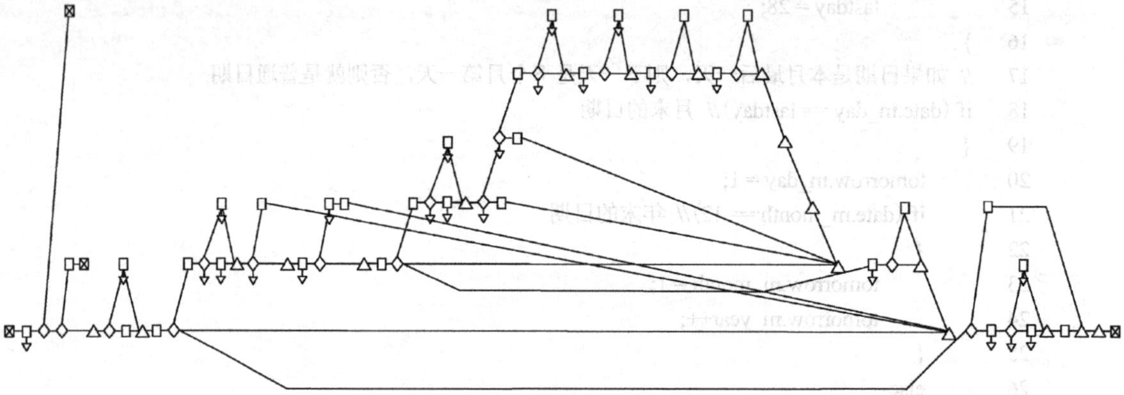

(a) 原始控制流图

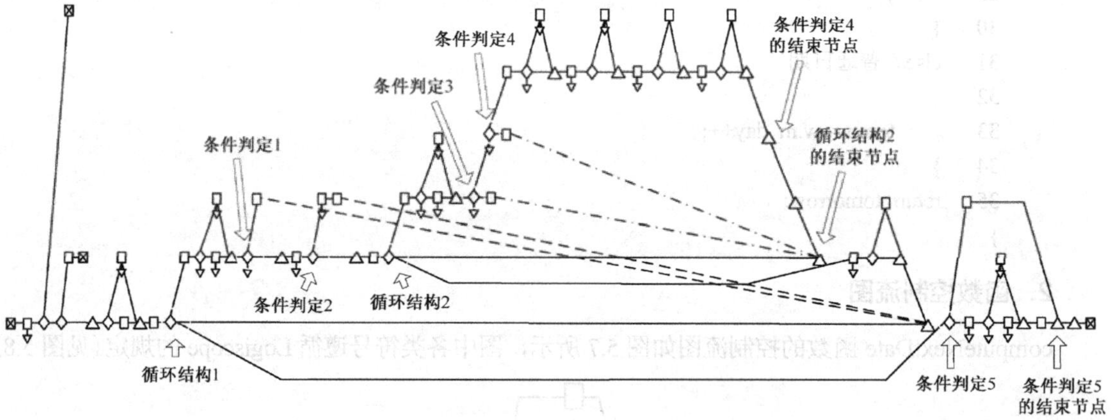

(b) 具有非结构化设计的节点

图 5.9　某函数的控制流图

从该图可以看出，该函数的结构设计特点如下：

(1) 多出口

具有 3 个函数出口，不过，出口数不算太多。

(2) 环复杂度高

每个单独的程序出口形成的环为 3，最长的程序出口执行路径上所包含的条件判定有 14 个，循环结构有 2 个，程序最终的环复杂度为 19，大大超过一般规定的上限(环复杂度上限一般为 10)。

(3) 存在非结构化设计

该函数存在 4 个非结构化设计，即图 5.9(b)中条件判定 1～4。对于一个结构化设计而言，从该结构的逻辑判断开始节点出发的所有路径(包括嵌套结构的子路径)均是以该结构的同一行内的逻辑判断结束节点终止的，如图 5.9(b)中的条件判定 5，该节点所引出的所有 3 条路径最终均从其结束节点终止(如图中箭头所指)；再如图 5.9(b)中的循环结构 2，该节点引出的所有 36 条路径均从其配对的结束节点(如图中箭头所指)退出。而若为非结构化设计，从该结构的逻辑判断开始节点出发的部分路径可能从其所嵌套的上一层结构的结束节点，或其他判断结构的结束节点退出，如图 5.9(b)中条件判定 1 和 2 中包含虚线的路径都是从循环结构 1 的结束节点退出的，并非其自身的结束节点，条件判定 3 和 4 中包含点划线的路径则是从循环结构 2 的结束节点退出的。

事实上，这类非结构化的设计在控制流图中具有明显的特征：

① 若某个条件判定的结束节点仅包含 2 条连接线，即 1 条从左侧进入的连接线和 1 条从右侧退出的连接线，则该条件判定为非结构化的设计，如图 5.9(b)所示条件判定 4 的结束节点，同理，条件判定 1～3 也是这样的情况；

② 或者，若某个结构的结束节点包含多于 2 条从左侧进入的连接线，则该结构体内那些与其他水平线在非节点处交叉的执行路径所对应的判断结构为非结构化的设计，如图 5.9(b)中的循环结构 1 的结束节点存在两条虚线，是与循环结构 2 的水平线在非节点处发生交叉的，这两条虚线所隶属的判定节点 1 和 2 均为非结构化的设计，同理，从循环结构 2 的结束节点 2 也可以发现条件判定 3 和 4 是非结构化的设计。

针对这样的结构设计不合理的函数，一般可以考虑从如下方面加以改进：

① 多出口往往是因多条 return 语句造成，尽量避免在同一个函数中多次使用 return 语句，降低函数出口数目；

② 将有效性校验尽量前置，放到函数外部处理，保证从函数接口传递进来的参数是有效的，避免极短执行路径的函数退出节点；

③ 尽量不使用强制跳转或强制结束语句，如 goto、break 等语句，避免非结构化的设计；

④ 将完成单一功能的语句块改为函数调用的方式，降低单个函数的环复杂度。

4. 静态结构分析的局限

无论是函数调用图，还是控制流图，都是从图论的角度，在远离代码的条件下对程序进行分析，在函数调用图中无法看出函数调用接口的复杂度，如包含多少个参数、参数数据类型是否复杂，类似地，控制流图中无法看出每个判定节点的复杂度和循环结构的复杂度，如判定表达式包含多少个简单判定条件，循环次数如何控制，判定节点之间是否存在相互关联等。为此，需要通过源代码评审、后续的动态白盒测试来进一步对源代码进行测试覆盖，以期找到更多潜伏的软件缺陷。后面将讨论如何对源代码进行动态白盒测试。

5.2.7　静态白盒测试小结

静态白盒测试是白盒测试的重要组成部分，它不需要执行程序，而是通过对比标准和规范，检查程序逻辑，直接定位缺陷，从而加快测试进度，降低测试工作量，省去了动态测试所需的测试用例设计、执行和结果检查的工作，使用效率很高。静态白盒测试还基于缺陷预防的思想，通过检查程序的各种图表定位那些具有高风险的程序代码，并承担部分代码质量度量的工作。从质量保证的观点来看，静态白盒测试可以更好地确保所提交的软件系统的质量。

静态白盒测试的主要内容包括对源代码的同行评审、对程序结构的静态结构分析，以及对代码质量的度量。同行评审主要包括桌面检查、走查、审查、团队评审等多种形式，多以定期或不定期的会议方式进行，目的是通过程序员、测试专家等多人对源代码进行检查，从而发现缺陷或获得改进优化的机会。静态结构分析主要是利用各种图表，如函数调用图、模块控制流图等形式，从函数内部流程、外部接口等方面直观展示系统存在的明显缺陷和可能存在的潜在缺陷，并以之确定设计优化的方向，提高代码的质量。代码质量度量则通常是利用测试工具，基于三层代码质量度量模型对代码质量进行分层量化和等级划分，综合评价软件源代码的质量，便于支持作为后续开发的改进决策。

注意：评审并非仅针对源代码，这种静态检查工作适用于从需求阶段到验收测试阶段的所有阶段工作产品，当然，对于不同类型的工作产品可选择最适合的评审形式。另外，在代码评审中往往会用到缺陷检查单，它不但是针对代码的检查清单，而且包含基于项目的检查清单。Robert Culbertson 曾指出："如果检查清单不是通过项目的经验教训而建立起来的，它就不会有用，正确地采用检查清单对于避免项目风险是极有价值的"。

5.3 对判定的测试

5.3.1 基本原理

判定是重要的程序结构之一，无论是形如 if…else 的条件判定，还是形如 while…do 的循环，都必须通过判定节点来控制程序的走向。如果程序中没有判定，那么无论数据变量的类型有多复杂，无论变量的数目有多大，程序执行路径永远只有一条，其结构是非常简单的。判定节点的出现，导致程序执行出现分支，形成复杂多变的路径(见图 5.10)，造成数据变量可能被错误地赋值，被分配的内存空间可能忘记及时释放，产生各种缺陷。因此，考察源代码时必须重点对判定展开测试。

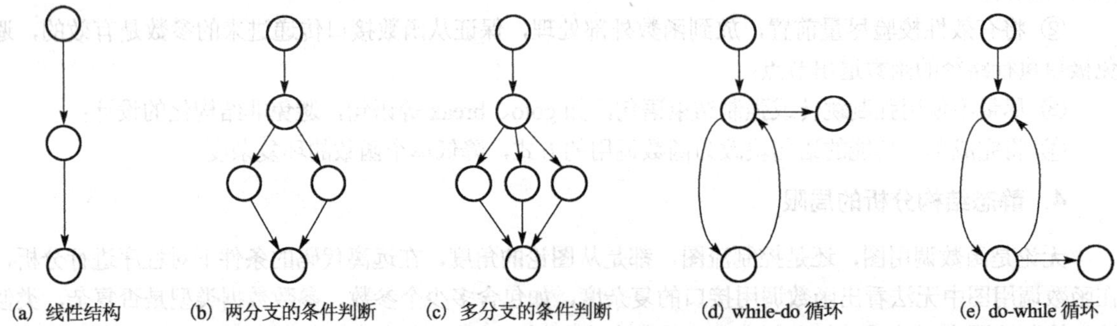

图 5.10 判定的引入对程序结构造成的影响

构成判定的判定表达式本身可能是由多个简单逻辑条件通过多个"与"、"或"关系连接而成的一个复杂的式子，使判定表达式的输入与输出之间形成复杂的逻辑关系，难以看出系统输出随输入变化的走向。为此，需要分析判定表达式的构成，对表达式进行测试，保证判定表达式本身符合程序设计的预期功能。

对判定表达式的测试主要是通过对程序逻辑结构的遍历来实现程序的测试覆盖，其基本思想是：对源代码中所有的逻辑值均需要测试真值(True)和假值(False)的情况。常见的判定测试覆盖指标包括：

(1) 语句覆盖(Statement Coverage，SC)；

(2) 判定覆盖(Decision Coverage，DC，也称分支覆盖)；

(3) 条件覆盖(Condition Coverage，CC)；

(4) 判定/条件覆盖(Decision/Condition Coverage，D/CC)；

(5) 条件组合覆盖(Condition Combination Coverage，CCC)；

(6) 修正的判定/条件覆盖(Modified Decision/Condition Coverage，MD/CC)。

基于各判定测试覆盖指标设计测试用例时，主要的难点问题包括：

(1) 针对选定的覆盖指标，如何有效控制测试用例规模，提高测试用例典型性，最大限度减少测试漏洞；

(2) 面对一段被测程序源代码，如何选择合适的判定测试覆盖指标。

5.3.2 案例描述

为便于说明，采用一段简单的 C 语言代码为例展开各覆盖指标的讨论。代码流程图见图 5.11。

```
int SampleFunc1 ( int a, int b, int c, int x )
{
  if( (a>1) && (b<2) )
     x = c + 1;
  if( (a==3) || (x>3) )
  x = x + c;
  printf( "a = %d, b = %d, c = %d, x = %d\n", a, b, c, x );
  return x;
}
```

该段代码共包含 4 个简单判定条件，即 T1：a > 1；T2：b < 2；T3：a == 3；T4：x > 3。该段代码包含 4 条执行路径，即 L13：*p*1 + *p*3；L14：*p*1 + *p*4；L23：*p*2 + *p*3；L24：*p*2 + *p*4。

需要注意的是，在这段代码中，两个判定节点均为隐式分支的情况，即当不满足判定表达式取真值时，不执行任何语句，直接结束该判定，执行后续语句，从源代码来看，是不含 else 分支的。就代码本身而言，这并不影响编程的正确性，程序编译不会报错，但从程序编写的角度而言，这并非良好的编程习惯，规范要求 if 语句应有 else 分支与其进行对应，否则是很容易导致缺陷的。这从后续的测试设计中可以体现出来。

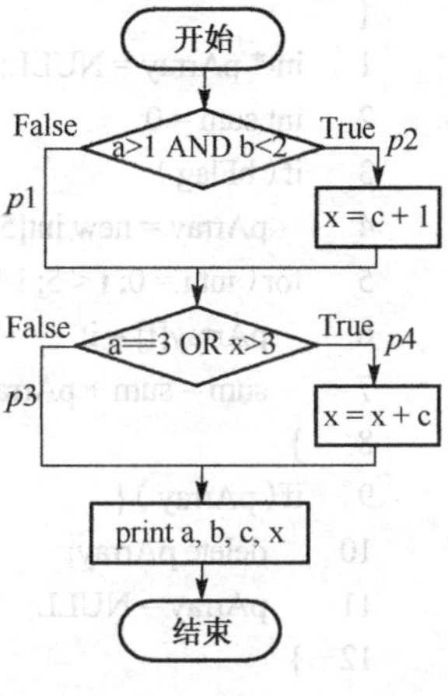

图 5.11　函数 SampleFunc1 的流程图

5.3.3 测试用例设计

1. 语句覆盖

(1) 基本思想

语句覆盖指标的基本思想是：设计测试用例时应保证程序的每一条可执行语句至少执行一次。从图 5.12 所示的流程图来看，语句覆盖等同于对图中所有节点的覆盖。

(2) 测试用例

由于 SampleFunc1 的两个判定表达式的取假分支都不包含任何执行语句，因此，为了满足语句覆盖，设计的测试用例仅需执行路径 L24 即可，即两个判定表达式均取真值。根据以上分析，设计得到的测试用例见表 5.6，且表中任意一个测试用例均可满足语句覆盖指标。

表 5.6　语句覆盖的测试用例

ID	输入				预期输出	通过路径	语句覆盖
	a	b	c	x	x		
LC-001	3	1	1	0	3	L24	100%
LC-002	2	1	3	0	7	L24	100%
LC-003	3	0	3	0	7	L24	100%

(3) 测试分析

基于语句覆盖指标所生成的测试用例数量少，且无须额外分析每个判定表达式。然而，语句覆盖是对判定表达式的测试中最弱的覆盖准则，原因在于：

① 关注语句而非判定表达式。判定节点是导致程序出现分支、提高程序结构复杂性的关键因素之一，而语句覆盖的测试重点是所有可执行语句，并非判定节点，因此，尽管语句覆盖可以识别未执行的代码块，却无法识别源代码中因控制流结构而导致的缺陷。例如，若函数 SampleFunc1 中的 if((a>1) && (b<2))错写为 if((a>1) || (b<2))，同时，if((a= =3) || (x>3))错写为 if((a= =3) && (x>3))，则使用用例 LC-003 展开测试后，该用例的实际输出仍然为 7，与预期结果完全一致，并不能发现代码中的这两个缺陷。

② 对隐式分支无效。当隐式分支中涉及诸如内存空间的分配和释放这类缺陷时，语句覆盖是无法发现的。例如，下面这段代码，仅需执行从节点 1 到 13 的一条路径即可满足语句覆盖，若其他代码无错，则测试用例的执行将带来一个虚假的安全性。通过查看源代码将发现，这段代码中实际上隐含了一个空间分配的缺陷，请读者自行尝试查找。

```
int SampleFunc2 ( bool bFlag )
{
1   int* pArray = NULL;
2   int sum = 0;
3   if( bFlag )
4       pArray = new int[5];
5   for( int i = 0; i < 5; i ++ ) {
6       pArray[i] = i;
7       sum = sum + pArray[i] * i;
8   }
9   if( pArray ) {
10      delete pArray;
11      pArray = NULL;
12  }
13  return sum;
}
```

2. 判定覆盖

(1) 基本思想

针对语句覆盖指标无法着重对判定节点进行测试的不足，判定覆盖指标的基本思想是：设计测试用例时应保证程序中每个判定节点的取真和取假分支至少执行一次。若判定节点为多分支情况，则设计测试用例时应保证程序中每个判定节点取得每种可能的结果至少一次。从图 5.11 所示的流程图来看，判定覆盖等同于对图中所有边的覆盖。

(2) 测试用例

为了满足判定覆盖，设计的测试用例应同时执行路径 L13、L24，或者同时执行路径 L14、L23，如表 5.7 所示。

表 5.7 判定覆盖的测试用例

ID	输入				预期输出	通过路径	判定覆盖	语句覆盖
	a	b	c	x	x			
LC-001	2	1	3	0	7	L24	100%	100%
LC-002	4	2	2	0	0	L13		
LC-003	1	2	2	4	6	L14	100%	100%
LC-004	2	1	1	2	3	L23		

(3) 测试分析

基于判定覆盖指标的测试因需覆盖到每一条执行边，生成的测试用例数量相对语句覆盖有所增加，且测试重点转向判定节点，因此一般来说具有更强的测试覆盖能力。判定覆盖同时能够满足百分之百的语句覆盖。

然而，判定表达式多为复合判定表达式，即由多个简单判定条件通过“与”、“或”关系组合而成，判定覆盖指标并未彻底分析每个简单判定条件的取值情况，仍然会导致遗漏部分缺陷。例如，函数 SampleFunc1 中，若将 if((a>1) && (b<2)) 错写为 if((a>1) || (b<2))，则选择 LC-001 和 LC-002 构成的这组测试用例的实际输出与预期输出完全一致，无法发现该缺陷。

3. 条件覆盖

(1) 基本思想

针对判定覆盖指标无法测试每个简单判定条件的不足，条件覆盖的基本思想是：设计测试用例时应保证程序中每个复合判定表达式中，每个简单判定条件的取真和取假情况至少执行一次。

(2) 测试用例

为了满足条件覆盖，就是要使得基本逻辑判定条件 T1～T4 的取真和取假分支至少执行一次。设计得到的测试用例如表 5.8 所示。

表 5.8 条件覆盖的测试用例（第一次尝试）

ID	输入				预期输出	简单判定条件				通过路径	条件覆盖	判定覆盖
	a	b	c	x	x	T1	T2	T3	T4			
LC-001	3	2	1	0	1	T	F	T	F	L14	100%	50%
LC-002	1	1	1	4	5	F	T	F	T	L14		

(3) 测试分析

条件覆盖通过分析每个判定表达式中各简单判定条件的取值，进一步增加了测试的覆盖程度，但条件覆盖一定能够满足判定覆盖吗？从表 5.8 来看，结果并非如此，对分支路径 p2 和 p3 的测试被遗漏了。当然，如果注意优选测试用例(见表 5.9)，就可以保证其既满足条件覆盖，又满足判定覆盖。

表 5.9 条件覆盖的测试用例（第二次尝试）

ID	输入				预期输出	简单判定条件				通过路径	条件覆盖	判定覆盖
	a	b	c	x	x	T1	T2	T3	T4			
LC-001	3	1	3	0	7					L24	100%	100%
LC-002	1	2	2	0	0					L13		

4．判定/条件覆盖

(1) 基本思想

为了使测试同时达到对整体判定表达式的取值情况的覆盖以及对每个简单判定条件的取值情况的完全覆盖，可以引入判定/条件覆盖指标，其基本思想是：测试用例的设计应满足判定节点的取真和取假分支至少执行一次，且每个简单判定条件的取真和取假情况也应至少执行一次，即判定覆盖+条件覆盖。

(2) 测试用例

为满足判定/条件覆盖，只需设计如表5.9所示的一组测试用例即可。

(3) 测试分析

判定/条件覆盖从判定表达式的整体和局部分别展开测试，显然是一个较为完善的覆盖指标。不过，设计一组符合该指标要求的测试用例并非易事，为此，可采用一种折中的策略，通过修改程序结构，将复合的判定表达式拆分成多个简单判定表达式，但逻辑不变，实质是消除复杂判定表达式中的“与”、“或”关系，达到简化判定节点的目的。为此，可将函数SampleFunc1的代码流程图修改为如图5.12所示的形式。注意，此时并未修改源代码。

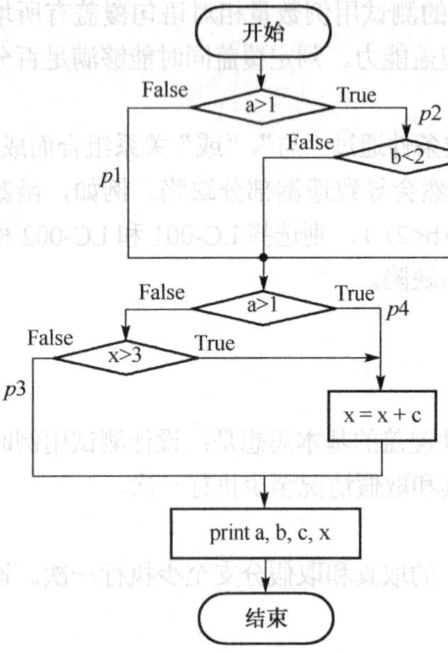

图5.12　修改后的代码流程图

由该图可见，通过修改代码流程图，降低了每个判定表达式的复杂度，保证所有判定表达式都是不包含“与”、“或”关系的简单判定表达式，只要简单使用判定覆盖指标就可保证最终得到的测试用例可同时满足条件覆盖。且此改动对程序源代码不产生任何影响。

然而，同时需要注意到：这一改动增大了程序结构的复杂性，导致语句数目、路径数目等大大增加(见表5.10)。且对于不熟悉编程的测试新手来说，修改代码流程图可能植入新的缺陷，这种测试缺陷虽然不会影响到源代码，但将导致测试用例本身的错误，最终影响测试的准确性。

表5.10　对判定表达式的拆分导致程序结构复杂度的变化

考查的项目	判定节点	语句	流程图中的节点	流程图中的边	执行路径
原始数目	2	6	5	6	4
拆分后的数目	4	12	7	10	9

5．条件组合覆盖

(1) 基本思想

能否找到一种测试方法来达到设计难度与测试效果的均衡呢？条件组合覆盖的基本思想是：测试用例的设计应满足每个判定节点中，所有简单判定条件的所有可能的取值组合情况应至少执行一次。这种覆盖指标的实质是通过列出真值表的方式来得到完全的覆盖，即以冗余换取方法的简单性。

(2) 测试用例

函数 SampleFunc1 中包含 2 个判定节点，且为串联方式，因此，条件组合包含两方面含义：

① 对于每个判定节点而言，其简单判定条件的所有取值组合情况应覆盖到；

② 对于多个串联的判定节点而言，判定节点的整体取值存在多种组合情况，也应完全覆盖到。

若考虑第二种组合情况，则 SampleFunc1 有 4 个简单判定条件，共产生 16 种组合情况，对应需设计 16 个测试用例，如表 5.11 所示。其中，有 4 个测试用例对应的是不可能存在的情况，即当简单判定条件 T1 取假值时(即变量 a 小于等于 1)，简单判定条件 T3 不可能为真(即变量 a 不可能等于 3)。最终得到 12 个测试用例。

表 5.11 条件组合覆盖的测试用例

ID	输入				预期输出	简单判定条件				通过路径	备注
	a	b	c	x	x	T1	T2	T3	T4		
LC-001	3	1	3	0	7	T	T	T	T	L24	
LC-002	3	1	2	0	5	T	T	T	F	L24	
LC-003	2	1	3	0	7	T	T	F	T	L24	
LC-004	2	1	2	0	3	T	T	F	F	L23	
LC-005	3	2	3	4	7	T	F	T	T	L14	
LC-006	3	2	1	3	4	T	F	T	F	L14	
LC-007	2	1	1	4	5	T	F	F	T	L14	
LC-008	2	2	1	3	3	T	F	F	F	L13	
	N/A	N/A	N/A	N/A		F	T	T	T		不存在的情况
	N/A	N/A	N/A	N/A		F	T	T	F		不存在的情况
LC-009	1	1	1	4	5	F	T	F	T	L14	
LC-010	1	1	1	3	3	F	T	F	F	L13	
	N/A	N/A	N/A	N/A		F	F	T	T		不存在的情况
	N/A	N/A	N/A	N/A		F	F	T	F		不存在的情况
LC-011	1	2	1	4	5	F	F	F	T	L14	
LC-012	1	2	1	3	3	F	F	F	F	L13	

(3) 测试分析

条件组合覆盖指标是以上指标中最完备的，该指标覆盖了所有简单判定条件的所有组合情况，当然同时满足条件覆盖和判定覆盖。然而，当判定表达式本身较为复杂、且存在多个判定节点串联时，条件组合覆盖的测试用例规模将大得惊人。例如，如下这段代码是第二日问题中“计算”按钮的响应函数，包含 4 个串联的判定节点，若忽略各简单判定表达式间的关联性，则前 3 个判定节点均包含 2 个简单判定条件，分别构成 4 种组合，第 4 个判定节点包含 6 个简单判定条件，构成 $2^6 = 64$ 种组合，最终得到 $4×4×4×64 = 4096$ 种取值组合，即测试用例的规模将高达 4096 个。

```
void CNEXTDAYDlg::OnCompute()
{
    UpdateData(TRUE);
    day=_ttoi(m_day);
    month=_ttoi(m_month);
    year=_ttoi(m_year);
    if (day<1||day>31)// 判断日的输入是否有效
        MessageBox("The range of day is 1- -31");
```

```
        if (month<1||month>12)// 判断月份值是否有效
            MessageBox("The range of month is 1--12");
        if (year<1800||year>2050)// 判断年份值是否有效
            MessageBox("The range of year is 1800--2050");
        AddOneDay();// 如果年月日均有效，则计算下一天的日期
        if ( 1<=_ttoi(m_day) && _ttoi(m_day)<=31 && 1<=_ttoi(m_month) && _ttoi(m_month)<=31 &&
                1800<=_ttoi(m_year) && _ttoi(m_year)<=2050 )// 判断计算得到的日期是否有效
        {
            m_nextDay.Format("%d 年%d 月%d 日",year,month,day);
            UpdateData(FALSE);
        }
        else
            m_nextDay="";
    }
```

注意，当代码中某判定节点所包含的多个简单判定表达式存在相互关联时，即涉及相同的数据变量时，这些简单判定条件的取值存在一定约束关系，将造成部分不可行测试用例，应予以剔除。例如，在上例中，前3个判定节点所包含的简单判定条件的2个取值分别相关，使得每个判定节点的实际取值分别只有3种组合情况，同理，第4个判定节点仅包含$3^3=27$种组合情况，最终得到$3×3×3×27=729$种取值组合，即只对应729个测试用例。SampleFunc1函数中的条件T1和T3也是如此。

6. 修正的判定/条件覆盖

(1) 基本思想

综合上述覆盖指标来看，语句覆盖太弱，判定覆盖和条件覆盖不够全面，判定/条件覆盖设计难度大，条件组合覆盖的测试用例数量太多，从测试效率来看，似乎都不尽如人意。能否找到一种测试用例规模不大，设计难度不高，且能保证覆盖全面的覆盖指标呢？

为此，人们提出修正的判定/条件覆盖指标，通过引入判定条件的独立影响性来克服以上不足。该覆盖指标被广泛应用于国防、航空航天领域。其基本思想是：在满足判定/条件覆盖的基础上，每个简单判定条件都应独立地影响到整个判定表达式的取值。该指标的实质是利用简单判定条件的独立影响性来消除测试用例的冗余。

例如，对于A AND B这个表达式而言，A、B是两个简单判定条件，真值表及其对应的测试用例见表5.12。

表5.12 A AND B的测试用例

测试用例ID	A	B	A AND B
1	T	T	T
2	T	F	F
3	F	T	F
4	F	F	F

表中，测试用例1和3能体现简单判定条件A对整个表达式的独立影响性，即当A为真时，A AND B为真；当A为假时，A AND B为假。同理，测试用例1和2能体现简单判定条件B对整个表达式的独立影响性，即当B为真时，A AND B为真；当B为假时，A AND B为假。同时，从整个表达式的输出来看，测试用例1到3同时覆盖了A AND B的取真和取假两种情况。因此，测试用例4是一个冗余的用例。换句话说，满足修正的判定/条件覆盖指标的测试用例是1～3。

(2) 测试用例

根据以上思想，基于修正的判定/条件覆盖设计测试用例的一般步骤为：

① 列出所有的简单判定条件，设为 *I1,I2,…In*，并构建真值表；

② 对每个简单判定条件 *Ij*（*j* 在 1 到 *n* 之间），找到能够对整个判定结果产生独立影响的多组测试用例（简称独立影响对），措施是在真值表中依次固定其他简单判定条件，只要整个判定表达式的取值随当前简单判定条件 *Ij* 的变化而产生一致的变化，这样得到的测试用例就是该条件 *Ij* 的独立影响对；

③ 抽取能体现所有简单判定条件独立影响性的最少独立影响对，就是满足修正的判定/条件覆盖的测试用例集。

(3) 测试分析

以上讨论的测试用例设计方法不需要分析表达式的内部逻辑，得到的测试用例数量少，但其致命的局限性在于无法处理存在耦合的判定表达式，例如，上面的 onCompute 函数中形如（year<1800||year>2050）这样的表达式是无法使用此法的，在这种情况下，可采用分解法设计测试用例。

总体来说，修正的判定/条件覆盖继承了条件组合覆盖的优点，并有效控制了测试用例的数量，消除了测试的冗余，是一种较优的判定测试覆盖指标。

5.3.4 测试用例优化

针对选定的覆盖指标，如何有效控制测试用例规模，提高测试用例典型性，最大限度减少测试漏洞，是设计测试用例时需要考虑的问题。

(1) 尽量选择边界测试数据

根据覆盖指标的要求设计测试用例时，应尽量结合边界选择测试数据。例如，当变量 a 为 int 类型时，满足 a>1 条件成立的 a 值可能有很多，此时，应尽量靠近边界来选择测试数据，选择 a=1 相比 a=2 更优，因为这样的测试用例可以覆盖到边界的缺陷。

(2) 应避免“与”、“或”关系的屏蔽现象

对于形如（a>1）AND（b<2）这样由“与”关系连接而成的判定表达式而言，若要满足整个判定结果为假时，只要(a>1)或(b<2)中任意一个条件取假值即可（不妨设 a>1 为假），此时，(a>1)条件的取值对(b<2)条件产生了一种屏蔽效应，即无论(b<2)条件的取值是否正确，都不会对(a>1) AND (b<2)的输出结果造成影响。因此，设计测试用例时，应尽量避免出现这种情况。如本例，选择 a = 1、b = 2 的取值，就优于 a = 1、b = 1 这组取值。

5.3.5 捉虫实践 3：第二日问题的判定测试

1. 代码说明

函数 computeNextDate()的代码同捉虫实践 2，不再列出。该函数的流程图如图 5.13 所示。

该段代码共包含 5 个判定节点，含 13 个简单逻辑判定条件：

T1：date.m_month % 2 == 1

T2：date.m_month < 8

T3：date.m_month % 2 == 0

T4：date.m_month >= 8

T5：date.m_month == 4

T6：date.m_month == 6

T7：date.m_month == 9

T8：date.m_month == 11

T9：date.m_year % 4 == 0

T10：date.m_year % 100 != 0

T11：date.m_year % 400 == 0

T12：date.m_day == lastday

T13：date.m_month == 12

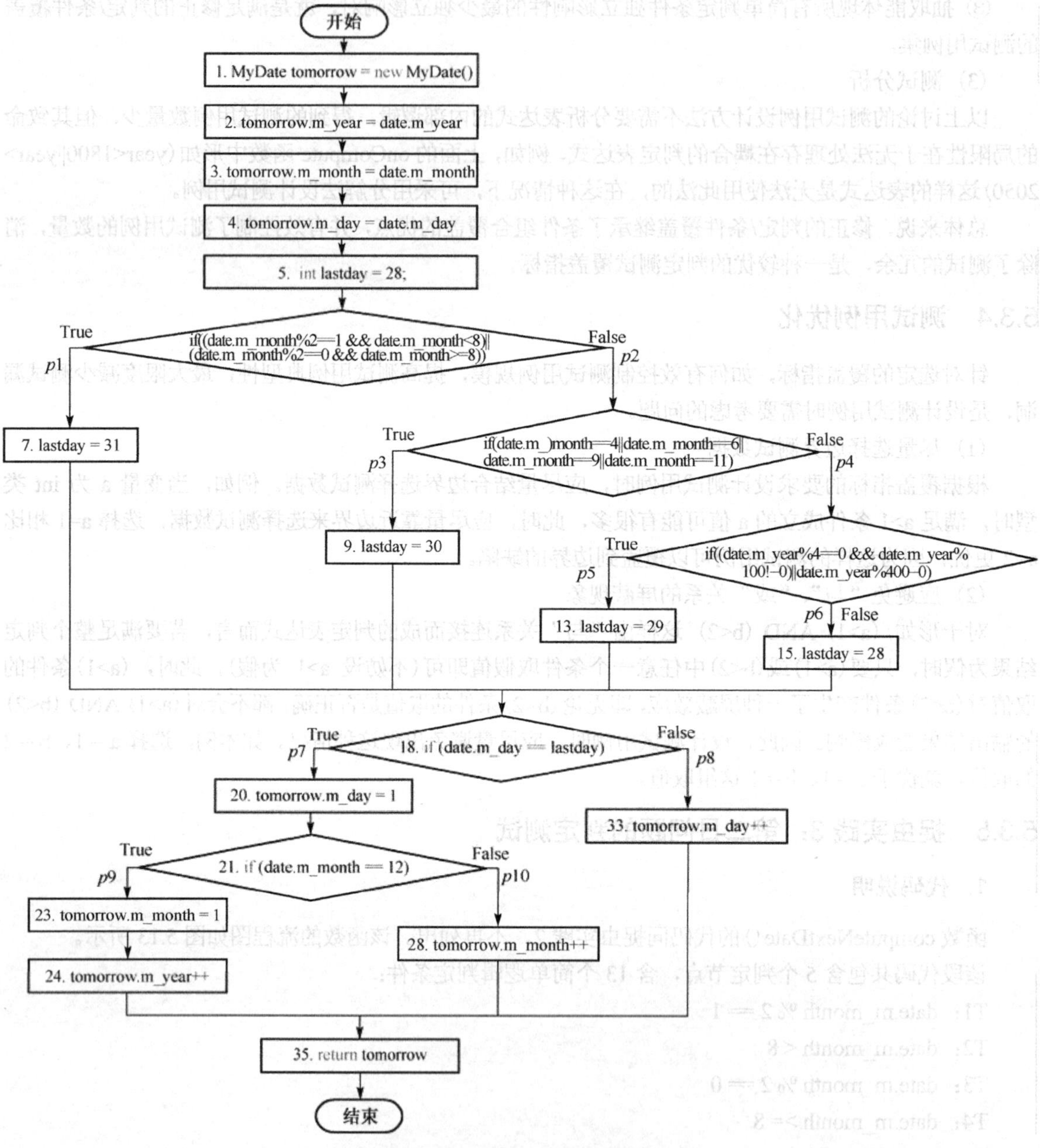

图 5.13 computeNextDate 函数的流程图

且应注意到，以上简单判定条件之间存在一定关联，体现在：

① <T1, T3>、<T2, T4>这两对判定条件实际上分别是同一个判定条件，可予以合并；

② <T5, T6, T7, T8>这组判定条件是互斥的，只要有一个判定条件为真，其他判定条件必须为假，在各判定条件取值时可不考虑同时取真值的组合情况；

③ <T9, T10>这对判定条件存在相互约束，当 T9 为假时，T10 一定取真值，而当 T10 为假时，T9 一定为真；

④ <T9, T10, T11>这组判定条件存在相互约束，当 T11 为真时，T9 一定为真，且 T10 一定为假；同时，当 T9 为假时，T11 一定为假。

该段代码包含 10 条执行分支，分别为 $P1$～$P10$（见图 5.13），不再列出。

2．开始测试

由于 computeNextDate 函数的判定节点数较多，判定表达式较为复杂，导致包含的简单判定表达式多，且执行分支数多，若选择条件组合覆盖或修正的判定/条件覆盖，设计工作量太大。同时，源代码中不包含隐式分支，此时判定覆盖等同于语句覆盖指标。因此，可选择判定覆盖或条件覆盖指标进行测试。

(1) 选择判定覆盖指标

为满足判定覆盖指标，可简单地选择如下路径：

路径 1：$p1 + p7 + p9$

路径 2：$p2 + p3 + p7 + p10$

路径 3：$p2 + p4 + p5 + p8$

路径 4：$p2 + p4 + p6 + p8$

设计的测试用例见表 5.13。

表 5.13　第二日问题的判定覆盖测试用例

ID	输入日期	预期输出	执行路径
ND-LC-001	2012-12-31	2013-1-1	路径 1
ND-LC-002	2012-6-30	2012-7-1	路径 2
ND-LC-003	2012-2-28	2012-2-29	路径 3
ND-LC-004	2012-2-28	2012-2-29	路径 4

(2) 选择条件覆盖指标

为满足条件覆盖指标，针对前 3 个复合判定节点来考察涉及的 11 个简单判定条件的取值，并考虑到简单判定条件之间的约束关系，可得到各判定节点的取值情况见表 5.14～表 5.16。

表 5.14　判定节点 1 的简单判定条件取值情况表

序号	判定节点 1 的取值	简单判定条件的取值			
		T1	T2	T3	T4
01	T	T	T	F	T
02	F	F	T	T	F
03	F	T	F	F	T

表 5.15　判定节点 2 的简单判定条件取值情况表

序号	判定节点 2 的取值	简单判定条件的取值			
		T5	T6	T7	T8
01	T	T	F	F	F
02	T	F	T	F	F
03	T	F	F	T	F
04	T	F	F	F	T
05	F	F	F	F	F

表 5.16 判定节点 3 的简单判定条件取值情况表

序号	判定节点 3 的取值	简单判定条件的取值		
		T9	T10	T11
01	T	T	T	F
02	T	T	F	T
03	F	F	T	F

综合表 5.14～表 5.16 的分析结果，得到满足条件覆盖的测试用例如表 5.17 所示。表中“N/A”表示不执行该分支，表中括号内的数字表示表 5.14～表 5.16 中的序号。

表 5.17 第二日问题的条件覆盖测试用例

测试用例 ID	输入日期	预期输出	对应判定节点取值情况				
			1	2	3	4	5
ND-LC-001	2012-5-31	2012-6-1	T(01)	N/A	N/A	T	F
ND-LC-002	2012-12-31	2013-1-1	F(02)	N/A	N/A	T	T
ND-LC-003	2012-4-30	2012-5-1	F(02)	T(01)	N/A	T	F
ND-LC-004	2012-6-30	2012-7-1	F(02)	T(02)	N/A	T	F
ND-LC-005	2012-9-30	2012-10-1	F(03)	T(03)	N/A	T	F
ND-LC-006	2012-11-15	2012-11-16	F(03)	T(04)	N/A	F	F
ND-LC-007	2012-2-29	2012-3-1	F(02)	T(05)	T(01)	T	F
ND-LC-008	2000-2-20	2000-2-21	F(02)	T(05)	T(02)	F	N/A
ND-LC-009	2011-2-28	2011-3-1	F(02)	T(05)	F(03)	T	F

3．测试分析

从判定覆盖和条件覆盖的测试用例可以看出，判定覆盖主要覆盖了类似 6 月末、2 月末和年末的日期，但对于普通日期和类似 7 月末的日期没有覆盖到，条件覆盖测试则能覆盖多种月末日期和年末的日期，尽管如此，其测试仍然是有漏洞的。例如，2000 年 2 月 29 日、11 月 30 日这样的情况并没有测试到。同时，判定覆盖、条件覆盖这样的指标仅关注判定表达式本身，而并不关心这些判定节点的取值组合。例如，对于 ND-LC008 用例来说，若保持判定节点 1～3 的取值不变，而判定节点 4 和 5 分别取真和假值时，该用例变成 2000-2-29，对应测试的是闰年的 2 月月末日期，就等价类测试的观点来看，这两个用例的测试重点是完全不同的，后者显然比前者更有意义。换句话说，仅靠判定覆盖或条件覆盖指标只能保证对应这些分支能够被测试到，但并不能深入理解各判定节点在实现函数功能方面所起到的关键作用，即由多个判定节点的嵌套、串联等结构而形成的不同路径往往能反映函数设计的本质，通过判定覆盖或条件覆盖是无法测试到的，必须引入覆盖相对更为全面的指标——条件组合覆盖，当然，该指标所导致的测试工作量的激增往往又是测试人员所难以承受的。不妨考虑一下，对于本例，若选择条件组合覆盖指标，将得到多少个测试用例。

5.3.6 对判定的测试小结

对判定的测试主要是通过考察源代码中复合判定表达式或构成复合判定表达式的各简单判定条件的所有取值情况，来保证判定表达式的正确性。

常见的判定测试覆盖指标包括语句覆盖、判定覆盖、条件覆盖、判定/条件覆盖、条件组合覆盖和修正的判定/条件覆盖。其中前 3 个指标是使用最为广泛的。但通过测试实践发现，仅对判定表达式进行测试只能保证覆盖判定表达式的所有取值，但由函数功能需求所对应的程序执行路径可能涉及多个判定节点的特殊取值组合，在这样的测试中往往是无法全部覆盖到的。

根据覆盖指标设计测试用例时，应注意：

(1) 避免测试数据受到复合判定表达式中的“与”、“或”关系的屏蔽效应；

(2) 尽量结合边界值选择测试数据。

5.4　对路径的测试

判定节点除了本身表达式具有一定复杂度之外，更重要的是，判定节点导致程序执行产生分支，使程序路径数目不断增加。当程序中包含循环时，循环次数越多，程序执行路径数目越大。特别是当程序中存在多个判定和循环时，它们之间形成串联、嵌套等多种形式，使路径数目呈非线性增长的趋势，导致可执行路径基本不可穷尽。为了降低测试的风险，希望能找到一批典型路径，通过测试这些典型路径，达到对全部可执行路径的测试覆盖。在正式开始讨论之前，先看一个神话故事。

5.4.1　弥诺陶洛斯迷宫的传说

1. 一个关于英雄的故事

弥诺陶洛斯迷宫是大约 4000 年前以航海为生的富有的弥诺斯人在克里特岛上搭建的诸多惊人建筑之一，用来关押一个人身牛头的怪兽，即弥诺陶洛斯。根据希腊神话记载，当弥诺斯在与其兄弟的王位之争中获胜而成为克里特岛新任国王后，他请求海神波塞冬赐给自己一头白色的公牛，以证明自己获得王位是出自神意。于是，波塞冬果然赐给了弥诺斯一头巨大的白色公牛，然而，这只公牛太美丽了，使弥诺斯最终将其藏匿起来，宰杀了另外一头公牛献祭给波塞冬。愤怒的波塞冬为了报复而附体在公牛身上，勾引了弥诺斯的妻子帕西菲(Pasiphae)，不久，王后生下一个牛头人身的怪物弥诺陶洛斯(Minotaur，即弥诺斯的牛)。

为了将怪物藏起来避免家丑外扬，弥诺斯王从德尔菲神谕中获得启示，并命令岛上最优秀的工匠代达罗斯(Daedalus)建造了一座巨大的地下迷宫以供弥诺陶洛斯居住，房子的走廊离亮处越来越远，根本找不到出口。且因弥诺斯的儿子安德洛革俄斯在泛雅典娜节运动会上获胜，而被嫉妒的雅典国王埃勾斯杀死。弥诺斯为了给儿子复仇，遂向雅典开战，并打败雅典人。雅典只得投降，并许诺每 9 年向克里特进贡 7 对童男童女，以供弥诺陶洛斯食用。传说，弥诺陶洛斯给他的祭品提供了一个公平的机会，在祭品被抛入迷宫的洞口边存在另外一个出口，若作为祭品的人能在弥诺陶洛斯找到他们之前找到那个出口，他们就可得到赦免。

等到第 3 次进贡的时候，希腊神话中的著名英雄、雅典国王埃勾斯之子忒修斯自愿作为童男之一前去克里特，以除掉怪物。当英俊的忒修斯来到克里特岛后，弥诺斯的女儿阿里阿德涅爱上了他，她偷偷向忒修斯吐露了爱慕之意，并交给他一只线团，教他把线团的一端拴在迷宫的入口，以使他可以标记走过的路，同时交给他一把利剑。忒修斯凭借两件宝物成功地在迷宫中找到弥诺陶洛斯并将其杀死，然后召集其他童男童女跟随线团返回入口，等候在入口处的阿里阿德涅放下绳子，忒修斯与大家一起爬出迷宫获得了自由，雅典人从此摆脱了这个恐怖的贡赋。

2. 软件测试人员的迷宫

迷宫是一个复杂的路径排列问题，它被设计成当任何人进入后都很难找到出来的路，而软件就像一个迷宫，一个软件系统的路径就是软件测试人员必须要通过的一个迷宫，且不只一次，每次软件升级或修改都要面临一次，单元测试中源代码的路径，功能测试业务流程形成的路径，Web 应用测试中页面间超链接形成的路径，均是庞大的迷宫问题。虽然测试人员面临的问题无须考虑受到生命威胁，但它充满了其他危险。其一，软件中的Bug就像迷宫中的弥诺陶洛斯，而且远远不只一个，可能是成百上千个；其二，软件中的Bug若落到最终用户手中，无论对用户造成怎样的后果，测试人员肯定脱不开干系，轻则绩效考核受影响，重则丢掉饭碗，甚至可能会追究法律责任；其三，测试人员必须随时准备被扔进迷宫，直至他们能确保已彻底检查了这个系统。

要走出弥诺陶洛斯迷宫，需要寻找3件法宝：

(1) 一张用于记录迷宫路线的地图；

(2) 迷宫内的最少线性无关路径数，以避免走重复的路线；

(3) 找到所有可能迅速逃离迷宫的最佳独立路径。

先来看看古人是如何做的。

方法一：欧洲医生的方法。据说一个来自欧洲的聪明医生进入并走出了迷宫，成功秘诀在于他把一只手(左右手均可，但中途不可换手)始终放在墙壁上直至他走到出口，这样可避免在迷宫内绕圈子。这种方法不能保证走过的路径是从入口到出口之间最短的路径，且需受到诸多条件的限制(例如出口不能靠着一个孤立的墙)，但它是一种系统的方法，任何人从相同的入口开始，只要使用该法就可沿相同路线走出迷宫。对于测试来说，其路径是可再现的。

方法二：英雄的方法。英雄忒修斯进入迷宫后，完全靠直觉找到弥诺陶洛斯并杀死了他。英雄的方法是即兴的，尽管他历经到弥诺陶洛斯的路径只有一次，但即使让他本人再次进入迷宫，也无法保证他依靠相同的直觉走相同的路径。英雄的方法同时也是随机的，有时可能很有效但不靠谱，如果没有线团这样的测试工具来记录英雄即兴走过的路径，他将无法顺利返回入口处并逃离迷宫，这正是测试人员的核心任务：记录测试过程，从而发现并重现Bug。

那么，测试人员究竟该如何做才能走出测试的弥诺陶洛斯迷宫呢？以源代码的路径测试为例，从相关概念开始吧。

5.4.2 相关概念

1. 程序图

程序图可以看做压缩后的控制流图，也是一种特殊形式的有向图。对于源代码的执行来说，程序图能够反映所有的路径，即测试的弥诺陶洛斯迷宫的地图。图5.14给出了著名的McCabe程序图。图中每个节点代表一段语句片段(可能仅包含一条语句，也可能包含多条语句)，每条有向边表示程序执行的走向(也称控制流)。对于一段程序源代码，通过遵循如下的压缩原则，可构造其对应的程序图：

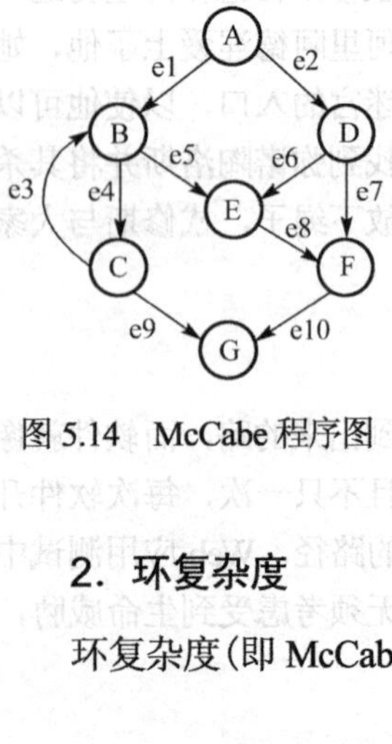

图5.14　McCabe程序图

(1) 剔除注释语句，注释不参与实际程序执行，对程序结构不产生任何影响；

(2) 剔除数据变量的声明语句，在此特指未进行初始化、仅声明了变量类型的语句；

(3) 所有连续的串行语句压缩为一个节点，即忽略一条子路径上经过的语句条数，无论某条子路径包含多少语句，只要不存在执行分支，一律压缩为一个节点，从而将关注重点放在程序结构上，与变量无关；

(4) 所有循环次数压缩为一次循环，即忽略循环次数，无论某个循环结构将循环多少次，仅考虑执行循环体和不执行循环体这两种情况，与程序拓扑无关。

2. 环复杂度

环复杂度(即McCabe复杂性度量)是一种程序结构复杂度的度量模型，是由McCabe于1982年提出的。其基本思想是基于判定节点对程序图封闭环数目造成的影响来衡量程序的复杂程度。随着判定节点的增加，每个判定节点自带的分支将把程序图分隔为各个封闭环区域，因此，通过计算程序图中封闭环的数目可以大致估计出程序的结构复杂性。环复杂度就代表了测试人员的弥诺陶洛斯迷宫中最少线性无关路径数。

环复杂度的确定方式有 3 种：直观观察法、公式计算法和判定节点法。下面分别进行讨论。

(1) 直观观察法

直观观察法是根据定义，观察程序图将二维平面分隔为封闭区域和开放区域的个数。如图 5.14 所示，图中封闭区域有 4 个：

区域 1：节点 A、B、E、D 所围成；

区域 2：节点 B、C 所围成；

区域 3：节点 B、C、G、F、E 所围成；

区域 4：节点 D、E、F 所围成。

另有 1 个外部的开放区域，得到该程序图的环复杂度为 5。

(2) 公式计算法

① 基本原理。直观观察的方法不利于使用计算机程序自动计算，为此，引入如下的公式法来计算环复杂度：

$$V(G)=e-n+1 \tag{5.1}$$

其中，e 表示图中边的数目(Edge)，n 表示图中节点的总数(Node)。

但应注意，该公式的使用需满足两个前提条件，第一，程序图中不包含孤立节点；第二，程序图必须是一个强连通图，即对于程序图的任意两个节点 I、J，在该节点对之间至少能找到一条路径能从 I 执行到 J，且同时至少能找到一条路径从 J 执行到 I。

观察图 5.14 可发现，图中节点分为如下 3 类：

● 双向连通。如图 5.14 中节点对 B、C，从节点 B 到 C 的路径为 e4，从节点 C 到 B 的路径为 e3。

● 单向连通。如图 5.14 中节点对 A、E，从节点 A 到 E 的路径为 e1、e5，从节点 E 到 A 不存在连通路径。

● 不连通。如图 5.14 中节点对 C、D，两节点间完全无连通路径。

显然，并非所有节点间满足双向连通，因此，该图并不满足强连通条件。

实际上，若要使得程序满足强连通条件，必须要求程序是不断循环执行的(即死循环)，这对于绝大多数程序而言，都是无法做到的，也失去了多数程序执行的意义。

② 程序图的改造。为了满足强连通条件，需对程序图加以改造，策略是：在程序出口节点处增加一条指向程序入口节点的有向边，强制生成一个死循环程序，如图 5.15 中虚线边 e11 所示。

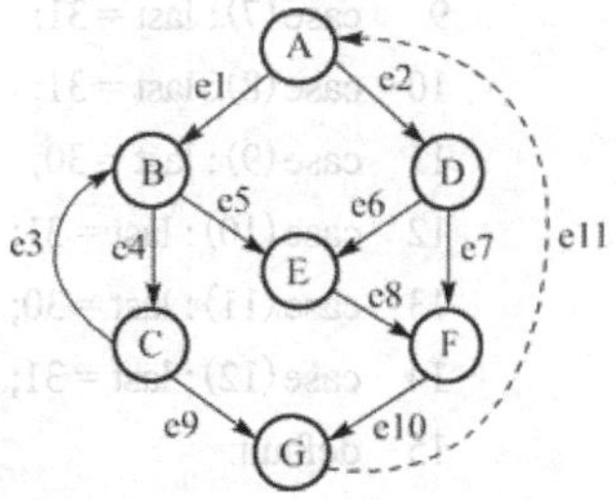

图 5.15　改造后的 McCabe 程序图

通过增加了从节点 G 指向节点 A 的有向边后，图 5.14 中所有 3 类节点均变为双向连通，分析如下：

● 双向连通。如图 5.15 中节点对 B、C，从节点 B 到 C 的路径为 e4，从节点 C 到 B 的路径为 e3。

● 单向连通。如图 5.15 中节点对 A、E，从节点 A 到 E 的路径为 e1、e5，从节点 E 到 A 的路径为 e8、e10、e11。

● 不连通。如图 5.15 中节点对 C、D，从节点 C 到 D 的路径为 e9、e11、e2，从节点 D 到 C 的路径为 e7、e10、e11、e1、e4。

由此得到，$e=11$，$n=7$，则环复杂度为 5，这与直观观察法的结果完全一致。

注意，对程序图的改造并不需要修改源代码，因此，对源代码不产生任何影响。而改造后得到的所谓强连通也是在有向图意义上的双向连通，并不具备程序执行的实际意义，例如从节点 C 到 D 的执行路径并不对应一条实际的可执行路径。

(3) 判定节点法

利用代码中独立判定节点的数目来计算环复杂度，公式如下：

$$V(G)=P+1 \tag{5.2}$$

其中，P 表示图中独立判定节点的数目，且要求程序图中不包含孤立节点。

图 5.14 中的 McCabe 程序图中有 4 个判定节点，即 A、B、C、D，因此，环复杂度为 5。

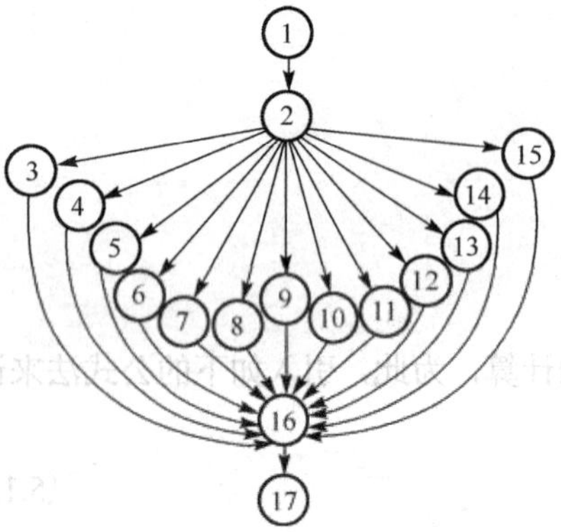

图 5.16　函数 SampleFunc3 的程序图

但应注意的是，所谓独立判定节点数不应简单地视为程序图中判定节点的个数。例如，如下的代码段对应的程序图如图 5.16 所示，图中显示为 1 个判定节点，但由 switch 所引出的分支实际有 13 个。就理论上而言，由 switch 所引起的多分支的程序一定可以修改为 if…else if…else 形式的判定结构。如图 5.17 所示的是一个 4 分支的 switch 结构转为 3 个两分支判定节点的结构。因此，13 个分支的 switch 判定实际上对应的是 12 个独立判定节点。由此计算得到函数 SampleFunc3 的环复杂度应为 13。

```
int SampleFunc3 ( int month )
{
    int last = 0;
    switch (month) {
    case (1): last = 31;
    case (2): last = 28;
    case (3): last = 31;
    case (4): last = 30;
    case (5): last = 31;
    case (6): last = 30;
    case (7): last = 31;
    case (8): last = 31;
    case (9): last = 30;
    case (10): last = 31;
    case (11): last = 30;
    case (12): last = 31;
    default:
    }
    return last;
}
```

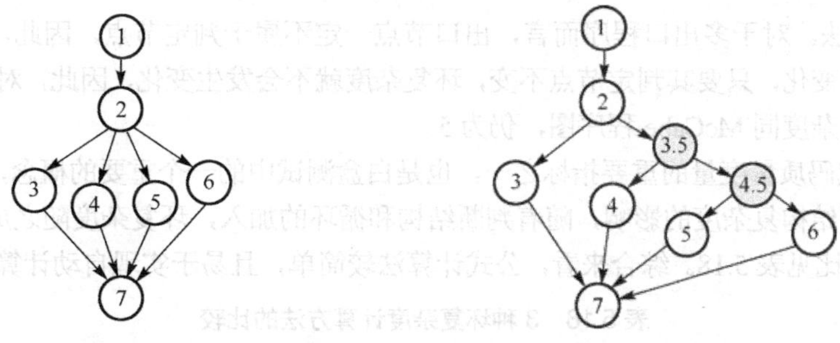

(a) 原始程序图　(b) 转换后的程序图

图 5.17　switch 与 if…else if…else 的转换关系示意图

因此，当程序中的判定节点均为两分支的判定时(包括循环节点)，可将每个判定节点视为一个独立判定节点。而当某判定节点为 n 分支(其中，$n>2$)时，该判定节点应视为 $(n-1)$ 个独立判定节点。

判定节点法的本质是通过计算每加入一个判定结构而导致路径分支数的变化来计算环复杂度。

(4) 多出口程序的处理

图 5.14 所示的 McCabe 程序图是一个单入口单出口的程序，而编写程序时，受个人编程习惯的影响，开发人员往往会写出具有多出口的程序(例如多个 return 语句)。如图 5.18(a)所示，图中节点 G 和 H 均为出口节点。对于多出口的程序，上述方法是否仍然有效呢？

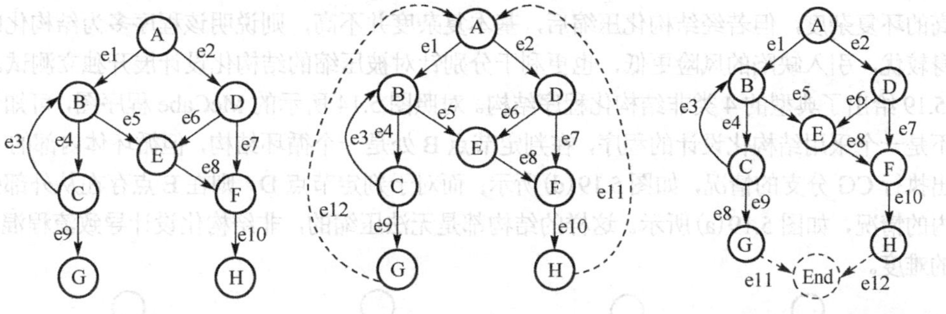

(a) 原始程序图　(b) 基于多出口改造后的程序图　(c) 改造为单出口的程序图

图 5.18　多出口情况下的程序图

① 直观观察法。原始程序图中，若将 CG 和 FH 延长，可视为两条无限延伸的射线，将程序图以外的二维平面划分为 2 个开放区域，且两区域的分界线是 G、C、B、E、F、H 及其延长线。程序图本身形成的封闭区域为 3 个：

区域 1：节点 A、B、E、D 所围成；

区域 2：节点 B、C 所围成；

区域 3：节点 D、E、F 所围成。

最终得到环复杂度为 5。

② 公式计算法。原始程序图不满足强连通的要求，为此，可从两个角度进行程序图改造。

方案一：直接基于多出口改造。在程序的每个出口节点到入口节点之间人为增加一条有向边，形成“死循环”，使当前程序图满足双向连通。如图 5.18(b)所示，则环复杂度为 12 − 8 + 1 = 5。

方案二：改造为单出口程序。根据经验，理想情况下，多出口程序可通过修改代码变为单出口的程序，对应修改后的程序图如图 5.18(c)所示，图中增加了一个虚拟出口节点 End 节点，并分别增加了出口节点执行到该虚拟出口的有向边 e11、e12，再按普通单入单出程序的计算方式计算环复杂度即可。由此得到图 5.18(a)程序的环复杂度为 13 − 9 + 1 = 5。

③ 判定节点法。对于多出口程序而言，出口节点一定不属于判定节点，因此，无论一个程序的出口节点数量如何变化，只要其判定节点不变，环复杂度就不会发生变化，因此，对于图 5.18(a)所示的程序图，其环复杂度同 McCabe 程序图，仍为 5。

环复杂度是代码质量度量的重要指标之一，也是白盒测试中的一个重要的概念，它可以很好地反映判定节点对程序结构复杂度的影响，随着判断结构和循环的加入，环复杂度随之成正比增大。

3 种方法的对比见表 5.18。综合来看，公式计算法较简单，且易于实现自动计算，使用更为广泛。

表 5.18　3 种环复杂度计算方法的比较

方法	人工计算的难度	实现自动计算的难度	是否要改造程序图
直观观察法	低	高	否
公式计算法	低	中等	是
判定节点法	中等	低	是

3. 基本复杂度

基本复杂度的基本思想：通过对程序图中的结构化设计节点进行不断压缩，最终得到一个无法压缩的程序图，该图的环复杂度称为基本复杂度。

基本复杂度关注的是程序中所有非结构化设计的代码(多由 go to、break、continue，或 return 语句引起)，包含一种测试优化和设计优化的思想。当程序的环复杂度与基本复杂度差异很大时，即使程序具有较高的环复杂度，但若经结构化压缩后，基本复杂度并不高，则说明该程序多为结构化的设计，设计本身较优，引入缺陷的风险更低，也更利于分别针对被压缩的结构化设计展开独立测试。

图 5.19 给出了典型的 4 类非结构化程序结构。对照图 5.14 所示的 McCabe 程序图，可知该程序图对应的不是一个采用结构化设计的程序，在判定节点 B 处是一个循环结构，但循环体内部的 C 点存在强行跳出执行 CG 分支的情况，如图 5.19(d)所示；而对于判定节点 D，则在 E 点存在从外部强行跳入判定体内的情况，如图 5.19(a)所示。这样的结构都是无法压缩的，非结构化设计导致流程混乱，增大了测试的难度。

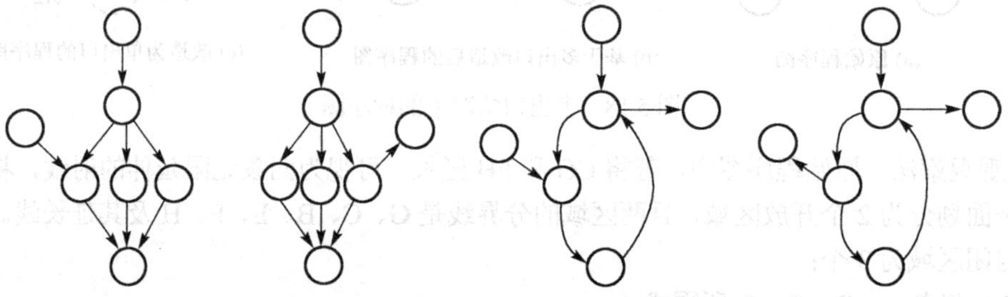

(a) 跳入判断　(b) 跳出判断　(c) 跳入循环　(d) 跳出循环

图 5.19　典型的 4 类非结构化程序结构

而结构化设计则与此相反，函数 SampleFunc3(见图 5.16)的环复杂度虽然很高，但因代码中由 switch 所引出的所有分支整体构成一个结构化的设计，所有分支可一次性压缩为一个节点，即图 5.16 中节点 2～16 可合并为一个节点，这样得到的程序基本复杂度仅为 1。

5.4.3　基本原理

在黑盒测试中，等价类测试是为了解决输入或输出数据太多，无法穷尽测试的问题，其追求的目标是测试的完备性和无冗余性，基本原理是通过等价划分来将数据分片，再从每个分片中随意抽取一个数据展开测试(见图 5.20)。

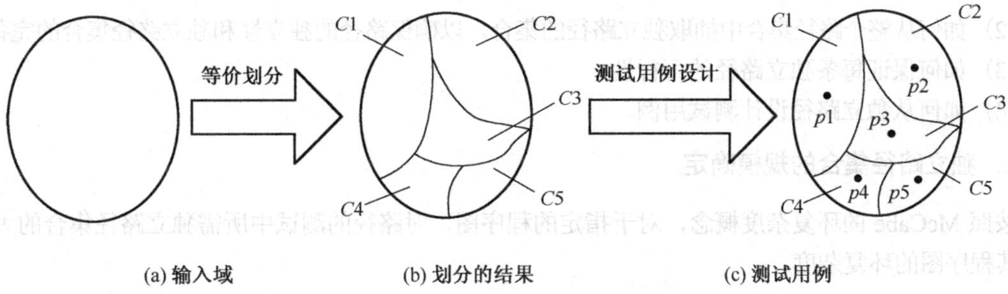

图 5.20　等价类测试的基本原理

对于一段包含循环和多个串联判定结构的源代码来说，可执行路径通常也是无法穷尽的，对路径的测试基本原理是：将全路径集合看做一个向量空间，并将从全路径集合中抽取的一组线性无关的独立路径看做一组向量基，基于向量空间与向量基的理论可知，其他非独立路径均可由这组独立路径的某种组合方式来遍历，因此，只要对这组独立路径进行了测试，就不必测试其他非独立路径了。该法也称基路径测试。

基路径测试追求的目标是：

(1) 测试的完备性，通过对独立路径的测试达到对所有路径的测试覆盖；

(2) 测试的无冗余性，每条路径都是独立的，针对每条路径设计的测试用例之间不存在冗余。

图 5.21 给出了路径测试的基本原理，其中，独立路径的抽取原则如下：

(1) 任意两条路径线性无关；

(2) 所有独立路径的并是整个向量空间。

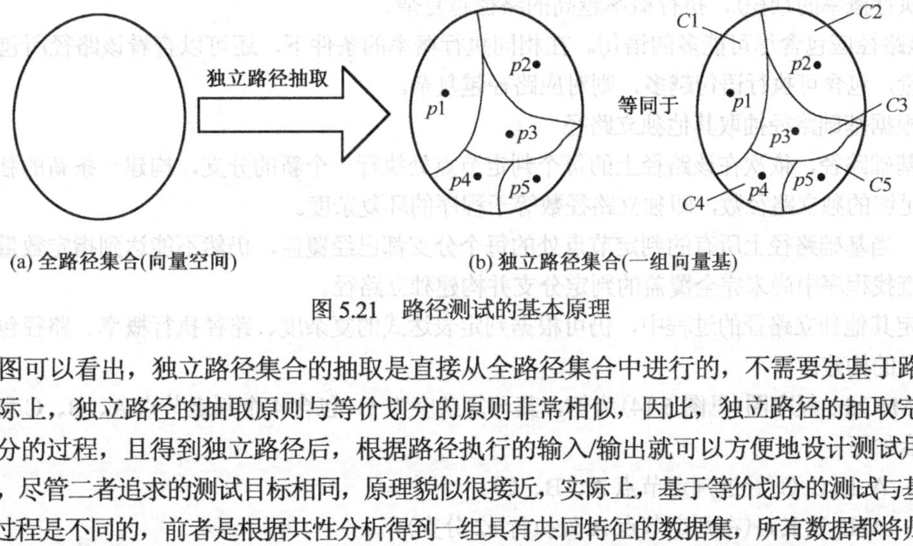

图 5.21　路径测试的基本原理

从该图可以看出，独立路径集合的抽取是直接从全路径集合中进行的，不需要先基于路径做等价划分。实际上，独立路径的抽取原则与等价划分的原则非常相似，因此，独立路径的抽取完全可以看做等价划分的过程，且得到独立路径后，根据路径执行的输入/输出就可以方便地设计测试用例了。

然而，尽管二者追求的测试目标相同，原理貌似很接近，实际上，基于等价划分的测试与基于独立路径的测试过程是不同的，前者是根据共性分析得到一组具有共同特征的数据集，所有数据都将归为某一个数据集，而后者是根据个性分析得到一组具有不同特征(即有别于其他路径)的路径集合，每条路径代表的是一种对判定决策的新的访问方式，所有其他路径对应的是某一条或某几条独立路径的组合遍历方式。

5.4.4　测试用例设计

1. 测试难点

对路径的测试，核心和难点问题在于：

(1) 如何确定独立路径集合的规模；

(2) 如何从整个路径集合中抽取独立路径的集合，以确保路径的独立性和独立路径集合的完备性；

(3) 如何保证每条独立路径的可行性；

(4) 如何从独立路径设计测试用例。

2. 独立路径集合的规模确定

按照 McCabe 的环复杂度概念，对于指定的程序图，对路径的测试中所需独立路径集合的大小就等于其程序图的环复杂度。

3. 独立路径的抽取

面对具有庞大路径数的弥诺陶洛斯迷宫，如何找到所有可能迅速逃离迷宫的最佳独立路径？下面仍以 McCabe 程序图为例，根据 McCabe 的相关理论，抽取独立路径集合。

(1) 确定主路径

在所有路径中找到一条最复杂的路径作为基础路径(简称主路径)，所谓复杂体现在：

① 该路径应包含尽可能多的判定节点(包括条件判定和循环判定节点)。判定意味着程序中新的执行路径分支，因此，包含越多的判定则表明该路径越复杂。这是最基础、重要的指标。

② 该路径应包含尽可能复杂的判定表达式。当不同路径包含相同数量的判定节点时，可根据判定表达式本身的复杂程度来衡量，判定表达式包含的变量数量和“与”、“或”关系越多，则对应的路径越复杂。

③ 该路径应对应尽可能高的执行概率。每个判定节点取不同分支的概率并不相同，当不同路径包含相同数量的判定节点时，可根据一定的规则来计算每条路径的执行概率(例如，该路径包含的所有判定分支执行概率的乘积)，执行概率越高的路径越复杂。

④ 该路径应包含尽可能多的语句。在相同执行概率的条件下，还可以查看该路径所包含的原始语句的数量，包含可执行语句越多，则对应路径越复杂。

(2) 根据基础路径抽取其他独立路径

基于基础路径，依次在该路径上的每个判定节点处执行一个新的分支，构建一条新的独立路径，直至找到足够的独立路径数，即独立路径数等于程序的环复杂度。

注意，当基础路径上所有的判定节点处的每个分支都已经覆盖，仍然不能达到指定数量的独立路径时，应查找程序中尚未完全覆盖的判定分支并构建独立路径。

在确定其他独立路径的过程中，仍可根据判定表达式的复杂度、路径执行概率、路径包含语句数等进行路径的构建。

仍以 McCabe 程序图(见图 5.14)为例，其环复杂度为 5，包含 4 个判定节点 A、B、C 和 D，则独立路径集合如下：

Path1：A, B, C, G(经过判定节点 A、B、C)；

Path2：A, D, E, F, G(在判定节点 A 处执行 e2 分支)；

Path3：A, B, E, F, G(在判定节点 B 处执行 e5 分支)；

Path4：A, B, C, B, C, G(在判定节点 C 处执行 e3 分支)；

Path5：A, D, F, G(在判定节点 D 处执行 e7 分支)。

4. 不可行路径的处理

程序员设计程序时若存在缺陷，将导致得到的路径是事实上完全不可能执行到的路径。造成这种情况的主要原因在于：构成判定表达式的多个简单判定条件之间存在一定关联，体现在多个简单判定条件的取值相互约束，从而导致部分路径不可行。若完全根据程序图来设计测试用例，往往无法发现这些不可行路径，最终导致测试失败，将在 5.4.4 节第二日问题的捉虫实践中详细讨论该问题。

5．测试用例设计

测试路径时，测试用例设计的步骤如下：

(1) 根据程序源代码生成程序图；

(2) 计算程序图的环复杂度，确定独立路径集合的大小；

(3) 以最复杂的路径为基础路径，并在此基础上通过覆盖所有判定分支确定其他路径，从而抽取独立路径集合；

(4) 抽取独立路径的同时应注意剔除不可行路径，必要时补充其他重要的路径；

(5) 根据得到的路径集合对应设计测试用例。

5.4.5　捉虫实践 4：第二日问题的路径测试

对第二日问题仍采用 5.2.6 节的函数 computeNextDate() 来实现，源代码不再列出。

1．环复杂度计算

根据图 5.13 的流程图，可得到 computeNextDate 的程序图如图 5.22 所示，图中 A 表示语句 1～5，B 表示语句 23～24，其他数字对应源代码中的语句编号。

从程序图可知，$e = 22$，$n = 17$，计算得到其环复杂度为 6。

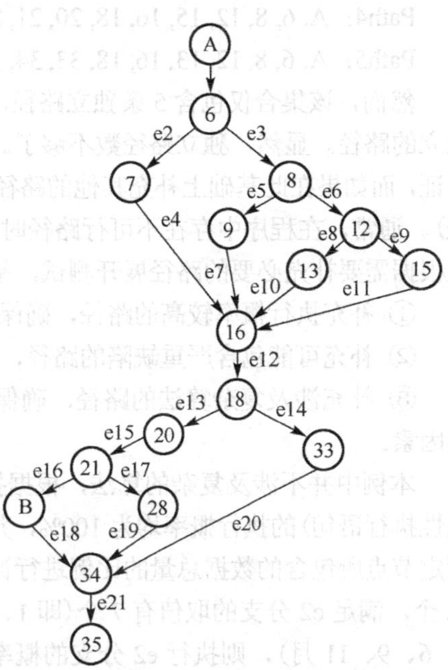

图 5.22　computeNextDate 函数的程序图

2．独立路径抽取

该程序图包含 5 个判定节点 6、8、12、18 和 21，则独立路径集合如下：

Path1：A, 6, 8, 12, 13, 16, 18, 20, 21, B, 34, 35（经过所有的判定节点）；

Path2：A, 6, 7, 16, 18, 20, 21, B, 34, 35（在判定节点 6 处执行 e2 分支）；

Path3：A, 6, 8, 9, 16, 18, 20, 21, B, 34, 35（在判定节点 8 处执行 e5 分支）；

Path4：A, 6, 8, 12, 15, 16, 18, 20, 21, B, 34, 35（在判定节点 12 处执行 e9 分支）；

Path5：A, 6, 8, 12, 13, 16, 18, 33, 34, 35（在判定节点 18 处执行 e14 分支）；

Path6：A, 6, 8, 12, 13, 16, 18, 20, 21, 28, 34, 35（在判定节点 21 处执行 e17 分支）。

3．不可行路径分析

(1) 不可行路径的原因分析

通过查看源代码，发现当程序执行判定节点 6 的 e3 分支时，意味着函数输入为 2、4、6、9 或 11 月，此时，程序不可能执行判定节点 21 的 e16 分支，即对应 12 月的情况，因此，Path1、Path3、Path4 都是不可行路径。

导致不可行路径的主要原因在于多个判定表达式中涉及的简单判定条件存在一定的约束关系。如本例中，简单判定条件 T13 为真时，必然满足 T1、T2 为假，T3、T4 为真。这就使得当路径中包含 e16 分支时，也同时必须包含 e2 分支。

不可行路径将增大测试难度，增加程序执行的负担，提高引入缺陷的风险(例如过多的变量、复杂的赋值和判断过程)，虽然测试人员不负责且禁止对被测程序代码进行改动，但测试人员有责任将程序中的不可行路径作为一种程序设计的缺陷(例如，作为一种“Suggestion”形式的缺陷)进行报告，而这也正是白盒测试的作用之一：对源代码的质量进行检查，有利于代码的优化。

(2) 路径的补充

不可行路径通常意味着存在程序设计缺陷，可通过修改算法逻辑来避免判定节点之间的关联关系，消除这种设计缺陷。但在很多时候，这种设计缺陷是无法消除的。此时，对于测试人员来说，只要发现程序中存在不可行路径，就必须在抽取独立路径时格外小心，应确保抽取的每条独立路径都是实际可行的，对于基础路径更应如此。本例中，通过修改基础路径 Path1，可以得到如下的独立路径集合：

Path1：A, 6, 8, 12, 13, 16, 18, 20, 21, 28, 34, 35(经过所有判定节点)；

Path2：A, 6, 7, 16, 18, 20, 21, B, 34, 35(在判定节点 6 处执行 e2 分支)；

Path3：A, 6, 8, 9, 16, 18, 20, 21, 28, 34, 35(在判定节点 8 处执行 e5 分支)；

Path4：A, 6, 8, 12, 15, 16, 18, 20, 21, 28, 34, 35(在判定节点 12 处执行 e9 分支)；

Path5：A, 6, 8, 12, 13, 16, 18, 33, 34, 35(在判定节点 18 处执行 e14 分支)。

然而，该集合仅包含 5 条独立路径，而根据程序的环复杂度，要满足测试完备性，必须找到 6 条独立的路径。显然，独立路径数不够了。此时，如果仅测试这 5 条路径，那么测试的完备性可能无法保证，而如果在此基础上补充其他的路径，又不能保证测试的无冗余性(补充的其他路径不是独立的路径)。通常，在程序中存在不可行路径时，遵循漏洞优先的原则，即优先考虑避免测试的漏洞，因此，应根据需要补充必要的路径展开测试，基本原则为：

① 补充执行概率较高的路径，确保用户最常执行的路径无缺陷；

② 补充可能包含严重缺陷的路径，例如涉及空间的分配，这是从缺陷预防的角度来考虑；

③ 补充涉及复杂算法的路径，确保对复杂算法的处理正确无误，这是决定程序最终正确性的关键因素。

本例中并不涉及复杂的算法，根据执行概率补充路径即可。程序中，所有非判定节点(即串行的线性执行语句)的执行概率均为 100%，判定节点的分支执行概率不妨以该分支包含的数据总量占整个判定节点所包含的数据总量的比例进行计算。以判定节点 1 为例，该节点所有可能的有效取值为 1～12 个，满足 e2 分支的取值有 7 个(即 1、3、5、7、8、10、12 月)，满足 e3 分支的取值有 5 个(即 2、4、6、9、11 月)，则执行 e2 分支的概率为 7/12，对应执行 e3 分支的概率为 5/12。其他判定节点的分支概率计算方法与此类似，但做了一些简化处理，如判定节点 3 的两个分支，仅按每 4 年一个闰年来计算 e8 分支的概率为 25%。再如判定节点 4 的分支概率按照每年 365 天，其中月末日期为 12 个，不考虑闰年的情况，计算得到 e13 分支的概率为 12/365。对应所有判定节点不同分支的执行概率如表 5.19 所示。注意：本例的 computeNextDate 函数仅处理有效日期，因此，输入是不需要考虑无效数据的，若函数的输入包含无效数据，则执行概率需将这些无效情况考虑进来，当然，这样会增加概率估算的难度。

表 5.19 第二日问题所有判定节点不同分支的执行概率

序号	判定节点 1		判定节点 2		判定节点 3		判定节点 4		判定节点 5	
	e2	e3	e5	e6	e8	e9	e13	e14	e16	e17
概率	58.3%	41.7%	80%	20%	25%	75%	3.3%	96.7%	14.3%	85.7%

路径的执行概率可简单地按照该路径包含的所有边的执行概率的乘积来表示，因非判定节点边的执行概率为 1，对概率计算结果无影响，因此，一条路径的执行概率可用该路径包含所有判定分支执行概率的乘积来表示。计算得到已知独立路径的执行概率如表 5.20 所示。

表 5.20　第二日问题各独立路径的执行概率

序号	独立路径	访问的判定分支	执行概率	备注
1	Path1	e3、e6、e8、e13、e17	0.059%	测试 12 月 31 日的情况
2	Path2	e2、e13、e16	0.28%	测试 31 天月份的月末日期
3	Path3	e3、e5、e13、e17	0.94%	测试 30 天月份的月末日期
4	Path4	e3、e6、e9、e13、e17	0.18%	测试非闰年的 2 月月末日期
5	Path5	e3、e6、e8、e14	2.02%	测试闰年的 2 月普通日期

从以上路径的执行概率可以发现，这些独立路径的执行概率都不高，如果补充如表 5.21 所示的 3 条路径，从执行概率来说，测试重要度是很高的，可以起到很好的补充测试作用。

表 5.21　第二日问题补充路径的执行概率

序号	独立路径	访问的判定分支	执行概率	备注
1	Path6	e2、e14	56.38%	测试 31 天月份的普通日期
2	Path7	e3、e5、e14	32.26%	测试 30 天月份的普通日期
3	Path8	e3、e6、e9、e14	6.05%	测试非闰年的 2 月普通日期

4．测试用例设计

针对表 5.20、表 5.21 列出的每条路径，至少设计一个测试用例，得到最终测试用例集合如表 5.22 所示。

表 5.22　第二日问题路径测试的测试用例

ID	输入	预期输出	备注
ND-PT-001	2012-12-31	2013-1-1	执行 Path1
ND-PT-002	2012-7-31	2012-8-1	执行 Path2
ND-PT-003	2012-6-30	2012-7-1	执行 Path3
ND-PT-004	2011-2-28	2011-3-1	执行 Path4
ND-PT-005	2012-2-15	2012-2-16	执行 Path5
ND-PT-006	2012-7-15	2012-7-16	执行 Path6
ND-PT-007	2012-6-15	2012-6-16	执行 Path7
ND-PT-008	2011-2-15	2011-2-16	执行 Path8

5．测试分析

这种基于程序图和环复杂度的路径测试方法有效吗？能保证测试的完备性和无冗余性吗？从第二日问题的测试结果来看，由于存在不可行路径，使得最终得到的独立路径集合不能保证测试的完备性，补充了 3 条路径后又不能保证测试的无冗余性。而且，所有独立路径的执行概率都很低，任何一条独立路径的执行概率都低于补充路径的执行概率，那么，如果不补充 Path6～Path8，则所测试的独立路径都是小概率事件，反而不能保证大概率情况下程序的正常处理。这样看来，这种测试方法有意义吗？

事实证明，基于独立路径的测试方法是具有重要意义的，具体体现在如下方面。

(1) 独立路径测试的理论基础保证了测试的完备性和无冗余性

根据独立路径的抽取原则可知，需测试的所有路径是一个向量空间，而抽取的独立路径集合是一组线性无关的向量基，所有独立路径的并是整个向量空间，因此，基于独立路径的测试能保证测试的完备性和无冗余性。可以通过一个简单的说明来验证一下。

试想，如果某条路径是独立的，则该路径应满足如下条件中的任意一种情况：

① 情况一：该路径唯一包含某些判定分支，若将该路径剔除，其唯一包含的这些判定分支将无法访问到，测试必然存在漏洞，因此，该路径是其他路径不可替代的。

② 情况二：该路径包含的所有判定分支都是在其他路径中访问过的，但该路径对多个判定分支的组合情况，访问方式是唯一的，一旦该路径被剔除，则测试也将存在漏洞。

表 5.23 给出了 McCabe 程序图(见图 5.14)的所有路径访问到的边，图中每一行表示一条执行路径，每一列表示程序图中的每条边(对应序号见图 5.23)，打勾的单元格表示该行对应的路径包含该列对应的边，访问次数被忽略。从表中可以明显看出，路径 Path2～Path5 均存在唯一访问的边(如表中阴影所示)，均对应情况一，因此，这 4 条路径是其他路径所不可替代的，它们必然相互独立。路径 Path1 中包含的所有边均不具备唯一性，但该路径若依赖于其他路径，则 Path1 应可以用其他路径来表示，然而，当试图用其他 4 条路径来表示 Path1 时，总是会引入新的边。例如，若用 Path2 来表示 Path1，则将引入一条新的边 e6，其他路径同理，因此路径 Path1 符合情况二，也是一条独立路径。

表 5.23 McCabe 程序图的独立路径集合及其通过的边

边		e1	e2	e3	e4	e5	e6	e7	e8	e9	e10
独立路径	Path1	√			√					√	
	Path2		√				√		√		√
	Path3	√				√			√		√
	Path4	√		√	√					√	
	Path5		√					√			√

更为严格地，若用数字代替表 5.23 中的打勾符号，用于表示在某条路径中某条边被重复执行的次数，则可得到一个 5 行 10 列的矩阵，由于在矩阵的第(2, 6)、(3, 5)、(4, 3)、(5, 7)个元素均为对应该列唯一不为零的元素，且第 1 行向量无法与其他行向量进行消零，因此，该矩阵各行对应的行向量必然线性无关的，故而，这些路径是相互独立的。

若补充一条新的路径 Path6：e1, e4, e3, e5, e8, e10，将得到如表 5.24 所示的矩阵。根据行列式的计算可知，Path6= −Path1 + Path3 + Path4。当然，也通过对矩阵进行初等行变化，得到的 Path1～Path5 所在的行必然是非零行，而 Path6 所在的行必然变为零行，说明该路径是冗余路径。

表 5.24 包含 Path6 的 McCabe 程序图的独立路径集合及其通过的边

边		e1	e2	e3	e4	e5	e6	e7	e8	e9	e10
独立路径	Path1	1			1					1	
	Path2		1				1		1		1
	Path3	1				1			1		1
	Path4	1		1	2					1	
	Path5		1					1			1
	Path6	1		1	1	1			1		1

那么，对于存在不可行路径的程序，以上结论是否仍然成立呢？表 5.25 给出了第二日问题的函数 ComputeNextDate 程序图的所有路径访问到的边。

表 5.25 第二日问题的函数程序图的独立路径集合及其通过的边

	边	e1	e2	e3	e4	e5	e6	e7	e8	e9	e10	e11	e12	e13	e14	e15	e16	e17	e18	e19	e20	e21
路径	Path1	√		√			√		√		√		√	√		√		√		√		√
	Path2	√	√		√								√	√		√	√		√			√
	Path3	√		√		√		√					√	√		√		√		√		√
	Path4	√		√			√			√		√	√	√		√		√		√		√
	Path5	√		√			√		√		√		√		√						√	√

从表中仍然可以看出，路径 Path2～Path5 均存在唯一访问到的边，且不只一条边(如表中阴影所示)，对应情况一，因此这 4 条路径相互独立。而路径 Path1 中包含的所有边尽管不具备唯一性，但当试图用其他路径来表示 Path1 时，必然会引入新的边。例如，若用 Path2 来表示 Path1，则将引入 4 条新的边 e2、e4、e16 和 e18。其他路径同理。因此路径 Path1 是满足情况二的独立路径。

与 McCabe 程序图类似地，若用执行次数代替表 5.25 中的打勾符号，可得到一个 5 行 21 列的行满秩矩阵。且当把表 5.21 中的 Path6 补充进来后得到的矩阵见表 5.26，且可计算得到，Path6=−Path1+Path2+Path5，无疑是一条冗余路径。

表 5.26 包含 Path6 的第二日问题的函数程序图的独立路径集合及其通过的边

	边	e1	e2	e3	e4	e5	e6	e7	e8	e9	e10	e11	e12	e13	e14	e15	e16	e17	e18	e19	e20	e21
独立路径	Path1	1		1			1		1		1		1	1		1		1		1		1
	Path2	1	1		1								1	1		1	1		1			1
	Path3	1		1		1		1					1	1		1		1		1		1
	Path4	1		1			1			1		1	1	1		1		1		1		1
	Path5	1		1			1		1		1		1		1						1	1
	Path6	1	1		1								1		1						1	1

由此也可以看出，程序中的不可行路径并不影响得到的路径是相互独立的路径，只要遵循路径抽取原则，则得到的路径均满足测试的无冗余性。

当然，computeNextDate 函数源代码中的不可行路径导致抽取独立路径时无法得到规定数量的路径，为了避免测试漏洞，需要补充路径，且补充的路径不再满足独立路径的抽取原则，所以补充的路径 Path6～Path8 并非独立路径，由此导致测试的不完备和冗余。

(2) 基于独立路径的测试适用于多个判定节点串联和存在循环的情况

当多个判定节点串联时，将导致路径数量的激增。图 5.24 给出了结构化设计中条件判定节点和循环节点的不同组合情况。

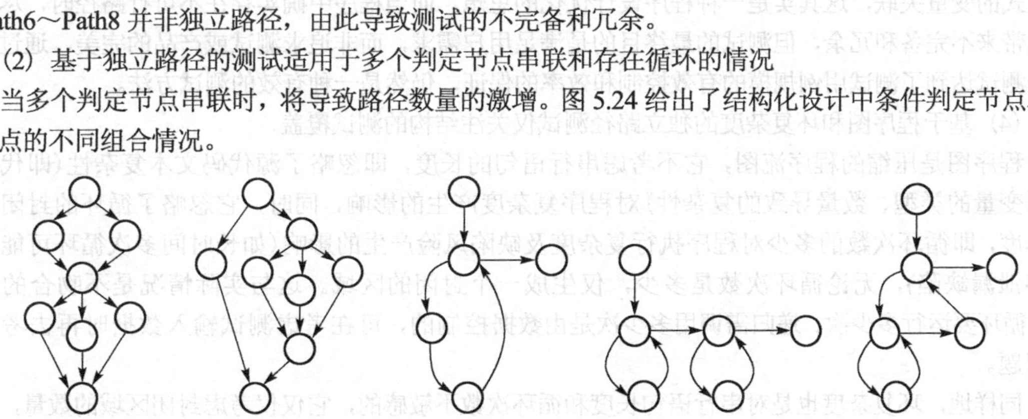

(a) 判定节点串联　(b) 判定节点嵌套　(c) 单个循环节点　(d) 循环节点串联　(e) 循环节点嵌套

图 5.23 条件判定节点和循环节点的不同组合情况

① 对于条件判定节点的串联情况，如图 5.23(a)所示，假设程序中仅包含串联的m（$m>0$）个条件判定节点，其中第i个（$i\in[1,m]$）判定节点具有n_i个分支，则路径总数为$\text{Path}=\prod_{i=1}^{m}n_i$，独立路径总数$V(G)=1+\sum_{i=1}^{m}(n_i-1)$。$m$、$n$越大，基于独立路径测试的优势越明显。

② 对于条件判定节点的嵌套情况，如图 5.23(b)所示，假设程序中仅包含嵌套的m（$m>0$）个条件判定节点，其中第i个（$i\in[1,m]$）判定节点具有n_i个分支，则路径总数 Path 及独立路径总数均为$V(G)=1+\sum_{i=1}^{m}(n_i-1)$，此时环复杂度与完整路径集合的大小相等。

③ 对于单个循环的情况，如图 5.23(c)所示，若循环次数为n，则完整路径数目为$n+1$，环复杂度仅为 2。且循环次数越多，基于独立路径的测试优势越明显。

④ 对于循环节点的串联情况，如图 5.23(d)所示，假设程序中有m个（$m>0$）串联循环节点，其中第i个（$i\in[1,m]$）节点的循环次数为n_i，则路径总数为$\text{Path}=\prod_{i=1}^{m}(n_i+1)$，独立路径总数为$V(G)=m+1$。

⑤ 对于循环节点的嵌套情况，如图 5.23(e)所示，假设程序中有m（$m>0$）个嵌套循环节点，其中第i个（$i\in[1,m]$）节点的循环次数为n_i，则路径总数为$\text{Path}=1+\sum_{j=1}^{m}(\prod_{i=1}^{j}n_i)=1+n_1+n_1n_2+\cdots+n_1n_2\cdots n_m$，独立路径总数仍为$V(G)=m+1$。

总之，串联的条件判定节点及循环节点多导致路径数量爆增的问题，此时，应基于独立路径进行测试来降低测试用例的规模。而当代码中仅包含嵌套的条件判定节点时，独立路径测试等同于全路径测试。

(3) 避免引入不可行路径是程序优化的思想

理想情况下，当程序设计不存在判定表达式的变量关联时，只要程序图所有节点相互连通，不存在孤立的节点，那么所有逻辑可行的路径都是实际可行的路径。此时，独立路径测试的理论基础能够保证测试的完备性和无冗余性。为了避免程序中的不可行路径，程序员应注意在程序设计时避免判定表达式的变量关联，这其实是一种程序设计优化的思想。而当程序中确实存在不可行路径时，尽管对测试带来不完备和冗余，但测试的最终目的是满足用户需求，而非追求测试或产品的完美，通过独立路径测试达到了测试用例规模的有效控制和效率的保证，仍然是一种有效的测试方法。

(4) 基于程序图和环复杂度的独立路径测试仅关注结构的测试覆盖

程序图是压缩的程序流图，它不考虑串行语句的长度，即忽略了源代码文本复杂性(即代码中数据变量的类型、数量导致的复杂性)对程序复杂度产生的影响，同时，它忽略了循环的封闭区域的厚度，即循环次数的多少对程序执行复杂度及缺陷风险产生的影响(如长时间多次循环可能导致内存泄漏缺陷)，无论循环次数是多少，仅生成一个封闭的区域。这与实际情况是不吻合的。当然，循环要运行多少次、递归需调用多少次是由数据控制的，可在考虑测试输入数据时再去考虑这类问题。

同样地，环复杂度也是对串行语句长度和循环次数不敏感的，它仅仅考虑封闭区域的数量，不考虑封闭区域的周长和厚度。同时，环复杂度仅评价程序结构的复杂程度，并不考虑每条有向边的粗细，即每个分支的执行概率，以及每条路径所涉及的针对各数据变量的行为，这与实际程序的执行情况也是不吻合的。

因此，基于程序图和环复杂度的独立路径测试仅关注程序结构的测试覆盖，它能够确保测试到每个判定决策的结果，但与判定覆盖指标不同的是，基于独立路径的测试能进一步保证对所有相互独立的判定决策结果进行测试，即每个新的独立路径都可以准确地“访问”前一个执行决策，而不改变其他的执行分支，它有助于了解如何通过改变一个判定决策来影响函数方法的行为。从这个意义上说，基于独立路径的测试比判定覆盖指标更加健壮。而其局限性也在于此，该法无法找出程序违反设计规范的地方，无法验证程序是否能正确实现预期功能，很可能发现不了那些与数据相关的错误或用户操作行为相关的缺陷，因此才会导致独立路径可能是程序中执行概率很低的那些路径。当然，同时也不可否认，低执行概率的路径往往是最有可能隐藏缺陷的高风险路径。

总之，基于独立路径的测试通常是完备、无冗余的，可有效控制测试用例的数量，保证测试的效率，但也具有局限性。

5.4.6　捉虫实践5：自动柜员机问题的路径测试

在第3章黑盒测试中谈到，当备选事件流太多时，基于场景的测试往往会面临场景爆增的问题，为了满足测试的完备性和无冗余性要求，可基于独立路径的思想，按如下原则抽取典型场景：

（1）最少的场景数等于事件流的总数，即基本流与备选流的总数；

（2）有且唯一有一个场景仅包含基本流；

（3）对应某个备选流，至少应有一个场景覆盖该备选流，且在该场景中应尽量避免覆盖其他的备选流。

该原则真的能保证测试的完备性和无冗余性吗？下面从独立路径测试的角度对自动柜员机问题进行场景的抽取，并对之前的黑盒测试进行对比，看效果有何不同。

将自动柜员机问题的场景图(见图3.12)改为程序图见图5.24，图中节点含义不再列出。

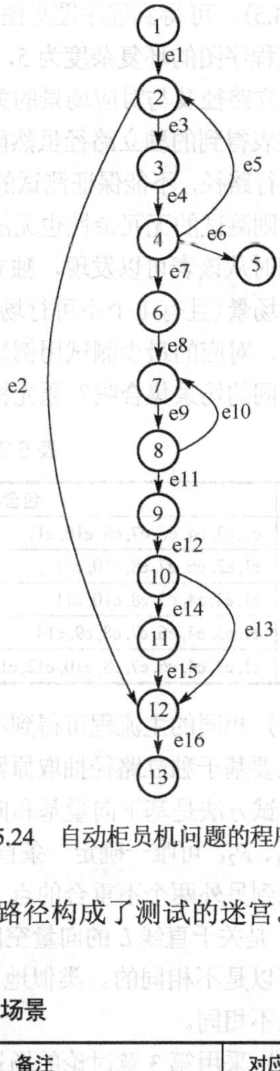

图5.24　自动柜员机问题的程序图

该图有16条原始边，13个原始节点，其中，判定节点4个，分别为2、4、8、10，经程序图改造后计算得到环复杂度为6，则独立路径及与对应场景的关系如表5.27所示。

该路径集合与场景法所得到的场景集合是完全一致的。实际上，场景也可看做业务层面的弥诺陶洛斯迷宫，业务流程所引导路径构成了测试的迷宫。完全可以根据相同的测试原理进行测试的设计。

表5.27　自动柜员机问题的独立路径集合及对应场景

路径	包含的边	备注	对应场景
Path1	e1, e3, e4, e7, e8, e9, e11, e12, e14, e15, e16	包含所有判定节点	场景1
Path2	e1, e2, e16	在判定节点2处执行e2分支	场景2
Path3	e1, e3, e4, e5, e4, e7, e8, e9, e11, e12, e14, e15, e16	在判定节点4处执行e5分支	场景3
Path4	e1, e3, e4, e6	在判定节点4处执行e6分支	场景4
Path5	e1, e3, e4, e7, e8, e9, e10, e9, e11, e12, e14, e15, e16	在判定节点8处执行e10分支	场景5
Path6	e1, e3, e4, e7, e8, e9, e11, e12, e13, e16	在判定节点10处执行e13分支	场景6

5.4.7 捉虫实践 6：信息采集系统的路径测试

从自动柜员机问题来看，之前提到的场景构建原则似乎完全可以达到独立路径测试的效果。下面看看信息采集系统案例（见 4.2 节的案例说明），观察效果是否有所不同。

1. 独立路径抽取

根据信息采集系统的数据校验和数据导出节点的场景图（见图 4.5），可得到程序图见图 5.25。

该程序图的环复杂度为 5，包含 4 个判定节点：2, 4, 7, 8，得到独立路径及与对应场景的关系如表 5.28 所示。

该表得到的独立路径虽然能保证测试无冗余，但其中有 1 条不可行路径，不能保证测试的完备性。另外，如果需要补充路径，则测试的无冗余性也无法保证。

同时从该表可以发现，独立路径集合包含 5 条路径，对应 5 个场景（且有 1 个不可行场景），而采用场景法得到 6 个可行场景，对应的最少测试用例数不相同。对照场景来看，也不完全一样，那么，对应相同的主流程可得到不同的场景集合吗？原先构建的场景是否满足测试的完备和无冗余呢？

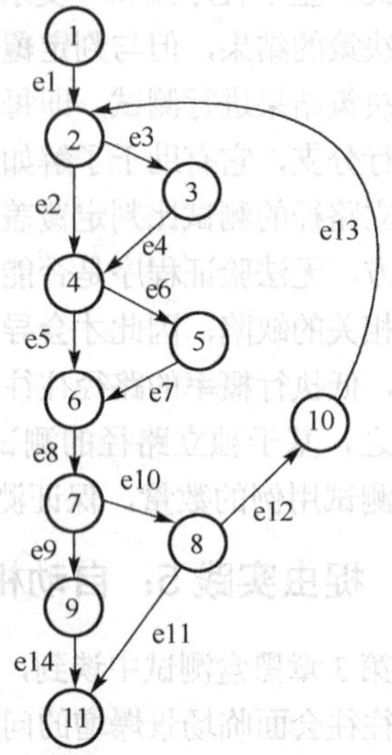

图 5.25 信息采集系统第二层的程序图

表 5.28 信息采集系统第二层独立路径集合及对应场景

路径	包含的边	备注	对应场景	是否可行
Path1	e1, e3, e4, e6, e7, e8, e10, e11	包含所有判定节点	场景 6	可行
Path2	e1, e2, e6, e7, e8, e10, e11	在判定节点 2 处执行 e2 分支	场景 3	可行
Path3	e1, e3, e4, e5, e8, e10, e11	在判定节点 4 处执行 e5 分支	场景 2	可行
Path4	e1, e3, e4, e6, e7, e8, e9, e14	在判定节点 7 处执行 e9 分支	无	不可行
Path5	e1, e3, e4, e6, e7, e8, e10, e12, e13, e3, e4, e6, e7, e8, e10, e11	在判定节点 8 处执行 e12 分支	无	可行

（1）相同的主流程可得到不同的场景集合，且均满足测试完备性和无冗余性

只要基于独立路径抽取原则得到的路径，必然满足测试完备性和无冗余性。这是由于基于独立路径的测试方法是基于向量基和向量空间的数学原理而得到。举例来说，假设某一平面上有两个不重合的点 P_1、P_2，可唯一确定一条直线 L，即直线 L 是一个向量空间，点 P_1、P_2 是一组向量基。若在直线 L 上可找到另外两个不重合的点 Q_1、Q_2，Q_1、Q_2 也将唯一确定一条直线，且这条直线就是 L，因此，Q_1、Q_2 是关于直线 L 的向量空间的另外一组向量基。其特点是：一组向量基的规模是确定的，但向量基可以是不相同的。类似地，对于一段代码而言，其独立路径的数目是确定的，但对应的独立路径可以不相同。

（2）采用第 3 章讨论的场景构建原则得到的场景可满足测试完备和无冗余，但使用难度大

根据场景构建原则可知：

① 最少的场景数等于事件流的总数，即基本流与备选流的总数。该原则适用的前提是设计的事件流必须是正确无误的。

② 有且唯一有一个场景仅包含基本流。由于基本流是从业务角度得到的执行流程，它不一定包含最多的判定节点，因此，不能保证对所有判定节点的覆盖。

③ 对应某个备选流，至少应有一个场景覆盖该备选流，且在该场景中应尽量避免覆盖其他的备选流。该原则的思想是保证每个新的场景对备选流的唯一覆盖性。当所有路径可行时，该原则没有问题。但当存

在不可行场景时，为了保证场景的可行性，构建的场景将同时覆盖多个备选流，而本原则没有给出更加严格的覆盖约束条件，因此为了保证最少场景数的要求，导致补充的路径实际上是冗余的路径。

根据第 3 章构建的场景对边的访问，得到表 5.29。

表 5.29　信息采集系统第二层主流程分析所得场景对程序图中边的覆盖情况

边		e1	e2	e3	e4	e5	e6	e7	e8	e9	e10	e11	e12	e13	e14
独立路径	S1	1	1			1			1	1					1
	S2	1		1	1	1			1		1	1			
	S3	1	1				1	1	1		1	1			
	S4	1	1	1	1	2			2	1	1		1	1	1
	S5	1	2			1	1	1	2	1	1		1	1	1
	S6	1		1	1		1	1	1		1	1			

根据行列式的计算，从该表可以得到结论，S1、S6 线性无关，其他场景满足：$S2-S3-S4+S5=0$。即 S2 到 S5 这 4 个场景是存在冗余的。对应前面的 3 个原则，发现：

① 备选流 4 和备选流 5 实际是互斥的，备选流 5 是一个冗余的备选流。因此，最少场景数应该是 5，而非 6；

② 基本流仅包含 2、4、7 这 3 个判定节点，并未包含判定节点 8；

③ 删去错误的备选流 5 之后，新的场景集合是 S1～S5，但仍存在 $S2-S3-S4+S5=0$ 的情况，这是由于从场景 S1 开始到 S4 逐步构建场景时，已能保证每个新的场景增加一个对新的判定分支的覆盖，而场景 S5 实际上是冗余的。

根据上述分析得到结论，第 3 章所给出的场景构建原则在所有场景可行时是完全正确的；而当存在不可行场景时，因基本流未覆盖最多的判定节点，而导致测试人员对所构建场景的独立性难以把握，所以容易得到冗余的场景。

事实上，为了解决场景爆增的问题，为了保证场景测试的完备性和无冗余性，只需将主场景图看做程序图，根据独立路径测试的原则来构建场景即可。

2．不可行路径问题

在第 4 章黑盒测试案例实践中，针对信息采集系统的第二层基本流和备选流分析，曾经遇到不可行场景问题，即根据图 4.5 分析得到的场景(基本流+备选流 1)是一个不可行的场景。当基于独立路径的思想抽取场景时，仍然会产生不可行路径(见表 5.28 中的 Path4)。主要原因在于，在基本流和备选流中，每个发生状态跳转的判定节点之间会存在相互关联，例如，当执行备选流 1 时，意味着文件中余留有错误，因此，必然要执行备选流 3，即程序图中的判定节点 2 执行 e3 分支时，判定节点 7 必须执行 e10 分支。受到判定节点的关联性影响，基于独立路径的测试会出现不可行路径，即对应不可行场景。不可行场景导致基于环复杂度计算得到的最少场景数失效，场景补充的原则与基于独立路径的测试非常相似，请读者自行分析。

总之，基于独立路径的测试方法的思想可以用于任何动态模型中，只要有执行路径的概念，就可以使用该测试方法，实践表明，在针对场景的测试中，使用该测试方法是完全可以的。

5.4.8　对路径的测试小结

基于独立路径的测试是最重要的白盒测试方法之一，其思想可用于任何动态模型中。在单元测试阶段，基于独立路径的测试主要用于对程序源代码的执行测试；在集成测试或系统测试阶段，该测试方法则主要用于对业务流程、页面跳转等类似动态执行路径的测试。

基于独立路径的测试主要关注的是因判定而带来的程序路径爆增问题，其追求的目标是达到路径测试的完备和无冗余性。该法以程序图和环复杂度分析为基础，基本步骤包括：

(1) 从源代码生成程序图，即把注释、不含初始化的数据变量声明和串行语句压缩后的控制流图；

(2) 根据程序图计算环复杂度，对于多出口程序需进行程序图的改造；

(3) 根据环复杂度，以一条最复杂的基础路径为基准，通过覆盖该路径上的每个新的判定分支来抽取一组独立路径集合；

(4) 在独立路径的抽取过程中，注意分析判定表达式的关联性，避免不可行路径；

(5) 当存在不可行路径时，需根据执行概率等其他风险评估方法来补充其他路径；

(6) 对每条路径设计至少一个测试用例。

当代码中存在循环结构或串联形式的条件判定，且判定表达式之间相互独立时，独立路径测试方法可以大大降低测试用例的数量，并保证测试的完备性和无冗余性。

基于独立路径的测试更强调良好的程序设计，体现在如下方面：

(1) 代码设计应尽量简单，保持程序的环复杂度不超过10，否则，需将程序中相对独立的代码改为函数调用的方式来降低单个函数的复杂度，这样可以降低植入缺陷的可能性，同时降低测试的难度和工作量；

(2) 代码中应避免重复的判定条件或数据依赖性，保持判定节点的独立性，以有效避免不可行路径。

注意，McCabe在1989年提出环复杂度指标，并认为存在大量路径的系统是不好的，一个典型程序的环复杂度不应超过10，主要原因是：问题越复杂，人犯错或找不到解决方案的可能性越大，为了解决小于5条路径、包含10条路径、包含大于10条路径的3个逻辑问题，一个普通学生分别需花费5分钟、几小时和几天时间；且早期的Cobol、Fortran这类语言常导致许多循环路径的交结及循环结束的冲突等，这种“意大利面式代码”必须限制复杂度，否则维护这些系统的代码是不可忍受的。而Marnie L Hutcheson认为，限制复杂度并非百战百胜的利器，她认为在复杂系统中重要的因素是路径的结构形式而非系统中的独立路径数，复杂度不是坏事，它只需要结构和管理。

基于独立路径的测试虽然可以从理论上达到穷举路径测试，即便如此，也不能查出程序违反设计规范的地方，不能发现程序中已实现但不是用户所需要的功能，可能发现不了一些与数据相关的错误或用户操作行为的缺陷，这是对路径的测试最大的局限性。

5.5 对循环的测试

5.5.1 基本原理

循环结构是程序中除条件判定之外的另一类重要的结构，重复多次循环可能导致内存泄漏，可能存在边界的错误，因此，对循环的测试基本原理是：重点关注循环的过程正确性，即在循环的边界和运行界限内对循环体的执行过程进行测试。

5.5.2 测试用例设计

1. 循环结构的分类

循环结构主要包括3类，即串联、嵌套和非结构化，如图5.26所示。

在串联情况下，图5.26(b)中由判定节点2和3分别形成的两个循环结构若存在相互关联的变量，将对循环次数产生影响；图5.26(c)中判定节点2和4分别形成两个循环体，但从3号节点存在跳入4号节点处的循环结构内部的情况，是不符合结构化程序设计思想的。

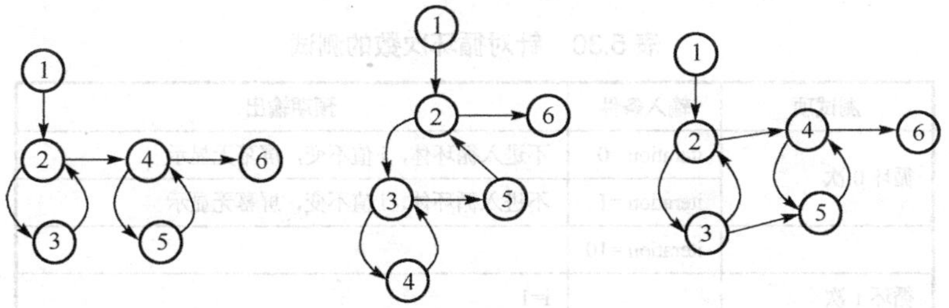

(a) 循环的串联　　(b) 循环的嵌套　　(c) 非结构化的循环

图 5.26　循环结构的分类

2．测试难点

针对不同类型的循环结构，测试难点问题如下：

(1) 对于单个循环节点，如何结合循环次数的边界进行测试；

(2) 对于单个循环节点，如何设计测试用例来保证循环的完整性；

(3) 对于串联的循环节点，如何保证测试的全面性；

(4) 对于非结构化的循环，如何进行测试。

3．针对单个循环节点循环次数的测试

对于单个循环节点而言，循环次数的边界应为 1 和最大次数(不妨设为 *n* 次)，则应针对如下循环次数设计测试用例：

(1) 循环 0 次(即不执行循环体)；

(2) 循环 1 次；

(3) 循环 2 次；

(4) 循环正常次数(通常为最大次数的一半)；

(5) 循环 *n*−1 次；

(6) 循环 *n* 次。

当被测循环体的循环次数固定时，参照以上原则设计测试用例即可，然而，当被测循环体的循环次数根据某些变量的取值变化而变化时，测试用例的设计变得更加复杂。例如，在如下的函数 SampleFunc4 中，输入参数为 interation，函数内部的 for 循环中，i 为循环变量，初值为 1，iteration 是变量 i 的终止条件，因此，iteration 和 i 的初值的大小关系将决定该循环体的循环次数。

```
void SampleFunc4 ( int iteration )
{// iteration 决定循环的次数
    for ( int i = 1; i < iteration; i ++ )
        printf( "i=%d\n", i );
}
```

当 iteration = 1 时，i 的初值等于 iteration，程序不执行循环体；当 iteration <1 时，例如 iteration = 0 时，i 的初值比 iteration 还大，程序也不会执行循环体。此时，仅测试循环 0 次的情况。

当 iteration >1 时，i 将进入循环体执行循环，此时，应尽量测试到关于循环次数的所有典型情况，不妨取 iteration = 10，对应最大循环次数为 9。根据以上分析，对该函数的测试应从如表 5.30 所示的各方面展开。

表 5.30 针对循环次数的测试

测试项	输入条件	预期输出
循环 0 次	iteration =0	不进入循环体，i 值不变，屏幕无显示
	iteration =1	不进入循环体，i 值不变，屏幕无显示
	iteration =10	
循环 1 次		i=1
循环 2 次		i=2
循环正常次数		i=5
循环最大次数少 1		i=8
循环最大次数		i =9

4. 针对单个循环节点循环过程的测试

结构化设计的循环结构的循环执行过程包括如下 3 个步骤：

(1) 循环的初始化

称控制循环过程的变量为循环变量，在每次循环中，通过循环变量的规律性变化来控制总的循环次数。对于循环的初始化而言，应考虑循环变量的初值设置是否正确。初值设置错误，则循环总次数必然受到影响。

(2) 循环的迭代

在每次进入循环体内部后，应测试在循环体内部包含的语句执行过程中，循环变量的增量是否正确；每次循环中涉及的重要变量的取值是否按预期规律发生变化；重复多次循环是否导致误差累积；多次循环是否对内存造成压力；是否存在 continue、break 等语句，从而导致在某些循环过程中强制跳过部分语句不执行，从而注入代码质量的风险。

(3) 循环的终止

循环的终止条件是否存在边界错误，即循环变量的最大值是否正确，退出循环的条件是否设置正确。

对于 SampleFunc4 函数，同样需根据 iteration 的取值大小，分不执行循环体和多次执行循环体两种情况分别测试，需测试的数据变量为循环变量 i、其增量 1、最大值 iteration 和退出条件。

事实上，针对循环的测试并非一个完整的动态测试的过程，而是一个类似静态检查和调试的过程。

5. 针对多个循环结构的测试

当循环节点存在不同形式的组合时，对循环的测试需要考虑更多内容。

(1) 循环节点的串联

当各循环节点为串联形式时，若各个判定节点相互独立，则仅需根据单个循环体的测试原则进行测试即可。

当串联的各循环节点存在相互关联时，循环次数和循环过程存在一定的不确定性，此时不能孤立地测试每个循环节点，而应在参照单个循环节点的原则进行测试的基础上，结合对数据变量的测试来做补充测试。

(2) 循环节点的嵌套

当循环节点为嵌套形式，且判定节点相互独立时，应按照由内向外的次序，先测试最内层循环体，然后逐步外推，直至测试到最外层的循环体。在测试每层循环体时，仍根据单个循环体的测试原则进行测试，并考虑 4 种特殊组合：

① 内层最小循环次数，外层最小循环次数，计算的结果；

② 内层最小循环次数，外层最大循环次数，计算的结果；

③ 内层最大循环次数，外层最小循环次数，计算的结果；

④ 内层最大循环次数，外层最大循环次数，计算的结果。

(3) 非结构化的循环

非结构化的程序给测试带来一定的难度，这样的循环结构通常无法测试，需重新设计成结构化的程序再进行测试。当然，如果不是由开发人员来做测试，而是由测试人员来做函数的单元测试，那么，测试人员是无权修改代码的，此时，测试人员只能参照单个循环体的测试原则设计测试用例，并兼顾循环嵌套条件下对循环次数的多种特殊组合情况。

5.5.3 捉虫实践 7：B 样条曲线问题的测试

1. 代码说明

B 样条(B-Spline)曲线是最重要的自由曲线曲面类型之一，B 样条曲线问题是在二维平面内，根据给定的一组控制点坐标，在规定的精度下，按照指定幂次绘制与这组控制点对应的 B 样条曲线的函数。对应代码如下。

```
void drawBSpline( GLint order, GLfloat v[][2], GLint ptsNum, GLint numofU, GLint node[] )
{
    glColor3f( 0.0, 1.0, 0.0 ); // 设置 B 样条曲线绘制颜色为绿色
    glLineWidth( 3.0 ); // 设置绘制线宽
    for( int i = 0; i < ptsNum-order; i ++ ) {// 对每段曲线，有 numofU 个点
        glBegin( GL_LINE_STRIP ); // 开始绘制的标志
        GLfloat tempU = node[0]; // 对 tempU 赋初值
        for( int k = 0; k < numofU; k ++ )  {// 对每个点，有 Bj,k(u) * Vj 个取值，j=i-k,i-k+1,...,i
            GLfloat tempx = 0.0, tempy = 0.0;
            GLint jj = i;
            for( int j = -order; j < 1; j ++ ) { // 计算对应 B 样条基函数的值，即 Bi,k(u)
                GLfloat tempB = calcBaseFunc( j, order, tempU, node );
                tempx += v[jj][0] * tempB;
                tempy += v[jj][1] * tempB;
                jj ++;// 顶点是不断变化的，但 B 样条基函数其实是不变的
            }
            glVertex2f( tempx, tempy );// 不记录曲线点，直接绘制 B-spline 曲线上的点
            tempU += 1.0 / (numofU-1); // 更新 tempU，作为下次循环的初值
        }
        glEnd();// 结束绘制的标志
    }
}
```

2. 开始测试

这是一个包含 3 层嵌套循环的程序，测试执行应从内向外进行，但测试分析应由外向内进行。表 5.31 列出了每层循环涉及的循环变量、初值、终值和循环累加量的情况。

表 5.31　各层循环结构分析

循环的层次	循环变量	初值	终值	循环累加量
外层	I	0	ptsNum−order−1	1
中层	K	0	numofU−1	1
内层	J	−oder	0	1

该表中 ptsNum、oder、numofU 均为取值不确定的变量，并满足如下的约束条件：

(1) order≥0，曲线幂次不应小于零；

(2) ptsNum≥2，控制点的个数至少应能生成一条直线段；

(3) numofU≥2，绘制 B 样条曲线的点数应保证至少包含起点和终点。

为此，针对各层循环的边界条件，并对应循环次数的边界组合进行测试设计，如表 5.32 所示。

表 5.32　变量取值变化对循环结构的影响

序号	ptsNum	order	numofU	循环次数			备注(实际对应的曲线含义)
				外层	中层	内层	
1	2	2	2	0	N/A	N/A	控制点是一条直线段，不绘制曲线
2	3	3	2	0	N/A	N/A	控制点是一条折线，不绘制曲线
3	2	1	0	1	0	N/A	控制点是一条直线段，不绘制曲线(测试无意义)
4	3	2	0	1	0	N/A	控制点是一条折线，不绘制曲线(测试无意义)
5				1	1	0	该情况不存在
6	1	0	1	1	1	1	控制点是一个点(测试无意义)
7	2	1	1	1	1	2	控制点是一条直线段，仅绘制 1 个曲线点(无意义)
8	5	4	1	1	1	5	控制点是一条折线，仅绘制 1 个曲线点(无意义)
9				1	2	0	该情况不存在
10	1	0	2	1	2	1	控制点是一个点(测试无意义)
11	2	1	2	1	2	2	控制点是一条直线段，B 样条曲线也应为直线段，但实际上仅绘制曲线的起点和终点
12	5	4	2	1	2	5	控制点是一条折线，B 样条曲线应为曲线形式，但仅绘制曲线起点和终点，故看上去仍为直线段
13				1	6	0	该情况不存在
14	1	0	6	1	6	1	不符合约束条件
15	2	1	6	1	6	2	控制点是一条直线段，B 样条曲线也应为直线段，虽然精度增加了，但 B 样条形状不变
16	5	4	6	1	6	5	同上，且随着幂次的增加，生成的 B 样条曲线会更加接近控制点多边形，且形状更加光顺
17	4	2	0	2	0	N/A	不符合约束条件
18				2	1	0	该情况不存在
19	2	0	1	2	1	1	不符合约束条件
20	3	1	1	2	1	2	不符合约束条件
21	6	4	1	2	1	5	不符合约束条件
22				2	2	0	该情况不存在
23	2	0	2	2	2	1	控制点是一条直线段，0 次 B 样条是常数

续表

序号	ptsNum	order	numofU	循环次数			备注(实际对应的曲线含义)
				外层	中层	内层	
24	3	1	2	2	2	2	控制点是一条折线，幂次是 1，绘制的 B 样条曲线应为直线段
25	6	4	2	2	2	5	幂次增加，但仅绘制 2 个点，看起来仍为直线段
26				2	6	0	该情况不存在
27	2	0	6	2	6	1	不符合约束条件
28	3	1	6	2	6	2	控制点是折线，幂次是 1，绘制的 B 样条曲线应为直线段
29	6	4	6	2	6	5	幂次增加，绘制精度提高，可得到光滑 B 样条曲线
30	6	2	0	4	0	N/A	不符合约束条件
31				4	1	0	该情况不存在
32	4	0	1	4	1	1	不符合约束条件
33	5	1	1	4	1	2	不符合约束条件
34	8	4	1	4	1	5	不符合约束条件
35				4	2	0	该情况不存在
36	4	0	2	4	2	1	控制点是一条折线，但 0 次 B 样条仍是常数，不受控制点个数的影响
37	5	1	2	4	2	2	控制点是一条折线，幂次是 1，绘制的 B 样条曲线应为直线段
38	8	4	2	4	2	5	幂次增加，但仅绘制 2 个点，看起来仍为直线段
39				4	6	0	该情况不存在
40	4	0	6	4	6	1	控制点是一条直线段，0 次 B 样条是常数，不受精度变化的影响
41	5	1	6	4	6	2	控制点是一条折线，幂次是 1，绘制的 B 样条曲线应为直线段
42	8	4	6	4	6	5	幂次增加，绘制精度提高，可得到光滑 B 样条曲线

3. 测试分析

该例共设计 42 个测试用例，其中，9 个(21.4%)是不存在的情况，永远测试不到；18 个(42.9%)是不符合约束条件的情况，仅需选择少数几个测试用例进行测试；而在剩下的 15 个测试用例中，只有 3 个是可以得到光滑曲线的，其他均对应测试的是特殊的曲线形式或特殊的显示效果。

因此，如果仅根据循环的类型(串联、嵌套等)，并结合循环次数的边界进行测试，更重要的意义在于对循环体内部循环过程的静态检查，更多引入了调试的思想。而这种测试并未针对 B 样条曲线生成和绘制的核心进行测试。B 样条曲线的计算和绘制的核心在于如何正确计算 B 样条基函数的值，B 样条曲线如何随着幂次的变化而变化，曲线形状如何随着绘制精度的变化而变化，以及 B 样条控制多边形的形状和绘制精度对得到的 B 样条曲线形状具有怎样的影响。如果将这些因素也考虑进来，将得到如表 5.33 所示的几组测试用例。

表 5.33　测试关键变量的取值变化对生成 B 样条曲线的影响

序号	ptsNum	order	numofU	循环次数			测试重点(实际对应的曲线含义)
				外层	中层	内层	
1	2	1	2	1	2	2	当幂次为 1 时，绘制精度的提高对 B 样条曲线形状不产生影响
	2	1	3	1	3	2	
	2	1	6	1	6	2	
2	3	2	2	1	2	3	当幂次提高后，若绘制精度很低(仅绘制 2 个点)，则理论上生成的 B 样条曲线应该是光滑的，而实际绘制的曲线仍为直线段
	5	4	2	1	2	5	
	10	9	2	1	2	10	

续表

序号	ptsNum	order	numofU	循环次数			测试重点（实际对应的曲线含义）
				外层	中层	内层	
3	3	2	6	1	6	3	当幂次提高后，若能保证足够的绘制精度（绘制 6 个点），则实际绘制的曲线看起来才是光滑的
	5	4	6	1	6	5	同上
	10	9	6	1	6	10	当幂次高于 3 后，肉眼无法看出不同幂次绘制的曲线的差异
4	3	2	6	1	6	3	当幂次提高后，若控制多边形的各点较为分散，则绘制精度必须进一步提高，才能得到光滑的曲线
	5	4	6	1	6	5	
	10	9	6	1	6	10	

实际上，B 样条曲线的绘制函数是一种较特殊的情况，因为它涉及的数值计算较为复杂，要检验函数计算的正确性，必须根据 B 样条曲线点的计算公式，通过手动方式来计算其正确结果，非常烦琐，一般地，可通过直观观察的方式对程序计算结果进行初步检验。如果曲线生成符合一般规律，则可初步认为计算过程是正确的。

5.5.4 对循环的测试小结

循环是程序中一类重要的结构，必须针对循环重点进行测试。

对循环的测试一方面是对测试过程进行静态检查，另一方面是通过控制循环边界来观察执行结果是否与预期输出保持一致。

对循环的测试主要是在循环的边界和运行界限内对循环体的执行过程进行测试。对于单个循环节点，需针对循环次数的边界进行测试，并对循环过程中循环变量的初始化、递增和终止条件的正确性进行测试，以确保循环过程完整、正确，循环变量的变化正确，循环过程可控。对于多个串联的循环节点，可参照单个循环节点的测试来设计测试。对于嵌套的循环节点，除遵循上述原则之外，还应同时覆盖到关于内、外循环不同循环次数的边界组合情况。对于非结构化的循环体，重点在于修改设计，而非测试。

对循环的测试重点在于观察循环过程是否符合设计，并不考虑循环体所涉及的相关变量所反映的结果有何实质含义，事实上，这也是所有白盒测试方法的局限所在。

5.6 对变量的测试

5.6.1 基本原理

在对路径的测试和对循环的测试中，测试人员最头疼的就是非结构化的程序设计，测试人员无权修改代码，此时，仍可针对重要的路径和循环结构进行测试。除此之外，还需从变量的角度，重点关注对代码中计算最为复杂的变量，或其计算结果对函数返回值影响最大的变量，以及最可能出错的变量，数据流测试方法由此产生。该法由 L O Sterweil 和 L D Fosdick 于 1977 年首次提出，主要用于代码优化，现在主要是为了发现所谓定义/引用异常缺陷，从而测试内部数据结构的有效性。

所谓定义/引用异常缺陷是指以下 3 种情况。

(1) 变量在使用之前从未定义过

在某段代码中，如果使用了某个变量，如用于对其他变量进行赋值，或对该变量的值进行判断或输出等，但并未将该变量声明为某种数据类型，则称该变量存在定义/引用异常缺陷。这种缺陷对应代码编译时的错误（Error），形如“error C2065: 'a' : undeclared identifier”。这种缺陷可通过编译器方便地发现和定位，且一定会得到修复，否则程序会一直编译不通过导致无法运行。

(2) 变量被定义，但从未使用过

在某段代码中，如果某变量被声明为某个指定数据类型，但在后续代码中从未使用过该变量，则称该变量存在定义/引用异常缺陷。这种缺陷对应代码编译时的警告(Warning)，但大部分程序员可能不会理会这类缺陷，因为这类缺陷的存在不影响程序的执行，即使不修改，编译也是可以通过的。但从严格意义上讲，这类缺陷会导致程序文本复杂度的增大，影响源代码的可读性，是应该修复的。

(3) 变量在使用之前被多次定义

在某段代码中，如果某变量被声明为某种数据类型后，在使用该变量用于对其他变量赋值、判断或输出之外被多次定义(即多次赋值)，则称该变量存在定义/引用异常缺陷。这种缺陷通过编译器是无法发现的，也是在测试过程中需要重点关注的。寻找这类缺陷的过程是一种静态分析的过程，不需要设计测试用例。因此，对变量的数据流测试是一种静态测试。

数据流测试的基本原理是以被测变量为中心，关注该变量的每条定义、使用路径，若该路径存在定义/引用异常缺陷，则该路径是一条高风险路径，需要重点进行测试。从该角度来说，数据流测试更多关注的是找出存在潜在缺陷的路径，并非查找缺陷。有关数据流测试部分的工作主要由 Rapps 在 20 世纪 80 年代初完成，Clarke 在 80 年代末进行了全面的整理。这里所给出的定义是由其工作而来。

5.6.2 测试用例设计

1. 相关概念

(1) 定义节点

若被测变量 v 的值在某条包含该变量的语句 n 处发生改变，则称该语句是关于变量 v 的定义节点，记做 DEF(v,n)。

输入语句、赋值语句(对该变量赋值)、循环控制语句(循环变量)和过程调用都是定义节点。

(2) 使用节点

若被测变量 v 的值在某条包含该变量的语句 n 处被使用，则称该语句是关于变量 v 的使用节点，记做 USE(v,n)。

输出语句、赋值语句(变量 v 对其他变量赋值)、条件语句、循环控制语句(循环条件)和过程调用都是使用节点。特别地，若该变量在条件判定表达式中被使用，则为谓词使用节点；若该变量在赋值语句中被使用，则为计算使用节点。

(3) 定义/使用节点对

由被测变量 v 的一对定义节点和使用节点构成的一个二元组称为该变量的定义/使用节点对。

(4) 定义/使用路径

从被测变量 v 的一个定义节点开始执行，到该变量的某个使用节点结束的一条路径称为该变量的一条定义/使用路径，记做 du-path。

(5) 定义清除路径

若某被测变量 v 的一条定义/使用路径中不包含关于该变量的其他定义节点，则该路径称为定义清除路径，记做 dc-path。

2. 测试用例设计

对关键变量的数据流测试的一般步骤如下：

(1) 确定需要重点测试的变量 v。

(2) 确定被测变量 v 的所有定义节点和使用节点。注意，一条语句往往包含多个数据变量，判断节点类型时应重点关注被测变量在语句中所处的位置，只要该变量的值保持不变，就对应使用节点，否则认为是定义节点。

(3) 确定被测变量 *v* 的所有定义/使用节点对。假设变量 *v* 有 *p* 个定义节点，分别为 DEF(*v*,*n*1), DEF(*v*, *n*2), …, DEF(*v*, *np*)；有 *q* 个使用节点，分别为 USE(*v*, *m*1), USE (*v*, *m*2), …, USE(*v*, *mq*)，则所有定义/使用节点对有 *pq* 个。

(4) 判断每条定义/使用路径是否为高风险路径。检查每条定义/使用路径，若该路径不是定义清除路径，则认为该路径是高风险路径，应重点测试。因此，对关键变量的数据流测试也是路径补充测试的重要依据。

5.6.3　捉虫实践 8：佣金问题的数据流测试

1. 代码说明

佣金问题的具体描述见第 3 章黑盒测试的 3.2.5 节，不再赘述。现采用一个函数 Commission 来实现，具体代码如下：

```
double Commission()
{// alcohol, redWine 和 beer 分别记录白酒、红酒和啤酒的月销售量(单位：瓶)
    int alcoholPrice = 168;// 白酒的单价
    int redWinePrice = 120; // 红酒的单价
    int beerPrice = 5; // 啤酒的单价
    int totalSales = 0;// 记录半年总销售额
    double totalCommission = 0.0;// 总提成
    int monthSales = 0;// 记录每月销售额
    double commission = -1.0;// 记录提成
    int input[6][3] = { {50, 30, 300}, {69, 49, 506}, {143, 123, 1244 },// 所有输入数据
                  {5000, 3000, 30000}, {60, 39, 398}, {106, 86, 875}     };
    int month = 0;
    while( month < 6 ) {
      monthSales = alcoholPrice * input[month][0] + redWinePrice * input[month][1] + beerPrice *
            input[month][2];
        if( monthSales <= 20000 )// 销售额低于 20000 元的部分，按 4%提成
            commission = monthSales * 0.04;
        else if( monthSales <= 45000 )// 销售额低于 45000 元的部分，按 1%提成
            commission = (monthSales - 20000) * 0.01 + 20000 * 0.04;
        else// 销售额高于 45000 元的部分，按 0.5%提成
            commission = (monthSales - 45000) * 0.005 + (45000 - 20000) * 0.01 + 20000 * 0.04;
        printf( "alcohol = %d, redWine = %d, beer = %d, monthSales = %d, commission = %f------\n",
            input[month][0], input[month][1], input[month][2], monthSales, commission );
        totalSales = totalSales + monthSales;
        totalCommission = totalCommission + commission;
        month = month +1;
    }
    printf( "totalSales = %d, totalCommission = %f\n", totalSales, totalCommission );
    return totalCommission;
}
```

2. 开始测试

(1) 寻找所有变量的定义节点和使用节点

所有变量的定义节点和使用节点见表 5.34。其中，对于部分变量而言，既是定义节点又是使用节点的语句包括 19、20 和 21，这些节点是需要特别注意的。

表 5.34　所有变量的定义节点和使用节点

变量	定义节点	使用节点	定义/使用节点
alcoholPrice	1	11	
redWinePrice	2	11	
beerPrice	3	11	
totalSales	4, 19	19, 23	19
totalCommission	5, 20	20, 23, 24	20
monthSales	6, 11	12, 13, 14, 15, 17, 18, 19	
commission	7, 13, 15, 17	18, 20	
input	8	11, 18	
month	9, 21	10, 11, 18, 21	21

(2) 确定各变量的定义/使用节点对，并考查每条路径

关于变量 alcoholPrice、redWinePrice 和 beerPrice 的定义和使用情况都较为简单，只有一条路径，且为正常路径，在此不做详细描述。

① 变量 totalSales 的数据流测试。下面以变量 totalSales 为例，说明其所有的定义/使用路径和测试分析的结果。佣金问题的 Commission 函数程序图如图 5.27 所示。图中带斜线阴影的节点表示纯粹的定义节点，线条加粗的节点表示单纯的使用节点，而带方格阴影的节点表示既是定义节点又是使用节点。

图中各个字母表示多个串行的可执行语句，含义是：A 表示 1、2、3；B 表示 7、8、9；C 表示 11、12；D 表示 14、15；E 表示 16、17；F 表示 20、21、22。

该段代码中包含一个循环，且循环体内嵌套一个条件判定节点，这是很可能产生定义/引用异常的，主要由循环所引起。

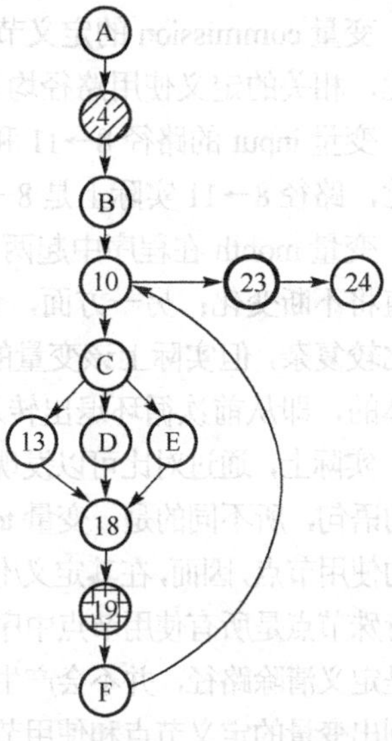

图 5.27　Commission 函数的程序图

变量 totalSales 的定义/使用节点对共有 4 对，分别为 4→19、4→23、19→19、19→23，对应可形成的路径如下：

- 4→19

其执行路径有 3 种可能。第一：4, B, 10, C, 13, 18, 19；第二：4, B, 10, C, D, 18, 19；第三：4, B, 10, C, E, 18, 19。虽然 3 条路径不同，但这些路径所包含的判定结构均不包含变量 totoalSales，对变量不产生任何影响，为简单起见，后续分析时将该判定结构内部的 3 个节点统一表示为 13/D/E。从 4→19 的每条路径都仅包含变量 totalSales 的一个定义节点和一个使用节点，为定义清除路径，这 3 条路径对应一次进入循环体，并完整执行判定体的情况。

- 4→23

其执行路径为：4, B, 10, C, 13, 18, 19, F, 10, 23。由于该路径中包含语句 19 这个定义节点，而且可以看到，路径 4→23 的执行过程中穿越了整个循环结构，totalSales 在该循环体中将多次赋值，对于本例，将赋值 6 次。因此，这不是定义清除路径，而是一条高风险路径，应作为后续测试的重点。

● 19→19

其执行路径为：19, F, 10, C, 13/D/E, 18, 19，这种路径可看做一种退化情况，一般情况下不可能将语句19处的定义节点与使用节点分开，这类路径在数据流分析中不予考虑。

● 19→23

其执行路径为：19, F, 10, 23。该路径仅包含一个定义节点和一个使用节点，为定义清除路径。

从上述分析可以得出结论：对于变量totalSales来说，从节点4到节点23的路径4, B, 10, C, 13, 18, 19, F, 10, 23是具有较高风险的，可能存在定义/引用异常缺陷，需要重点测试。

同时可以发现，循环是最容易导致定义引用异常缺陷的，在多次循环的过程中，某些变量被不断赋值，容易产生高风险路径。

② 其他变量的数据流测试。类似地，其他变量可采用相同的方式进行数据流的分析，具体分析如下。

变量totalCommission的路径5→20、5→23、5→24都是正常的定义清除路径，而路径20→23、20→24却是高风险的路径，特别地，这两条路径都涉及循环体内的程序执行。

变量monthSales在定义节点6处进行初始化，在定义节点11处是一个计算后的赋值操作，除此之外，monthSales一直作为使用节点出现，因此，monthSales的所有路径都是定义清除路径。

变量commission的定义节点虽然多，但这些定义节点分布在不同的判定分支中，相互没有影响，因此，相关的定义使用路径均只包含一个定义节点，也都是定义清除路径。

变量input的路径8→11和8→18都是正常路径，较有特点的是：路径8→18包含了路径8→11，因此，路径8→11实际上是8→18的子路径。

变量month在程序中起两个作用，一方面作为循环的控制变量，控制循环的进入和退出，其自身的值将不断变化；另一方面，该变量是作为输入数据的选择变量，读取每月的酒品销售量。看起来似乎比较复杂，但实际上该变量的所有路径都是正常路径，只是从定义节点21开始的所有路径都是跨循环体的，即从前次循环退出转入到下一次循环体。

实际上，通过对比可以发现，变量totalSales、totalCommission和month均包含同为定义节点和使用节点的语句，所不同的是，变量totalSales和totalCommission的这种特殊节点不是执行路径中最接近出口节点的使用节点，因而，在其定义/使用路径中将包含具有定义/引用异常缺陷的非定义清除路径，而变量month的特殊节点是所有使用节点中序号最大的，即最接近出口节点的语句，因此，该变量的所有定义/使用路径都是定义清除路径，并不会产生额外的高风险。在后续碰到类似情况时，就不需要一一进行分析了，只需要列出变量的定义节点和使用节点清单，根据上述规律就可以快速找出各变量所有的非定义清除路径了。

3. 测试分析

在很多情况下，并不需要逐一分析程序代码中的所有变量，一般可仅选择特别重要的变量进行数据流分析。例如，本例中的monthSales、commission、month等变量是需要进行数据流分析的，前两者对函数的输出有直接影响，后者则控制着循环的次数和测试用例的正确读取，确保这些变量的执行路径正确无误是至关重要的。

5.6.4 对变量的测试小结

无论是针对判定表达式，针对执行路径，还是针对循环结构展开测试，都需要设计、执行测试用例，并检查测试用例的执行结果。当受到程序本身逻辑复杂性的影响，并受限于程序员不良编程习惯时，程序代码可能包含非常复杂的结构，增加了动态测试的难度，此时，对与程序功能正确性密切相关的变量展开数据流分析是补充测试的重要依据。

定义/引用异常缺陷是程序代码中一类特殊的缺陷，其中变量在使用之前被多次定义的缺陷是风险最高且无法由编译器发现的，这是对变量的数据流测试所重点关注的。该测试方法的核心是针对所测试的变量，通过识别该变量所有的定义/使用节点对，并考查每条从定义节点到使用节点的执行路径，找到存在有关该变量的定义/引用异常缺陷的路径，并标记为高风险路径，作为路径测试的重点。

数据流分析主要关注单个变量，特别关注变量接受赋值的点和使用这些数值的点，该法关注变量从接受赋值到使用这一过程中的执行路径是否可靠。因此，数据流测试是基于缺陷预防思想，以缺陷静态检查为主的一种测试方法。同时，数据流分析过程中得到的不可靠路径不一定存在缺陷，但这样的路径一定是存在高风险的。因此，数据流分析主要用于代码的优化。

值得注意的是，基于数据流分析的测试方法由于不考虑事件约束，也容易导致产生大量不可行(即违反约束)的所谓定义清除路径，因此，数据流覆盖指标会因不可行路径的存在而变得不具有可行性。从这点上来看，更应该在编写程序时注意尽量避免在程序代码中引入不可行路径，一个重要的措施就是避免判定节点前后的关联。当然，就目前情况而言，对于任何设计语言，都无法做到完全避免不可行路径。

5.7　白盒测试总结

5.7.1　测试方法总结

白盒测试是针对程序代码展开的测试，需要测试人员了解程序实现的细节，对设计和执行测试的人员技术要求较高。白盒测试方法主要运用在单元测试和集成测试阶段，在开发小组内部主要由开发人员承担测试任务，但部分白盒测试方法的思想是完全可以用于高层测试的。一般地，以黑盒测试方法为主，以白盒测试作为辅助，补充测试和进行代码优化。

本书所讨论的白盒测试方法主要分为如下两类：

(1) 静态测试，侧重于源代码检查和优化，基本思想是不需要设计测试用例，直接查看源代码和模拟执行代码，目标是直接定位代码中的缺陷，提出结构设计优化的意见和有关测试重点的建议。典型方法为：同行评审、静态结构分析、代码质量度量和对变量的数据流测试。

(2) 动态测试，侧重于关键程序结构的测试，基本思想是通过对导致程序结构复杂度的判定表达式、执行路径和循环结构设计测试用例，目标是达到某种程度的测试覆盖，从测试完备性和无冗余性的角度给予信心。典型方法包括：基于逻辑表达式覆盖指标的判定测试、基于全路径覆盖的独立路径测试，以及基于循环过程覆盖的对循环的测试。

5.7.2　综合使用策略

建议的白盒测试方法综合使用策略如下：

(1) 优先进行静态白盒测试，特别是对重要、核心的功能模块的相关代码，应定期组织进行严格的评审，并注意不断总结经验，更新缺陷检查表等测试标准或规范性文档。

(2) 尽量利用测试工具完成代码结构和质量的相关分析和评估，对代码进行设计评审和优化。

(3) 选用合理的测试覆盖指标，评估黑盒测试方法是否存在漏洞和冗余，若有漏洞，应有针对性地补充更多必要的测试用例。

(4) 针对关键变量，使用数据流的测试方法确定补充路径测试的重点。

(5) 设计测试用例时，注意结合边界抽取测试数据，包括逻辑判定表达式的边界、循环次数的边界、变量取值范围的边界等。

(6) 针对黑盒测试检查不到或难以检查的地方(如内存泄漏)，使用特殊的白盒测试方法(如内存泄漏测试)进行补充测试。

(7) 在系统测试中借鉴独立路径测试方法的思想设计高层测试用例(如针对业务流程的功能测试)，提高测试的覆盖性，降低测试的冗余。

5.7.3 测试覆盖指标

白盒测试中，每种测试方法均对应一个或一组测试覆盖指标，如表5.35所示。

表5.35 测试方法及对应的测试覆盖指标

测试方法	对应测试覆盖指标
对判定的测试	语句覆盖、判定覆盖、条件覆盖、判定/条件覆盖、条件组合覆盖、修正的判定/条件覆盖
对路径的测试	路径覆盖
对循环的测试	判定覆盖
对变量的测试	全定义覆盖、全使用覆盖、全谓词使用/部分计算使用覆盖、全计算使用/部分谓词使用覆盖、全定义使用路径覆盖

Rapps-Weyuker标准将这些测试覆盖指标构建为如图5.28所示的层次结构，图中越靠近上方根节点的准则，越难达到，相应地，越接近下方叶子节点的准则，就越容易满足。从该图可以看出，全路径覆盖是最难达到的，在一般情况下，无法做到全路径测试，只能通过独立路径测试来达到理论上的全路径覆盖。图中的全节点覆盖其实就是语句覆盖，是最容易达到的。图中的全边覆盖等同于判定覆盖，一般地，达到了全边覆盖即满足全节点覆盖。

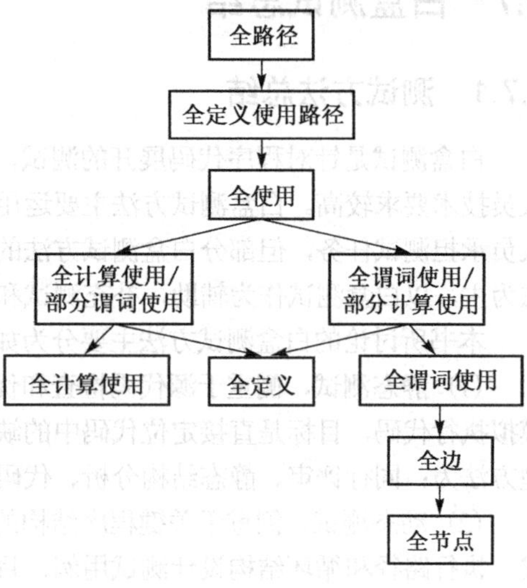

图5.28 Rapps-Weyuker标准的准则层次结构

5.7.4 对黑盒测试的评估

1. 基本原理

在黑盒测试技术中提到，黑盒测试方法设计的测试用例可能存在漏洞和冗余，但测试人员无法对其进行评估，可利用白盒测试的覆盖指标来衡量黑盒测试方法的漏洞和冗余情况。

假设某黑盒测试方法 M 生成 m 个测试用例，可选择某种白盒测试覆盖指标 S 对这些测试用例进行覆盖评估，其中，该覆盖指标对应 s 个相关元素。通过 m 个测试用例的执行可覆盖 n 个白盒测试元素，可得出结论：

(1) 若 $n/s<1$，则 m 个测试用例无法覆盖所有的白盒指标元素，表明测试方法 M 存在漏洞；

(2) 若 $m/s>1$，则平均需要多于1个测试用例才能覆盖1个白盒指标元素，表明测试方法 M 存在冗余。

2. 代码说明

将第二日问题中关于闰年判断的代码整理为一个函数形式，代码如下：

```
bool isLeapYear( int year )// 计算下一天的日期
{
1       bool result = true;
```

```
2    if ((year % 4 == 0 && year % 100 != 0) ||year % 400 == 0)// 是闰年
3        result = true;
4    else// 不是闰年
5        result = false;
6    return result;
}
```

3．开始测试

根据第二日问题的边界，已知年份的边界点为 1800 和 2050，若在每个边界点附近以 1 年为邻域，且仅选择合法的测试数据，可得到 4 个边界值测试用例，分别为 1800、1801、2049、2050，则有 $m = 4$。

(1) 选择判定覆盖进行测试评估

若选择判定覆盖指标来跟踪这些测试用例，则完整的元素(即判定分支)应有 2 个，即 $s = 2$。而 4 个测试用例的执行路径均为 1→2→4→5→6，仅覆盖了 isLeapYear 函数判定分支的取假值分支(代码中标号为 5 的语句)，故 $n = 1$。显然，$n/s = 0.5<1$，说明该边界值测试是存在漏洞的。实际上，这 4 个测试用例均对应非闰年情况，必须补充针对闰年的测试用例，才能覆盖代码中判定节点取真值的判定分支。

同时注意到，$m/s = 2>1$，该边界值测试也存在冗余。事实上，用 4 个测试用例来测试非闰年的情况，当然冗余很严重，应将这批测试用例缩减为 1 个以避免测试的冗余。

(2) 选择路径覆盖进行测试评估

若采用路径覆盖指标，则代码中共包含 2 条路径($s = 2$)，执行所有的边界值测试用例之后，只能覆盖其中的 1 条路径 1→2→4→5→6 ($n = 1$)，则有：

① $n/s = 0.5<1$，同样说明该边界值测试得到的测试用例存在漏洞；

② $m/s = 2>1$，同理可知，这些边界值测试用例是存在冗余的。

4．测试分析

不妨思考一下，利用这种评价指标来评价某种测试方法是存在局限性的，因为它并不考虑测试方法本身对应的测试重点。例如，边界值测试的重点是系统的边界，它并不特别关注系统对于同类等价数据的统一处理，因此出现冗余和漏洞是很自然的事情，通过基于等价划分的等价类测试可以进一步避免测试漏洞和冗余。所以，这种评价指标主要适用于完全不了解数据特性的情况，当对系统特性做进一步分析时，可得到更好的测试效果。

5.8 本章小结

本章介绍了白盒测试中的几种典型的测试方法，其中静态测试主要包括同行评审、静态结构分析、代码质量度量、对变量的数据流测试，动态白盒测试主要包括对判定的测试、对路径的测试、对循环的测试。所有测试方法都是为测试实践工作服务的，没有方法的指导，测试不可能做到有序，但也应注意不要受方法的束缚，不能为了用某个方法而去使用它。对于一个实际的待测系统而言，需要测试的内容太多，常常无法像书中这样设计这么多测试用例，或者即使设计了很多测试用例，也难以全部执行。受到成本和进度的限制，必须有所取舍，必须对测试用例指定优先级，这样才能在有限的条件下获得最高的测试效率。第 6 章将针对第 4 章提到的典型软件系统，给出部分源代码，运用本章所介绍的测试方法继续展开白盒测试实践。

思考与练习

1．给定以下代码，请以判定表达式为测试重点，选择合适的覆盖指标设计测试用例。

```
bool TestLogicCoverage( bool a, bool b, bool c )
{
    bool x = false;
    if( (a || b) && c )
        x = true;
    else
        x = false;
    return x;
}
```

2．当判定表达式具有3个简单逻辑判断条件时，所有可能构成的表达式形式如表5.36所示。请针对下表中的4种组合情况，分别采用修正的判定/条件覆盖指标设计测试用例。

表5.36　3个简单逻辑判断条件构成的所有可能的判定表达式

A	B	C	A AND (B AND C)	A AND (B OR C)	A OR (B AND C)	A OR (B OR C)
T	T	T	T	T	T	T
T	T	F	F	T	T	T
T	F	T	F	T	T	T
T	F	F	F	F	T	T
F	T	T	F	F	T	T
F	T	F	F	F	F	T
F	F	T	F	F	F	T
F	F	F	F	F	F	F

3．请针对佣金问题代码进行基路径测试。

4．请用反证法证明独立路径之间是线性无关的。

第 6 章　白盒测试案例实践

内容提要

本章将围绕 3 个案例展开白盒测试实践。其中，保险金案例和人寿保险金案例都是函数级别的案例，且非常相似，不同之处在于后者的输入输出更为复杂。信息采集系统尽管是一个系统级别的案例，它也存在对函数的测试需求，仍然需要使用白盒测试方法进行测试。通过这 3 个案例，将观察到代码的规模和代码设计的质量对测试的难度和工作量将造成怎样的影响。本章暂不涉及测试的实施，即如何将测试用例转化为可执行的测试脚本，这部分内容将在第 11 章的测试应用案例实践中予以描述。

6.1　保险金案例实践

下面通过案例来研究如何综合使用不同的白盒测试方法展开测试，仍然采用黑盒测试中曾经讨论过的案例（案例问题描述详见第 4 章）。

6.1.1　被测代码说明

根据问题描述，保险金案例采用 Java 语言开发实现，具体代码如下。

```
package com.acmengnan.softwaretesting;
public class InsuranceCalculator {
    private static final int BASIC_PREMIUM_RATE = 1000;// 保存基本保险费率
    private static final int[][] SETTINGS = { { 0, 0, 0 }, { 28, 11, 50 }, { 18, 9, 100 }, { 10, 7, 150 },
        { 8, 5, 200 }, { 15, 7, 250 } }; // 计算时将年龄系数放大为原来的 10 倍以存入 int 数组中
    public static int[] calcSetting (int age)
    {     // 根据年龄设置参数值
            if (age < 16 || age >= 80) {
            return      SETTINGS[0];
            } else if (age < 25) {
            return      SETTINGS[1];
            } else if (age < 35) {
            return      SETTINGS[2];
            } else if (age < 45) {
            return      SETTINGS[3];
            } else if (age < 60) {
            return      SETTINGS[4];
            } else {
            return      SETTINGS[5];
            }
    }

    public static int calcInsurance (int age, int score)
    {
```

```
18          int insuranceMoney = -1;
19          if (score > 0 && score < 13) {// 当前分数符合要求
20           int[]      setting = calcSetting(age);// 先获取一组参数值
21           if    (setting != SETTINGS[0]) {
22            int           safeDrivingDiscount = 0;
23            int           ageCoefficient = setting[0];
24            int           scoreThreshold = setting[1];
25            if          (score > scoreThreshold) {// 如果当前分数大于门限分数，则给予折扣
26             safeDrivingDi          scount = setting[2];
27           }
            //     下面的计算需要考虑年龄系数已被放大为原来的 10 倍
28          insuranceMoney = (int) (BASIC_PREMIUM_RATE / 10 * ageCoefficient) - safeDrivingDiscount;
29          }
30          }
31          return insuranceMoney;
      }
  }
```

从代码来看，创建了一个 InsuranceCalculator 类，主要包含两个已知取值的属性 BASIC_PREMIUM_RATE 和 SETTINGS，以及两个方法 calcSetting()和 calcInsurance()，重点在于方法(即函数)的测试。

6.1.2　测试分析

以上代码的实质是面向过程的设计，因此，仍从白盒测试的角度来测试 calcSetting( )和 calcInsurance( )函数。

测试工作包括如下方面：

(1) 静态测试。阅读 calcSetting( )和 calcInsurance( )方法的源代码，检查是否存在明显缺陷，以及结构是否存在修改或优化的必要。

(2) 采用适当的覆盖指标(如判定覆盖、路径覆盖等)，设计测试用例，执行动态白盒测试。

(3) 选择重要的变量进行静态数据流的检查，补充必要的测试。

6.1.3　测试用例设计

1. 对 calcSetting( )方法的测试

(1) 代码走读

从代码来看，calcSetting()存在多个 return 语句，必然导致程序的多出口，容易造成遗忘赋值这类情况，通过阅读代码发现，在 if..else if …else 结构中，age 变量的所有取值情况均已覆盖，且每个分支均能返回一个指定取值，因此，每个出口都能保证函数有符合格式要求的返回值。但从严格意义上来讲，这样的习惯并不好，最好修改为单出口函数。

从程序结构来看，整个函数体只有一个判定结构，且整个判定结构为结构化设计，便于测试。每个判定节点处的判定表达式也不复杂，这是一段简单代码。

(2) 对判定的测试

calcSetting( )方法的判定节点共有 5 个，如下：

```
4        if (age < 16 || age >= 80)
```

```
6    else if (age < 25)
8    else if (age < 35)
10   else if (age < 45)
12   else if (age < 60)
```

但这些判定节点实际涉及的变量只有 1 个，即 age 变量。且从分支来看，各个判定节点对应的取值实际是互斥的。每个判定节点均较为简单，其中只有 4 号节点包含 2 个简单判定条件，其他判定节点都仅包含 1 个简单判定表达式。因此，可选择条件覆盖指标来设计测试用例，如表 6.1 所示。

表 6.1　满足条件覆盖的测试用例（针对 calcSetting( ) 方法）

测试用例 ID	输入(age)	预期输出(SETTINGS)	备注
01	15	{0, 0, 0}	age < 16
02	24	{28, 11, 50}	age ∈ [16, 25)
03	34	{18, 9, 100}	age ∈ [25, 35)
04	44	{10, 7, 150}	age ∈ [35, 45)
05	59	{8, 5, 200}	age ∈ [45, 60)
06	60	{15, 7, 250}	age ∈ [60, 80)
07	81	{0, 0, 0}	age > 80

(3) 对路径的测试

calcSetting( ) 方法的程序图见图 6.1，环复杂度为 6。

根据该图可得到独立路径的集合如下，其中加粗并用斜体表示的节点是与 Path1 不同的节点，后续同理不再重复说明：

Path1：3, 4, 6, 8, 10, 12, 14, 15, 16（经过所有判定节点）

Path2：3, 4, ***5***（在判定节点 4 处执行分支 5）

Path3：3, 4, 6, ***7***（在判定节点 6 处执行分支 7）

Path4：3, 4, 6, 8, ***9***（在判定节点 8 处执行分支 9）

Path5：3, 4, 6, 8, 10, ***11***（在判定节点 10 处执行分支 11）

Path6：3, 4, 6, 8, 10, 12, ***13***（在判定节点 12 处执行分支 13）

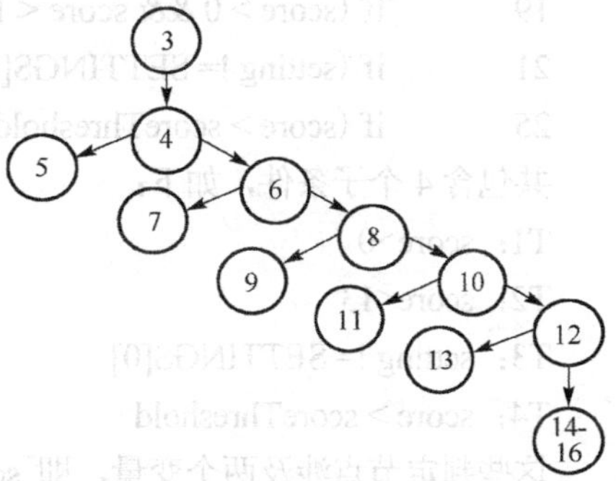

图 6.1　calcSetting ( ) 方法的程序图

对每条路径至少设计一个测试用例，得到测试用例集合见表 6.2。

表 6.2　独立路径测试的测试用例（针对 calcSetting( ) 方法）

测试用例 ID	输入(age)	预期输出(SETTINGS)	对应的路径	备注	对应条件覆盖测试的用例编号
01	60	{15, 7, 250}	Path1	age ∈ [60, 80)	01
02	15	{0, 0, 0}	Path2	age < 16	06
03	24	{28, 11, 50}	Path3	age ∈ [16, 25)	02
04	34	{18, 9, 100}	Path4	age ∈ [25, 35)	03
05	44	{10, 7, 150}	Path5	age ∈ [35, 45)	04
06	59	{8, 5, 200}	Path6	age ∈ [45, 60)	05

(4) 对变量的测试

在 calcSetting( ) 方法中，主要的变量只有 age，而该变量在 calcSetting( ) 方法中作为参数传进来之后，仅作为逻辑判断使用，体现在 4、6、8、10 和 12 号语句中，即仅包含 age 变量的使用节点，不存在其定义节点，因此，calcSetting( ) 方法中不存在 age 变量的定义使用路径，不需要额外的数据流测试。

从上述的测试用例设计可以看出，选择条件覆盖设计的测试用例与选择路径覆盖设计的用例存在较大的重复，这也说明，在实际的测试设计中，不需要选择每种覆盖指标设计测试用例，仅根据需要选择一种最合适的指标设计用例即可。而针对变量的数据流测试也并非在任何情况下都需要使用，当代码较为复杂且存在大量非结构化设计时，为了确保关键变量的正确赋值，才需要展开数据流的测试。

2. 对 calcInsurance( )方法的测试

(1) 代码走读

从代码来看，calcInsurance( )方法的代码行也很短，只有 1 个 return 语句，是个典型的单入口单出口的函数。

从程序结构来看，整个函数体包含 3 个判定结构，且形成嵌套关系，但构成的整个判定结构为结构化设计，便于测试。每个判定节点处的判定表达式并不复杂，这也是一段简单代码。

值得注意的是，3 个判定结构均包含隐式分支，可能导致遗忘赋值。不过，判定分支中虽然在不符合判定的情况下未对变量 insuranceMoney 进行赋值，然而该变量在函数的 18 号语句处进行了初始化，可保证在任何情况下都具有一个确定的取值。

(2) 对判定的测试

calcInsurance( )方法的判定节点共有 3 个，如下：

```
19        if (score > 0 && score < 13)
21        if (setting != SETTINGS[0])
25        if (score > scoreThreshold)
```

共包含 4 个子条件，如下：

T1：score>0

T2：score<13

T3：setting != SETTINGS[0]

T4：score > scoreThreshold

这些判定节点涉及两个变量，即 score 和 setting，且判定表达式也较为简单，仍可选用条件覆盖指标设计测试用例，如表 6.3 所示。表中“随便”表示任意取值，“N/A”表示无效。

表 6.3　满足条件覆盖的测试用例(针对 calcInsurance( )方法)

测试用例 ID	输入		预期输出	备注	对子条件的覆盖			
	age	score	insuranceMoney		T1	T2	T3	T4
01	随便	0	−1	分数取值太小	F	T	N/A	N/A
02	随便	13	−1	分数取值太大	T	F	N/A	N/A
03	40	9	850	有安全驾驶折扣	T	T	T	T
04	30	9	1800	无安全驾驶折扣	T	T	T	F
05	15	随便	−1	年龄太小或太大	T	T	F	N/A

(3) 对路径的测试

calcInsurance( )方法的程序图见图 6.2，环复杂度为 4。

根据其程序图可得到独立路径集合如下：

Path1：18, 19, 20, 21, 22-24, 25, 26, 27, 28, 29, 30, 31 (经过所有判定节点)

Path2：18, 19, ***30***, 31 (在判定节点 19 处执行隐式分支到节点 30)

Path3：18, 19, 20, 21, ***29***, 30, 31 (在判定节点 21 处执行隐式分支到节点 29)

Path4：18, 19, 20, 21, 22-24, 25, ***27***, 28, 29, 30, 31 (在判定节点 25 处执行隐式分支到节点 27)

对每条路径至少设计一个测试用例，得到测试用例集合见表 6.4。该表再次表明，独立路径测试的测试用例与条件覆盖指标下的测试用例是存在大量重复的。根据测试的需要选择一种最合适的指标设计用例即可。

(4) 对变量的测试

在 calcInsurance() 方法中，包含多个可赋值的变量，这些变量及其定义节点和使用节点见表 6.5。

该表表明，变量 insuranceMoney 和 safeDrivingDiscount 均存在多个定义节点，且最大定义节点小于使用节点的编号，因此，这两个变量都存在非定义/清除路径，分析如下：

① 对于变量 insuranceMoney，包含 18→28→31 的路径有两条，即对应有安全驾驶折扣和无安全驾驶折扣的两种情况，这与黑盒测试案例实践中的等价划分的结果是一致的。

② 对于变量 safeDrivingDiscount，包含 22→26→28 的路径是唯一的，它对应有安全驾驶折扣的情况，且是否能获得安全驾驶折扣的关键在于当前分数 score 的取值与分数阈值 scoreThreshold 的取值大小的比较，这与之前在黑盒测试案例实践中分析得到的结论是吻合的。

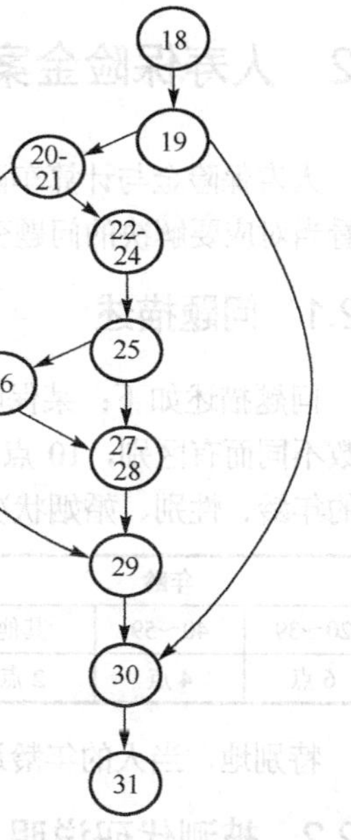

图 6.2 calcInsurance () 方法的程序图

表 6.4 独立路径测试的测试用例(针对 calcInsurance() 方法)

测试用例 ID	输入		预期输出	对应的路径	备注	对应条件覆盖测试的用例编号
	age	score	insuranceMoney			
01	40	9	850	Path1	有安全驾驶折扣	03
02	随便	0	–1	Path2	分数取值太小	01
03	30	9	1800	Path4	无安全驾驶折扣	05
04	15	随便	–1	Path3	年龄太小	04

表 6.5 所有变量的定义节点和使用节点(针对 calcInsurance() 方法)

变量	定义节点	使用节点	定义/使用节点
insuranceMoney	18, 28	31	无
age	无	20	无
score	无	19, 25	无
setting	20	21	无
safeDrivingDiscount	22, 26	28	无
ageCoefficient	23	28	无
scoreThreshold	24	25	无

从数据流的角度来说，上述 3 条路径是最可能出错的路径，应重点进行检查或动态测试。

黑盒测试是根据对需求的理解来设计测试用例，用例的质量取决于对需求的理解是否透彻，以及是否对类似产品的特性充分了解；而白盒测试可充当代码角度的需求验证测试，即实际考察某个黑盒测试用例的实际代码执行路径或代码设计是怎样的，是否能满足设计的要求，能否正常实现设计的功能。

6.1.4 测试小结

保险金问题是一个函数层面的案例，且函数代码较为简单，此时可选择条件覆盖指标或路径覆盖指标进行测试。必要时选择关键变量寻找高风险路径进行补充测试。

6.2　人寿保险金案例实践

人寿保险金与计算车险的保险金问题非常类似，不同的是输入条件更多，约束更为复杂。下面来看看当对应要解决的问题变复杂时，程序设计的质量对测试将带来怎样的影响。

6.2.1　问题描述

问题描述如下：某保险公司的人寿保险的保费计算方式为：投保额×保险费率，其中保险费率依点数不同而有区别，10 点及 10 点以上保险费率为 0.6%，10 点以下保险费率为 0.1%，且点数由投保人的年龄、性别、婚姻状况和抚养人数来共同决定，具体规则如下：

年龄			性别		婚姻		抚养人数
20～39	40～59	其他	女	男	已婚	未婚	1 人扣 0.5 点，最多扣 3 点(四舍五入取整)
6 点	4 点	2 点	5 点	3 点	3 点	5 点	

特别地，当人的年龄达到 80 岁或抚养人数达 10 人时，不接受投保。

6.2.2　被测代码说明

根据问题描述，可编写如下的代码。

```
double InsuranceRateV1 ( int age, bool sex, bool marriage, int feedPeople )
{// age: 代表投保人的年龄；sex: 投保人的性别；marriage: 婚姻状况；feedPeople: 抚养人数
    int ptAge, ptSex, ptMarriage, ptFeedPeople; // 存放随年龄、性别、婚姻状况和抚养人数而变化的点数
    bool insuranceValid = true; // 判断是否需要投保，若不需要投保，则该标志为假值
    if( age>=20 && age<=39 ) // 年龄在 20 到 40 岁之间，点数为 6
      ptAge = 6;
    else if( age>=40 && age<=59 ) // 年龄在 40 到 60 岁之间，点数为 4
      ptAge = 4;
    else if( (age>0 && age<20) || (age>=60 && age<80) )// 年龄低于 20 岁或在 60 到 80 岁之间，点数为 2
      ptAge = 2;
    else // 否则不予投保
      insuranceVal id = false;
    if( sex ) // 女性，则点数为 5
      ptSex = 5;
    else // 男性，则点数为 3
      ptSex = 3;
    if( marriage ) // 已婚，则点数为 3
      ptMarriage = 3;
    else // 未婚，则点数为 5
      ptMarriage = 5;
    if( feedPeople==0 ) // 无抚养人数，不扣点数
      ptFeedPeople = 0;
    else if( feedPeople>0 && feedPeople<=2 ) // 抚养人数若不多于 2 人，则扣掉 1 点
      ptFeedPeople = -1;
    else if( feedPeople==3 || feedPeople==4 ) // 抚养人数为 3 或 4 人，则扣掉 2 点
      ptFeedPeople = -2;
```

```
else if( feedPeople>=5 && feedPeople<10 ) // 抚养人数达到 5 人，一律扣掉 3 点
  ptFeedPeople  = -3;
else
  insuranceValid = false; // 抚养人数达到 10 人，不允许投保
int totalPt = 0; // totalPt: 所有点数
double insuranceRate = 0.0; // insuranceRate: 投保费率
if( insuranceValid ) { // 允许投保
  totalPt = ptAge + ptSex + ptMarriage + ptFeedPeople; // 计算总点数
  if ( totalPt >= 10 )
   in  suranceRate = 0.006;
  else
   in  suranceRate = 0.001;
  printf ( "基本保险费率为%f\n", insuranceRate );
}
else{
  printf ( "不允许投保" );
  insurancсR atc = -1.0;
}
return insuranceRate;
}
```

6.2.3 测试分析

针对本例不再说明静态检查的过程。

根据代码可得到程序图如图 6.3 所示。

就判定节点的复杂度而言，该段代码共包含判定节点 11 个，且这些判定节点之间多具有相互关联性，应基于判定节点间的约束关系，并选择较为复杂的判定节点，选用适当的覆盖指标进行测试。

就路径的复杂度而言，该段代码共包含 43 条语句，程序环复杂度为 12，包含的总路径数目为 4×2×2×5×3=240 条(忽略判定表达式的关联性)，显然难以测试到所有的路径，必须抽取独立路径进行测试。同时发现，该程序的基本复杂度为 1，具有良好的设计结构，测试是否会容易一些呢？

先开始测试吧。

6.2.4 测试用例设计

1. 对路径的测试

路径测试必然满足语句覆盖和判定覆盖，因此优先考虑路径测试。

(1) 第一次独立路径抽取

根据基路径测试的基本原理，将得到 12 条独立路径如下：

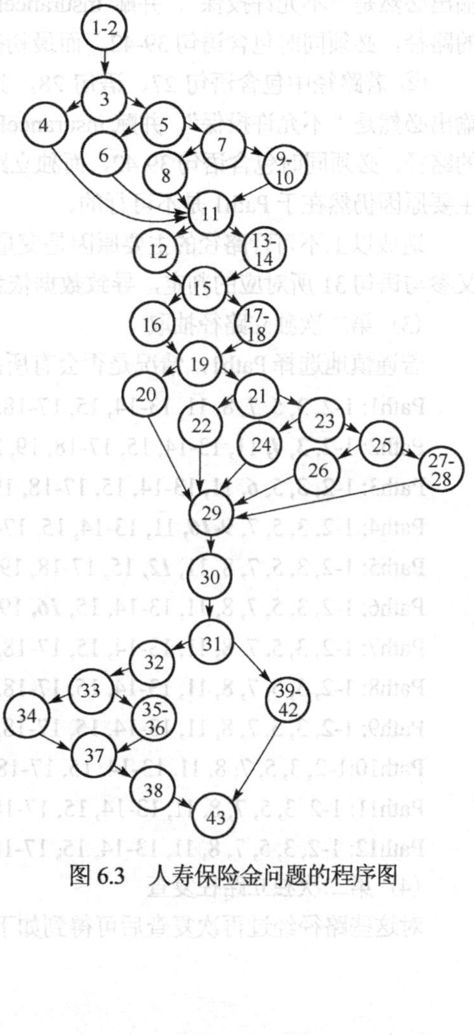

图 6.3　人寿保险金问题的程序图

Path1: 1-2, 3, 5, 7, 9-10, 11, 13-14, 15, 17-18, 19, 21, 23, 25, 27-28, 29, 30, 31, 32, 33, 35-36, 37, 38, 43

Path2: 1-2, 3, ***4,*** 11, 13-14, 15, 17-18, 19, 21, 23, 25, 27-28, 29, 30, 31, 32, 33, 35-36, 37, 38, 43

Path3: 1-2, 3, 5, ***6,*** 11, 13-14, 15, 17-18, 19, 21, 23, 25, 27-28, 29, 30, 31, 32, 33, 35-36, 37, 38, 43

Path4: 1-2, 3, 5, 7, ***8,*** 11, 13-14, 15, 17-18, 19, 21, 23, 25, 27-28, 29, 30, 31, 32, 33, 35-36, 37, 38, 43

Path5: 1-2, 3, 5, 7, 9-10, 11, ***12,*** 15, 17-18, 19, 21, 23, 25, 27-28, 29, 30, 31, 32, 33, 35-36, 37, 38, 43

Path6: 1-2, 3, 5, 7, 9-10, 11, 13-14, 15, ***16,*** 19, 21, 23, 25, 27-28, 29, 30, 31, 32, 33, 35-36, 37, 38, 43

Path7: 1-2, 3, 5, 7, 9-10, 11, 13-14, 15, 17-18, 19, ***20,*** 29, 30, 31, 32, 33, 35-36, 37, 38, 43

Path8: 1-2, 3, 5, 7, 9-10, 11, 13-14, 15, 17-18, 19, 21, ***22,*** 29, 30, 31, 32, 33, 35-36, 37, 38, 43

Path9: 1-2, 3, 5, 7, 9-10, 11, 13-14, 15, 17-18, 19, 21, 23, ***24,*** 29, 30, 31, 32, 33, 35-36, 37, 38, 43

Path10: 1-2, 3, 5, 7, 9-10, 11, 13-14, 15, 17-18, 19, 21, 23, 25, ***26,*** 29, 30, 31, 32, 33, 35-36, 37, 38, 43

Path11: 1-2, 3, 5, 7, 9-10, 11, 13-14, 15, 17-18, 19, 21, 23, 25, 27-28, 29, 30, 31, ***39-42,*** 43

Path12: 1-2, 3, 5, 7, 9-10, 11, 13-14, 15, 17-18, 19, 21, 23, 25, 27-28, 29, 30, 31, 32, 33, ***34,*** 37, 38, 43

(2) 第一次独立路径复查

在针对这些路径设计测试用例之前，先思考一下，是不是还漏掉了什么关键的工作？对，那就是对可行路径的检查。这些路径都是可行路径吗？请读者不妨逐一验证一下。会惊讶地发现，除了 Path11 是可行路径，其他路径全部不可行。例如：

① 若路径中包含语句 9 和语句 10，其含义为投保人年龄达到或超过 80 岁，不允许投保，则预期输出必然是“不允许投保”，并赋 insuranceRate 的值为-1.0。从路径来讲，凡是包含语句 9 和语句 10 的路径，必须同时包含语句 39-42，而最初得到的 Path1 本身就是一条不可行路径。

② 若路径中包含语句 27、语句 28，其含义为抚养人数达到或超过 10 人，不允许投保，则预期输出必然是“不允许投保”，并赋 insuranceRate 的值为-1.0。从路径来讲，凡是包含语句 27 和语句 28 的路径，必须同时包含语句 39-42，而独立路径中只有 Path11 满足该要求，其他路径均不满足该要求，主要原因仍然在于 Path1 是不可行的。

造成以上不可行路径的主要原因是变量 insuranceValid 的引入，它在前面的判定节点中赋值，同时又参与语句 31 所对应的判定，导致数据依赖性。

(3) 第二次独立路径抽取

若谨慎地选择 Path1，情况是否会有所改善呢？更新后的独立路径如下：

Path1: 1-2, 3, 5, 7, 8, 11, 13-14, 15, 17-18, 19, 21, 23, 25, 26, 29, 30, 31, 32, 33, 35-36, 37, 38, 43

Path2: 1-2, 3, ***4,*** 11, 13-14, 15, 17-18, 19, 21, 23, 25, 26,29, 30, 31, 32, 33, 35-36, 37, 38, 43

Path3: 1-2, 3, 5, ***6,*** 11, 13-14, 15, 17-18, 19, 21, 23, 25, 26, 29, 30, 31, 32, 33, 35-36, 37, 38, 43

Path4: 1-2, 3, 5, 7, ***9-10,*** 11, 13-14, 15, 17-18, 19, 21, 23, 25, 26, 29, 30, 31, 32, 33, 35-36, 37, 38, 43

Path5: 1-2, 3, 5, 7, 8, 11, ***12,*** 15, 17-18, 19, 21, 23, 25, 26, 29, 30, 31, 32, 33, 35-36, 37, 38, 43

Path6: 1-2, 3, 5, 7, 8, 11, 13-14, 15, ***16,*** 19, 21, 23, 25, 26, 29, 30, 31, 32, 33, 35-36, 37, 38, 43

Path7: 1-2, 3, 5, 7, 8, 11, 13-14, 15, 17-18, 19, ***20,*** 29, 30, 31, 32, 33, 35-36, 37, 38, 43

Path8: 1-2, 3, 5, 7, 8, 11, 13-14, 15, 17-18, 19, 21, ***22,*** 29, 30, 31, 32, 33, 35-36, 37, 38, 43

Path9: 1-2, 3, 5, 7, 8, 11, 13-14, 15, 17-18, 19, 21, 23, ***24,*** 29, 30, 31, 32, 33, 35-36, 37, 38, 43

Path10:1-2, 3, 5, 7, 8, 11, 13-14, 15, 17-18, 19, 21, 23, 25, ***27-28,*** 29, 30, 31, 32, 33, 35-36, 37, 38, 43

Path11: 1-2, 3, 5, 7, 8, 11, 13-14, 15, 17-18, 19, 21, 23, 25, 26, 29, 30, 31, 32, 33, ***34,*** 37, 38, 43

Path12: 1-2, 3, 5, 7, 8, 11, 13-14, 15, 17-18, 19, 21, 23, 25, 26, 29, 30, 31, ***39-42,*** 43

(4) 第二次独立路径复查

对这些路径经过再次复查后可得到如下结论：

Path1: 最终得到点数为 7，该路径可行；

Path2: 最终得到点数为 11，却执行点数小于 10 的分支，该路径不可行；

Path3: 最终得到点数为 9，该路径可行；

Path4: 该路径包含语句 9, 10，必须同时包含语句 39-42，该路径不可行；

Path5: 最终得到点数为 9，该路径可行；

Path6: 最终得到点数为 5，该路径可行；

Path7: 最终得到点数为 10，却执行点数小于 10 的分支，该路径不可行；

Path8: 最终得到点数为 9，该路径可行；

Path9: 最终得到点数为 8，该路径可行；

Path10: 该路径包含语句 27, 28，必须同时包含语句 39-42，该路径不可行；

Path11: 最终得到点数为 7，却执行点数大于等于 10 的分支，该路径不可行；

Path12: 最终得到点数为 7，却执行不允许投保的分支，该路径不可行。

仍然存在 6 条不可行路径，其中，路径 Path4 和 Path10 是由于变量 insuranceValid 而形成的数据依赖性导致路径不可行，而不可行路径 Path2、Path7、Path11、Path12 是由于变量 ptAge、ptSex、ptMarriage 和 ptFeedPeople 在前面的判定节点中进行赋值，且它们共同决定 totalPt 的取值，进而决定最终是否能够投保，以及投保的保险费率。这里再次发生了数据依赖性问题。

(5) 第三次路径抽取

通过以上分析，为了得到可行的测试用例，在所有 6 条可行独立路径的基础上，通过对原有的不可行路径进行改造，补充 4 条路径后得到最终的路径集合如下：

Path1: 1-2, 3, 5, 7, 8, 11, 13-14, 15, 17-18, 19, 21, 23, 25, 26, 29, 30, 31, 32, 33, 35-36, 37, 38, 43

Path2: 1-2, 3, ***4,*** 11, 13-14, 15, 17-18, 19, 21, 23, 25, 26, 29, 30, 31, 32, 33, ***34,*** 35-36, 37, 38, 43

Path3: 1-2, 3, 5, ***6,*** 11, 13-14, 15, 17-18, 19, 21, 23, 25, 26, 29, 30, 31, 32, 33, 35-36, 37, 38, 43

Path4: 1-2, 3, 5, 7, ***9-10,*** 11, 13-14, 15, 17-18, 19, 21, 23, 25, 26, 29, 30, 31, ***39-42,*** 43

Path5: 1-2, 3, 5, 7, 8, 11, ***12,*** 15, 17-18, 19, 21, 23, 25, 26, 29, 30, 31, 32, 33, 35-36, 37, 38, 43

Path6: 1-2, 3, 5, 7, 8, 11, 13-14, 15, ***16,*** 19, 21, 23, 25, 26, 29, 30, 31, 32, 33, 35-36, 37, 38, 43

Path7: 1-2, 3, 5, 7, 8, 11, 13-14, 15, 17-18, 19, ***20,*** 29, 30, 31, 32, 33, ***34,*** 35-36, 37, 38, 43

Path8: 1-2, 3, 5, 7, 8, 11, 13-14, 15, 17-18, 19, 21, ***22,*** 29, 30, 31, 32, 33, 35-36, 37, 38, 43

Path9: 1-2, 3, 5, 7, 8, 11, 13-14, 15, 17-18, 19, 21, 23, ***24,*** 29, 30, 31, 32, 33, 35-36, 37, 38, 43

Path10: 1-2, 3, 5, 7, 8, 11, 13-14, 15, 17-18, 19, 21, 23, 25, ***27-28,*** 29, 30, 31, ***39-42,*** 43

由于语句(9, 10)与(39-42)及语句(27, 28)与(39-42)之间分别构成两组固定取值对，因此，满足所有判定分支至少执行一次的路径只有 10 条，是不满足测试的完备性和无冗余性的。

针对以上路径，每条路径至少设计一个测试用例，得到测试用例集合如表 6.6 所示(表中各输入条件的取值是按照等价类的思想，选择符合条件的正常值作为测试数据)。

表 6.6 针对第 3 次抽取的路径设计的测试用例

用例 ID	输入条件				预期输出	对应路径	备注
	age	sex	marriage	feedPeople	insuranceRate		
01	10	F	F	8	0.001	Path1	总点数为 7，小于 10
02	30	F	F	8	0.006	Path2	总点数为 11，大于 10
03	50	F	F	8	0.001	Path3	总点数为 9，小于 10
04	80	F	F	8	-1.0	Path4	年龄太大，不允许投保
05	10	T	F	8	0.001	Path5	总点数为 9，小于 10

续表

用例 ID	输入条件				预期输出	对应路径	备注
	age	sex	marriage	feedPeople	insuranceRate		
06	10	F	T	8	0.001	Path6	总点数为 5，小于 10
07	10	F	F	0	0.006	Path7	总点数正好等于 10
08	10	F	F	1	0.001	Path8	总点数为 9，小于 10
09	10	F	F	3	0.001	Path9	总点数为 8，小于 10
10	10	F	F	20	−1.0	Path10	抚养人数太多，不允许投保

2. 对判定的测试

在独立路径测试之后，针对判定表达式展开测试。

对判定节点之间的关系进行分析，结果如下：

(1) 判定结构(3, 5, 7)：判定节点 3、5、7 构成一个多分支的条件判定结构，该结构仅涉及变量 age，且各判定节点的取值为互斥；

(2) 判定结构(11)，(15)：判定节点 11 和 15 分别为两个两分支的条件判定结构，分别涉及变量 sex 和 marriage，这两个判定结构相互独立，无影响；

(3) 判定结构(19, 21, 23, 25)：判定节点 19、21、23、25 构成一个多分支的条件判定结构，该结构仅涉及变量 feedPeople，且判定节点取值为互斥情况；

(4) 判定结构(31, 33)：判定节点 31、33 构成嵌套的条件判定结构，分别涉及变量 insuranceValid 和 totalPt，其取值受到前面判定节点取值的影响。

对各个判定节点处的判定表达式进行分析，结果如下：

(1) 判定 3、5、7、21、23、25 的表达式均由多个简单判定条件构成，特别是判定节点 7 最为复杂，该表达式共含有 4 个基本的逻辑判断条件，并由“与”、“或”关系连接而成，应采用条件覆盖指标进行测试；

(2) 判定 11、15、19、31、33 的表达式均为简单判定表达式，采用判定覆盖指标测试即可。

由于采用结构化设计，因此，不妨将较为复杂的判定结构独立出来设计测试用例，当忽略各条件判定结构之间的影响性，而仅考虑每个条件判定结构内各判定节点间关联时，采用条件覆盖指标，针对判定结构(3, 5, 7)设计的测试用例如表 6.7 所示。

表 6.7 针对判定结构(3, 5, 7)的测试用例

输入	预期输出		判定分支的取值				
age	ptAge	insuranceValid	TA1	TA2	TA3	TA4	TA5
19	2	T	F	T	T	T T	
20	6	T	T	T	T	T T	
40	4	T	T	F	T	T T	
60	2	T	T	F	F	T	T
0	N/A	F	F	T	T	F T	
80	N/A	F	T	F	F	T	F

表中对各判定分支的规定如下：

TA1：age≥20

TA2：age≤39

TA3：age≤59

TA4：age>0

TA5：age<80

类似地，采用条件覆盖指标，针对判定结构(19, 21, 23, 25)设计的测试用例如表 6.8 所示。

表 6.8　针对判定结构(19, 21, 23, 25)的测试用例

输入	预期输出		判定节点						
feedPeople	ptFeedPeoople	insuranceValid	TF1	TF2	TF3	TF4	TF5	TF6	TF7
0	0	T	T	F	TF		F	F	T
1	−1	T	F	T	T	F	F	F	T
3	−2	T	F	TF		TF		F	T
4	−2	T	F	TF		F	TF		T
5	−3	T	F	TF		F	F	T	T
10	N/A	F	F	T	F	FFF			F

表中对各判定分支的规定如下(注意，TF3, TF4, TF5, TF6 互斥)：

TF1：feedPeople = 0

TF2：feedPeople >0

TF3：feedPeople≤2

TF4：feedPeople = 3

TF5：feedPeople = 4

TF6：feedPeople = 5

TF7：feedPeople<10

结合所有的判定节点，选择判定覆盖指标，最终设计的测试用例如表 6.9 所示(表中各输入条件的取值是按照边界值的原理，抽取符合条件的数据中的边界值作为测试数据)：

表 6.9　满足判定覆盖的人寿保险源代码的测试用例

用例 ID	输入条件				预期输出	备注
	age	sex	marriage	feedPeople	insuranceRate	
01	19	T	F	0	0.006	总点数为 12，大于 10
02	20	T	F	0	0.006	总点数为 16，大于 10
03	40	T	F	0	0.006	总点数为 14，大于 10
04	20	F	F	5	0.006	总点数为 11，大于 10
05	19	F	F	0	0.006	总点数等于 10
06	20	F	T	4	0.006	总点数等于 10
07	40	F	T	0	0.006	总点数等于 10
08	60	F	T	1	0.001	总点数为 7，小于 10
09	60	T	F	5	0.001	总点数为 9，小于 10
10	40	T	T	7	0.001	总点数为 9，小于 10
11	0	N/A	N/A	N/A	−1.0	年龄太小，不允许投保
12	80	N/A	N/A	N/A	−1.0	年龄太大，不允许投保
13	N/A	N/A	N/A	10	−1.0	抚养人数太多，不允许投保

3. 对白盒测试的思考

在白盒测试过程中，设计测试用例应注意以下方面的问题。

(1) 选择一种覆盖指标即可

在对路径或判定分别设计了测试用例后，无论是哪种指标，均可满足对判定节点的所有可能取值的完全覆盖。二者有所不同的是，在条件覆盖指标下，测试用例可覆盖到判定节点的所有简单判定条件的所有取值，覆盖更加全面；而在路径覆盖指标下(采用独立路径测试)，能保证部分路径的相对独立。总之，在白盒测试中，任选其中一种覆盖指标设计测试用例即可，但在设计测试用例时，最好结合边界值、等价划分的思想来选择测试数据，确保得到更好的测试覆盖。

(2) 考虑有意义的输入数据

无论是对判定的测试用例，还是根据路径设计的测试用例，当重新来审视这些测试用例时，不妨问问自己，这些测试用例真的有意义吗？如果这些测试用例都能够通过，真的可以放心地进入下一个开发和测试环节吗？

对路径的测试中，大量测试用例不具有现实价值。例如，表6.6中测试用例01的含义是：10岁未婚男性，抚养人数为8人，系统预期输出为0.1%，这组输入具有现实价值吗？类似地，测试用例05的含义是：10岁未婚女性，抚养人数为8人，系统预期输出为0.1%；用例06是：10岁已婚男性，抚养人数为8人，也都是这样的情况。

在对判定的测试中，情况有所改善。表面上看起来，表6.9中的测试用例相比似乎具有较为真实的含义，但在这13个测试用例中，发现：

① 3个用例是针对不允许投保的情况进行测试；

② 其他10个测试用例是计算保险费率的。其中：4个用例的抚养人数多于4人；7个用例是针对20岁及以下或60岁及以上的投保人；6个用例是针对未婚投保人。

从真实情况来讲，最有实力投保的通常是30岁到50岁之间的已婚人群，而设计的测试用例对这样的情况反而较少涉及，这与为了满足用户需求而展开测试的目的无疑背道而驰。从第1章开始就一直在强调，软件测试的最终目的是满足用户需求，测试人员除了从技术的角度设计测试，更应该充分理解需求，充分结合实际业务情况来设计测试用例，才能使设计的测试用例尽量贴近用户实际使用情况，以最大限度降低将软件系统交付给用户时隐含缺陷的风险。

(3) 不能发现所有的缺陷

利用测试覆盖指标设计测试用例只是一种较为严谨的测试方法而已，覆盖指标带给测试人员的是虚假的安全感，即使测试满足某个指定的覆盖指标，也无法保证发现所有的缺陷。事实上，以上测试并未发现程序中一个隐含的缺陷：关于feedPeople的有效性验证。请读者试着在原始代码的基础上做一点小的改动，以修复这个缺陷。

(4) 必须进行代码优化

从测试人员的角度来说，被测试的代码不允许随意改动，但从开发人员的角度来说，提倡在编写完成代码之后，先检查程序的结构和判定表达式，如果发现结构或判定表达式非常复杂，应对程序的实现逻辑进行改进，确保程序结构的简单和判定表达式的简洁。否则不仅使得测试异常困难，而且也增大了代码缺陷的风险。

人寿保险金案例的代码至少存在如下两方面的设计缺陷：

① 代码复杂，环复杂度达到12，给测试带来巨大的困难。

② 数据依赖性强，多个相互关联的判定结构导致大量不可行路径，造成路径测试异常困难。尽管该程序采用结构化设计，基本复杂度很低，这也无法消除数据依赖性所导致的测试复杂度。

上述缺陷也造成了测试工作的负担，从前述的测试用例设计可以看到这点。为了消除以上的代码设计缺陷，至少可采取如下措施：

① 引入较为复杂类型的变量，以减少变量的个数，降低代码结构的复杂度；

② 去掉部分中间变量，降低数据依赖性。

不妨自己动手尝试一下，看看修改后的代码是否真的便于测试了。

6.2.5　测试小结

人寿保险金问题与计算车险的保险金问题非常类似，所不同的是，其输入条件更多，对输入条件的取值要求更为严格，输出结果与输入条件的关联更为紧密。就测试来说，当源代码较长时，可采用独立测试的思想，将源代码中较为独立的结构化设计代码段抽取出来，单独设计测试用例，然后对整个代码设计测试用例，这样得到的测试不容易出错。

尽管人寿保险金问题也是一个函数层面的案例，然而，如果函数代码设计不合理，会对测试工作造成巨大的障碍，因此，白盒测试一般是要求程序员来完成的，主要目的是使得程序员带着测试的思想来编写代码，提高代码的质量，这样才能更有效地确保软件产品的质量。

6.3　信息采集系统案例实践

6.3.1　被测代码说明

信息采集系统基于面向对象的设计思想，采用 C++语言编写实现。从严格意义上来讲，应遵循面向对象的测试方法进行测试设计和执行，本章仅从白盒测试的角度，对代码中涉及的最核心的函数进行白盒测试，对面向对象的测试方法暂不讨论。

信息采集系统包括两个主要的界面：登录界面和主界面(见图 4.2、图 4.3)，分别对应对话框类 CLoginDlg 和 CStudentInfoSystemDlg，而为了完成数据文件的校验功能，涉及的主要方法描述如下。受篇幅所限，这些方法的详细代码不再列出。

(1) void CStudentInfoSystemDlg::OnBnClickedExportBtn( )。该方法是对系统主界面中的“校验并导出”按钮进行响应，并在该方法中通过调用 BeginCheck( )方法执行数据文件的校验。

(2) UINT CStudentInfoSystemDlg::BeginCheck(LPVOID Lpvoid)。该方法是对数据文件分别进行校验，若校验后发现无缺陷，则支持按规定格式进行数据文件的导出。

(3) bool CheckManager::DoCheck(vector<ErrorInfo *> &errorInfoArray)。该方法是对数据文件的格式和内容执行校验。

(4) bool ExcelReader::isExcelLegal(vector< ErrorInfo*> &errorInfoArray, CString picDir)。该方法用于判断 Excel 文件和照片文件的格式及内容是否合法。

(5) bool StudentInfo::isLegal(CString & errorStr)。该方法用于判断学生信息是否正确。

6.3.2　测试分析

暂且忽略类的测试，仅从白盒测试的角度来测试函数，为此，选择两个最复杂、最重要的函数 ExcelReader::isExcelLegal( )和 StudentInfo::isLegal( )来进行白盒测试实践。主要测试工作与保险金案例类似，不再赘述，需特别说明的是，在静态结构分析中，应围绕数据文件校验功能，得到各个函数的调用关系图，确定测试重点，并针对选中要测试的函数得到其函数控制流图，分析结构的合理性。

6.3.3　测试用例设计

1. 源代码走读

可以先自行对照本书提供的案例被测代码进行检查。

注意，bool ExcelReader:: writeExcel(CString path)方法是没有使用到的，该方法被正确地声明和定

义，但在信息采集系统的实际代码调用中完全没有用到，该方法只是一个测试程序，即测试是否可以将数据正确无误地写入指定路径的 Excel 文件中去。

下面选择 ExcelReader:: isExcelLegal()方法进行代码检查，将至少发现如下方面的问题：

(1) 该方法包含的代码行(不考虑注释)为 261 行，一般地，规定一段程序的代码行(含注释)应控制在 200 行以内，否则，该程序代码就认为是太复杂了，而本函数代码已经超过了 30%还多。

(2) 代码中包含多达 8 个 return 语句，导致程序的多出口，必然造成程序环复杂度高。

(3) 代码基本没有注释(提供给读者的版本是补充了注释的版本)，可维护性差。

(4) 存在大量相互关联的判定节点，如代码第 19 行的判定表达式为(first<0)，并在满足该表达式取真值时对 first 变量进行赋值，形如 first=filename.Find(_T("(")),紧接着在代码第 23 行继续判断 first 变量的取值，即 if(first<0)，这种相互关联的判定节点将为测试路径的设计带来很大的困难，尤其是在程序如此复杂的情况下更是如此。

对于这样的函数，需要进一步检查其结构设计，以确定代码优化的方案。

其他内容请读者对照常见缺陷检查表自行实践。

2. 程序结构分析

(1) 函数调用图分析

围绕数据文件校验功能，可得到各个类的方法之间的函数调用图如图 6.4 所示。

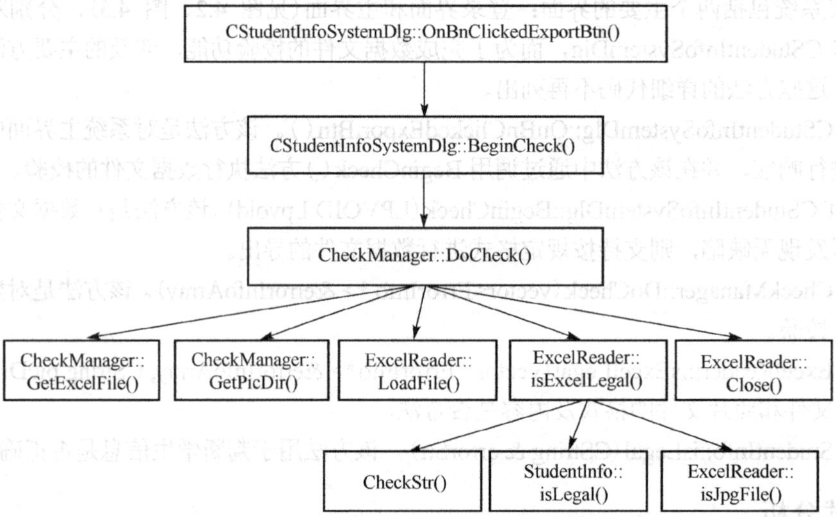

图 6.4 围绕数据文件校验功能的函数调用图

从该图可知，CheckManager::DoCheck()方法涉及的接口最多(涉及 6 个接口)，在集成测试中应优先测试。ExcelReader:: isExcelLegal()方法不仅涉及多达 4 个接口，而且该函数提供的功能也是最复杂的。StudentInfo::isLegal()方法尽管只涉及一个接口，但该方法是底层被调用的方法，其正确性对保证整个功能的正确性关系重大。这两个方法也应该是后续测试的重点之一。

(2) 函数控制流图分析

① StudentInfo::isLegal()方法的控制流图分析。StudentInfo::isLegal()方法的程序图如图 6.5 所示。由于控制流图太大，所以改用程序图进行绘制。图中具有阴影的节点表示判定节点，加粗的节点表示退出节点。

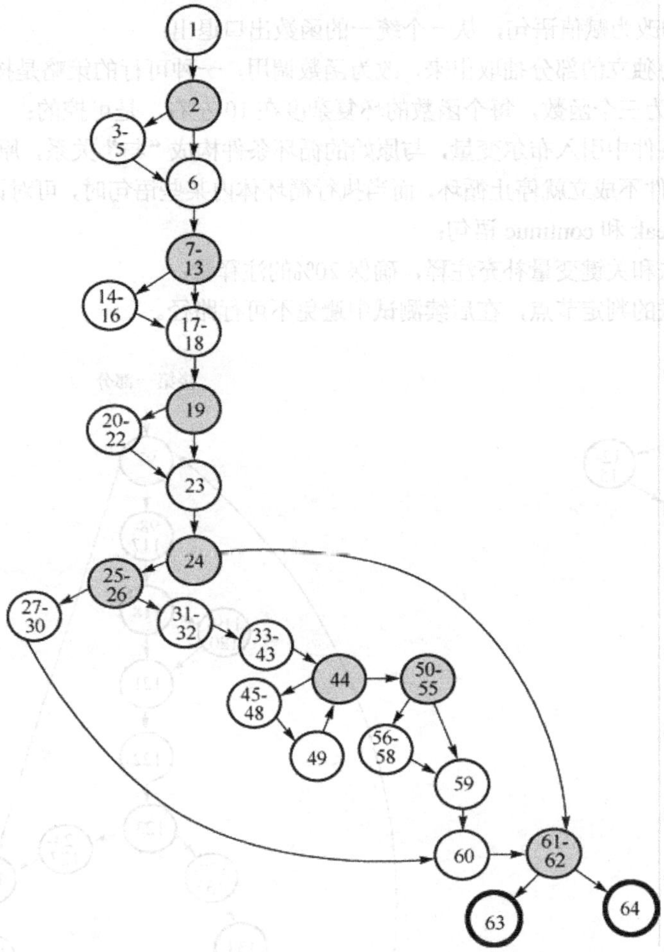

图 6.5　StudentI nfo::isLegal( )方法的程序图

从图中看出，程序的环复杂度为 9，语句数为 64 行，规模不大，且该方法对所有的判定均采用结构化设计，因此经化简后，基本复杂度仅为 2。且源代码中未使用 goto、break、continue 这类语句。从程序结构来看，该方法的设计是较为合理的。当然，在后续的测试中，仍然要注意是否存在判定节点的相互关联问题。

② ExcelReader::isExcelLegal( )方法的控制流图分析。ExcelReader::isExcelLegal( )方法的程序图如图 6.6 所示。同样地，图中具有阴影的节点表示判定节点，加粗的节点表示退出节点。

从该图可以看到，该方法的结构设计是非常不合理的，体现在如下方面：

- 第一、二部分和 A 节点程序图的环复杂度分别为 10、8 和 13，即 ExcelReader::isExcelLegal( )方法的环复杂度为 31，大大超过 10 的标准值。
- 大量使用 return 语句，导致函数出口数量多达 8 个，直接增加了结构的复杂程度。
- 频繁使用 break、continue 这类语句，其中包括 2 个 break 语句、4 个 continue 语句，造成大量非结构化设计，将该程序图中的结构化部分压缩后的结果见图 6.7，图中虚线节点表示压缩后的节点。该图表明，三部分的环复杂度分别仅降低了 2、3 和 4。

根据源代码静态检查和结构分析的结果，建议对该方法至少采用如下的改进方式：

● 将 return 语句改为赋值语句，从一个统一的函数出口退出；

● 将方法中较为独立的部分抽取出来，改为函数调用，一种可行的策略是按照图 6.5 所示的三部分进行代码改造，变为三个函数，每个函数的环复杂度在 10 左右，是可控的；

● 通过在循环条件中引入布尔变量，与原始的循环条件构成“与”关系，原始循环条件与该布尔变量中的任何一个条件不成立就停止循环，而当执行循环体内某些语句时，可对该布尔变量进行赋值，从而避免程序中的 break 和 continue 语句；

● 针对关键方法和关键变量补充注释，确保 20%的注释量；

● 关注相互关联的判定节点，在后续测试中避免不可行路径。

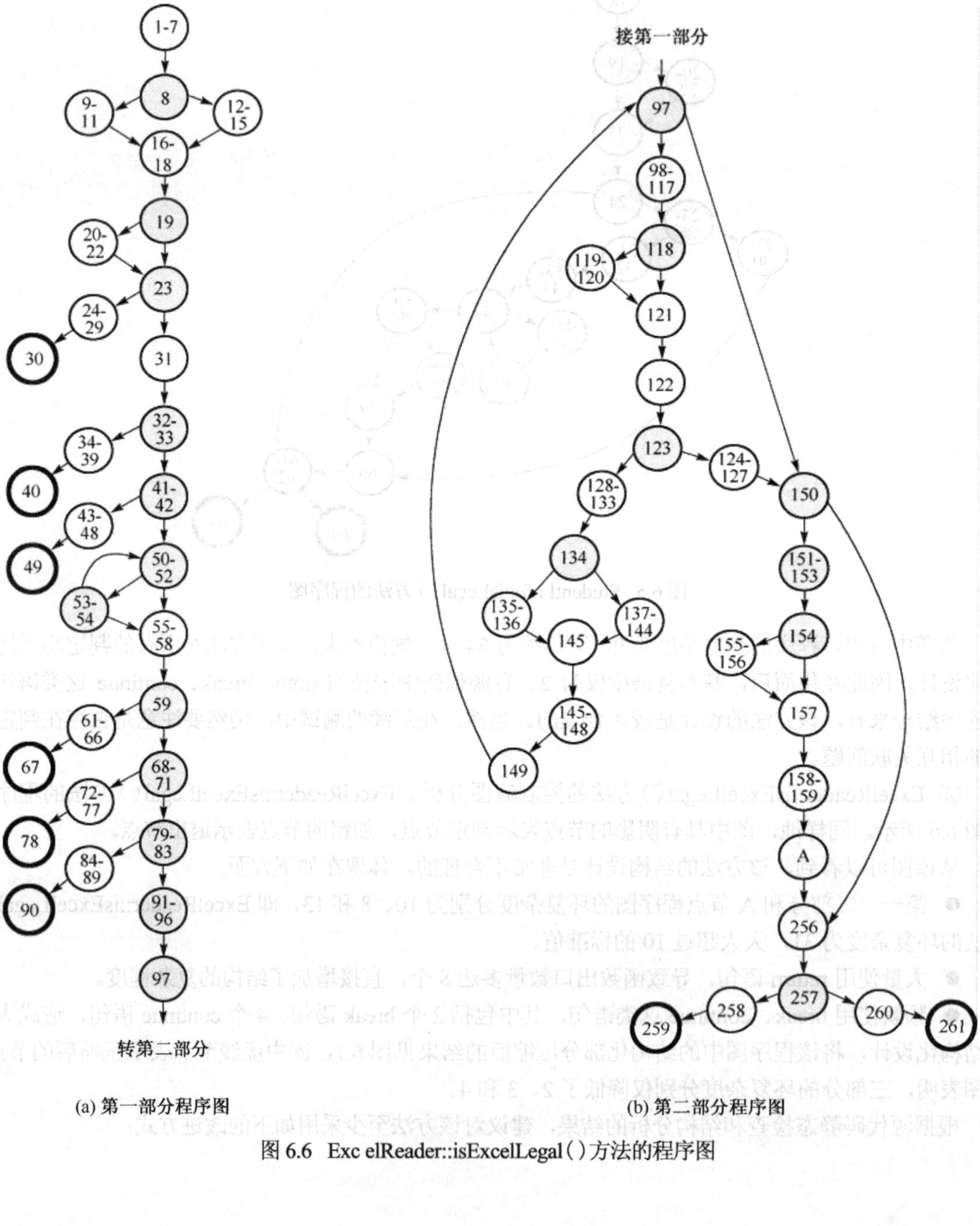

(a) 第一部分程序图　　　　(b) 第二部分程序图

图 6.6 Exc elReader::isExcelLegal( )方法的程序图

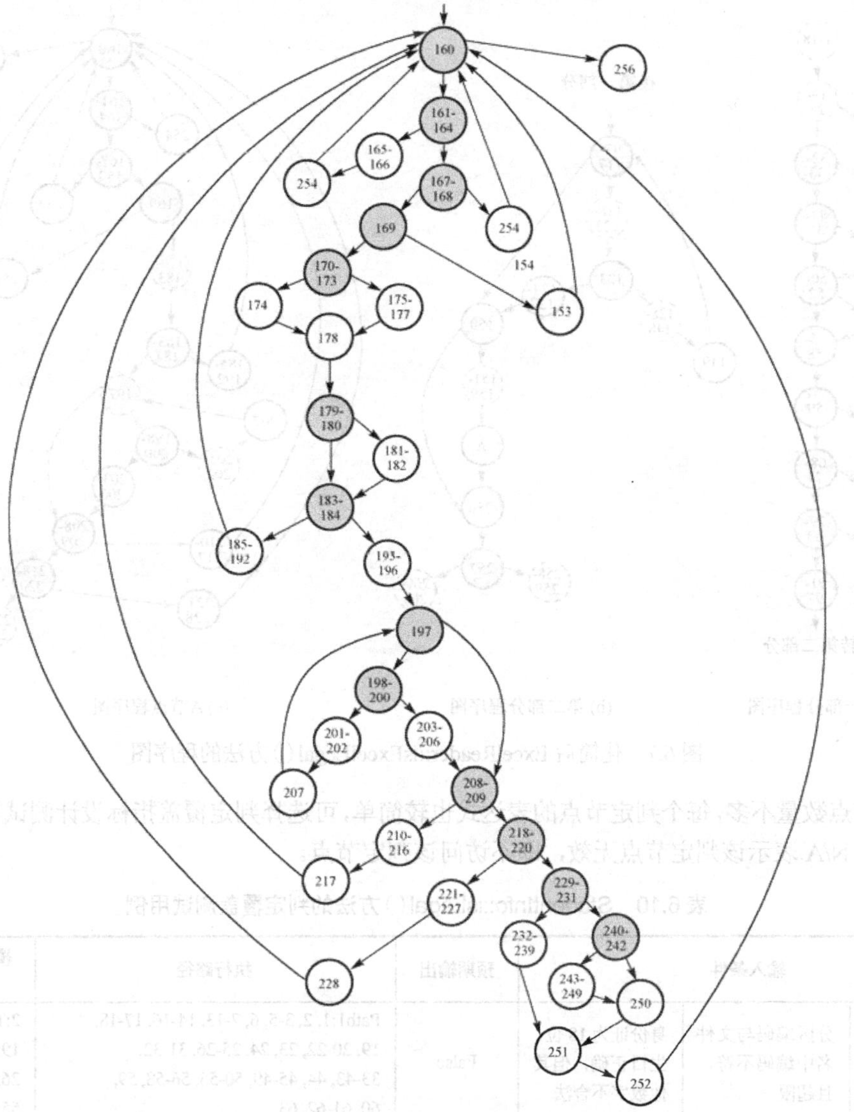

(c) A节点的程序图

图 6.6　Exc elReader::isExcelLegal( ) 方法的程序图(续)

3. 对 StudentInfo::isLegal( ) 方法的动态测试

(1) 对判定的测试

StudentInfo::isLegal( ) 方法包含 8 个判定节点，如下：

```
2    if(studentNum.GetLength( )!=13)// 判断学生证号长度是否合法
13   i f(str!=areaCode)
19   i f(cuAreaCode>15||cuAreaCode<1)// 学校的分区编码有错误
24   i f(id!=_T(""))// 判断身份证是否合法
26   i f(id.GetLength( )!=18)
44   for(int i=0;i<17;i++)
55   i f(the18Num!=strLastNum)
62   i f(isHasError)
```

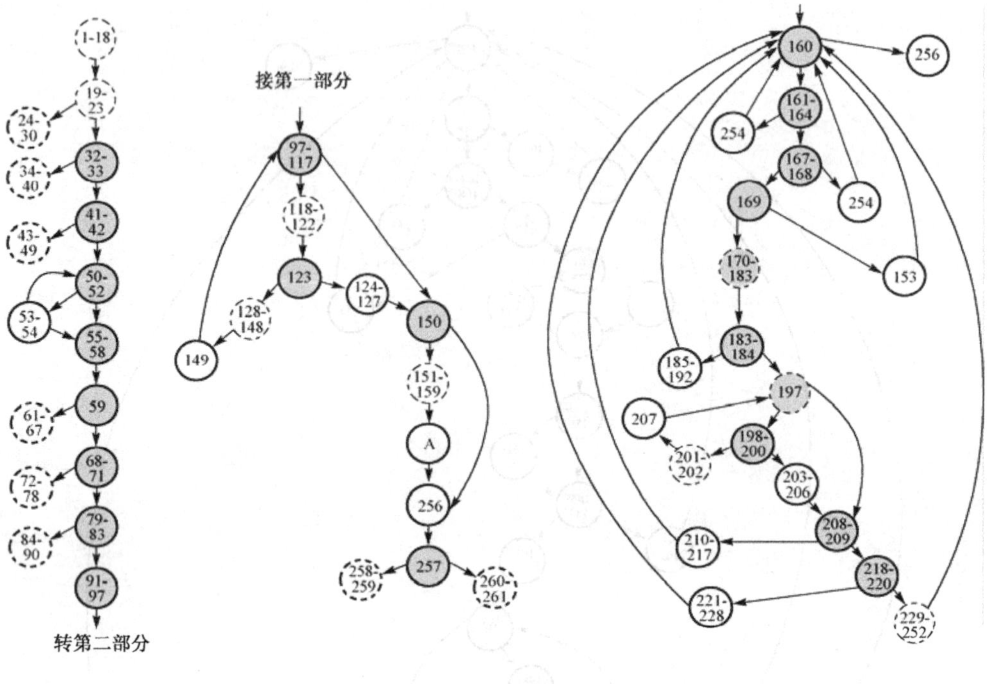

(a) 第一部分程序图　(b) 第二部分程序图　(c) A节点程序图

图 6.7　化简后 ExcelReader::isExcelLegal( )方法的程序图

判定节点数量不多，每个判定节点的表达式也较简单，可选择判定覆盖指标设计测试用例如表 6.10 所示，表中 N/A 表示该判定节点无效，即不访问该判定节点。

表 6.10　StudentInfo::isLegal( )方法的判定覆盖测试用例

输入条件			预期输出	执行路径	覆盖的判定节点及取值
学生证号非13位	分区编码与文件名中编码不符，且超限	身份证为18位，生日正确，但其他数字不合法	False	Path1:1, 2, 3-5, 6, 7-13, 14-16, 17-18, 19, 20-22, 23, 24, 25-26, 31-32, 33-43, 44, 45-49, 50-55, 56-58, 59, 60, 61-62, 63	2:T, 13:T, 19:T, 24:T 26:F, 44:T 55:T, 62:T
学生证号为13位	分区编码与文件名中编码相同，且未超限	身份证为空	False	Path2:1, 2, 6, 7-13, 17-18, 19, 23, 24, 61-62, 63	2:F, 13:F, 19:F, 24:F 26:N/A, 44:N/A 55:N/A, 62:T
学生证号非13位	分区编码与文件名中编码不符，且超限	身份证非18位	False	Path3:Path1:1, 2, 3-5, 6, 7-13, 14-16, 17-18, 19, 20-22, 23, 24, 25-26, 27-30, 60, 61-62, 63	2:T, 13:T, 19:T, 24:T 26:T, 44:N/A 55:N/A, 62:T
学生证号符合规范	分区编码与文件名中编码一致，且未超限	身份证号完全合法	True	Path4:1, 2, 6, 7-13, 17-18, 19, 23, 24, 25-26, 31-32, 33-43, 44, 45-49, 50-55, 59, 60, 61-62, 64	2:F, 13:F, 19:F, 24:T, 26:F, 44:T 55:F, 62:F

(2) 对路径的测试

该方法中包含的 8 个判定节点之间存在相互关联，对执行路径形成的约束关系如下：

① 当执行路径经过语句 3-5，或 14-16，或 20-22，或 27-30，或 56-58 时，必须包含语句 63，即当学生证号、分区编码或身份证号非法时，应返回 False；

② 当执行路径不经过所有以上语句时，必须包含语句 64，即当学生证号、分区编码一级身份证号合法时，应返回 True；

③ 所有经过语句 31-44 的路径，必须包含语句 45-49，即判定节点 44 对应的是一个固定次数的循环结构，必须执行完所有次数的循环。

根据该方法的程序图和上述约束关系，剔除不可行路径后得到的可行路径集合只有 8 条路径，其中，基础路径为表 6.10 中的 Path1，在该基础路径的基础上抽取其他 7 条路径，表 6.11 列出了与表 6.10 中不同的其他 4 条路径。

表 6.11　StudentInfo::isLegal( )方法的路径测试测试用例(补)

输入条件			预期输出	执行路径	覆盖的判定节点及取值
学生证号为 13 位	分区编码与文件名中编码不符，且超限	身份证为 18 位，生日正确，但其他数字不合法	False	Path5:1, 2, 3-5, 7-13, 14-16, 17-18, 19, 20-22, 23, 24, 25-26, 31-32, 33-43, 44, 45-49, 50-55, 56-58, 59, 60, 61-62, 63	2:F, 13:T, 19:T, 24:T 26:F, 44:T 55:T, 62:T
学生证号非 13 位	分区编码与文件名一致，但编码超限	身份证为 18 位，生日正确，但其他数字不合法	False	Path6:1, 2, 3-5, 6, 7-13, 17-18, 19, 20-22, 23, 24, 25-26, 31-32, 33-43, 44, 45-49, 50-55, 56-58, 59, 60, 61-62, 63	2:T, 13:F, 19:T, 24:T 26:F, 44:T 55:T, 62:T
学生证号非 13 位	分区编码与文件名中编码不符，但未超限	身份证为 18 位，生日正确，但其他数字不合法	False	Path7:1, 2, 3-5, 6, 7-13, 14-16, 17-18, 19, 23, 24, 25-26, 31-32, 33-43, 44, 45-49, 50-55, 56-58, 59, 60, 61-62, 63	2:T, 13:T, 19:F, 24:T 26:F, 44:T 55:T, 62:T
学生证号非 13 位	分区编码与文件名中编码不符，且超限	身份证号合法	False	Path8:1, 2, 3-5, 7-13, 14-16, 17-18, 19, 20-22, 23, 24, 25-26, 31-32, 33-43, 44, 45-49, 50-55, 59, 60, 61-62, 64	2:T, 13:T, 19:T, 24:T 26:F, 44:T 55:F, 62:T

(3) 对变量的测试

在该方法中找出所有变量及其各自对应的定义节点和使用节点，如表 6.12 所示。

表 6.12　StudentInfo::isLegal( )方法中所有变量的定义节点和使用节点

序号	变量	定义节点	使用节点	定义/使用节点
1	errorStr	5, 16, 22, 29, 58	16, 22, 29, 58	16, 22, 29, 58
2	isHasError	1, 4, 15, 21, 28, 57	62	无
3	studentNum	无	2, 10, 12	无
4	str	10, 12, 35, 37, 39, 46	11, 13, 36, 38, 40, 47	无
5	cuAreaCode	18	19	无
6	cuSchoolCode	无	无	无
7	startYear	11	无	无
8	areaCode	无	13, 18	无
9	id	无	24, 26, 35, 37, 39, 46, 53	无
10	ratio	33	48	无
11	newBirthday	36, 38, 40	38, 40, 41	38, 40
12	birthday	41	无	无
13	sum	42, 48, 50	48, 52	48
14	tmp	43, 47	48	无
15	the18Num	52	55	无
16	g_lastNum	无	52	无
17	strLastNum	53, 54	54, 55	54

根据该表可以发现，针对变量进行重点测试时，主要需关注的变量包括 ErrorStr、Str、newBirthday、sum 和 strLastNum，它们是存在非定义清除路径的。

同时可以发现，该段代码存在其他明显的定义/引用异常缺陷，说明如下：

① studentNum、areaCode、id、g_lastNum，这几个变量在本函数中没有定义，就直接使用了。需要注意检查该变量的命名空间，确定该变量是在何处进行初始化的。

② cuSchoolCode，该变量在本函数中进行了声明，但既没有赋值，也没有使用到。可能是一个多余的变量。

③ startYear、birthday，这几个变量在本函数中进行了定义，但并没有使用到，需注意检查这些变量的命名空间，判断这些变量是否需要在别处被使用，如果不需要，则也应是多余的变量。

4．对 ExcelReader::isExcelLegal( )方法的动态测试

对 ExcelReader::isExcelLegal()方法来说，一看到其庞大的代码行和结构复杂度，就已经没有勇气进行测试了。这时最好的方式是参照上面的建议对代码进行修改，然后再做测试。如果实在要硬着头皮测试的话，可以采用分层或分块的思想，将代码拆分为相对独立的几部分，按照独立测试的原则，分别对各个独立的代码段进行初步的测试，然后对整段代码进行测试。对于本例，可将源代码分为如图 6.5 所示的 3 部分，针对每部分分析各自的独立路径、判定等，并设计测试用例。但由于代码太多，测试设计是需要非常小心的。具体用例请参照对 StudentInfo::isLegal( )方法的测试自行设计。

6.3.4　测试小结

信息采集系统本身是一个系统层面的案例，与保险金案例最大的不同在于，它较多采用了面向对象的思想来设计和编码，在对代码的测试中应优先考虑面向对象开发的特性，该内容不在本书讨论的范围内。对于本例，仍采用传统的面向过程的测试方法设计测试用例。需要注意的是：应选择最复杂、最核心的方法进行测试设计。本例中选择了 StudentInfo::isLegal( )方法和 ExcelReader::isExcelLegal( )方法，进行白盒测试实践。从测试设计的内容来看，与前面的两个案例没有本质差别，最大的不同在于，程序员进行代码设计时可能不会考虑如何对自己的代码进行测试，这样写出的代码往往会过于庞大和复杂，非常不利于测试人员进行正确、完备的测试设计。

6.4　本章小结

本章在第 4 章的案例基础上，展开了相关白盒测试实践。通过多次实践，无论是面向过程的软件，还是面向对象的软件，在函数的层面上都需要使用白盒测试方法。而在使用白盒测试方法时，应首先对被测源代码进行代码走读和结构检查，判断代码是否需要进行结构和逻辑的优化；其次，选择合适的覆盖指标设计测试用例，对于较为简单的代码，可选择条件覆盖指标，对于较复杂的代码，可选择路径覆盖指标；最后，通过对变量的静态检查，找出可能存在定义/引用异常缺陷的变量，以及存在高风险的执行路径，进行补充测试。

思考与练习

1．当时间有限时，是优先进行黑盒测试，还是优先进行白盒测试？为什么？

2．当对代码进行测试时，若发现被测代码结构不合理，或过于复杂，测试人员能否修改代码结构？为什么？

3．具备良好的测试习惯能够帮助程序员提高代码编写的质量吗？

第三部分　软件测试应用

第7章　单元测试

内容提要

复杂的测试工作必须分阶段来完成，单元测试是3个主要测试阶段的基础，没有良好的单元测试就没有良好的测试。本章将以单元测试为例，介绍单元测试的过程。集成测试与系统测试的基本过程与单元测试类似，不同之处仅在于关注的对象不同，涉及的策略不同，对应的测试工作内容不同。本章将讨论与各测试阶段相关的几个重要的概念：驱动模块、桩模块、日构建、测试需求、回归测试，并结合具体的案例展示一个较为完整的单元测试的过程。

7.1　概述

单元测试(Unit Testing)是指对软件中的最小可测试单元或基本组成单元进行检查和验证。那么，如何定义这个最小可测试单元呢？一般地，一个单元应具有明确的功能定义、性能定义，以及连接其他部分的接口定义等，且应可以清晰地与其他单元区分开来。从某种意义上而言，单元的概念已经扩展为组件(Component)。具体来说，建议的单元选取原则如下：

(1) 对于C语言这类面向过程的开发语言来说，单元常指一个函数或子过程。在特殊情况下，若有几个函数之间具有强耦合性，导致函数关系非常密切，则应将这几个函数共同作为一个单元来测试。

(2) 对于C++、Java或C#这类面向对象的开发语言来说，单元一般指一个类。然而，某些基础类可能非常庞大，涉及大量属性和方法，甚至需要几个开发人员来编码完成，若将该类作为一个单元来测试并不合适，此时的测试将上升到集成测试的层面，并分为类内测试和类间测试。

(3) 图形化软件中，单元常指一个窗口或一个菜单。

7.2　单元测试的内容

当被测单元编译通过能正确运行后，就可以展开单元测试了。单元测试的内容包括静态检查和动态测试两方面，二者应结合起来使用，原因如下：

(1) 静态检查(尤其是静态代码分析)的结果适用于所有可能的运行情况，而动态测试总是针对特殊取值的测试，仅能测试到程序的特定属性，即保证被测组件在其测试平台上对于特定输入是有效的。

(2) 动态测试可以覆盖到程序的各种前置条件和后置条件组合情况，能真实反映程序在特定运行期的运转情况，并能说明执行的常用路径，大大超过同期静态分析所能达到的范围。

单元测试中应综合应用各种黑盒和白盒测试方法，其中，对被测单元功能的测试属于黑盒测试，而对模块代码所做的测试为白盒测试。

7.2.1 静态检查

静态检查主要是通过走查、审查等会议方式，依据模块的详细设计，将代码与缺陷检查表进行对照，查看代码是否符合标准和规范。

典型的静态检查主要是对模块局部数据结构的测试。局部数据结构是最常见的缺陷来源，检查局部数据结构可以保证临时存储在模块内的数据在代码执行过程中是完整和正确的。检查局部数据结构应考虑如下方面：

(1) 是否存在不正确、不一致的数据类型说明；

(2) 是否存在未初始化或未赋值的变量；

(3) 是否存在变量初始化或默认值错误；

(4) 是否存在变量名拼写或书写错误；

(5) 是否存在不一致的数据类型；

(6) 是否出现上溢、下溢或地址异常。

7.2.2 动态测试

完成静态测试之后还需运行程序，完成动态测试，主要包括对模块接口、模块边界条件、模块独立路径和错误处理进行测试。

(1) 模块接口测试

首先应考虑数据能正确地输入和输出，这是单元测试的基础，具体内容大致包括：

① 输入的实参与形参在个数、属性、量纲和顺序上是否匹配；

② 被测模块调用其他模块时，传递的实参在个数、属性、量纲和顺序上与被调用模块的形参是否匹配；

③ 是否存在与当前入口点无关的参数引用；

④ 是否修改了只做输入用的只读形参；

⑤ 全局变量在各模块中的定义是否一致；

⑥ 是否将某些约束条件作为形参来传递。

(2) 模块边界条件测试

边界条件可参考黑盒测试中的边界值测试方法，即在被测模块的输入域或输出域中寻找可能的边界点，在边界点附近抽取测试数据，根据单缺陷假设设计测试用例并展开测试。

(3) 模块中所有独立的执行路径测试

应对模块中每条独立执行路径进行测试，便于发现如下错误情况(具体方法见第5章)：

① 是否正确理解了操作符的优先次序；

② 是否存在被零除的风险；

③ 是否不满足运算精度要求；

④ 变量初值是否正确；

⑤ 是否存在错误的逻辑运算符或优先次序；

⑥ 关系表达式中是否存在错误的变量和比较符；

⑦ 是否存在不可能的循环终止条件，导致死循环；

⑧ 是否存在迭代发散，导致不能退出；

⑨ 是否错误修改了循环变量，导致循环次数多一次或少一次。

(4) 模块的所有错误处理路径测试

函数应具备良好的容错性，应考虑的内容主要包括：

① 输出的错误提示是否难以理解；

② 错误提示是否信息不足，导致无法定位发现的缺陷；

③ 显示的错误是否与实际遇到的缺陷不符合；

④ 是否存在不当的异常处理；

⑤ 是否存在无法按预先自定义的出错处理方式来处理的情况。

7.3 驱动和桩模块的设计

单元测试中，需要测试的模块数量很多，可采用自底向上、自顶向下或独立的测试策略来进行单元测试。一般地，独立的测试策略因易于操作、并行性高等优点，使用最为广泛。当采用独立测试策略时，不考虑每个被测模块与其他模块之间的关系，对每个模块独立进行单元测试设计和执行，而被测模块本身往往并非一个完全独立的模块，在函数调用图中可以看出，各个模块与其他模块是存在多个调用关系的，为了独立地执行单元测试，必须基于被测单元的接口为每个存在调用关系的模块开发桩或驱动模块。

7.3.1 驱动模块和桩模块的定义

1. 驱动模块和桩模块的概念

驱动模块(Driver)是模拟被测单元的上级模块，用于接收测试数据、启动被测模块和输出结果。

桩模块(Stub)是模拟被测单元所调用的模块。有时，需要使用子模块的接口，才能做少量数据操作，并验证和打印入口处的信息，然后返回。桩模块不包含原模块的所有细节。

由驱动模块和桩模块搭建的某个被测单元的单元测试环境如图 7.1 所示。

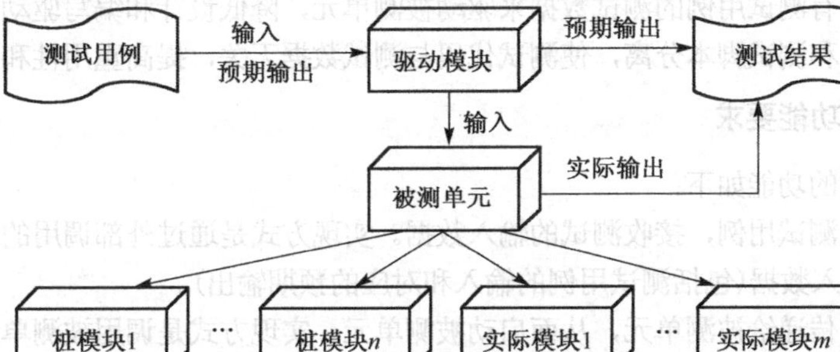

图 7.1 单元测试环境

图中的测试用例是概念意义上的测试用例，它可以文档形式提供数据，也可以数据库或其他形式的数据源提供数据，主要作用在于向驱动模块提供输入值和预期输出，驱动模块接收输入值传递给被测单元，并调用被测单元，将得到的实际输出与从测试用例获取的预期输出进行比较，并根据指定精度判断测试结果为通过或失败。

当被测单元需调用多个模块才能完成本模块的功能时，需对每个未经单元测试的被调用模块开发桩模块(对应图中桩模块 1～*n*)，而那些已经过单元测试或不需要进行单元测试的模块则不需要开发桩模块，直接用实际的模块即可(对应图中实际模块 1～*m*)。编写和执行单元测试时，需在被测单元代码中将开发完成的桩模块替代原始实际模块。

图中的驱动模块在此更多地等同于测试驱动程序，即用于调用被测单元和检验测试结果的程序，本书所提到的驱动模块均指测试驱动程序，不再单独说明。

2. 驱动模块和桩模块的适用条件

驱动模块和桩模块是为了对单元进行测试而引入的额外代码，当存在驱动模块和桩模块时，原始被测单元的代码也需要进行修改，以在单元测试中调用桩模块。因此，不需要也不应该将这些代码与最终要交付给用户的产品代码混在一起，而且在保证测试质量的前提下，应尽量避免开发驱动模块和桩模块，以降低额外的测试工作量。

当被测单元所调用的某个模块较简单时，如代码段很短，代码结构简单，无复杂的循环和逻辑判断，不涉及复杂的动态内存分配和释放，无大量非结构化设计等，则不需要专门设计桩模块，可以直接与被测单元放在一起执行测试。然而，当被测单元较为复杂时，需要利用驱动模块和桩模块构建测试环境，运行程序。

7.3.2 驱动模块和桩模块的设计

1. 设计原则

驱动模块和桩模块的一般设计原则如下：

(1) 应考虑到测试结论的有效性决定于单元测试环境下模拟目标环境(程序)执行的精确度，即设计驱动模块和桩模块时应能考虑到测试用例执行所应满足的所有环境因素(前置条件、后置条件等)；

(2) 应充分考虑到测试过程的迭代性，使驱动模块和桩模块在回归测试中尽量能不经修改直接使用，提高重用性，进而提高回归测试效率。

这些原则具体体现在如下方面：

(1) 尽量结合已有的测试用例来设计测试数据，使桩模块在最重要的功能和数据上实现对原始模块的正确模拟；

(2) 尽量使用已有测试用例的测试数据来驱动被测单元，降低设计和编写驱动模块的工作量；

(3) 将测试数据和测试脚本分离，使测试代码与测试数据无关，提高重用性和灵活性。

2. 驱动模块的功能要求

驱动模块需完成的功能如下：

(1) 利用已有的测试用例，接收测试的输入数据。实现方式是通过外部调用的方式从数据文件或外部数据源中依次读入数据(包括测试用例的输入和对应的预期输出)。

(2) 将测试数据传递给被测单元，从而启动被测单元。实现方式是调用被测单元，同时利用参数传递将输入数据传给被测单元。

(3) 打印和输出测试用例的相关结果，判断测试是通过还是失败。即利用结果的比较加以判断，在允许的误差条件下，一致的结果表明测试通过，否则视为测试失败。执行结果可以直接输出到屏幕，也可以保存到指定的外部文件中。

(4) 通过测试日志文件记录测试过程，便于后续数据保存和分析。日志文件中应能区分被测对象、测试用例的基本信息、测试执行结果是否通过、失败用例的具体错误信息、测试用例通过率等内容。

3. 桩模块的功能要求

桩模块需完成的功能如下：

(1) 在特定条件下完成原单元的基本功能。即针对特定的输入可以输出正确的结果。注意：这里所谓的完成功能其实并非真正在模块内部去执行某些复杂的逻辑判断或计算过程，而是简单地批量“打印”而已，只针对测试用例的一组输入直接返回预期输出。

(2) 能够被正确调用。即符合正确的输入条件，在个数、参数类型、参数顺序等方面与被模拟单元完全一致。

(3) 有返回值。若有返回值，则应针对特定输入返回与被模拟单元完全一致的结果。

(4) 不包含原单元的所有细节。原单元的输入情况可能是无限多的，所谓模拟意味着仅挑选其中典型的输入(如边界)，给出已知的输出结果。

7.3.3 捉虫实践 1：账单计算问题的驱动设计

通过一个账单计算的案例来看看基本的单元测试驱动程序是如何实现的。

1. 问题描述及代码说明

账单优惠计算问题主要是根据账单的消费数额大小，给予不同程度的折扣优惠，具体折扣优惠规则为：

(1) 当账单上一次性消费数额为负数或零时，返回负数表示消费数额无效；

(2) 当账单上一次性消费数额在 800 元到 1800 元之间时(不含 800 元，但包含 1800 元)，为 9 折；

(3) 当账单上一次性消费数额在 1800 元到 4800 元之间时(含 4800 元)，为 8 折；

(4) 当账单上一次性消费数额在 4800 元以上时(不含 4800 元)，一律为 7 折；

(5) 当账单上的消费数额无效时，程序应提示消费数额无效。

受篇幅限制，根据上述问题描述编写的程序代码附在本书教学资源包内。

2. 程序编译执行

首先对该段程序进行编译，由于没有语法错误，因此编译通过。

接着运行程序，随便输入几个数值，如-300、600、1000、5000 等，观察程序执行结果，查看结果是否符合预期。

3. 测试用例设计

首先从黑盒的角度设计测试用例，不妨采用等价类测试和边界值测试方法，得到的测试用例如表 7.1 所示。

表 7.1　账单计算问题的测试用例

测试用例 ID	输入(amount)	预期输出(amount)	备注
RA-UT-001	400.0	400.0	amount 在等价类(0,800]中，无折扣
RA-UT-002	1300.0	1170.0	amount 在等价类(800, 1800]中，折扣 0.90
RA-UT-003	3300.0	2640.0	amount 在等价类(1800, 4800]中，折扣 0.80
RA-UT-004	8000.0	5600.0	amount 在等价类[4800, +)中，折扣 0.70
RA-UT-005	0.0	-1.0	边界点 0 附近的测试数据，实际输出为 0.0
RA-UT-006	1.0	1.0	边界点 0 附近的测试数据
RA-UT-007	799.0	799.0	边界点 800 附近的测试数据，无折扣
RA-UT-008	800.0	800.0	边界点 800 附近的测试数据，无折扣
RA-UT-009	801.0	720.9	边界点 800 附近的测试数据，折扣 0.90
RA-UT-010	1799.0	1619.1	边界点 1800 附近的测试数据，折扣 0.90

续表

测试用例 ID	输入(amount)	预期输出(amount)	备注
RA-UT-011	1800.0	1620.0	边界点 1800 附近的测试数据，折扣 0.90
RA-UT-012	1801.0	1440.8	边界点 1800 附近的测试数据，折扣 0.80
RA-UT-013	4799.0	3839.20	边界点 4800 附近的测试数据，折扣 0.80
RA-UT-014	4800.0	3840.0	边界点 4800 附近的测试数据，折扣 0.80
RA-UT-015	4801.0	3360.7	边界点 4800 附近的测试数据，折扣 0.70
RA-UT-016	−1.0	−1.0	无效数据的处理，实际输出为−10.0
RA-UT-017	−10.0	−1.0	无效数据的处理

其次，选择路径覆盖指标来评价所设计的测试用例。图 7.2 给出了函数 FuncRevenueAccount( )的程序图。

图中显示，程序环复杂度为 6，对应 6 条路径，但因子路径 8→10→12 和 8→10→11 永远不可能执行到，实际只有 4 条可执行路径，测试用例 RA-UT-001 到 RA-UT-004 可以实现对这 4 条路径的覆盖：

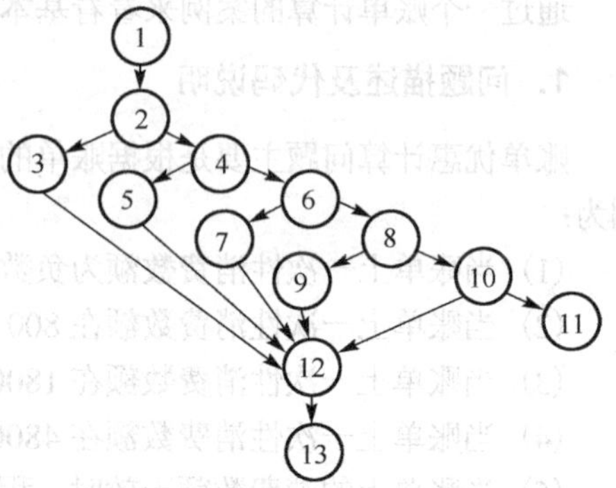

图 7.2　函数 FuncRevenueAccount( )的程序图

Path1: 1, 2, 4, 5, 12, 13(对应测试用例 RA-UT-001)

Path2: 1, 2, 4, ***6***, 7, 12, 13(对应测试用例 RA-UT-002)

Path3: 1, 2, 4, 6, 8, ***9***, 12, 13(对应测试用例 RA-UT-003)

Path4: 1, 2, 4, 6, 8, ***10***, 11(对应测试用例 RA-UT-004)

这时会发现一个有趣的现象，若采用判定覆盖，则程序中共包含 10 个分支，而设计的测试用例仅覆盖其中的 7 个分支，还有 3 个分支不可能覆盖，即语句 8 的取假分支、语句 10 的取真和取假分支。由此得到结论，设计的测试用例可满足路径覆盖指标，却不能满足判定覆盖指标。而在一般情况下，路径覆盖是包含判定覆盖的，如第 5 章白盒测试总结中给出的覆盖指标树所示。在一般情况下，更强的覆盖指标相比弱的覆盖指标的查错能力更强一些，但当程序设计有错，或者设计不合理时，就会出现测试用例可以覆盖强指标却无法覆盖弱指标的情况，因此，测试覆盖指标与覆盖指标的纠错能力之间并无对等关系，弱的覆盖指标可能发现强指标发现不了的缺陷，应根据被测对象的实际情况选用适当的覆盖指标。

4．测试驱动开发

本例中，测试驱动程序应具体实现的功能如下：

(1) 设置统计和记录程序执行结果所需的局部变量。

(2) 打开存储测试用例相关信息的数据文件。

(3) 读入一批测试用例，对于每个测试用例：

① 读入基本信息并显示出来，包括测试用例的 ID、输入数据、预期输出；

② 利用测试用例来驱动(调用)被测函数；

③ 显示测试用例的实际输出，经与预期输出比较后，判断该用例是否通过，并显示比较结果，同时将执行结果输出到结果记录的日志文件。

(4) 统计这批测试用例的执行情况，如执行率、通过率、失败率等。

据此可编写测试驱动程序，代码如下。

```
Void DriverofFuncRevenueAccount( )
{
```

```
    printf("这是对 FuncRevenueAccount 的测试\n");
    int tcPassNum = 0; // --------1. 设置局部变量--------
    int tcFailNum = 0; // 存储通过和失败的测试用例总数
    FILE* pFpFrom = NULL; // 数据文件的指针，存储测试用例的基本信息
    FILE* pFpTo = NULL; // 记录测试用例执行结果的文件的指针
    char* DataFileName = "TCData1.txt";// --------2. 打开数据文件，准备读取测试用例的数据----------
    pFpFrom = fopen( DataFileName, "r" );
    if( !pFpFrom ) {
        printf( "读取数据失败，返回\n" );
        return; }
    char* DataFileTestResultName = "FuncRevenueAccountTestResult.txt";// 打开数据文件
    pFpTo = fopen( DataFileTestResultName, "w+t" );
    if( !pFpTo ) {
        printf( "打开文件失败，返回\n" );
        return; }
    fprintf( pFpTo, "----------对函数 FuncRevenueAccount 的单元测试结果------------\n" );
    int TCID = 0; // -----------3. 执行测试用例，记录测试结果-----------
    double originalAmount, expectedOutcome, actualOutcome; // 测试用例的输入、预期输出和实际输出
    printf( "对函数 FuncRevenueAccount 展开单元测试\n" );
    while( !feof(pFpFrom) ) {// 不断读取每个测试用例的数据
        fscanf( pFpFrom, "%d ", &TCID ); // 读入测试用例的 ID
        fscanf( pFpFrom, "%lf ", &originalAmount ); // 读入测试用例的输入
        fscanf( pFpFrom, "%lf ", &expectedOutcome );// 读入测试用例的预期输出
        actualOutcome = FuncRevenueAccount( originalAmount );// 执行测试用例
        printf( "测试用例%d: 输入%lf, 预期输出%lf, 实际输出%lf, ", TCID, originalAmount,
              expectedOutcome, actualOutcome );
        if( fabs(actualOutcome-expectedOutcome) < 1e-6 ) { // 若测试用例通过，则记录通过的用例总数
        t     cPassNum ++;
        printf      ( "通过\n" );
        fprintf      ( pFpTo, "测试用例%d: Pass\n", TCID ); // 将测试用例的执行结果存入结果文件
        }else{
        tcFailNum       ++;
        printf       ( "失败\n" );
        fprintf       ( pFpTo, "测试用例%d: Fail\n", TCID ); // 将测试用例的执行结果存入结果文件 }
    }
    fclose( pFpFrom );// 关闭测试用例数据文件
    printf( "共执行%d 个测试用例，其中%d 个通过，%d 个失败\n", tcPassNum+tcFailNum, tcPassNum,
        tcFailNum ); // -----------4. 统计测试结果-----------
    fprintf( pFpTo, "共执行%d 个测试用例，其中%d 个通过，%d 个失败\n", tcPassNum+tcFailNum,
        tcPassNum, tcFailNum );
    fclose( pFpTo );// 关闭结果记录文件
}
```

在主函数中调用该测试驱动程序即可执行测试。本例中采用记事本来记录测试用例的基本信息，数据文件 TCData1.txt 中每行数据依次对应：测试用例 ID、测试用例的输入值、测试用例的预期输出值，具体内容如图 7.3 所示。

5. 测试执行

测试用例执行之后的结果存储在测试日志文件中，不妨仍用记事本存储。对于本例，日志文件FuncRevenueAccountTestResult.txt 的内容如图 7.4 所示。

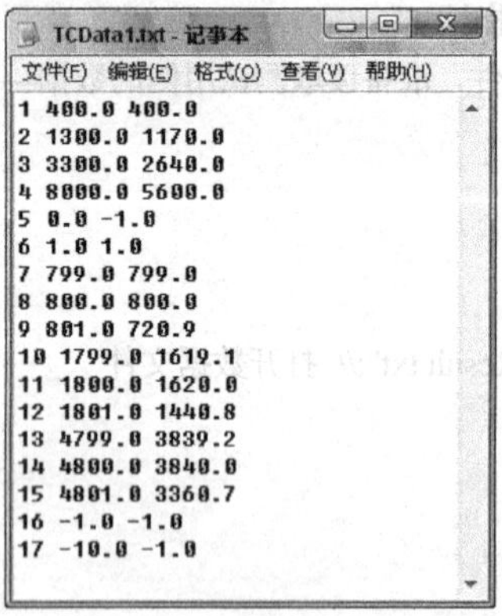

图 7.3 测试用例信息

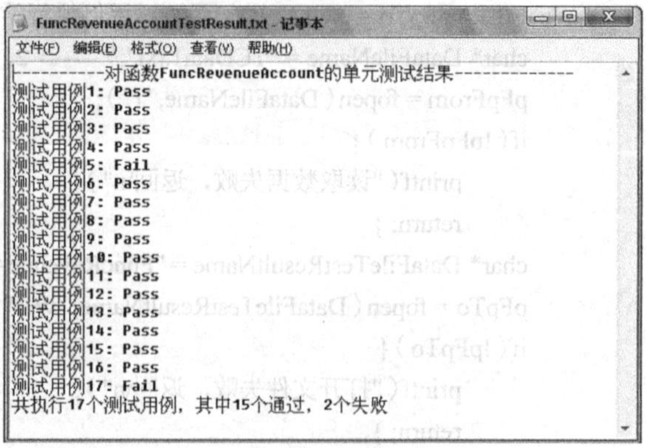

图 7.4 测试结果

从以上结果中可以看出，共执行了 17 个测试用例，通过率为 88.2%。请读者自行对照源代码进行查错。

6. 测试分析

在本次单元测试实践中实际是存在问题的，体现在如下方面。

(1) 虚假的安全感。测试用例 16 的正确执行路径是沿着 Path5 执行，并返回-1.0，而实际因代码存在缺陷，导致不可能执行到语句 10，而是沿着路径 Path1 执行，结果正好也是返回-1.0。表面上看起来，用例 16 的实际输出与预期输出相同，判定为用例通过，事实上只是巧合而已。这也从另一方面说明仅进行黑盒测试是不够的，还应针对源代码本身展开白盒测试。

(2) 静态测试先行。在对代码执行测试之前，应优先进行静态检查，这样应该可以检查出语句 2 的缺陷，这比通过动态测试发现缺陷要更加直接和快速。要养成这样的好习惯，不要过度依赖动态测试，动态测试从经济的角度来看，其实是很耗费资源和时间的。

(3) 测试用例评审。在设计测试用例后，应对其进行评审，判断是否有漏洞、冗余，是否能体现其有效性，这样才能有效避免虚假的测试用例通过率。

(4) 测试日志文件尽量简洁。本例中的测试日志文件过于详细，冗长的信息容易导致忽略掉那些失败的测试用例。一般地，在正式的测试中，只有少数测试用例不通过，因此可以在日志文件中仅记录失败用例的详细信息，使得测试日志重点更加突出，也不易漏掉失败的用例。

7.4 测试需求分析

在系统开发的早期中，需要进行需求分析，撰写 SRS，相应地，在测试的早期，也需要进行测试需求分析，这是整个软件测试活动的基础。

7.4.1 测试需求概述

关于测试需求，很多人都在提这个概念，但它似乎不是一个规范的概念，因为在官方权威机构找不到关于测试需求的明确规定，因此，目前关于测试需求的定义和理解尚未达成共识。最典型的几种认识如下：

(1) Jackei 认为，测试需求就是测试范围，其表现形式并不限于表格或文本，关键遵循一个基本原则：每个测试需求仅包含一项测试内容，且应采用容易理解的自然语言来描述。

(2) Brian Marick 认为，测试需求就是指明测试什么的规格说明，它描述了测试系统的行为、特性或属性，是在测试过程中对测试的约束。

(3) SAP ABAPer 认为，测试需求就是测试设计，目的是细化测试计划中描述的测试方法，确定要包含的特性和测试，确定完成测试所需的测试用例和测试规程，最后给出测试失败和通过的标准。

(4) 也有人认为，测试需求是根据程序文件和质量目标对软件测试活动所提的要求，即对测试所做的一定程度的限定，使测试成本和质量在一定程度上达成妥协。

笔者更认可 Brian Marick 的观点，并将从该角度讨论关于测试需求的定义及其分析与管理。

7.4.2　测试需求的定义

在软件开发过程中，有多种类型的需求，其中：

(1) 用户需求用于描述用户使用产品必须要完成的任务，是软件开发活动中最基本的需求。

(2) 系统需求用于描述软件设计和编程人员必须完成的任务，系统分析员通过分析用户需求，才能将用户需求转变成开发设计人员看得懂的系统需求。

(3) 测试需求用于描述软件测试人员必须完成的任务，测试工程师通过分析系统需求，产生测试需求，作为测试活动的指导。

因此，可将测试需求看做系统需求与测试用例之间的桥梁，即先从系统需求中提取测试需求，然后针对测试需求进行逐步细化，并设计测试用例。

7.4.3　测试需求的属性

测试需求的属性包括：

(1) ID。用于唯一标识一个测试需求，可采用形如“REQ-A 系统-B 模块-001”的编码方式。

(2) 所属功能模块名。用于说明该测试需求所对应的功能模块或子系统的名称。

(3) 评审状态。用于测试需求的跟踪，一般包含创建、变更、评审三种状态。

(4) 重要性。用于度量测试需求的重要程度，可根据该测试需求所对应的业务需求的重要性进行度量，重要性的设定是一种客观评价，一般包含如下 4 种级别：

① 核心：针对必不可少的业务需求及核心业务流程，该级别的测试需求在产品发布前必须测试通过，否则用户将不会签字验收通过；

② 重要：针对关键功能需求和重要的非功能需求及业务流程，该级别的测试需求在产品发布前也必须测试通过，否则将影响客户满意度；

③ 一般：针对满足特定用户或业务需求的功能，该级别的测试需求不会对客户满意度造成太大的影响，是否通过测试不会影响到产品的发布；

④ 可选：指一般测试需求，受资源、时间约束无法按期验证的测试需求。

(5) 稳定性。用于表明该测试需求在测试实施过程中可能发生变更的概率，对测试需求稳定性影响最大的因素一般是业务需求的变化，通常包含高、中、低三种级别。

(6) 工作量。用于表明后续测试实施过程中，为完全覆盖该测试需求而需要的工作量，主要与该测试需求对应的业务需求复杂程度及业务流程繁简程度相关，一般采用百分制。

(7) 优先级。用于表明该测试需求实施的优先次序，需结合“重要性”、“稳定性”和“工作量”3 个属性来设定，优先级的设定是一种主观评价，一般包含高、中、低 3 种级别。

(8) 需求版本。用于记录该测试需求对应的测试版本号。

(9) 功能点描述。用于描述该测试需求对应的业务功能，一个测试需求仅对应一个功能点。

(10) 业务规则描述。用于描述与该测试需求相对应业务功能的逻辑约束，可采用R1～R9进行编号。业务规则可从需求描述中的备注或例外情况来获取。

(11) 创建人。用于记录该测试需求的创建人。

(12) 创建日期。用于记录该测试需求的创建日期。

7.4.4 测试需求的分析

测试需求的分析过程是用户需求→系统需求→测试需求的过程，说明如下。

(1) 用户定义业务需求

用户提出的用户需求是较为笼统的。例如，UR1 能上网缴电话费。

(2) 系统分析师提取系统需求

系统分析师通过分析用户需求，将其转换为便于开发人员理解的系统需求，是在技术层面上对用户需求的分析，将用户需求分解成若干功能点，所有功能点应100%覆盖用户需求。

例如，针对UR1可分解为如下的系统需求：

① SR1 登录缴费系统：要求加密传输，密码不少于6位等；

② SR2 输入电话号码：要求验证号码的正确性；

③ SR3 查询特定的电话费：查询结果中要包含各类明细；

④ SR4 缴费：要求连接网上银行页面，且应根据不同商业银行的网银，做不同的判断；要明确显示缴费结果。

(3) 测试人员提取测试需求

测试分析师应对照系统需求，分析测试需求，所有测试需求应100%覆盖系统需求。

例如，针对SR1，可分析得到如下的测试需求：

① TR1-1 登录成功：要求对合法用户能成功登录缴费系统；

② TR1-2 登录失败：要求应识别非法用户，阻止其登录缴费系统，并给出错误提示。

(4) 测试工程师设计测试用例

根据测试需求，测试工程师应将其细化为具体的测试用例。所有测试用例应100%覆盖测试需求。

例如，针对SR1，可分析得到如下的测试用例：

① TC1-1-1。

输入正确的用户名huior，正确的密码987654，正确的验证码HA3F。

预期结果：用户名、密码、验证码全部正确，成功登录缴费系统，进入欢迎界面。

② TC1-2-1。

输入不存在的用户名huior_error，错误的密码123456，正确的验证码HA3F。

预期结果：系统给出错误提示“用户名不存在”，并返回登录界面。

③ TC1-2-2。

输入正确的用户名huior，错误的密码123456，正确的验证码HA3F。

预期结果：系统给出错误提示“密码错误”，并返回登录界面。

④ TC1-2-3。

输入正确的用户名huior，正确的密码987654，错误的验证码HA2B。

预期结果：系统给出错误提示“验证码错误”，并返回登录界面。

7.4.5　应注意的问题

测试需求的提取从业务需求中分解得到，从整个项目目标开始，逐步从每个业务需求中对应抽取一条或多条测试需求，对每个测试需求再进行细化，得到一个有关测试需求的树形结构。提取测试需求时，最应注意的是隐式需求，包括如下方面的内容。

(1) 用户隐式的需求

用户隐式的需求是指软件系统应遵守的规范或规则，但在 SRS 中并未明确加以描述的需求，例如行业规范、业务规则、原有系统已实现的约定俗成的操作或功能等，设计人员往往认为开发团队应该了解这些规范或规则，为了节省时间而并未在需求中明确描述这些需求。测试人员根据 SRS 提取测试需求时，很可能会遗漏这些规范或规则，并导致这些隐式需求缺乏对应的测试用例，一旦开发团队并未遵守这些规范进行代码编写，必然导致软件缺陷，并成功地绕开测试而流到用户手中。

(2) 计算机领域的规范或习惯

业务需求主要集中于对用户特有的功能和性能要求，以及用户特殊的业务流程进行描述，通常无法精确地描述计算机领域的一些规范或习惯，特别是涉及易用性等方面的需求。例如，当某个输入项涉及有限个取值时，且取值非常明确时，如性别的输入只有“男”、“女”两种取值，一般建议采用下拉列表框，而非普通的编辑框；再如，进入某系统界面时，应在用户最有可能输入的输入位置默认提供输入焦点，以方便用户使用，而不需要用户在进入系统界面后用鼠标单击输入位置才能执行输入功能。对于这类需求，如果需要全部在 SRS 中描述，文档编写的工作量太大，因此，一般依赖于程序员自己根据需要来确定。此时，要求测试人员能够充分挖掘这类隐式需求，从操作步骤和输入数据的角度尽可能多地考虑到用户可能的无效输入情况，形成测试需求，确保测试覆盖。

(3) 用户认为开发方应该理解的需求

用户往往是行业专家，但不是 IT 专家，用户对系统要实现的业务规则及流程非常熟悉，但可能并不了解这些业务规则和流程会对系统开发带来怎样的影响。在需求定义和分析的过程中，若未充分挖掘用户的需求，可能导致部分需求遗漏，没有写到 SRS 中去。例如，安装运行系统的硬件设备所处的实际使用环境的情况，是否受到外部电磁干扰的情况，是否需要在特殊的温度和压力条件下使用等，偏远山区不能保证网络实时畅通等。

7.4.6　认识的误区

测试需求与可测试性需求是两个完全不同的概念。

测试需求可以理解为针对要实现的功能或性能，从测试的角度来看，需要测试的特性，其关键点在于它是一种测试分析活动的产物。测试需求面向功能点，针对每个功能点，都需要提取其测试需求，进而设计测试用例。

可测试性需求是指需求分析时应注意需求的可测试性要求，其关键点在于它是需求分析活动的产物。可测试性需求是为了确保对功能或非功能需求的可测试性而提出的，它面向各个开发阶段，在不同的开发阶段有不同的可测试性需求。例如，软件模块的调试与测试的可测试性需求关键在于设置测试控制序列、状态观测点和输入输出机制的需求，主要考虑的内容有：

(1) 方便控制软件模块的调试与测试，即软件模块调试测试控制点的选择和测试序列导入机制的设计；

(2) 方便观察软件模块的调试与测试，即软件模块调试测试观察点的选择和输出机制设计；

(3) 软件产品特性的可测试性需求，即方便测试产品的具体特性；

(4) 软件公共可测试性需求，如操作系统中的内存管理；

(5) 软件内建测试能力可测试性需求，如跟踪机制、记录机制、测试接口需求等。

7.4.7 捉虫实践2：辖区移交问题的测试需求分析

选取某系统中的一个子功能模块，来看看其测试需求是怎样的。

1. 功能需求描述

辖区移交是某系统前台功能中设备管理模块的一个子模块，有关该模块的需求说明如表7.2所示。

表7.2 辖区移交模块的功能需求

功能编号	Q3.13	功能简述	修改选中辖区节点的所属二级单位，将辖区移交给其他二级单位负责
前提条件	正二级用户已经成功登录系统，且处于设备管理界面		
触发因素	选中需要移交的辖区节点，单击"辖区移交"按钮，或者鼠标右键触发		
执行步骤	1．选中需要移交的辖区节点，选择"辖区移交"菜单项； 2．弹出辖区属性对话框，选择辖区所属二级单位； 3．单击"确定"按钮		
例外情况	在辖区属性对话框中单击"取消"按钮，则直接关闭该对话框，不修改辖区所属二级单位		
事后条件	该辖区及下属所有设备全部交由指定二级单位负责，原二级单位的正二级用户不再负责这些设备，体现在如下方面： 1．辖区所属二级单位改为指定的二级单位； 2．辖区所有设备对应的负责人(即三级用户)全部清空； 3．负责该辖区的三级用户所负责的辖区清除掉，并参照修改三级用户的需求描述进行修改，辖区三级用户关系表中对应三级用户人数改为0； 4．设备树中自动选中上一个辖区节点，右侧的详细信息列表将显示对应辖区的详细信息。如果当前无辖区节点，则选中一级单位节点； 5．弹出提示"移交成功"		
备注	1．若移交的二级单位已有相同名称的辖区，则应提示"指定二级单位已存在相同的辖区，请先修改辖区名，再进行移交"，不移交辖区(这种情况不可能出现)； 2．辖区属性对话框中，除了辖区所属二级单位为Enable，其他控件均为只读； 3．一级用户和三级用户禁止该功能，对应本菜单项为灰； 4．若选中设备树的一级单位、设备节点，或者选中用户树和报警点树页签，本菜单项为灰； 5．若移交的二级单位无正二级用户，则无法负责这些移交的设备，因此系统应提示"指定移交单位无正二级用户来维护设备，禁止移交"，且不修改辖区所属二级单位； 6．若当前选中要移交的辖区是当前设备树中最上一个辖区，则移交该辖区后，默认选中下一个辖区节点； 7．若要移交的辖区是当前设备树唯一一个辖区，则移交该辖区后，默认选中一级单位节点		

2. 测试需求分析

对应上述功能需求，得到测试项为：修改辖区所属二级单位，将辖区移交给其他二级单位负责，编号DM1.13，由此得到测试需求如表7.3所示。

表7.3 辖区移交模块的测试需求

序号	测试需求	优先级
DM1.13.1	正处登录，移交的设备树辖区节点无设备，无报警设备，指定要移交的处室无任何设备，无报警设备，有正处领导，成功移交	低
DM1.13.2	正处登录，移交的设备树辖区节点有设备，指定要移交的处室无辖区设备，有正处领导，成功移交	中
DM1.13.3	正处登录，移交的设备树辖区节点有设备，指定要移交的处室有辖区设备，有正处领导，成功移交	高
DM1.13.4	正处登录，移交的设备树辖区节点有设备，指定要移交的处室有辖区设备，有正处领导，但辖区名与指定要移交的处室辖区名重复，系统告警	高
DM1.13.5	正处登录，移交的设备树辖区节点有设备，指定要移交的处室有辖区设备，但无正处领导，系统告警	高
DM1.13.6	以局级、副处、警员身份登录，功能禁止	低
DM1.13.7	选中报警点树或用户树，功能禁止	低
DM1.13.8	选中设备树分局节点、设备节点，功能禁止	低

3. 测试用例设计

以测试需求 DM1.13.1 为例，设计的部分测试用例见表 7.4。

表 7.4　测试需求 DM1.13.1 的部分测试用例

测试需求	正二级用户登录，移交的设备树辖区节点无设备，无报警设备，指定要移交的二级单位无任何设备，无报警设备，有正二级用户，成功移交			
优先级	低			
预置条件	选中的辖区为 A，原属二级单位为 1 处，移交的二级单位为 2 处			
编制时间	2011.08.05			
用例序号	输入条件	操作步骤	预期输出	备注
01	1 处无三级用户； 2 处无三级用户	1. 选中辖区节点 1 处，选择菜单项“辖区移交”； 2. 在辖区属性对话框中选择 2 处，并单击“确定”按钮	1 处删去辖区 A； 2 处设备树上增加辖区 A	
02	1 处无三级用户； 2 处有三级用户	同上	同上	
03	1 处有三级用户，但辖区 A 无负责的三级用户； 2 处无三级用户	同上	1 处删去辖区 A； 2 处设备树上增加辖区 A	
04	1 处有三级用户，但辖区 A 无负责的三级用户； 2 处有三级用户	同上	同上	
05	1 处有三级用户，且辖区 A 有负责的三级用户； 2 处无三级用户	同上	1 处删去辖区 A，该辖区的所有负责三级用户对应的负责辖区清空，辖区与三级用户关系表的负责人数改为 0，冲突值不变； 2 处设备树上增加辖区 A	
06	1 处有三级用户，且辖区 A 有负责的三级用户； 2 处有三级用户	同上	同上	

4. 测试分析

从表 7.4 可以看出，测试需求均是围绕功能需求，从功能执行的前提条件、例外情况、备注等方面提取需要测试的内容，但每个测试需求中只说明了测试对象在输入方面应满足的约束关系，并未严格限定具体的取值。测试需求主要受到需求和设计变化的影响，如业务流程的变化、功能的增删等，不会受到代码修改的影响。

而测试用例则对输入的规定相对更加具体、详细，当代码变化时(如函数接口)，底层测试用例将发生变化。

从测试需求与测试用例的对应关系来说，一般地，一个测试需求将对应多个测试用例。测试需求在功能需求与测试用例之间起到连接作用，测试需求更像是测试设计，指出了测试用例设计的方向。且测试需求与代码实现基本无关，更加有利于测试的复用和维护。

7.5　单元测试的过程

7.5.1　测试过程概述

单元测试的过程与第 1 章在软件测试的定义中所讨论的软件测试的过程是一致的，可划分为如下 5 个阶段：

① 计划阶段：完成单元测试计划，制订单元测试策略；

② 设计阶段：根据单元测试计划，提取测试需求，完成测试设计；

③ 实施阶段：根据测试用例开发测试数据或测试脚本，并建立单元测试环境，准备正式开始测试执行；

④ 执行阶段：以手动方式或利用测试脚本自动执行单元测试用例，记录测试结果；

⑤ 评估阶段：利用测试用例和缺陷计算相关指标，评估阶段性测试过程和结果，做出决策。

以上阶段可用一个过程模型来描述，见图7.5。

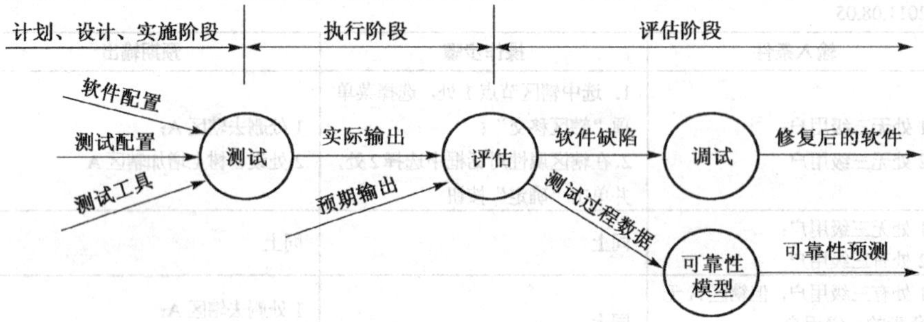

图7.5　软件测试过程模型

图中表明，单元测试中有两个关键时间点：测试就绪点和评估就绪点。

(1) 测试就绪点

在该测试就绪点之前，是测试计划、设计和实施阶段，也是测试正式开始之前需做的工作。

其中，软件配置表示被测对象，不同测试阶段的被测对象是不同的。对于单元测试来说，是需要测试的单元，也是经编译调试通过能够正常运行的模块；对于集成测试来说，是通过了单元测试后的模块接口；对于系统测试来说，是系统打包后的某个build版本(即可执行程序)；对于静态测试来说，是各个测试阶段都需要评审或检查的开发和测试相关文档。

测试配置表示对被测对象所做的测试设计和实施工作，包括测试计划、测试需求、测试用例、测试脚本、测试环境等。

测试工具表示为了支持自动化测试和测试管理所需的软件系统，包括单元测试工具、功能测试工具、性能测试工具、测试管理工具等。

(2) 评估就绪点

一旦测试就绪，就可以正式开始测试执行阶段。在本阶段，无论是手动执行测试，还是以自动化方式执行测试，都需要检查每个测试用例的实际输出结果与预期输出结果之间的差异，在评估就绪点上经过评估，得出结论。若认为测试用例的实际执行结果与预期结果的差异不能接受，则需记录软件缺陷，并提交程序员进行处理，经程序员修改代码，调试通过后，得到缺陷修复后的软件。同时，在测试执行阶段中，还需定期统计相关测试过程数据(包括对测试工作和被测对象质量的相关统计数据)，提交可靠性模型进行评估，对一段时间内的测试工作和被测对象进行评估，判断是否达到测试阶段退出标准的要求，能否提交当前的被测对象，进入后续的开发或测试环节，甚至进行产品交付。

下面对各个测试阶段分别进行详细讨论。

7.5.2　计划阶段

在一般情况下，单元测试计划应在整个测试计划制订期间产生，对应开发阶段，则是在软件详细设计阶段完成。制订单元测试计划的主要依据是软件需求规格说明书、软件详细设计说明书、软件整体测试计划和集成方案。该阶段完成时需提交单元测试计划书。

单元测试计划主要为单元测试活动提供测试范围(如需要测试的项目、不需测试的项目等)、测试方法(需达到的覆盖指标、选用的黑盒测试方法等)、所需资源(包括软件、硬件、人力资源和测试工具资源要求)、进度(任务分解表)和风险管理方面的指导。

就内容而言，软件测试环境与资源规划是测试计划中的一项重要内容，测试环境的配置是测试实施的重要环节，测试环境是否适合将严重影响测试结果的真实性和正确性。应认真考虑环境的设置。

另外值得注意的是，单元测试计划完成之后，并非立刻进行单元测试，这时代码可能尚未完成，软件详细设计文档可能发生变化。因此，应跟踪需求的变化，及时更新单元测试计划。单元测试计划是后续设计、实现和执行单元测试的依据。在开始后续阶段之前，应对单元测试计划进行严格的评审。

由于各阶段的计划都大同小异，基本项目是差不多的，所以在此对测试计划的撰写予以统一的介绍。

1. 测试计划大纲

测试计划是测试人员与开发人员之间交流意图的主要方式，最终目标是交流(而非记录)测试小组的意图、期望和对测试任务的理解。

IEEE 829 标准的测试计划模板如图 7.6 所示。当然，不同公司和项目小组会根据自己的实际需要来制订自己的测试计划，只要能够达到有效交流的目的即可，无须拘泥于一个唯一的格式。这里以 IEEE 829 标准测试计划模板为例，具体说明测试计划中各项内容的具体含义。

测试计划标记
引言
测试项
要测试的特性
不测试的特性
测试方法
测试项通过/失败标准
暂停标准和恢复需求
测试交付品
测试任务
环境需求
职责
人员配置和培训需求
进度
风险和不测事件
批准

图 7.6 IEEE 829 标准的测试计划模板

2. 测试计划内容

(1) 引言

引言一般包含以下几方面内容：

① 目的。描述撰写测试计划的目的和通过测试希望达到的目标，例如，为测试管理工作和技术工作提供指导，概述测试所需的人员、设备和工具资源，便于团队交流等。测试希望达到的目标则可以是功能、性能等多方面的目标，并应指出测试计划的读者对象。

② 背景。描述项目提出的背景，项目完成的基本功能，技术架构等。例如，被测产品是什么？测试的是哪个版本？是原有产品的升级版，还是全新的产品？产品开发方和使用方是谁？被测产品的主要功能是什么？采用 B/S 架构、C/S 架构，或者是单机版？是否需要数据库和网络支持等。

③ 范围。描述测试各阶段需要做的工作，若分阶段来撰写测试计划，则针对各自对应的测试阶段来描述需要完成的工作。注意应在计划中明确指出哪些测试需要做，哪些测试不需要做。在范围描述中还应注意确定系统的关键成功功能和高风险功能，即那些对于系统至关重要的(如系统核心操作)或者有助于降低给成功操作系统造成巨大风险的功能(如安全性检验)，还应划分优先级别，这对于测试小组区分测试活动的优先次序非常重要。

④ 参考文档。应列出与某测试阶段所对应的开发阶段所提交的文档，作为该阶段测试用例设计的重要依据。例如，系统测试阶段的参考文档是 SRS、相关合同中有关技术要求说明部分、用户使用手册等。为了规范化整个测试过程，最好给出测试过程说明文档，严格规范整个测试过程。参考文档中应给出每个测试阶段的通过/失败标准说明文档，便于依据该标准来评价测试质量和决定测试的结果。当然，测试的通过/失败标准常常会直接写在测试计划中，所以一般不需要专门的文档。

⑤ 常用术语。常用术语往往会被人们所遗忘，这将导致项目小组的大问题。开发人员、测试人员、管理部门会有不同的理解，特别在确定缺陷有关定义和描述时，必须就重要的术语给出规范的解释。

(2) 测试范围

测试范围包括测试项、要测试的特性和不测试的特性。

① 测试项。隐含的测试范围是整个系统，测试重点是系统的高风险区。然而，迫于进度和成本的限制，不可能针对所有项目进行测试，对于各测试阶段都是如此。例如，被测系统中可能存在已经发布过或已经全面测试过的部分，也有部分子系统可能已经外包给其他公司开发实现，或者直接将开源子系统拿来嵌入到自己的软件系统中，这些内容是很有可能不需要测试的。

② 要测试的特性。在所有的测试项中，不是全部特性都需要测试，例如单元测试中，通常仅需对复杂度高的模块做单元测试。应列出所有需要测试的特性，并给出相应的编号。

③ 不测试的特性。应列出所有不需要测试的特性，并明确指出不测试的理由，否则易导致误解而遗漏本该测试的特性，一旦严重的缺陷流入用户手中，后果很可能不堪设想。

(3) 测试方法

即测试策略，它描述测试小组用于测试整体和各阶段的方法。内容包括使用哪些黑盒测试方法，需要采用哪些白盒测试覆盖指标，是否需要设计桩和驱动模块，哪些部分采用手动测试，哪些部分需要使用哪些自动化测试工具，回归测试的策略是怎样的等。这部分内容随测试阶段的不同而变化，且对每种测试，都应提供测试说明和实施的原因。在测试计划中，一般仅笼统地给出大致的测试方法，具体的测试方法、测试需求、测试用例、测试脚本说明等内容将专门详细列举在测试设计说明书和测试用例说明书中。一般不建议与测试计划混在一起。

(4) 测试阶段

每个测试阶段都应有客观定义的规则，而不能主观地单纯靠拍脑袋来决定某测试阶段是否应该开始，是否应该结束。每个测试阶段都有其明确规定的进入和退出标准，还允许临时暂停测试阶段，等满足某些条件后恢复该测试阶段。

测试进入标准是指允许系统进入到具体的测试阶段所需发生的事情，内容包括：

① 是否具备必要的文档、设计和需求信息，以帮助测试人员操作系统和判断正确的系统行为；

② 系统是否可以交付，应准备哪些交付品；

③ 测试人员所需的工具(包括缺陷管理工具、测试用例管理工具、测试工具等)是否具备；

④ 系统是否处于适当的质量等级；

⑤ 测试环境是否搭建成功；

⑥ 相关文档是否评审通过。

测试退出标准则解决如何决定何时完成测试的问题，内容包括：

① 不同等级的测试用例的执行率怎样；

② 已执行的测试用例的通过率怎样；

③ 不同严重等级的缺陷的修复率怎样；

④ 相关文档是否评审通过。

临近产品交付的验收标准尤其重要，它关系到被测系统是否足够好以至于可以停止测试。该工作应考虑到测试可能发现更多缺陷的概率，继续测试所造成的成本问题，用户碰到遗漏缺陷的概率以及缺陷对用户带来的影响。

测试暂停/恢复标准则描述在测试过程中高效测试必须成功的条件，包括：

① 测试环境稳定；

② 可管理未测试缺陷；

③ 大部分测试用例没有阻塞情况；

④ 了解和控制被测系统的变更。

(5) 测试交付品

测试交付品是指测试阶段结束时应提交的文档，一般包括测试计划说明书、测试方案(或测试设计说明书)、测试用例说明书、缺陷报告、测试总结评估报告等。

(6) 测试任务

测试任务主要指整个项目小组的相关任务和职责划分，重要的是明确指出可能影响测试的任务和交付内容，并确保一旦出了问题，可以迅速找到责任人来处理问题，并在出现纠纷时，能够快速找到解决纠纷的仲裁人并提出仲裁方案。

(7) 资源需求

测试资源包括：

① 人力资源：测试所需的人员数目、各自的特长；

② 测试环境：测试所需的软硬件环境、网络环境，以及可能需要的测试工具。

(8) 职责

职责主要是指测试小组的任务划分，即哪些人员负责哪些软件部分的测试。

(9) 人员配置和培训需求

关于人员培训需求部分的内容，有观点认为，人员培训需求是一项长期的工作，应由测试部门统一规划，并非单个项目的需求，不必列在测试计划中。笔者认为，针对不同的项目有不同的特殊培训需求，在测试计划中应将针对被测项目的特殊培训需求考虑在内，例如关于业务流程和规则的培训。

(10) 进度

即甘特图。明确指出哪些人在什么阶段负责对软件哪些部分的测试工作。由于测试任务往往依赖于前期其他交付内容的完成，进度表中应注意采用相对日期来划分阶段，并给出一定宽松度，以应对突发事件。

(11) 风险和不测事件

不考虑风险就等于接受失败。特别是好的开发过程应对风险管理实行全局管理方法。这里的风险主要考虑与测试相关的人员和资源风险，如人员的流失、资源的到位和使用风险等。

(12) 批准

所有文档均应经过评审、审批并通过后，才能进入下一个测试阶段。这也是责任划分的一个有力措施。

3. 注意事项

撰写测试计划应注意以下几点：

(1) 测试计划重在计划，不在于文档。再漂亮的计划说明书，都是摆设，应从项目实际情况出发，对测试工作切实起到指导作用，不能写完计划后就让其束之高阁了。

(2) 测试计划自身应不断精确和细化，逐步完善丰富。

(3) 测试计划应及时更新。随着项目需求和设计的不断变更，测试计划应及时跟踪这些变化，做出相应的调整，并对所有变更记录在案。另外，软件测试计划是测试负责人管理和跟踪的依据，同时起到指导测试组日常工作的作用。当实际情况与计划偏离到一定程度时，也应立即修正测试计划。

(4) 测试计划不一定要很长，但要说明几点问题，即测试对象、测试进度里程碑、测试方法和工具、测试人员及测试文档。

(5) 就测试的实施过程来讲，软件测试应按照测试计划制订的内容进行。测试计划是项目跟踪的依据，通过与实际开发进展情况做比较分析，项目经理可以及时了解项目开发的状态。测试组中的每个成员都应准确了解测试计划的内容，并对所分配的任务承诺签字，确保测试计划的贯彻执行。

7.5.3　设计阶段

单元测试计划经评审无误后进入设计阶段。该阶段的主要任务是进行单元测试设计，提取测试需求，设计单元测试用例。该阶段的主要依据是软件详细设计说明书和单元测试计划说明书。单元测试设计说明书中应指出被测单元的测试需求，并对应不同的测试需求设计测试用例，确定具体的测试输入和预期输出。在该阶段，若采用不同的单元测试策略，将产生数量不同的驱动模块和桩模块。该阶段完成时，需提交单元测试设计说明书和单元测试用例说明书。同样地，在开始后续阶段之前，应对设计实现阶段提交的所有测试文档(包括测试设计说明书、测试用例说明书等)进行严格的评审。

进行单元测试设计时应考虑项目进度、测试粒度和测试密度。

(1) 项目进度：项目进度应考虑适当放宽，即将风险因素加入进来，不能将进度卡得太紧，否则没有一点冗余度，测试只能以降低质量标准来换取按进度的交付。

(2) 测试粒度：如何定义单元，对于传统面向过程的软件测试而言，即选择多大的功能单元作为单元测试的基本单元，是函数级还是模块级。粒度越细，发现缺陷的概率越大，但同时测试工作量越大。

(3) 测试密度：单元测试用例的语句覆盖率，即每千行代码中包含的测试用例数目。

测试粒度越精细，测试密度越高，单元测试越接近完美。然而测试不追求完美，够用即可，千万不要为了测试而测试。单元测试用例太多，测试代码编写的工作量太大。

因此，若采用函数级的单元测试粒度，可根据函数的复杂度进行筛选，仅针对复杂度高的函数编写单元测试；而设计测试用例时，至少以关键路径测试覆盖指标作为测试密度的标准，确保被测对象经单元测试之后，能够找出最严重或风险最高的缺陷。

7.5.4　实施阶段

单元测试实施阶段主要工作是对照测试用例，开发测试驱动模块和桩模块。该阶段的主要依据是单元测试设计说明书，根据测试用例的输入和预期输出要求编写驱动和桩模块来驱动测试用例的执行。该阶段完成时需提交单元测试程序。因单元测试程序的本质仍然是可执行的代码，因此，对这类程序也是需要进行静态检查和编译的，以确保测试程序的正确性。当然，实现对代码进行测试的方式有很多，例如，在开发源代码中直接加入断点(和调试相似)。或者可以通过调用被测函数，输入一些测试数据，观察实际执行情况与预期情况之间的差异。或者，可以针对被测对象编写专门的测试代码，并专门对这些代码进行组织和管理，这当然是推荐的方式，这样测试程序可以重复执行，将程序员从反复的调试中解放出来，且不必对开发代码进行任何有关测试的修改，从而提高回归测试的效率。

编写单元测试代码时，应遵循以下的基本原则：

(1) 不要将测试用例的执行结果打印输出到屏幕

若将所有测试用例的执行结果输出到屏幕，就需要测试人员一直守在屏幕旁边，盯着屏幕核对每一个输出结果与预期结果是否一致，这样既容易疲劳又容易出错。若设计测试用例的人与执行测试程序的人不是同一个人，那么执行程序的人将完全不了解屏幕上的这些结果和数据是何含义，测试结果的检验无从谈起，测试工作缺乏效率。正确的方式是根据输入的数据，创建后置条件(如使用 assert 语句)，并将程序实际执行结果自动与预期结果相比较，判断测试用例的执行结果是通过还是失败。

(2) 将测试代码与开发代码分开

应将所有用于测试的程序文件放在特殊目录下，该目录不应距离被测代码太远，更不能混在一起，可选的方案是将被测程序代码的副本与被测代码放在一起，然而这样的弊端是必须及时更新，确保每次测试的版本正确。

(3) 所有测试方法以 test 开头，测试代码分组放置

所有测试方法都以 test 开头，可以方便地了解该段测试代码是针对哪些方法或函数展开的测试。且多个测试方法可采用测试套包的方式进行管理和执行，便于测试的分级管理。

(4) 在一个单独的测试中避免多重声明

一个测试方法往往是针对某个测试用例所写的，而测试用例中可能包含多组输入情况，针对预期输出与实际输出的比较，通常利用 assert 语句来实现。然而，若同一个测试方法中包含多个 assert 语句，一旦某个 assert 语句失败，该语句后面的所有语句将无法执行。因此，多重声明容易导致测试的不全面，测试程序会在测试用例未完全执行之前停止。当然，每个测试方法仅包含一个 assert 语句，这样也极易导致代码量的激增。因此，要权衡考虑。

(5) 测试正确的事情

失败测试并不代表该测试用例执行后必须失败。失败测试执行后该测试用例也应该是通过的，表明针对无效的输入，被测对象(函数、系统等)能够以正确方式来解决。

(6) 测试非正常失败可能是碰到了冲突的需求

一般来说，测试非正常失败可能是一个新的需求(一个改变的特性)与一个旧的可能已不再有效的需求发生了冲突。

7.5.5 执行阶段

测试代码开发完成后进行单元测试执行阶段。该阶段的主要任务是执行测试用例，判断测试用例是否通过，记录测试中发现的缺陷，生成和提交缺陷报告，并将报告及时反馈给开发小组，敦促缺陷得到尽早修复。该阶段的主要依据是单元测试用例说明书、软件需求规格说明书和软件详细设计说明书。

7.5.6 评估阶段

测试执行后，需要对测试的情况进行评估和总结。主要任务包括对测试完备性和代码覆盖率等指标进行评估，从而判断单元测试的质量如何，是否可以退出单元测试进入后续环节的集成测试阶段。其主要依据是单元测试用例、缺陷跟踪报告、缺陷检查表等。

对测试的评估可从两方面进行：

(1) 对测试用例执行情况的评估

利用测试用例的相关统计数字来对测试进行评估，主要目的是评价测试的质量，包括测试用例满足语句覆盖和判定覆盖的情况怎样，测试用例的执行率和通过率怎样，从中可以看出设计的测试用例是否存在漏洞，测试用例对源代码和对需求的覆盖程度如何。

(2) 对缺陷情况的评估

利用缺陷相关统计数据来对测试进行评估，主要目的是判断被测系统的质量，包括缺陷在不同子系统不同模块中的分布情况、缺陷在不同测试阶段的分布情况、缺陷的走势(如累计打开缺陷数目、累计关闭缺陷数量、每轮测试的遗漏缺陷数目等)，从中可以看出被测系统的质量如何，是否可以进入下一个测试环节等。同时也可以看出，当前阶段的测试活动和开发活动是否存在严重的管理问题。

单元测试的执行和评估往往不是相互分离的，在单元测试执行和评估阶段完成时需提交单元测试总结报告。

7.6 日构建

7.6.1 日构建的概念

日构建(Daily Build)是自动、完整地构建整个代码库的代码，在构建的同时完成单元测试执行的软件研发工作模式。

所谓日构建并非一定要每日构建一次，实际上可以根据需要更加频繁地构建(如一天构建几次)，但统一称为日构建。

7.6.2 日构建的过程

日构建一般在晚上进行，白天由程序员完成编码后，提交给配置管理员，代码入库后启动编译和运行工作，且构建一般无须人工参与，而是由构建脚本驱动整个目录代码文件的编译和连接，形成可执行的程序。具体的构建过程是：

(1) 安装在构建服务器上的自动化构建脚本从CVS(版本)服务器上下载导出完整的最新源代码，并进行编译链接；

(2) 如果可以运行并能执行最基本的功能，构建服务器就会将程序打包成安装文件，并上传到整个团队均可访问的Web服务器上；

(3) 如果程序执行遇到了问题，则会自动将错误日志以电子邮件形式通知整个团队，或对应的提交人员；

(4) 同时，构建脚本也会将当前构建过程和结果生成某种形式的报告(如HTML形式)，自动发布到内部网站(即之前的Web服务器)。

第二天一大早，测试人员上班后，将收到构建服务器发来的邮件提示昨晚是否构建成功。如果构建成功，测试人员可根据正式的测试文档进行后续的正式测试。

7.6.3 日构建脚本的开发

由于整个构建过程均需由构建脚本自动完成，因此，构建人员必须编写脚本来完成以上功能。可以使用任何一种脚本语言或程序语言来实现，常用于编写构建脚本的语言包括 TCL、Perl、Python等。

在构建脚本开发过程中，需注意建立版本服务器、配置好目录结构、做好版本管理规则设定、构建规则设定、缺陷修复规则设置等工作。

特别地，日构建通常与冒烟测试(Smoke Testing，一种较为随机的一般不用参照测试用例的测试类型)联系在一起，如果希望日构建时执行冒烟测试，则需使用测试框架来调用被测单元模块代码，并在测试框架中编写测试代码，完成测试数据的加载和执行，这会额外增加测试的难度和工作量。但是，将日构建与冒烟测试结合起来，可对每日提交的产品代码完成初步的质量度量，一旦冒烟测试不能通过，通常不会启动测试计划，因为对“垃圾”产品执行测试是没有意义的。

7.6.4 日构建的优势

日构建的优势在于：

(1) 进度可见、可控

通过日构建可将开发进度控制到1～2天的粒度，有利于了解进度偏差，及时调整进度。

(2) 适于多环境下的团队研发

当被开发的产品需要适应多种语言、多操作系统且有多个版本同时研发时，通过日构建可帮助开发人员将重点放在自己使用的环境下，而不需要在所有的环境中运行自己的代码。

通过日构建，不需要专门有一个程序员来汇总所有人员的修改代码，程序员每天只需将自己的代码签入(Check In)到版本服务器，并根据需要将代码从版本服务器签出(Check Out)到本地进行修改，从而保证每个程序员仅对自己的代码修改负责。当然，修改后签入的代码可能会影响其他成员对该代码的正确使用(如模块接口的变化，有效范围的变化，删除的模块等)，因此，在签入时应对代码中的修改进行说明。

(3) 便于尽早发现、修复和验证缺陷

在日构建过程中发现的缺陷将自动发送电子邮件到代码的编写者，便于程序员尽早对缺陷进行确认和处理。

通过在构建出的二进制文件中执行二进制搜索，可方便地确定缺陷何时第一次出现，谁导入代码后导致了该缺陷的出现，从而快速定位缺陷，便于缺陷的尽早修复。

修复缺陷后的代码可以随时提交到配置库，且程序员和测试人员均可方便地在对应版本中验证该缺陷是否被真正修复。

(4) 增量测试

通过每日构建将大集成分解为小集成，不但易于进行缺陷定位，而且充分体现了增量测试的思想。

7.6.5 日构建的不足

日构建的不足体现在如下方面：

(1) 给开发人员的压力太大，开发环境较紧张，不利于开发人员创造性思维的发挥；

(2) 加重了开发经理的工作负担，要求其将功能细化到 1～2 天之内，并有明确输出的功能点；

(3) 开发小组需投入额外的精力来保证每日构建的顺畅；

(4) 需要额外的人手来负责冒烟测试，以及维护每日构建的硬件环境。

7.7 回归测试

7.7.1 回归测试的定义和目的

回归测试是贯穿在整个测试各个阶段的一个测试活动，主要是对修改过的软件重新进行测试，以保证验证修改的正确性及其影响。

软件的修改可能是由于需求的变化导致加入新的功能模块，也可能是为了修复缺陷而对代码或界面进行的改动，这种改动将导致如下问题：

(1) 新加入的功能模块可能对原有的模块产生影响，引入新的缺陷；

(2) 缺陷修复后仅在上报的条件下不再出现，而在其他条件下再次出现，原因是程序员通过编写特殊代码段来对缺陷的外在表现进行修正，并未修复缺陷本身，造成修复失败；

(3) 缺陷修复后导致新的缺陷出现，原因是程序员盲目改动代码，不做任何检查，导致软件未被修改的部分产生新的缺陷。

统计数据表明，多达一半的缺陷修复在首次测试验证中是通不过的。因此，每当软件发生变化时，必须对现有功能进行重新测试，目的主要在于：

(1) 确保缺陷真正得到了修复。为了杜绝程序员仅修复了缺陷报告中的症状，而并非真正修复根本缺陷，应在程序的其他位置尝试更多测试用例，充分进行此类测试；

(2) 防止在缺陷修复或功能变化过程中造成对软件原有正常部分代码的损坏;

(3) 防止由于开发人员自身因素或其他因素导致的版本倒流现象(例如测试中发现曾经改好的缺陷又出现了，可能就是个别文件版本错误导致);

(4) 防止由于其他因素造成的原正常功能的失效(例如因更换显卡而造成界面显示异常)。

7.7.2 回归测试的策略

从系统实现的角度来说，软件的变化包括代码的变化和用户界面的变化(不考虑导致变化的原因，如需求和设计的变化)，回归测试应围绕软件的变化展开，其策略核心在于：关注功能、界面、代码的变化，关注由此而导致的测试的变化。下面主要以代码的变化来讨论由此而导致的测试的变化。

(1) 关注代码的变化

所谓代码的变化是指为了修复缺陷而改动的代码段所在的模块，以及与代码修复相关的模块。不妨设为了修复缺陷而改动的代码段为模块A(事实上可能不仅仅是一个模块，还可能是多个模块)，则与模块A相关联的模块包括:

① 与模块A具有调用关系的模块，设模块B调用模块A，若A的输入接口发生变化，B将无法按照原来的格式进行参数传递，而若A的输出接口变化了，B将无法按照原始格式进行赋值或判断;

② 受到模块A的输出结果影响的模块，例如，模块A输出结果到xml文件，而模块B从xml文件中读取所需的数据，一旦模块A的输出格式发生变化，模块B将无法按照原来的格式从xml文件中读取数据，实际上xml文件也应视为受到模块A变化影响的对象;

③ 受到模块A的数据处理方式影响的模块，例如，某些全局类型的变量可能在模块A的数据处理过程中被赋值，则模块A的变化将导致这些变量的赋值方式变化;

④ 受到模块A的结构变化而被合并或新增的模块，例如，当发现模块A结构非常复杂时，可能将其改为函数调用的形式，则产生新增的模块;

⑤ 在面向对象程序中，还可能有类的设计变化而导致对应的对象状态的变化。

(2) 关注测试的变化

由软件变化而导致的测试的变化主要体现在如下方面:

① 部分测试用例过时。由于需求、设计的变化，或代码优化的需要，导致部分函数被删去或部分函数接口、数据格式、原有系统边界等发生变化，则被删去函数的测试用例将丢弃，针对变化的函数功能、变化的函数接口，以及针对系统边界的那些测试用例等均不再有效，必须对应修改，如果涉及自动化测试脚本，测试脚本需要修改，对应的测试数据需要重新整理。

② 需新增部分测试用例。对于新增的功能、新增的模块，以及新增模块所引入的新接口、新增的对象状态、新增状态变迁触发事件等，均需补充新的测试用例。

7.7.3 回归测试的实施

回归测试的实施过程如下:

① 识别出被测系统中被修改的部分，包括需求、设计和代码;

② 围绕系统的变化，确定受到变化影响的功能、模块和代码;

③ 针对新增的功能、模块，补充测试用例;

④ 针对不再使用的功能、模块，丢弃过时的测试用例;

⑤ 针对变化的功能、模块，修改原有的测试用例，并注意进行优化，避免冗余;

⑥ 针对更新的测试用例集合对新的软件版本实施和执行测试。

回归测试的实施过程中应注意以下几点:

(1) 回归测试并非随时进行，是有周期的，回归测试针对两个不同研发版本之间的改动，且应以最低限度的回归测试获得最少数量的测试用例覆盖。

(2) 以自动化方式执行回归测试。手动方式的回归测试容易导致测试人员的厌烦情绪，且不利于快速完成回归测试，因此，没有自动化测试就没有真正意义上的全回归测试。

(3) 回归测试中应注意对测试用例进行良好的组织和管理。各测试阶段发生的修改一定要在本测试阶段内完成回归，以免将缺陷遗留到下一测试阶段。回归测试期间还应对该软件版本冻结，将回归测试发现的问题集中修改，集中回归。

(4) 注意区分回归测试中的新、旧缺陷。回归测试后将引发缺陷的管理。对新版本进行回归测试，如果执行后发现原来的缺陷已经解决，但引发了新的缺陷(二者表现形式不同)，则应将原缺陷关闭，同时将引发的缺陷作为一个全新的缺陷(New)进行打开。否则，若被验证缺陷并未真正修复，则需将旧的缺陷重新打开(Reopen)，返回开发人员重新修改。

7.8 捉虫实践 3：第二日问题的单元测试

在此将第二日问题以函数调用方式(即集成方式)加以实现，并针对该集成版本展开一次较为完整的单元测试。具体过程如下。

7.8.1 代码说明

第二日问题的集成版本共包含 7 个函数，其函数调用图如图 7.7 所示。详细代码见教学资源包。该版本至少包含一个明显的缺陷，请自行思考。

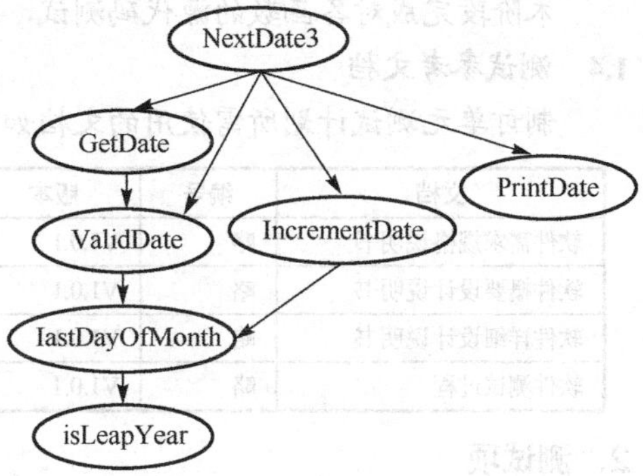

图 7.7 集成版本的第二日问题的函数调用图

7.8.2 单元测试计划

根据 IEEE 829 标准测试计划模板，给出第二日问题的单元测试计划如下。

第二日项目单元测试计划书

编号：×××-×××-×××

版本：1.0.1

作者：	×××	日期：	××××-××-××
审批：	×××	日期：	××××-××-××

变更记录

日期	版本	变更说明	作者
××××-××-××	1.0.1	创建	×××

1. 引言

1.1 编写目的

本《单元测试计划》文档为第二日项目的单元测试活动提供测试范围、测试方法、所需资源和测试进度方面的指导。

本文档的读者主要是开发经理和开发人员。

1.2 背景

- 项目名称：第二日项目
- 任务提出者：软件测试课程组
- 开发者：软件测试课程组
- 用户：学生

该项目的实施主要为了向学生说明单元测试计划的制订。

系统主要功能：输入1800年到2050年之间的某个日期，系统计算出下一天的日期。当输入无效时，系统给出错误提示。

本软件为单机版，运行在Windows XP平台，不需要网络和数据库的支持。

1.3 测试范围

本《单元测试计划》文档是整个软件开发项目中的一部分，起始于软件详细设计阶段，直至单元测试阶段结束后终止。该计划主要处理与第二日项目的单元测试有关的任务安排、资源需求、人力需求、风险管理和进度安排等内容。

本阶段完成对各函数的源代码测试，以保证各函数的基本功能正确实现。

1.4 测试参考文档

制订单元测试计划所需使用的文档如下。

文档	编号	版本	发表日期	已被接收或已经过复审	来源	备注
软件需求规格说明书	略	V1.0.1	××××-××-××	是■ 否□	略	
软件概要设计说明书	略	V1.0.1	××××-××-××	是■ 否□	略	
软件详细设计说明书	略	V1.0.1	××××-××-××	是■ 否□	略	
软件测试过程	略	V1.0.1	××××-××-××	是■ 否□	略	

2. 测试项

下表给出了所有的测试项目，即所有涉及的函数。

标识符	名称	代码行	环复杂度
ND_001	bool isLeapYear (const int& year)	4	2
ND_002	int lastDayOfMonth (const int& year, const int& month)	13	4
ND_003	bool ValidDate (const MyDate& aDate)	16	6
ND_004	MyDate IncrementDate (const MyDate& date)	18	3
ND_005	bool GetDate (const int& year, const int& month, const int& day, MyDate& aDate)	7	2
ND_006	CString PrintDate (const MyDate& aDate)	3	1
ND_007	void NextDate3 (const int& year, const int& month, const int& day, CString& strTomorrow)	9	3

3. 要测试的特性

对于单元测试而言，要测试的特性就是选取要进行单元测试的函数。根据被测函数的规模和复杂度来选择被测对象，若被测函数的代码行(非空非注释行)大于20，或环复杂度大于3，则需进行单元测试。按此原则选取需要测试的函数如下表所示。

标识符	名称	代码行	环复杂度	优先级
ND_002	int lastDayOfMonth (const int& year, const int& month)	13	4	高
ND_003	bool ValidDate (const MyDate& aDate)	16	6	中

4. 不测试的特性

相对于要测试的特性，除了要测试的函数之外，其他函数因代码行太少，且环复杂度低，均不需要进行单元测试。注意：这些函数仍需要展开严格的代码检查，以确保不出现低级错误，并确保集成测试阶段的接口正确。

5. 测试方法

采用独立的单元测试策略，将每个函数看做一个单元展开测试，并根据需要设计相应的驱动和桩来测试被测函数。

本测试阶段使用的测试方法包括:

(1) 保证测试到所有分支和可执行语句，即满足判定覆盖;

(2) 使用等价类测试方法来设计测试用例;

(3) 使用边界值测试方法来设计测试用例;

(4) 在 Visual Studio 2008 平台下撰写测试脚本，并与驱动代码、桩代码共同构成一个可执行系统;

(5) 某函数的缺陷被修复后应充分进行回归测试，回归的范围应包含所有与该函数相关及该函数可能影响的所有单元测试用例。

更详细的测试策略见《第二日项目单元测试设计说明书》。

6. 测试项通过/失败标准

参照《软件测试通过标准》制订本项目的单元测试通过/失败准则。通过标准如下:

(1) 所有的单元测试用例都已执行并通过;

(2) 所有缺陷都被正确修复，并通过回归测试;

(3) 所有被测函数达到 100%的判定覆盖，或能明确给出不需要达到的理由;

(4) 所有被测对象的前置条件和后置条件组合覆盖率达到 100%，或能明确给出不需要达到的理由;

(5) 单元测试总结报告被授权审批的人员所批准。

失败标准如下:

(1) 严重缺陷的密度大于 15 个/KLOC，即 15 个/千行代码;

(2) 发现有重大结构设计问题，其修改将导致 20%以上的函数接口、功能和数量的变化，进一步测试相关函数已经没有意义;

(3) 发现关键功能未设计，该功能的设计将导致 20%以上的函数接口、功能和数量的变化，进一步测试相关函数已经没有意义。

测试结果审批过程为：开发人员提交单元测试报告→开发或测试经理签字并提交质量保证人员→质量保证人员对单元测试报告进行评审并签字(要求测试经理参与)→产品经理签字认可。

7. 暂停/恢复标准

参照《软件测试通过标准》制订本项目的单元测试暂停/恢复准则。暂停标准如下:

(1) 当某个函数在单元测试执行过程中发现有阻塞用例时，该函数的单元测试将被暂停;

(2) 当有 20%以上的被测函数都遇到有阻塞用例的情况，所有函数的单元测试将被暂停;

(3) 当出现新增需求时，与该需求相关的所有函数的单元测试将被暂停;

(4) 当开发人员提出要进行设计变更时，相关函数的单元测试将被暂停。

测试恢复标准如下:

(1) 测试暂停的条件已经被解决;

(2) 需要恢复测试的对象达到单元测试进入条件，在此要求被测对象已通过代码走读和语法检查，并要求提交走读报告和语法检查结果。

8. 测试交付品

单元测试的交付品包括：

文档	使用工具	提交日期	责任人	备注
单元测试计划书	Microsoft Office Word 2007	××××-××-××	开发经理	
单元测试设计说明书	Microsoft Office Word 2007	××××-××-××	开发经理	
单元测试用例说明书	Microsoft Office Word 2007	××××-××-××	开发组成员	
单元测试用例脚本	Visual Studio 2008	××××-××-××	开发组成员	
单元测试驱动和桩代码	Visual Studio 2008	××××-××-××	开发组成员	
单元测试执行日志	记事本	××××-××-××	开发组成员	
缺陷报告	BugFree2.0	××××-××-××	开发组成员	
单元测试总结报告	Microsoft Office Word 2007	××××-××-××	开发经理	

9. 测试任务

测试任务见下表。

任务标识	任务描述	责任人	优先级	依赖关系
UT-TASK-001	单元测试计划撰写	开发经理	高	
UT-TASK-002	单元测试计划评审	质量保证人员	中	UT-TASK-001
UT-TASK-003	单元测试计划修改	开发经理	中	UT-TASK-002
UT-TASK-004	单元测试设计撰写	开发人员或测试人员	中	UT-TASK-002
UT-TASK-005	单元测试设计评审	质量保证人员	中	UT-TASK-004
UT-TASK-006	单元测试设计修改	开发人员或测试人员	中	UT-TASK-005
UT-TASK-007	单元测试用例撰写	开发人员或测试人员	高	UT-TASK-005
UT-TASK-008	单元测试用例评审	质量保证人员	中	UT-TASK-007
UT-TASK-009	单元测试用例修改	开发人员或测试人员	中	UT-TASK-008
UT-TASK-010	单元测试驱动、桩、用例脚本代码实现	开发人员或测试人员	高	UT-TASK-008
UT-TASK-011	单元测试驱动、桩、用例脚本代码走查	质量保证人员	低	UT-TASK-010
UT-TASK-012	单元测试驱动、桩、用例脚本代码修改	开发人员或测试人员	低	UT-TASK-011
UT-TASK-013	单元测试执行及回归	开发人员或测试人员	高	UT-TASK-011
UT-TASK-014	单元测试总结报告撰写	开发经理	高	UT-TASK-013
UT-TASK-015	单元测试总结报告审批	产品经理	高	UT-TASK-014

10. 环境需求

10.1 硬件需求

1台目前标准的办公PC。

10.2 软件需求

Windows XP。

Visual Studio 2008 开发环境。

Microsoft Office Word 2007。

11. 职责

单元测试角色及相应职责见下表(表中姓名和联系方式略)。

角色	姓名	联系方式	职责
产品经理			解决资源(包括人力、测试工具等)需求，并对单元测试结果进行监督
开发经理			制订单元测试计划，安排单元测试任务
测试经理			参与单元测试结果验收
质量保证人员			对单元测试过程进行监控(包括代码走查等活动)
软件开发人员			完成单元测试所需的输入(如需求规格说明、详细设计、源代码等)，并完成单元测试设计、单元测试用例、单元测试驱动和桩代码，执行单元测试，记录和修复发现的缺陷，以及回归测试

12. 人员配置和培训需求

需要一名懂得在 Visual Studio 2008 平台下进行 C#开发的开发人员，且应在详细设计开始之后可全职地投入到单元测试项目组中。

在详细设计完成之前，需要完成项目需求、概要设计、详细设计、单元测试技术和单元测试脚本技术方面的培训。这些培训大约需要花费人均 5 人时的工作量。

在编码完成之前，应完成缺陷跟踪流的使用、测试日志表的使用，以及测试工具使用的培训。

13. 进度

13.1 进度安排(时间)

本《单元测试计划》文档为第二日项目的单元测试活动提供测试范围、测试方法、所需进度安排如下表所示(因第二日项目太小，严格来说，不能称为一个项目，所以工作量几乎无法给出，这里给出的工作量相比实际情况要大)。

任务描述	起始日期	周期/天
单元测试计划撰写	概要设计结束后 1 天内	1
单元测试计划评审	单元测试计划完成后 1 天内	0.5
单元测试计划修改	单元测试计划评审完成后 1 天内	0.5
单元测试设计撰写	单元测试计划评审完成后 1 天内	0.5
单元测试设计评审	单元测试设计完成后 1 天内	0.5
单元测试设计修改	单元测试设计评审完成后 1 天内	0.5
单元测试用例撰写	单元测试设计评审完成后 1 天内	1
单元测试用例评审	单元测试用例完成后 1 天内	0.5
单元测试用例修改	单元测试用例评审完成后 1 天内	0.5
单元测试驱动、桩、用例脚本代码实现	单元测试用例评审完成后 1 天，且编码阶段已经开始	2
单元测试驱动、桩、用例脚本代码走查	单元测试驱动、桩、用例脚本完成后 1 天内	1
单元测试驱动、桩、用例脚本代码修改	单元测试驱动、桩、用例脚本代码走查完成后 1 天内	0.5
单元测试执行及回归	单元测试驱动、桩、用例脚本代码走查完成后 1 天，且编码阶段已经结束	1
单元测试总结报告撰写	单元测试执行及回归完成后 1 天	1
单元测试总结报告审批	单元测试总结报告完成后 1 天内	0.5
风险预留时间	单元测试阶段工作中的任意时候	1
单元测试阶段里程碑时间点	××××-×-×	

13.2 项目评审

本单元测试计划需要评审的工作产品、采用的评审方式和参加评审的人员如下表所示。其中，评审过程参见《软件评审过程》。

工作产品	评审方式	评审参与人员
单元测试计划	测试负责人核准	测试经理
测试用例	同行评审	开发人员
单元测试脚本	走查、审查等	质量保证人员
单元测试结果	审查	测试经理

14. 风险和不测事件

风险参考下表。

标识符	风险描述	责任人	优先级	规避措施	应急计划
1	人员流动风险	开发经理	高	在产品预算中体现这部分需求； 定期催促人力资源部门进行资源协调； 从可能空闲的产品项目组中物色人员	推迟进度计划； 进行招聘； 考虑工作外包
2	人员技能不符合要求	开发经理	中	在人力预算中给出人员技能要求； 对提供的人员进行技能面试； 从别的产品部门协调有能力的人员	提高培训强度； 加强培训效果监控； 对工作输出加强检查
3	测试工具无法到位	开发或测试人员	低	在产品预算中尽早体现测试工具的需求； 考虑其他产品，看是否有空闲的 License； 尽早联系工具代理商，洽谈测试工具的采购事宜	采用人工方式对程序规模进行分析； 允许使用规模估计值； 自行开发测试工具

15. 批准

计划提交人签字：××× 日期：××××-××-××

开发经理签字：××× 日期：××××-××-××

产品经理签字：××× 日期：××××-××-××

7.8.3 单元测试设计

针对第二日项目的单元测试设计如下。

第二日项目单元测试设计说明书

编号：×××-×××-×××

版本：1.0.1

作者：	×××	日期：	××××年-××月-××日
审批：	×××	日期：	××××年-××月-××日

变更记录

日期	版本	变更说明	作者
××××-××-××	1.0.1	创建	×××

1. 引言

1.1 编写目的

本《单元测试设计说明书》文档为第二日项目的单元测试提供测试设计方法，内容包括需要测试的函数、总体的测试设计方法，以及针对每个函数的测试策略。

本文档的读者主要是开发经理和开发人员。

1.2 测试范围

本《单元测试设计说明书》文档是整个软件开发项目中的一部分。该文档主要用于提出测试需求和指导单元测试用例的设计。

1.3 测试参考文档

在单元测试计划所需文档基础上，补充下表所示文档。

文档	编号	版本	发表日期	已被接收或已经过复审	来源	备注
软件单元测试计划书	略	V1.0.1	××××-××-××	是■ 否□	略	

2. 测试项

被测的代码版本为NextDateV1.0.1版。

3. 要测试的特性

对于本单元测试，需要测试的函数如下表所示。

标识符	名称	代码行	环复杂度	优先级
ND_002	int lastDayOfMonth(const int& year, const int& month)	13	4	高
ND_003	bool ValidDate(const MyDate& aDate)	16	6	中

4. 测试总体设计方法

由于采用独立的单元测试策略，需对每个被测函数撰写驱动和桩代码，为了便于管理，对每个被测函数建立工程，采用C#语言实现。具体方法是：在Visual Studio 2008环境下为每个被测函数建立一个Console工程，且工程名与被测函数(设为Func)的标识符(设为UT_001)保持一致，则该工程名为UT_001，且该工程中应包含如下文件：

Func.h文件，包含被测函数需使用的类型定义、全局变量声明、被测函数声明、测试用例函数声明和桩函数声明；

Func.cpp文件，包含被测函数及相关调用函数；

Func_Case.cpp文件，包含测试用例的代码文件；

Func_Driver.cpp文件，包含测试驱动程序代码文件；

Func_Stub.cpp文件，包含测试桩程序代码文件；

通过对该工程进行编译，可获得可执行文件，测试执行时运行该执行文件，并结合测试覆盖率工具可获得覆盖率信息。

注意，桩函数本身不处理复杂的内部逻辑，它只是提供输入，并“打印”预期输出，而输入和预期输出是根据已设计好的测试用例来写的。即使如此，当测试用例数量较多时，桩程序代码页会变得非常庞大，因此，当函数被频繁调用且函数逻辑较简单时，无须建立桩，而是采用直接调用的方式。而驱动函数的设计较简单，仅需调用测试用例代码、记录用例执行结果，并自动进行结果比较即可。

5. 测试设计说明

5.1 lastDayOfMonth测试设计说明

5.1.1 设计标识符

UT_TD_001(这里的001表示测试设计的第1个函数)

5.1.2 被测特性

(1) 有效年份中每月有31天的情况;

(2) 有效年份中每月仅有30天的情况;

(3) 非闰年的2月情况;

(4) 闰年的2月情况;

(5) 有效年份和月份的边界情况;

(6) 输入参数不合法，提示错误(即年份或月份无效的情况，含边界)。

5.1.3　测试方法

被测函数调用的isLeapYear函数逻辑简单，且代码很少，无须做桩函数。

年份应划分为2个有效和2个无效等价类，Y1={年份|年份∈[1800,2050]且是闰年}，Y2={年份|年份∈[1800,2050]且不是闰年}，Y3={年份|年份小于1800}，Y4={年份|年份大于2050}，并结合边界值1800和2050来设计测试用例。

月份应划分为3个有效和2个无效等价类，M1={月份|1, 3, 5, 7, 8, 10, 12月}，M2={月份|4, 6, 9, 11月}，M3={2月}，M4={月份|月份小于1}，M5={月份|月份大于12}，并应结合边界点1和12来设计测试用例。

5.1.4　测试项

所有测试项如下表所示。

标识符	测试项描述	优先级
UT_TC_001_001	有效年份中每月有31天的情况	中
UT_TC_001_002	有效年份中每月仅有30天的情况	中
UT_TC_001_003	有效非闰年的2月情况	高
UT_TC_001_004	有效闰年的2月情况	高
UT_TC_001_005	有效年份和月份的边界情况	中
UT_TC_001_006	年份或月份非法的情况	低

5.1.5　测试通过/失败标准

执行所有测试用例，且优先级为高或中的测试用例中，任何一个用例失败，则测试失败。

5.2　ValidDate测试设计说明

5.2.1　设计标识符

UT_TD_002

5.2.2　被测特性

(1) 日期合法且该日期存在的情况;

(2) 年份不在有效的取值范围内;

(3) 月份不在有效的取值范围内;

(4) 日不在有效的取值范围内;

(5) 输入的年份、月份和日有效，但该日期不存在的情况;

(6) 日期的边界情况。

5.2.3　测试方法

被测函数所调用的lastDayOfMonth函数较为复杂，因此需要对该函数进行打桩。

年份和月份的等价划分同lastDayOfMonth。日应划分为3个等价类，D1={日|日∈[1,31]}，D2={日|日小于1}，D3={日|日大于31}，并结合边界点来设计测试用例。

5.2.4 测试项

所有测试项如下表所示。

标识符	测试项描述	优先级
UT_TC_002_001	输入日期合法且日期存在的情况	中
UT_TC_002_002	年份无效的情况	中
UT_TC_002_003	月份无效的情况	中
UT_TC_002_004	日无效的情况	中
UT_TC_002_005	仅含 30 天月份的不存在日期	高
UT_TC_002_006	有效非闰年的 2 月不存在日期	高
UT_TC_002_007	有效闰年的 2 月不存在日期	高
UT_TC_002_008	输入日期的边界情况	中

5.2.5 测试通过/失败标准

执行所有测试用例，且优先级为高或中的测试用例中，任何一个用例失败，则测试失败。

6. 批准

测试设计提交人签字：××× 日期：××××-××-××

开发经理签字：×× 日期：××××-××-××

7.8.4 单元测试用例

针对第二日项目的单元测试用例如下。

第二日项目单元测试用例说明书

编号：×××-×××-×××

版本：1.0.1

作者：	×××	日期：	××××年-××月-××日
审批：	×××	日期：	××××年-××月-××日

变更记录

日期	版本	变更说明	作者
××××-××-××	1.0.1	创建	×××

1. 引言

1.1 编写目的

本《单元测试用例说明书》文档为第二日项目的单元测试提供测试用例，针对每个测试用例指出了该用例的标识、输入、预期输出和必要的操作步骤。

本文档的读者主要是开发经理和开发人员。

1.2 测试范围

本《单元测试用例说明书》文档是单元测试文档中的一部分。该文档主要用于说明所有的测试用例。

1.3 测试参考文档

在单元测试设计所需文档基础上，补充下表所示文档。

文档	编号	版本	发表日期	已被接收或已经过复审	来源	备注
软件单元测试设计说明书	略	V1.0.1	××××-××-××	是■ 否□	略	

2. 测试项

被测的代码版本为 NextDateV1.0.1 版。

3. 要测试的特性

对于本单元测试，需要测试的函数如下表所示。

标识符	名称	代码行	环复杂度	优先级
ND_002	int lastDayOfMonth (const int& year, const int& month)	13	4	高
ND_003	bool ValidDate (const MyDate& aDate)	16	6	中

4. 测试用例说明

4.1 lastDayOfMonth 测试用例说明

lastDayOfMonth 的测试用例说明如表 4.1～表 4.6 所示。

表 4.1 测试有效年份中每月有 31 天的情况

测试项编号	UT_TC_001_001		
优先级	中		
测试项描述	测试有效年份中每月有 31 天的情况		
预置条件	无		
用例序号	输入(年-月)	预期输出(日)	备注
001	1925-1	31	穷举法
002	1925-3	31	
003	1925-5	31	
004	1925-7	31	
005	1925-8	31	
006	1925-10	31	
007	1925-12	31	

表 4.2 测试有效年份中每月只有 30 天的情况

测试项编号	UT_TC_001_002		
优先级	中		
测试项描述	测试有效年份中每月只有 30 天的情况		
预置条件	无		
用例序号	输入(年-月)	预期输出(日)	备注
001	1925-4	30	穷举法
002	1925-6	30	
003	1925-9	30	
004	1925-11	30	

表 4.3　测试有效非闰年的 2 月情况

测试项编号	UT_TC_001_003		
优先级	高		
测试项描述	测试有效非闰年的 2 月情况		
预置条件	无		
用例序号	输入(年-月)	预期输出(日)	备注
001	1925-2	28	普通非闰年
002	1900-2	28	特殊非闰年

表 4.4　测试有效闰年的 2 月情况

测试项编号	UT_TC_001_004		
优先级	高		
测试项描述	测试有效闰年的 2 月情况		
预置条件	无		
用例序号	输入(年-月)	预期输出(日)	备注
001	1920-2	29	普通闰年
002	2000-2	29	特殊闰年

表 4.5　测试有效年份和月份的边界情况

测试项编号	UT_TC_001_005		
优先级	中		
测试项描述	测试有效年份和月份的边界情况		
预置条件	无		
用例序号	输入(年-月)	预期输出(日)	备注
001	1800-7	31	年份的边界
002	1801-7	31	
003	2049-7	31	
004	2050-7	31	
005	1925-1	31	月份的边界
006	1925-2	28	
007	1925-11	30	
008	1925-12	31	

表 4.6　测试年份或月份非法的情况

测试项编号	UT_TC_001_006		
优先级	低		
测试项描述	测试年份或月份非法的情况		
预置条件	无		
用例序号	输入(年-月)	预期输出(日)	备注
001	1799-6	-1	年份非法
002	2051-7	-1	
003	-1-6	-1	
004	1925-0	-1	月份非法
005	1925-13	-1	
006	1925-1	-1	

4.2 ValidDate 测试用例说明

ValidDate 的测试用例说明如表 4.7～表 4.14 所示。

表 4.7 测试输入日期合法且日期存在的情况

测试项编号	UT_TC_002_001			
优先级	中			
测试项描述	测试输入日期合法且日期存在的情况			
预置条件	无			
用例序号	输入(年-月-日)	执行步骤	预期输出	备注
001	1925-6-15	桩 lastDayOfMonth 接受输入 1925-6，返回 30	True	普通日期
002	1925-6-30	同上	Ture	30 天月份月末日期
003	1925-7-31	桩 lastDayOfMonth 接受输入 1925-7，返回 31	True	31 天月份月末日期
004	1925-2-28	桩 lastDayOfMonth 接受输入 1925-2，返回 28	Ture	非闰年 2 月末
005	1920-2-29	桩 lastDayOfMonth 接受输入 1920-2，返回 29	True	闰年 2 月末
006	1925-12-31	桩 lastDayOfMonth 接受输入 1925-12，返回 31	Ture	年末日期

表 4.8 测试年份无效的情况

测试项编号	UT_TC_002_002		
优先级	中		
测试项描述	测试年份无效的情况		
预置条件	无		
用例序号	输入(年-月-日)	执行步骤	预期输出
001	1799-6-15	无	False
002	2051-6-15	无	False
003	-1-6-15	无	False
004	3000-6-15	无	False

表 4.9 测试月份无效的情况

测试项编号	UT_TC_002_003		
优先级	中		
测试项描述	测试月份无效的情况		
预置条件	无		
用例序号	输入(年-月-日)	执行步骤	预期输出
001	1925-0-15	无	False
002	1925-13-15	无	False
003	1925- 1-15	无	False
004	1925-20-15	无	False

表 4.10 测试日无效的情况

测试项编号	UT_TC_002_004		
优先级	中		
测试项描述	测试日无效的情况		
预置条件	无		
用例序号	输入(年-月-日)	执行步骤	预期输出
001	1925-6-0	无	False
002	1925-6-32	无	False
003	1925-6-1	无	False
004	1925-6-40	无	False

表 4.11 测试 30 天月份的不存在日期的情况

测试项编号	UT_TC_002_005		
优先级	高		
测试项描述	测试 30 天月份的不存在日期的情况		
预置条件	无		
用例序号	输入(年-月-日)	执行步骤	预期输出
001	1925-6-31	桩 lastDayOfMonth 接受输入 1925-6，返回 30	False
002	1925-9-31	桩 lastDayOfMonth 接受输入 1925-9，返回 30	False

表 4.12 测试有效非闰年的 2 月不存在日期的情况

测试项编号	UT_TC_002_006		
优先级	高		
测试项描述	测试有效非闰年的 2 月不存在日期的情况		
预置条件	无		
用例序号	输入(年-月-日)	执行步骤	预期输出
001	1925-2-29	桩 lastDayOfMonth 接受输入 1925-2，返回 28	False
002	1925-2-30	同上	False
003	1925-2-31	同上	False
004	1900-2-29	桩 lastDayOfMonth 接受输入 1900-2，返回 28	False
005	1900-2-30	同上	False
006	1900-2-31	同上	False

表 4.13 测试有效闰年的 2 月不存在日期的情况

测试项编号	UT_TC_002_007		
优先级	高		
测试项描述	测试有效闰年的 2 月不存在日期的情况		
预置条件	无		
用例序号	输入(年-月-日)	执行步骤	预期输出
001	1904-2-30	桩 lastDayOfMonth 接受输入 1904-2，返回 29	False
002	1904-2-31	同上	False
003	2000-2-30	桩 lastDayOfMonth 接受输入 2000-2，返回 29	False
004	2000-2-31	同上	False

表 4.14 测试输入日期的边界情况

测试项编号	UT_TC_002_008
优先级	中
测试项描述	测试输入日期的边界情况
预置条件	无

续表

测试项编号	UT_TC_002_008		
用例序号	输入(年-月-日)	执行步骤	预期输出
001	1800-6-15	桩 lastDayOfMonth 接受输入 1800-6，返回 30	True
002	1801-6-15	桩 lastDayOfMonth 接受输入 1801-6，返回 30	True
003	2049-6-15	桩 lastDayOfMonth 接受输入 2049-6，返回 30	True
004	2050-6-15	桩 lastDayOfMonth 接受输入 2050-6，返回 30	True
005	1925-1-15	桩 lastDayOfMonth 接受输入 1925-1，返回 31	True
006	1925-2-15	桩 lastDayOfMonth 接受输入 1925-2，返回 28	True
007	1925-11-15	桩 lastDayOfMonth 接受输入 1925-11，返回 30	True
008	1925-12-15	桩 lastDayOfMonth 接受输入 1925-12，返回 31	True
009	1925-6-1	桩 lastDayOfMonth 接受输入 1925-6，返回 30	True
010	1925-6-2	同上	True
011	1925-6-30	同上	True
012	1925-7-31	桩 lastDayOfMonth 接受输入 1925-7，返回 31	True

5. 批准

测试设计提交人签字：×××　　　　日期：××××-××-××

开发经理签字：×××　　　　日期：××××-××-××

7.8.5 单元测试脚本

由于采用独立的单元测试策略，需对每个被测函数撰写驱动和桩代码，为了便于管理，撰写单元测试脚本时，可对每个被测函数的副本建立工程。

1. 创建脚本工程的过程

以 ValidDate 函数为例，创建脚本工程的过程如下。

(1) 在 Visual Studio 2008 环境下新建项目，选择语言类型为 Visual C++，模板为 Win32 控制台应用程序，命名为 UT_TD_002，如图 7.8 所示。注意单击“确定”按钮后，在后续弹出的 Win32 应用程序向导对话框中，附加选项应勾选“空项目”。

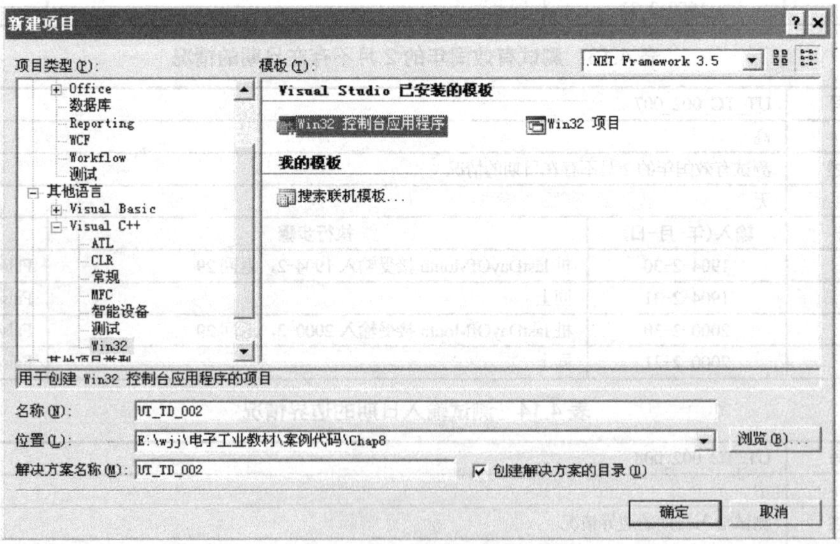

图 7.8 创建单元测试工程

(2) 在新建工程中加入必要的文件，如图 7.9 所示。

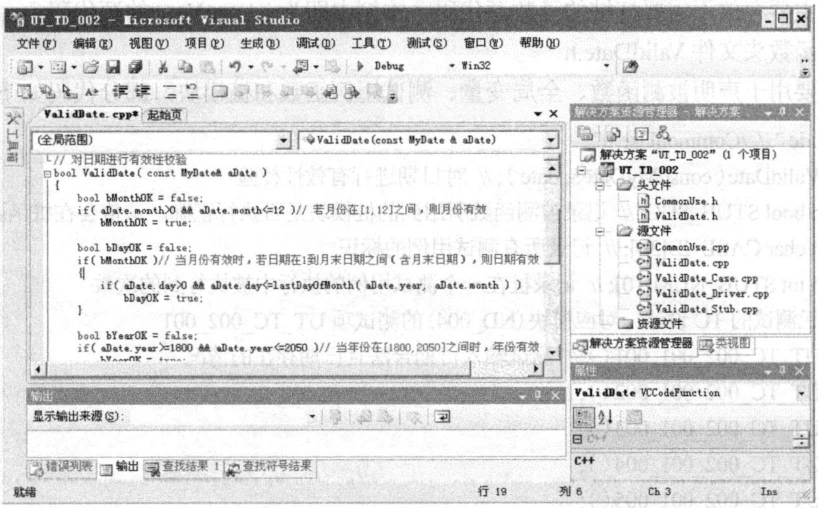

图 7.9　在新建工程中加入必要的文件

工程中各文件简要说明如下：

ValidDate.h：包含被测函数需使用的类型定义、全局变量声明、被测函数声明、测试用例函数声明和桩函数声明；

ValidDate.cpp：存放被测函数 ValidDate 的源代码；

ValidDate_Case.cpp：实现被测函数的所有测试用例，并返回测试用例的测试结果；

ValidDate_Driver.cpp：测试驱动程序，实际执行被测函数所有测试用例，并输出测试结果；

ValidDate_Stub.cpp：被测函数所调用函数(即 lastDayOfMonth)的桩程序，注意，测试 lastDayOfMonth 时，被调用函数 isLeapYear 逻辑简单，不需要打桩，所以对应的桩代码为空；

CommonUse.h：定义一些对所有被测函数有用的公共信息，如被测函数中的全局变量、可直接调用的函数、公共类型声明等；

CommonUse.cpp：存放那些不需要做桩程序的调用函数源代码，如 isLeapYear 函数。

2. 脚本的设计

在此以 ValidDate 函数为例，说明单元测试工程中涉及的各文件的撰写。

(1) 公共信息头文件 CommonUse.h

公共信息头文件中主要放置对所有被测函数有用的信息，特别包括不需要打桩的函数的声明，内容如下。

```
#include "stdio.h"
#include "string.h"
typedef struct MyDate{// 记录日期的结构
 int month;
 int day;
 int year;
}MyDATE;
bool isLeapYear( const int& year ); // 判定指定年份是否为闰年，是，返回 true，否则返回 false
```

(2) 公共信息执行文件 CommonUse.cpp

该文件中主要存放不需要打桩的函数源代码，本例中即为 isLeapYear 的源代码。

(3) 被测函数头文件 ValidDate.h

该文件主要用于声明被测函数、全局变量、测试用例函数和桩模块，部分代码如下：

```
#include "../../CommonUse.h"
bool ValidDate( const MyDate& date ); // 对日期进行有效性校验
extern bool STUB_SUC; // 记录被测函数所用到的桩模块是否执行正确，该值会在桩函数内部修改
extern char CASE_ID[30]; // 记录所有测试用例的标识
extern int STUB_NUM[10]; // 记录桩在一个测试用例的执行中被执行到的次数
// 单元测试的 TC 设计，对应模块(ND_004)的测试项 UT_TC_002_001
bool UT_TC_002_001_001( );// 测试输入日期合法且日期存在的情况
bool UT_TC_002_001_002( );
bool UT_TC_002_001_003( );
bool UT_TC_002_001_004( );
bool UT_TC_002_001_005( );
bool UT_TC_002_001_006( );
(此后省略若干类似代码行)
int lastDayOfMonth( const int& year, const int& month ); // 桩模块 lastDayOfMonth 声明
```

(4) 被测函数文件 ValidDate.cpp

该文件仅包含被测函数，详细代码不再给出。

(5) 测试用例文件 ValidDate_Case.cpp

该文件是对被测函数所有测试用例的具体实现，每个用例对应一个函数，函数名与该用例标识符相同，函数返回值代表该用例是否通过。全局变量 CASE_SUC 用于记录当前用例的测试结果，STUB_SUC 用于记录被测函数用到的桩是否执行通过，CASE_ID 用于记录每个用例的标识符，并在驱动模块中用于测试结果的输出。部分代码如下：

```
#include "ValidDate.h"
bool result = false;// 记录测试用例的实际执行结果
bool CASE_SUC = true;// 测试用例是否成功
bool STUB_SUC = true;// 桩模块是否成功
char CASE_ID[30]; // 全局变量，用于记录每个测试用例执行时的标识符，用于驱动模块的输出
// 单元测试的 TC 设计，对应模块(ND_004)的测试项 UT_TC_002_001
bool UT_TC_002_001_001( )// 测试输入日期合法且日期存在的情况
{       // 记录该测试用例的标识符
        strcpy( CASE_ID, "UT_TC_002_001_001" );
        STUB_NUM[0] = 0;// 为桩的执行初始化
        STUB_SUC = true;
        MyDate aDate;   // 执行被测函数
        aDate.year = 1925;
        aDate.month = 6;
        aDate.day = 15;
        result = (ValidDate( aDate ) == true)?true:false;
        CASE_SUC = true; // 判断结果是否正确
        if( !STUB_SUC || !result )// 若桩函数在调用过程中有问题，证明接口有错误
```

```
    {           CASE_SUC = false;     }
    return CASE_SUC;
}
(后续代码类似，故省去)
```

(6) 单元测试驱动文件 ValidDate_Driver.cpp

该文件直接调用被测函数用到的所有测试用例函数，输出和记录测试结果。部分代码如下：

```
#include "ValidDate.h"
void main()
{     // 测试开始
      printf("UT_TD_002, Test Cases Begin:\n");
      int tcPassNum=0, tcFailNum=0;
      if(!UT_TC_002_001_001()){// 执行测试项 UT_TC_002_001 的测试用例，并输出执行结果
            printf("TestCase %s, Fail \n", CASE_ID);
            tcFailNum ++;
      }else {
            printf("TestCase %s, PASS \n", CASE_ID);
            tcPassNum ++;    }
      if(!UT_TC_002_001_002()){
            printf("TestCase %s, Fail \n", CASE_ID);
            tcFailNum ++;
      }else {
            printf("TestCase %s, PASS \n", CASE_ID);
            tcPassNum ++;    }
(此后省略若干类似代码行)
      // 对测试结果进行总结
      printf("Totally %d TestCases run, %d Pass, %d Fail.\n", tcPassNum+tcFailNum, tcPassNum, tcFailNum);
      printf("=====================================================\n\n");
}
```

(7) 单元测试桩文件 ValidDate_Stub.cpp

桩文件应结合测试用例进行设计，一般较为复杂。部分代码如下：

```
#include "ValidDate.h"
int STUB_NUM[10];
int lastDayOfMonth(const int& year, const int& month) // 定义桩模块 lastDayOfMonth
{     // 判断是哪个测试用例执行到这个桩，并针对该测试用例组织输出
      if((strcmp(CASE_ID, "UT_TC_002_001_001") == 0) // 1925-6，返回 30
            || (strcmp(CASE_ID, "UT_TC_002_001_002") == 0)
            || (strcmp(CASE_ID, "UT_TC_002_005_001") == 0)
            || (strcmp(CASE_ID, "UT_TC_002_008_009") == 0)
            || (strcmp(CASE_ID, "UT_TC_002_008_010") == 0)
            || (strcmp(CASE_ID, "UT_TC_002_008_011") == 0))
      {     // 判断桩的执行次数和输入的参数接口是否正确
            if((STUB_NUM[0] != 0) || (year!=1925) || (month!=6))
            {           ST      UB_SUC = false;           }
```

```
            STUB_NUM[0] ++;
            return 30;
        }
        if( (strcmp(CASE_ID, "UT_TC_002_001_003") == 0) // 1925-7，返回 31
            || (strcmp(CASE_ID, "UT_TC_002_008_012") == 0) )
        {
            if( (STUB_NUM[0] != 0) || (year!=1925) || (month!=7) )
            {           ST      UB_SUC = false;         }
            STUB_NUM[0] ++;
            return 31;
        }
    (此后省略若干类似代码行)
        return 0;
    }
```

7.8.6 单元测试执行

运行单元测试脚本后，对 lastDayOfMonth 的单元测试执行结果如图 7.10 所示。

显然，除了用例 UT_TC_001_006_001 到 UT_TC_001_006_006 失败，其他用例全部通过。这 6 个测试用例是测试函数 lastDayOfMonth 的年份或月份非法的情况，因该函数中未做有效性检验而导致测试用例失败。然而，第二日问题中由 ValidDate 函数负责对输入进行有效性校验，所以 lastDayOfMonth 的输入一定是有效输入，因此，这些测试用例的失败对程序无影响，不必修复缺陷。

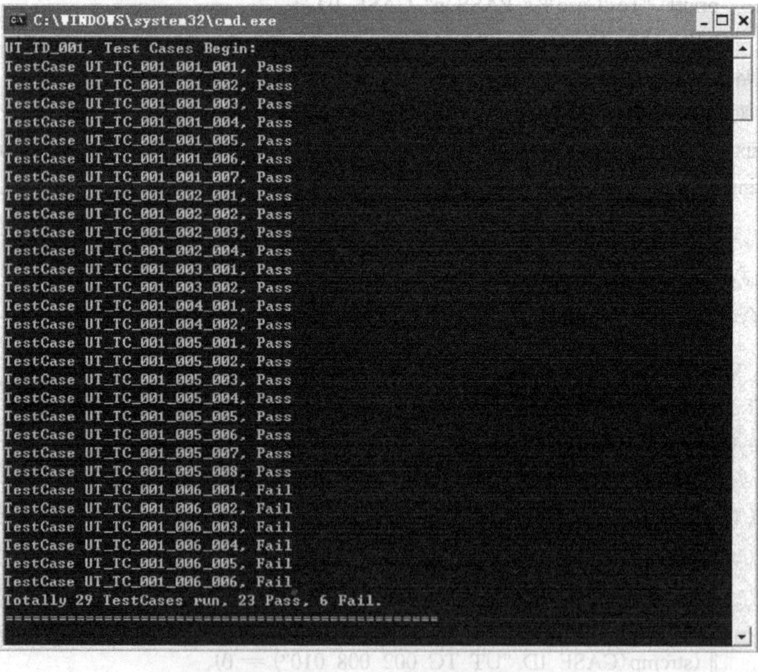

图 7.10 lastDayOf Month 的测试执行结果

对 ValidDate 函数的测试结果是所有测试用例全部通过。

7.8.7 单元测试评估总结

单元测试的评估总结主要是对单元测试活动的质量进行评价，包括测试用例的执行情况、发现缺陷的情况、代码覆盖的情况等，目的在于决定是否可退出当前测试阶段。评价指标一般包括：

(1) 计划进度偏差：(实际进度-计划进度)/计划进度；

(2) 测试密度：测试用例总数/代码规模，一般代码规模用 KLOC 表示，通常测试密度应在 20～25 个/KLOC；

(3) 缺陷密度：打开的缺陷总数/代码规模；

(4) 测试用例的质量：打开的缺陷总数/测试用例总数。

本例由于规模太小，难以评估，不再给出具体的评估总结数据。

7.9 捉虫实践 4：第二日问题的单元测试改进

7.9.1 存在的不足

上述单元测试的代码存在以下问题：

(1) 测试代码工作量太大。由于对每个测试用例均用一个单独的函数来表示，导致测试用例文件(即*_Case.cpp 文件)非常庞大，且函数内容相似，重复代码非常多。同时，测试驱动代码(即*_Driver.cpp 文件)也异常庞大，充斥着大量重复代码。这种处理方式无疑将大大增加测试代码工作量，难以提高测试效率。

(2) 测试代码灵活性差。由于将所有与测试用例相关的输入数据全部直接写入程序，导致输入数据在多个文件中同时并存，如桩代码(即*_Stub.cpp 文件)和测试用例文件中，不仅编写代码时容易出错，且当测试用例变化时，需要同时修改多个文件，使得测试代码的维护非常困难。

(3) 测试结果难以保存。测试结果从控制台输出，未保存在指定文件中，无法方便地查看。

7.9.2 改进措施

为了提高测试代码的质量，可行的改进措施如下：

(1) 多个测试用例合并为一个通用的测试用例，通过循环执行的方式，用相同的策略执行不同的测试用例；

(2) 将测试用例的输入和预期输出数据与执行文件完全分离，使用例变化与测试代码无关；

(3) 将测试结果输出到指定文件，便于测试结束后查看。

7.9.3 改进的单元测试脚本

仍以 ValidDate 函数的单元测试为例，被测函数头文件 ValidDate.h 中，所有形如 bool UT_TC_002_001_001()的函数声明全部删去，代之以如下代码：

```
extern MyDate tcDateInput; // 存放测试用例的输入和预期输出
extern bool tcExpResult;
bool UT_TC_002();// 声明针对 ND_004 函数的所有测试用例
```

测试用例文件 ValidDate_Case.cpp 中，所有形如 bool UT_TC_002_001_001()的函数体全部删去，代之以如下代码：

```
MyDate tcDateInput; // 全局变量，用于获取测试用例的输入和预期输出
bool tcExpResult;
bool UT_TC_002()// 执行测试用例
{
    STUB_NUM[0] = 0;// 为桩的执行初始化
    STUB_SUC = true;
    result = ( ValidDate(tcDateInput) == tcExpResult )?true:false;     // 执行被测函数
    CASE_SUC = true; // 判断结果是否正确
    if( !STUB_SUC || !result )
    {           CASE_SUC = false;     }
    return CASE_SUC;
}
```

测试驱动文件 ValidDate_Driver.cpp 中，将测试结果保存在*Result.txt 中，详细代码如下：

```
#include "ValidDate.h"
void main()
{
    FILE* fpTC = NULL; // 打开数据文件，读取测试用例的标识、输入和预期输出
    fpTC = fopen( "../../ND_003_TCdata.txt", "r" );
    if( !fpTC )      return;
    FILE* fpResult = NULL;
    fpResult = fopen( "../../ND_003_TCResult.txt", "w+t" );// 测试用例的执行结果记录在结果文件中
    if( !fpResult ) return;
    fprintf( fpResult, "UT_TD_002, Test Cases Begin:\n" );// 测试开始
    int tcPassNum=0, tcFailNum=0;
    char str[10];
    while( !feof(fpTC) ) { // 从数据文件获取测试用例的标识，读取年份、月份和预期输出
        fscanf( fpTC, "%s %d %d %d %s", &CASE_ID, &tcDateInput.year, &tcDateInput.month,
            &tcDateInput.day, &str );
        tcExpResult = (strcmp( str, "true" ) == 0 )?true:false;
        if( !UT_TC_002() ) {// 依次执行每个测试用例，并记录结果
         printf      ( "TestCase %s, Fail \n", CASE_ID );
         tcFailNum       ++;
         fprintf      ( fpResult, "TestCase %s, Fail \n", CASE_ID );
        }else {
         printf      ( "TestCase %s, PASS \n", CASE_ID );
         t      cPassNum ++;
         fprintf      ( fpResult, "TestCase %s, PASS \n", CASE_ID );     }
    }
    fclose( fpTC );
    // 对测试结果进行总结
```

```
        printf("Totally %d test cases run, %d Pass, %d Fail.\n", tcPassNum +tcFailNum, tcPassNum, tcFailNum);
        fprintf(fpResult, "Totally %d test cases run, %d Pass, %d Fail.\n", tcPassNum +tcFailNum,
                tcPassNum, tcFailNum);
        fprintf(fpResult, "==============================================================\n\n");
        fclose(fpResult);
}
```

7.9.4 更多讨论

独立的单元测试策略主要从模块(或函数)的环复杂度和代码行来评估是否需要进行单元测试，而实际上很多函数是处于调用层次中的，还可从如下方面评估模块的单元测试价值：

(1) 模块自身复杂程度，模块的环复杂度越大，结构越复杂，越需要进行单元测试;

(2) 模块的调用层次，模块在调用图中所处层次越高，地位越重要，越需要尽早测试;

(3) 模块间的关联度，模块被调用的次数越高，或被该模块调用的模块越多，该模块与其他模块的关联度越高，越需要进行更加严格的测试。

根据以上原则，若暂不考虑模块自身的复杂度，对于某个模块 node 而言，若该模块需调用 n 个子模块 $\text{node}_i(i=1,2,\cdots,n)$，则其测试价值可按如下方式进行粗略计算：

$$I(\text{node}) = I_{\text{call-graph}}(\text{node, level}) + \sum_{i=1}^{n} I(\text{node}_i) \tag{7.1}$$

式中，$I(\text{node})$ 表示模块的总测试价值，$I_{\text{call-graph}}(\text{node, level})$ 表示与调用图层次有关的测试价值，level 表示模块所处的调用图层次，从叶子节点开始计算，直至根节点。一般地，level 满足下式：

$$I_{\text{call-graph}}(\text{node, level}) = \text{level} \tag{7.2}$$

当某节点可能同时处于调用图中的不同层次时，应取其最大层次数。

在第二日问题的 7 个模块中，叶子节点 isLeapYear 和 PrintDate 的测试价值均为 1，lastDayofMonth 的测试价值为：

$$I(\text{lastDayofMonth}) = I_{\text{call-graph}}(\text{lastDayofMonth}, 2) + I(\text{isLeapYear}) = 2+1=3 \tag{7.3}$$

同理可计算出所有模块的测试价值如表 7.5 所示。从该表来看，显然 GetDate 和 NextDate 函数需要进行单元测试，而 lastDayOfMonth 和 ValidDate 则相对测试价值偏低。

总体而言，应综合考虑函数本身的复杂度、调用层次及关联度来确定函数的测试价值。

表 7.5 各模块的测试价值

模块名称	isLeapYear	PrintDate	lastDayofMonth	ValidDate	IncrementDate	GetDate	NextDate
测试价值	1	1	3	6	6	10	28

7.10 本章小结

单元测试通常由开发人员完成，看起来貌似增加了程序员的工作量，实际上将大大减少在代码级别植入缺陷的概率，提高单元的质量，从而大大缩短后续集成测试和系统测试的时间。完整的单元测试包括测试计划、设计、实施、执行和评估 5 个阶段，其中，测试需求、日构建、回归测试是整个测试阶段中的重要概念，在测试需求的基础上设计测试用例将有利于提高测试的复用和全面性，日构建能帮助程序员更好地控制进度、尽快发现和修复缺陷，回归测试的质量则直接影响整个测试过程的效率。

思考与练习

1. 良好的单元测试是否能够代替集成测试？
2. 什么是驱动模块？什么是桩模块？如何设计驱动模块和桩模块？
3. 单元测试的过程是怎样的？
4. 请针对第5章白盒测试中的佣金问题进行单元测试实践。

第8章　集成测试

内容提要

集成测试是实际测试中较为模糊的一个阶段，有些组织认为自己是没有集成测试的，只有单元测试和系统测试的概念。不管怎样，除了要确保单元内部的正确性之外，还需确保接口的正确性，因此需要执行集成测试。集成测试由于涉及多对模块、多个接口，因此设计测试用例时需在每次测试所涉及的接口数量和总测试用例数之间达到某个平衡，从而产生对单个集成测试和接口遍历顺序的测试设计。本章将针对这些内容展开讨论。

8.1　概述

若每个模块都经过了严格的单元测试，还需要集成测试吗？人们常常会提出这样的疑问。回答是肯定的，确实需要集成测试。在测试过程中经常遇到的情况是：单元测试中每个模块都能单独工作，但将这些模块集成在一起之后，某些模块就不能正常工作了。例如，接口数据丢失；模块之间的不良影响；误差的不断累积等。因此，单元测试无法代替集成测试，每个模块的性能最优并不能保证集成之后的指标达到最优。

8.1.1　集成测试的定义

集成测试就是在单元测试的基础上，将所有已通过单元测试的模块按照概要设计的要求组装为子系统或系统，并进行测试的过程，目的是确保各单元模块组合在一起后能够按既定意图协作运行，并确保增量的行为正确。需要再次强调的是，不经过单元测试的模块是不应进行集成测试的，否则将对集成测试的效果和效率带来巨大的不利影响。

8.1.2　集成测试的内容

集成测试的内容包括模块之间的接口以及集成后的功能。它主要使用黑盒测试方法测试集成的功能，并对以前的集成进行回归测试。具体来说，集成测试的内容包括以下方面：

(1) 将各个具有相互调用关系的模块组装起来时，检查穿越模块接口的数据是否会丢失；

(2) 判断各子功能组合起来能否达到预期要求的父功能；

(3) 检查一个模块的功能是否会对其他模块的功能产生不利影响；

(4) 检查全局数据结构是否正确，以及在完成模块功能的过程中是否会被异常修改；

(5) 单个模块的误差累积起来，是否会放大到不可接受的程度。

8.2　集成测试的评价

集成测试可基于多种测试策略展开，可从如下4个方面对集成测试策略进行评价：

(1) 测试用例的规模。测试用例数量越多，设计、执行和分析这些测试用例所花费的工作量越大，因此，测试用例的规模应越小越好。

(2) 驱动模块的设计。受到模块调用关系的影响，参与某次集成测试的模块可能被不包含在本次集成中的其他模块所调用，为此需要设计驱动模块，驱动模块不含在产品代码中，因此，驱动模块的数量应越少越好。

(3) 桩模块的设计。类似地，参与某次集成测试的模块可能调用其他不包含在本次集成中的模块，为此需要设计桩模块，桩模块不应提交给用户，因此，桩模块的数量应越少越好。

(4) 缺陷的定位。集成测试的主要任务是检查模块间的接口，集成测试用例涉及的接口数量越少，越容易定位出错的接口，因此，单个集成测试涉及接口数量(即模块数量)越少越好。

8.3 单个集成测试用例的设计

单个集成测试用例的设计中，可以每次测试一对模块的接口，也可以一次测试多对模块之间的接口，由此产生主要的 3 种测试方法：成对集成、邻居集成、基于独立路径的集成。

8.3.1 成对集成

成对集成的基本思想是将每个集成测试用例限定在一对调用单元上，每个集成测试用例都是最小的集成单元，仅涉及一对调用的接口。这样做最大的好处就是使得缺陷非常容易定位，一旦某个集成测试用例失败，可以肯定地说，一定是该用例涉及的这一对模块的接口有问题。

8.3.2 捉虫实践 1：第二日问题的成对集成

以第二日问题为例，仍采用单元测试实践中的集成版本，模块调用图见图 7.7。

1. 成对集成的测试用例设计

两个典型的成对集成用例见图 8.1(即图中虚线框住的灰色区域，后续同理，不再赘述)，函数名用缩写表示。

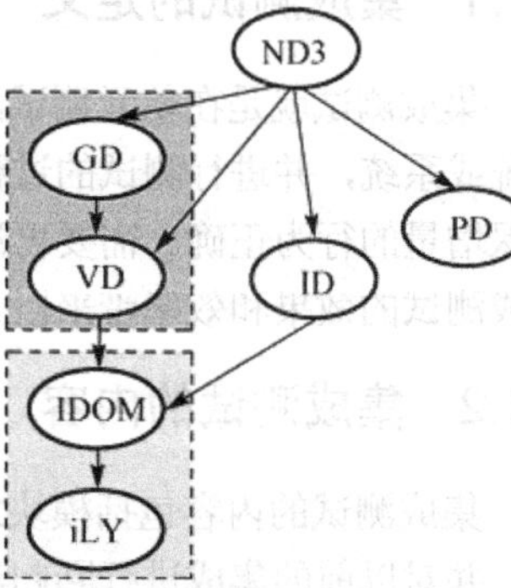

图 8.1 成对集成的测试用例设计

2. 规模估算

设某模块调用图中包含 m 个模块，共有 n 条边，因每条边对应一对调用接口，确定一个成对集成用例，因此，该调用图的集成测试应包含 n 个测试用例。本例中为 8 个集成测试用例。成对集成的测试用例规模与模块的数量没有直接关系。

3. 特点分析

成对集成的最初目的是希望能避免开发桩和驱动模块(有关桩和驱动模块的概念参见单元测试相关内容)，但事实并非如此。以 GetDate(即 GD)与 ValidDate(即 VD)之间的集成测试为例，GetDate 被 NextDate3(即 ND3)调用，ValidDate 又调用 lastDayofMonth(即 lDOM)，分别需为 NextDate3 和 lastDayOfMonth 开发驱动和桩模块，即测试时，用 stub_lastDayOfMonth(lastDayOfMonth 的桩模块)替换 ValidDate 函数中所有出现 lastDayOfMonth 的地方，并用 driver_NextDate3(NextDate3 的驱动模块)替换原始 NextDate3 函数，而 GetDate 函数代码无须任何改动，正常调用 ValidDate 即可。对于本例，若采用独立测试策略，总的桩模块数量为 4 个，分别为针对 GetDate、ValidDate、IncrementDate、lastDayOfMonth 所做的桩，isLeapYear 和 PrintDate 太简单，不需要打桩。总的驱动模块数量为 3 个，分别为针对 NextDate3、GetDate、ValidDate 所做的驱动。

总体来说，成对集成的优势主要在于容易进行缺陷定位。

8.3.3　邻居集成

邻居集成的基本思想是将每个集成测试用例限定在某个节点的邻居上，针对某个模块的集成测试用例应同时包含该模块及其邻居。所谓邻居，是对应某个模块的一个特定邻域模块集合，它包括指定的某个模块、所有直接调用该模块的上层模块以及所有被该模块直接调用的下层模块。

邻居的构成有两种方式：

(1) 处于中间层的模块。每个处于调用图中间层的模块既有上层调用模块，又有下层被调用模块，自然形成一组邻居，构成一个集成测试用例。

(2) 根节点直接调用叶子节点。当根节点模块直接调用叶子节点模块时，根模块与所有被它直接调用的叶子模块共同形成一组邻居，构成一个集成测试用例。

8.3.4　捉虫实践 2：第二日问题的邻居集成

1．邻居集成的测试用例设计

以第二日问题为例，两个典型的邻居集成用例见图 8.2。

2．规模估算

设某模块调用图中包含 *m* 个模块，其中 *n* 个模块是中间层的模块，则当存在根节点直接调用叶子模块的情况时，该调用图的邻居集成测试应包含 *n*+1 个测试用例，否则仅包含 *n* 个测试用例。本例中为 5 个集成测试用例。邻居集成测试用例的规模与模块数量也没有直接关系。

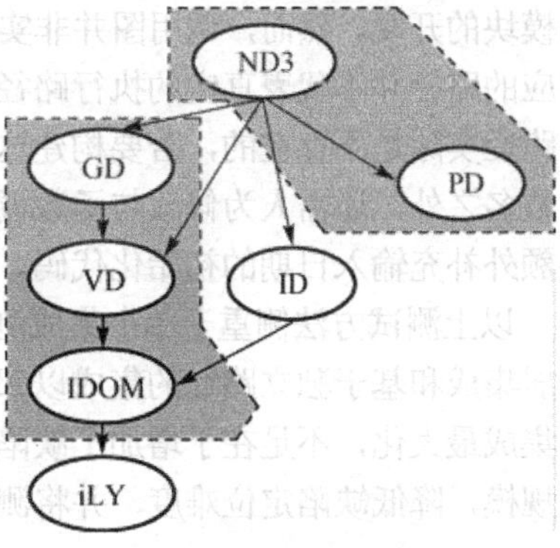

图 8.2　邻居集成的测试用例设计

3．特点分析

与成对集成相比，邻居集成试图通过扩大单个测试用例的范围来减少测试用例总数，导致的结果是致使缺陷定位变得困难。一旦某个测试用例失败，需要在邻居所形成的一组接口中判断出错接口。且某个模块可能包含在多个集成测试用例中，该模块的修改意味着所有包含该模块的测试用例需要全部重测，如 lastDayofMonth 函数同时包含在 ValidDate、IncrementDate 和 lastDayofMonth 的 3 个集成测试用例中，如此将大大增加集成测试的工作量。

邻居集成仍需开发桩或驱动模块。以 NextDate3 与 PrintDate 的集成测试为例，在 NextDate3 的代码中需用 3 个桩函数 stub_GetDate、stub_ValidDate 和 stub_IncrementDate 分别替换 GetDate、ValidDate 和 IncrementDate 函数。相比成对集成，邻居集成的桩和驱动模块开发工作量略低。对于本例，若采用独立测试策略，桩模块同成对集成，驱动模块减少为 2 个，仅需为 NextDate3 和 GetDate 开发驱动。

8.3.5　基于独立路径的集成

基于独立路径的集成基本思想是将函数调用图看做程序的控制流图或程序图，每个从根节点到叶子节点的调用形成了路径，每条独立路径即可构成一个集成测试用例。

8.3.6　捉虫实践 3：第二日问题基于独立路径的集成

1．基于独立路径集成的测试用例设计

以第二日问题为例，两个典型的独立路径集成用例如图 8.3 所示，分别为 NextDate3→GetDate→ValidDate→lastDayOfMonth→isLeapYear 和 NextDate3→ValidDate→lastDayOfMonth→isLeapYear。

2. 规模估算

将模块调用图视做程序图，设其环复杂度为 V，理论上而言，基于独立路径的集成测试应包含 V 个测试用例。显然，模块调用关系越复杂，基于路径的集成测试用例的规模越大。本例中为 4 个集成测试用例。

3. 特点分析

基于独立路径的集成其实质是将单个测试用例的范围从相邻模块向外扩展，直至达到根和叶子节点，形成完整的调用过程，以进一步降低测试用例数及桩和驱动的开发工作量。本例中，桩模块减少为 3 个(无须为 lastDayOfMonth 开发桩)，且因每个测试都包含从根到叶子节点的完整的直接调用关系而完全避免了驱动模块的开发。然而，调用图并非实际执行过程，一个集成测试对应的路径并不代表真实的执行路径，例如，NextDate3→IncrementDate→lastDayOfMonth→isLeapYear 的路径实际是不存在的，若要构建这样的路径，除了需要用桩函数或驱动函数名替换源代码中的原始函数名之外，还需人为修改与函数调用相关的代码，对于本例，需在代码中删去对 GetDate 的调用，并额外补充输入日期的初始化代码。且在单个集成中加入更多接口无疑增加了缺陷定位的难度。

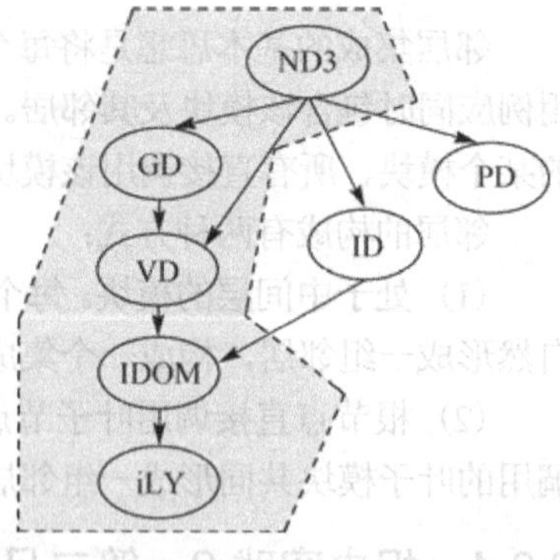

图 8.3 基于路径集成的测试用例设计

以上测试方法侧重于单个集成测试用例的设计，其中成对集成是将每个测试用例的集成最小化，邻居集成和基于独立路径的集成以邻居的方式扩大每个测试用例所包含的接口规模，达到局部范围内的集成最大化，不足在于增加了缺陷定位的难度。能否找到一种折中的方式来控制每个集成用例的接口规模，降低缺陷定位难度，并将测试用例总数控制在一定范围内呢？

8.4 集成测试遍历顺序的设计

结合测试用例的设计与调用图的遍历，可分为 4 种遍历顺序的方法：大爆炸方法、自顶向下、自底向上和三明治集成方法。

8.4.1 大爆炸集成

1. 基本思想

大爆炸集成(Big Bang)是将所有经过单元测试的模块一次性组装到被测系统中进行测试，完全不考虑模块之间的依赖性和可能的风险。

2. 捉虫实践 4：第二日问题的大爆炸集成

以第二日问题为例，大爆炸集成就是将所有 7 个模块放在一起进行测试，即仅需一个测试用例，达到用例规模的最小化。同时，由于该测试一次性包含了所有模块，无须开发桩和驱动模块。显而易见的弊端是直接导致缺陷定位异常困难。一旦用例失败，完全不知道是哪对模块的调用接口出了问题。特别地，即使被测系统能够一次性集成成功，也会有许多接口缺陷逃过测试而进入系统测试，给系统测试带来不良影响，大大增加系统测试的负担。

大爆炸集成违反了测试从小范围到大范围展开的基本原则，一般情况下不采用这种集成方式，仅在涉及模块和接口数量不多的情况下使用小范围的大爆炸集成。若集成测试针对的是稳定的软件版本，当前测试的系统仅仅是增加或修改了少数几个模块，也可采用大爆炸集成策略。

8.4.2 自顶向下的集成

1. 基本思想

自顶向下的集成(Top Down)是从主控模块(主程序，即根节点)开始，按照系统程序结构，沿着控制层次从上而下，逐渐将各模块组装起来。该集成测试方式下无须开发驱动模块，但需对未经集成测试的模块开发桩模块。集成中采用宽度优先或深度优先的策略向下推进，步骤如下：

(1) 对根节点进行集成测试，所有被根节点直接调用的模块均用桩模块来代替。

(2) 根据选择的推进策略(宽度优先或深度优先)，用实际模块替换桩模块(一般每次仅替换一个)，并用新的桩模块代替新加入的模块，与已测模块或子系统构成新的子系统，进行测试。

(3) 回归测试，全部或部分执行以前做过的测试，以确保新加入的模块未引入新的缺陷。

(4) 重复步骤(2)、(3)，直至所有模块都已集成到系统中。

2. 捉虫实践 5：第二日问题的自顶向下集成

以第二日问题为例，按宽度优先策略自顶向下进行集成测试，其中 PrintDate 和 isLeaYear 太简单，均无须开发桩。

(1) 若按每个节点的集成为对象，且对每个节点的一组集成不分次序，则从根节点 NextDate3 开始，其存在直接调用关系的接口有 4 个，对应根节点的 3 个集成测试用例见图 8.4。图中带阴影的小圆圈表示被调用模块所对应的桩。

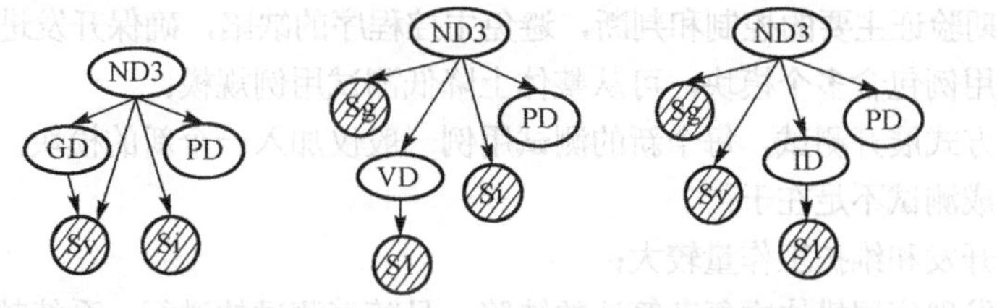

(a) 替换GetDate的桩　(b) 替换ValidDate的桩　(c) 替换IncrementDate的桩

图 8.4 测试 NextDate3 的接口

接着测试 GetDate 对应的接口，如图 8.5 所示。测试 ValidDate 的接口，如图 8.6 所示。最后测试 ValidDate 对应的接口，只需将 lastDayOfMonth 与 isLeapYear 一并加入即可展开集成测试。

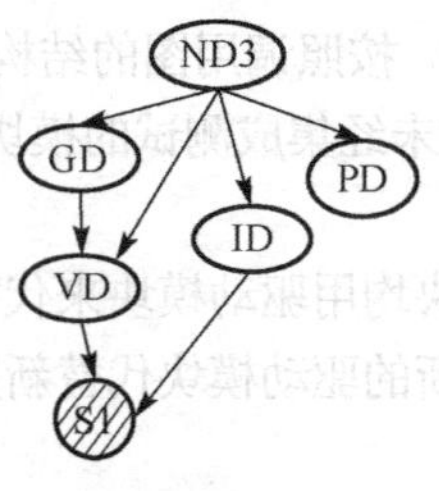

图 8.5 测试 GetDate 的接口

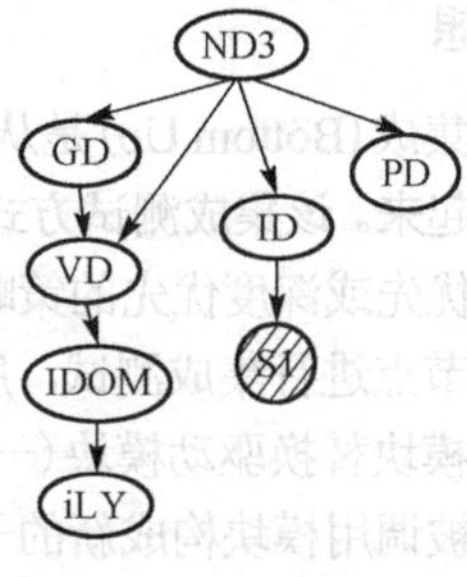

图 8.6 测试 IncrementDate 的接口

(2) 若按每层所涉及的接口为对象，不断替换原始桩模块以遍历整个调用图，则仍从根节点开始，集成测试的顺序如图 8.7 所示，图中最终一次性加入 lastDayOfMonth 和 isLeapYear 函数。

深度优先策略与此类似，详细内容不再给出。

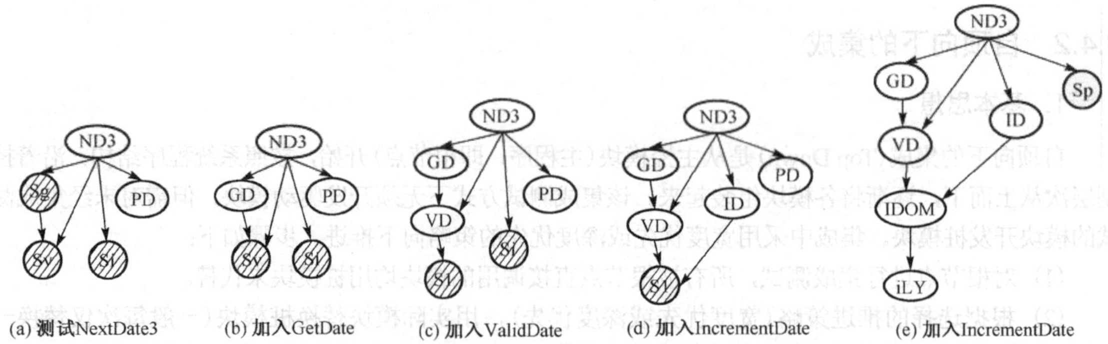

图 8.7 以宽度优先策略自顶向下集成的测试用例设计

3. 规模估算

自顶向下的集成中，每个被调用的模块都需要开发桩模块，设调用图中有 m 个模块，则理论上桩模块的数量为 $m-1$ 个。注意：桩模块的开发工作量主要受测试用例数量的影响，当测试用例较多时，桩模块的工作量会变得很大。

4. 特点分析

自顶向下的集成测试优势在于：

(1) 优先从根节点开始测试，有助于早期实现并验证系统主要功能，给开发团队和用户带来成功的信心，也便于早期验证主要的控制和判断，避免主控程序的缺陷，确保开发进度；

(2) 单个测试用例包含多个模块，可从整体上降低测试用例规模；

(3) 采用递增方式展开测试，每个新的测试用例一般仅加入一个新的模块，便于缺陷定位。

自顶向下的集成测试不足在于：

(1) 桩模块的开发和维护工作量较大；

(2) 难以早期发现底层模块中复杂算法的缺陷，且随着测试的进行，系统越来越复杂，底层模块的测试很难保证充分性；

(3) 不利于测试的并行，难以充分展开人力。

8.4.3 自底向上的集成

1. 基本思想

自底向上的集成(Bottom Up)是从底层模块(即叶子节点)开始，按照调用图的结构，从下而上，逐层将各模块组装起来。该集成测试方式下无须开发桩模块，但需对未经集成测试的模块开发驱动模块。集成中采用宽度优先或深度优先的策略向上推进，步骤如下：

(1) 对叶子节点进行集成测试，所有直接调用叶子节点的模块均用驱动模块来代替；

(2) 用实际模块替换驱动模块(一般每次仅替换一个)，并用新的驱动模块代替新加入的模块，与下层所有已测的被调用模块构成新的子系统(子功能)，进行测试；

(3) 回归测试，即全部或部分执行以前做过的测试，以确保新加入的模块未引入新的缺陷；

(4) 重复步骤(2)、(3)，直至所有模块都已集成到系统中。

2. 捉虫实践 6：第二日问题的自底向上集成

以第二日问题为例，按宽度优先策略自底向上进行集成测试(见图 8.8)，图中带阴影的小圆圈表示上层调用模块对应的驱动，虚线框表示同一个调用模块(如图 8.8(b)中的 lastDayOfMonth)。

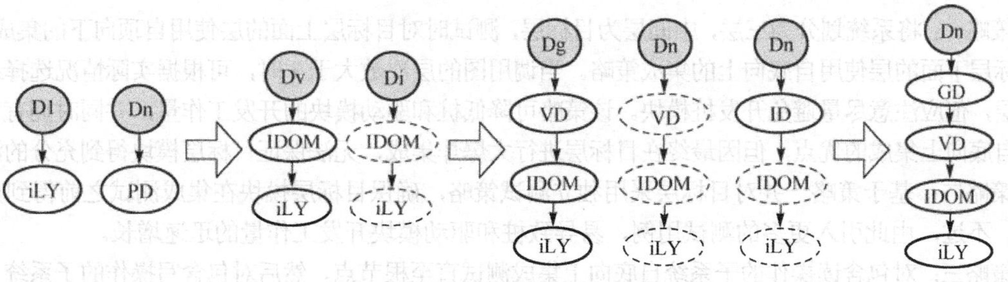

图 8.8　自底向上集成的测试用例设计

各步骤具体的测试用例如下：

(1) 步骤一：测试 isLeapYear 和 PrintDate，构成两个集成测试用例；

(2) 步骤二：加入 lastDayOfMonth，构成两个集成测试用例；

(3) 步骤三：加入 ValidDate 和 IncrementDate，构成三个集成测试用例；

(4) 步骤四：加入 GetDate，构成一个集成测试用例；

(5) 步骤五：将所有模块加入构成一个总体集成测试用例(图示不再画出)。

实际上，若仍按宽度优先的策略，但每次向上推进时同时替换多个驱动模块，则总集成测试用例数可适当降低，但部分接口可能得不到充分的测试，读者可尝试自行设计对应的测试用例。

3. 规模估算

自底向上的集成中，除了叶子节点不需要开发驱动模块，每个处于上层调用位置的模块都需要开发驱动模块。设调用图中有 m 个模块，其中叶子模块为 n 个，则理论上驱动模块的数量为 $m-n$ 个。值得注意的是：驱动模块的数量相比自顶向下集成中桩模块的数量要少很多，而且驱动模块的开发难度较桩模块的开发难度要小一些。

4. 特点分析

与自顶向下的集成相比，自底向上的集成在测试用例集合的规模、缺陷定位难易程度等方面较为相似，但就验证系统功能、主要控制和判断点等方面的特点则与自顶向下的集成正好相反。

自底向上的集成测试主要优势在于：

(1) 优先从叶子节点开始测试，有助于早期发现底层模块中复杂算法的缺陷，且驱动模块的开发有利于规范和约束系统上层模块的设计，在一定程度上增加系统可测试性；

(2) 单个测试用例包含多个模块，可从整体上降低测试用例规模；

(3) 多个集成测试可并行展开，确保测试工作进度。

自底向上的集成测试不足在于：

(1) 驱动模块的开发和维护工作量较大；

(2) 难以早期发现上层模块中有关逻辑和控制方面的缺陷；

(3) 直至加入最后一个模块才能看到整个系统框架，难以早期发现时序问题和资源竞争问题。

8.4.4　三明治集成

1. 基本思想

三明治集成(Sandwich)是将自顶向下和自底向上集成方法结合起来的集成策略。在调用图上按照一定的策略，分别自顶向下和自底向上展开集成，并在子树上进行大爆炸集成。

策略一：将系统划分为三层，中间层为目标层，测试时对目标层上面的层使用自顶向下的集成策略，对目标层下面的层使用自底向上的集成策略。当调用图的层次数大于3时，可根据实际情况选择最终的目标层，但应注意尽量避免开发桩模块。该策略可降低桩和驱动模块的开发工作量，并同时拥有自顶向下及自底向上集成的优点，但因最终在目标层进行大爆炸集成，无法保证目标层模块得到充分的测试。

策略二：基于策略一并对目标层采用独立测试策略，确保目标层模块在集成测试之前得到充分的测试。不过，由此引入更多的测试用例，易导致桩和驱动模块开发工作量的迅速增长。

策略三：对包含读操作的子系统自底向上集成测试直至根节点，然后对包含写操作的子系统自顶向下集成测试直至叶子节点。该策略的实质是将测试用例的输入输出与被测系统结合，输入是最容易出错的地方，应优先测试，含读操作的子系统可方便地获取测试用例输入，通过自底向上测试便于早期排除系统输入的缺陷。而输出是用户观察系统功能最便捷的方式，也应优先测试，写操作多对应系统输出，通过自顶向下测试含写操作的子系统便于查看测试用例的输出，该策略也可看做输入输出优先策略。

2. 捉虫实践7：第二日问题的三明治集成

以第二日问题为例，采用策略一并选择第二层作为目标层展开集成测试，首先从NextDate3开始自顶向下集成，直至加入GetDate；同时从isLeapYear和PrintDate开始自底向上集成，直至加入lastDayofMonth，最终在目标层进行三明治集成(过程见图8.9)，a1和a2、b1和b2分别是并行的。从该过程可明显看出，目标层的函数ValidDate和IncrementDate没有得到充分的测试。

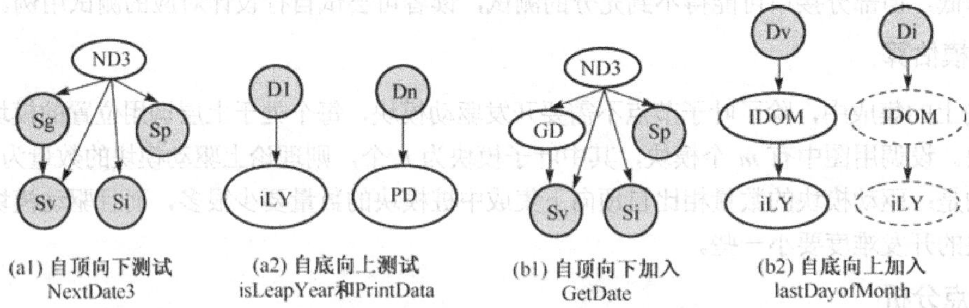

图8.9 第1种三明治集成策略的测试用例设计

策略二与策略一很相似，请读者自行分析测试过程。下面采用策略三进行三明治集成。其中函数GetDate执行数据读入和有效性校验，含读操作，应自底向上集成测试；函数PrintDate执行数据输出，包含写操作，应自顶向下集成测试。过程见图8.10，图8.10(a)是自底向上的过程，从测试isLeapYear开始，逐步加入lastDayOfMonth、ValidDate、GetDate；图8.10(b)是自顶向下的过程，从测试NextDate3开始，加入PrintDate，最终进行大爆炸集成。

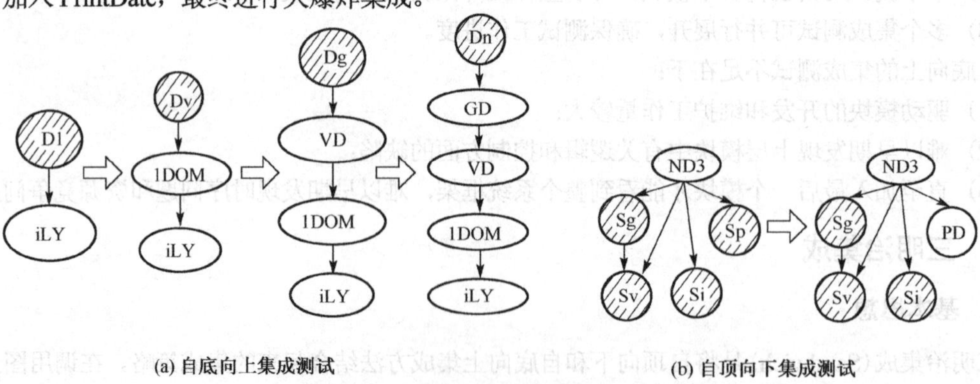

图8.10 第3种三明治集成策略的测试用例设计

3. 特点分析

三明治集成将自顶向下和自底向上的集成有机结合起来，充分发挥了二者的优势，但仍存在一些不足，体现在如下方面：

(1) 中间的目标层可能得不到充分的测试；

(2) 需要同时开发桩和驱动模块，这部分工作量可能是相当惊人的；

(3) 需要在子树上进行大爆炸集成，一旦发现缺陷，涉及的接口数量较多，增加了缺陷定位难度。

8.5 集成测试策略的比较

8.5.1 策略比较

表 8.1 对以上分析的几种集成策略进行简要的比较。表中“N/A”表示无须考虑该问题。

表 8.1 几种集成策略的比较

项目	测试用例数目	桩模块	驱动模块	缺陷定位	并行测试	系统概貌
成对集成	由边数决定	需要	需要	非常容易	可以	不确定
邻居集成	主要由中间节点数决定	需要	需要	困难	可以	不确定
大爆炸	少	不需要	不需要	非常困难	N/A	早期
自顶向下	较多	需要	不需要	较容易	困难	早期
自底向上	较多	不需要	需要	较容易	可以	较晚
三明治	较多	需要	需要	较困难	可以	早期

8.5.2 捉虫实践 8：第二日问题的综合集成测试

事实上，单个集成测试用例和集成测试遍历顺序的设计策略可以结合起来使用。以第二日问题为例，若采用宽度优先的自顶向下集成顺序，且每个测试用例采用邻居集成方式，则需依次测试：NextDate3 的邻居→GetDate 的邻居→ValidDate 的邻居，最终用 IncrementDate 替换桩 Si 进行最终的集成测试，该过程如图 8.11 所示。

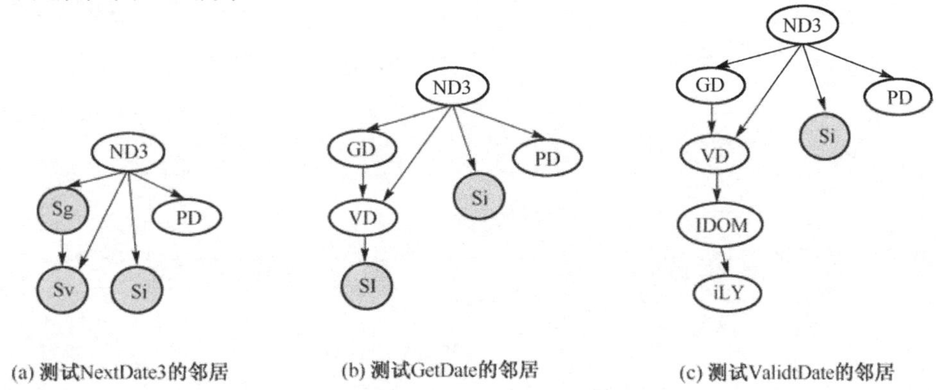

图 8.11 宽度优先的自顶向下邻居集成方式

8.6 本章小结

集成测试是连接单元测试与系统测试的重要环节，但是，良好的集成测试并不能代替单元测试，否则，不经过单元测试的模块将大大增加集成测试的负担；反过来讲，经过了良好的单元测试的模块，也不能直接进入系统测试阶段。不过，对于单个模块而言，单元测试与集成测试具有严格的先后次序，对于多个模块来说，不同模块的单元测试和集成测试工作是可以并行的。

思考与练习

1. 什么是集成测试？
2. 集成测试与单元测试有何区别？
3. 如何评价某种集成测试方法？
4. 成对集成与邻居集成的基本思想是怎样的？有何特点？
5. 请比较大爆炸集成、自顶向下、自底向上和三明治集成策略。
6. 集成测试的一般过程是怎样的？

第9章 系统测试

内容提要

经单元测试和集成测试后，就可以开始系统测试了，系统测试是公司和项目组最关心的测试阶段，在任何情况下都必须执行，一般由测试经理统一组织和制订系统测试计划，其他测试人员分别负责测试的分析、设计、实施和执行。系统测试完成后，开发就接近尾声了。该阶段所做的工作主要是一些不同类型的测试，从不同角度关注被测软件系统，如从功能需求、性能指标、系统安全、与其他硬件和软件的兼容性等方面展开测试。

9.1 概述

单元测试和集成测试主要是针对软件系统的一部分(如某个函数单元、某个类或某个接口)展开测试，但软件只是计算机系统中的组成部分之一，计算机硬件、外围设备、操作系统、网络等共同构成了软件运行的环境，因此，在将软件正式交付给用户使用之前，必须对以上内容进行测试，确保它们在实际运行时能相互配合并正常工作。系统测试就是将经过良好的集成测试的软件系统，作为整个计算机系统的一部分，与计算机硬件、外部设备、支持软件、数据及人员等其他系统元素结合在一起，在实际使用(运行)环境下对计算机系统进行一系列的严格测试来发现软件中的潜在缺陷，保证系统交付给用户之后能够正常使用。

系统测试与单元测试和集成测试的主要区别在于如下两方面：

(1) 系统测试不仅限于软件。为保证交付给用户的软件产品能够在实际的用户使用环境下运行正常，系统测试是涉及软件、硬件、网络等多方面因素的过程，而单元测试和集成测试主要针对软件进行测试。

(2) 系统测试不能省略。一般地，对于开发人员来说，系统测试是产品交付给用户前的最后一个测试环节，占有重要的地位。当面临紧迫的交付压力时，单元测试和集成测试很可能被取消，但系统测试只能被压缩，不可能完全不做系统测试。

系统测试主要是针对需求规格说明中所描述的系统功能和非功能需求进行测试，对应的测试活动包括功能测试、性能测试、安全性测试、兼容性测试等，下面分别展开讨论。

9.2 功能测试

功能测试(Function Testing)主要针对系统的功能需求展开测试，以确认被测系统是否满足用户的功能使用要求。它是系统测试中最基本的测试。总体来说，在功能测试中，主要应结合黑盒测试的基本思想，从系统输入(包括合法输入和非法输入)、系统内部处理(包括数据计算和存储)、系统输出(包括正常输出、针对错误输入的提示性输出、各种输出设备等)这三个方面设计测试用例。由于不同的应用系统具有不同的特点，功能测试的侧重有所不同，在此不妨将被测系统分为以数据为中心的系统(即各种管理信息系统)和以活动序列为中心的系统(即大部分基于 Web 的应用系统)，分别讨论测试的设计。

9.2.1 以数据为中心的系统

这类系统的核心是数据处理，可从实体关系模型和对数据的操作这两方面展开功能测试。

(1) 从实体关系模型设计测试

系统的实体关系模型中明确描述了系统的所有实体及各实体间的逻辑关系，分析如下：

① 1对1：此时仅需一类测试用例，创建1对1的对象实例即可；

② 1对多：可结合边界值和等价类测试，分别创建1对1、1对2、1对多这三类对象实例；

③ 多对1：与1对多相似，分别创建1对1、2对1、多对1这三类对象实例；

④ 多对多：应参照1对1、1对多、多对1这三种情况分别创建对象实例。

(2) 从对数据的操作设计测试

对数据的操作主要分为四类：增加(Add)、删除(Delete)、查找(Search)和修改(Modify)，对应的测试用例设计策略各有不同。

针对增加操作，应从如下方面展开测试：

① 是否能够正常实现增加操作；

② 针对唯一性字段，测试输入重复的情况，判断系统是否会报错，并特别注意大小写和输入内容包含空格的情况；

③ 针对必填项，测试是否有提示信息；

④ 测试增加成功后能否方便地看到增加的结果；

⑤ 测试增加一项或一组数据是否对其他数据产生影响，以及该影响是否符合用户需求。

针对删除操作，应从如下方面展开测试：

① 针对一项或一组对象的删除操作能否正常实现；

② 测试是否会错误地删除不存在的对象，或未选中的对象；

③ 测试删除之前是否有提示信息，以及删除成功后能否方便地看到删除的结果；

④ 测试删除一项或一组数据是否对其他数据产生影响，以及该影响是否符合用户需求。

针对查找操作，应从如下方面展开测试：

① 测试系统能否支持简单查询和高级查询；

② 测试系统是否针对存在和不存在的内容均给出正确的查找结果；

③ 测试系统能否针对合理和不合理的条件进行正确的处理；

④ 测试系统能否将查找结果与删除、修改等操作方便地结合起来。

针对修改操作，应从如下方面展开测试：

① 测试是否会错误地修改不存在的对象，或未选中的对象；

② 测试通过明确修改某些信息后能否确保所有隐含信息得到正确的修改；

③ 参照增加操作需测试的各个方面展开测试。

9.2.2 以活动序列为中心的系统

这类系统的核心是活动序列，包括系统输入、输出、状态及触发状态变迁的事件，可结合黑盒测试和白盒测试的思想设计测试。

(1) 结合黑盒测试的思想设计测试

针对系统输入和输出，考虑对所有输入和输出的覆盖测试，具体内容包括：

① 测试所有可以接收输入和进行输出的硬件设备；

② 测试所有的软件输入条件和输出结果；

③ 测试输入(输出)条件的边界情况；

④ 测试输入(输出)条件的典型情况；

⑤ 测试所有不合理的输入情况。

(2) 结合白盒测试的思想设计测试

针对系统状态和触发状态变迁的事件，可考虑对所有状态及事件的覆盖测试，可采用高层设计模型描述系统状态，包括有限状态机、对系统主业务分析所得的业务流程图等。而针对系统状态，可采用场景法，或借鉴独立路径测试方法，使用各种覆盖指标展开测试，例如：

① 状态覆盖(即语句覆盖)。每个状态对应一条"语句"，测试至少应覆盖到每个状态。

② 状态变换覆盖(即判定覆盖)。触发事件的发生引发状态变迁，对应"语句"执行，功能测试应覆盖到每次状态变迁。

③ 触发事件覆盖(即条件覆盖)。每个状态的变迁可能由多个触发事件满足某个组合条件时所引起，功能测试应覆盖到每个触发事件的产生。

④ 业务覆盖(即路径覆盖)。从初始状态开始，多个状态变迁将形成不同路径，功能测试应覆盖所有从初始状态到终止状态的业务执行路径。

9.3 性能测试

性能测试(Performance Testing)就是对软件的运行性能指标进行测试，判断系统集成之后在实际的使用环境下能否稳定、可靠地运行。软件性能主要考虑系统的时间和空间性能。其中，时间主要指软件的一个具体事务的响应时间。不同公司和项目对不同事务可能具有不同的响应时间要求，例如，某项目中要求所有涉及新增、修改的操作响应时间在3秒以内，而针对查询的响应时间仅要求在7秒以内即可。空间性能主要指软件运行时消耗的系统资源，该指标主要影响系统的最低配置和推荐配置。典型的性能指标包括CPU的使用情况、I/O的使用情况、主要存储内存的使用情况、每个模块的执行时间百分比、系统反应时间、系统吞吐量等。

性能测试的目标是判断被测系统是否满足预期的性能需求，以及寻找可能存在的软件性能问题，定位性能瓶颈并解决问题。

围绕上述目标，性能测试的主要内容包括常规性能测试、压力测试、负载测试、可靠性测试、大数据量测试等。

(1) 常规性能测试

常规性能测试是指软件在正常的软、硬件环境下运行，不向其施加任何压力的性能测试。这里所说的正常环境通常指用户实际使用的一般环境，并模拟生产运行的业务压力。

(2) 压力测试

压力测试(Stress Testing)是指持续不断地给被测系统增加压力，直至被测系统被压垮，以确定系统能承受的最大压力。压力测试应注意累积效应问题。例如，在压力测试过程中为了确保"干净"的测试环境，而频繁地让系统重启，容易导致某些缺陷无法及时发现，特别是服务器端的压力测试在单次测试时问题表现可能很不明显，需经日积月累后才会造成严重的问题。第1章的缺陷案例中服务器频繁崩溃的例子与此类似。

(3) 负载测试

负载测试(Load Testing)通常是让被测系统在其能忍受的压力极限范围内(或临界状态下)连续运行，来测试系统的稳定性。其目的是找到系统的处理极限，为系统调优提供依据。但负载测试侧重于压力持续的时间，压力测试则更加强调施加压力的大小。

(4) 可靠性测试

可靠性测试(Reliability Testing)是在给被测系统加载一定业务压力的情况下，使系统运行一段时间，以此来测试系统是否稳定。进行可靠性测试通常采用24×7(24小时×7天)的方式来连续运行系统，一般采用平均错误时间间隔(Mean Time Between Failure，MTBF)来衡量被测系统的可靠性。该值越大，系统越稳定。

(5) 大数据量测试

大数据量测试可分为两种：

① 针对某些系统存储、传输、统计、查询等业务进行大数据量的独立数据量测试；

② 与压力测试、负载测试、疲劳测试等并发测试相结合的极限状态下的综合数据量测试。

大数据量测试的关键是测试数据的准备(见第11章的测试案例)。

9.4 安全性测试

ISO 8402将安全性定义为"使得伤害或损害的风险限制在可接受的水平内"，随着软件变得越来越复杂，软件安全性变得越来越重要。安全性分为两个级别，其中应用程序级别包括对数据或业务功能的访问，该级别的安全性保证在预期的安全性条件下，用户只能使用应用程序的特定功能，或仅能访问有限的数据；而系统级别包括对系统的登录或远程访问，该级别的安全性保证只有具备系统访问权限的用户才能访问应用程序，且仅能通过相应网关来访问。

安全性测试(Security Testing)用于检验系统对非法侵入的防范能力。在安全性测试的过程中，测试人员扮演非法入侵者的角色，采用各种方法试图突破系统的安全防线。常见的手段包括：尝试通过外部手段截获或破译系统口令，使用甚至专门开发能够瓦解防守的客户软件来攻击系统，试图破坏系统的保护机制，故意引发系统错误，导致系统失败，企图趁系统恢复的时候侵入系统等。实际上，系统安全设计的基本原则是将系统设计为想攻破系统而付出的代价应大于侵入系统之后得到的信息价值，使得非法侵入者无利可图。

根据安全性的不同级别，安全性测试的目标可分为应用程序级别和系统级别的安全性测试。主要应考虑的内容包括：

(1) 资源，即业务功能或数据。应列出所有应被保护的业务功能和数据，确定各种功能及数据对合法用户和潜在侵入者具有的不同价值，并分析对其进行利用的非法方法。

(2) 风险，即可能导致损失或伤害的事件。应列出所有可能的风险，并区分意外风险、自然风险和人为风险，并分析风险的发生概率和导致的严重后果。

(3) 安全性控制，即针对风险的保护措施。应针对所有风险给出保护性方案，重点关注人为风险和偶然的系统误操作。

围绕上述内容，典型的安全性测试方法包括：

(1) 功能验证。对涉及安全的软件功能，如权限管理、系统加密和认证等进行测试，验证这些功能是否有效。例如，能否不输入密码就登录系统，能否适当处理多次输入无效密码的情况，用户密码复杂度是否符合要求等。

(2) 程序数据扫描。通过内存测试发现诸如缓冲区溢出之类的漏洞。该法用于确保软件在运行过程中数据不会遭到破坏，否则容易导致缓冲区溢出类型的攻击。

(3) 静态测试。对源代码进行安全扫描，根据程序中的数据流、控制流等信息，将之与特有的软件安全规则库进行匹配，找出代码中的潜在安全漏洞。该法可在编码阶段找出可能存在安全风险的代码，便于早期解决潜在安全问题。

(4) 动态测试。以人工方式或通过使用自动化工具模拟黑客对应用系统进行攻击性测试，找出运行时所存在的安全漏洞。该法真实有效，可找到更加严重的系统安全漏洞。

9.5 兼容性测试

兼容性测试(Capability Testing)检验被测软件与其他软、硬件相互是否能够正确交互和实现信息共享。这种交互可能不限于在同一台计算机上运行，而是通过网络与异地的不同计算机上运行的软件进行的交互，例如利用腾讯 QQ 实现远程桌面控制。兼容性测试主要包括与硬件的兼容性测试、与其他软件平台和应用程序的兼容性测试和数据共享的兼容性测试。下面分别予以描述。

9.5.1 与硬件的兼容性测试

对于项目软件而言，其对应的软、硬件环境相对固定，仅需在最终用户的使用环境下测试即可，一般不需要特别地考虑与硬件的兼容性测试。而对于面向一般用户的通用软件来说，与硬件的兼容性不可忽略。理论上被测软件应与硬件广泛兼容，但受到成本的限制，仅需重点支持部分硬件设备。Ron Patton 给出了一般性的建议：

(1) 确定所需的硬件类型。若需要网络应用，则应考虑对多种网络配置的测试。若是图形应用程序，则应考虑对各种显示器、显卡和声卡的测试，虽然现在的显卡和声卡多直接集成在主板上，但这丝毫不会降低对其进行测试的必要性。

(2) 确定可用的硬件型号和驱动程序。针对每种硬件类型，选择当前主流型号。对于驱动程序，考虑操作系统自带的驱动程序、硬件自带的驱动程序，以及网站上提供的驱动程序。

(3) 确定可能的硬件特性、模式和选项。每种硬件都有多种模式和选项，应针对每种选项，测试最低配置选项和推荐配置选项。

(4) 将明确后的硬件配置缩减到可控范围内。主要考虑当前流行的、推出时间最新、最有实力的生产厂商等因素。

(5) 明确使用硬件配置的软件唯一特性。充分利用等价划分方法，按照与硬件的交互方式将软件特性进行等价类划分，针对每类特性测试与硬件的兼容情况。

(6) 为每种硬件配置设计并执行测试用例。

(7) 重复配置测试直至达到规定的标准。

9.5.2 与其他软件平台和应用程序的兼容性测试

与软件的兼容性测试可从两方面来考虑。

(1) 向前和向后兼容。向后兼容指软件应与其以前的版本兼容。例如，采用旧版本所做的模型或保存的数据，在新版本中必须能正常打开。特别是数据应能在不同版本间方便地转换。当然，仅考虑对最近几个版本向后兼容即可。向前兼容则是指被测软件应与其未来版本保持兼容，这个要求较高，一般很难做到，这要求软件系统应预留出相应的接口。

(2) 多个应用程序的测试。被测软件应与其他应用程序具有广泛兼容性。一般地，可利用等价划分方法，按照软件的种类、推出年份、流行程度等因素，选择与被测软件关系最密切、最重要的应用程序，并选择不同版本组合展开兼容性测试。例如，采用 B/S 架构的 Web 应用应与当前市面上流行的多种网页浏览器软件的多个发布版本保持兼容，最典型的莫过于 IE6、IE7、IE8。

9.5.3 数据共享的兼容性测试

被测软件应符合公开的标准和规范，允许其与其他相关应用程序之间方便地交换数据：

(1) 文件应能正常保存和读取数据，包括从硬盘、U 盘等各种存储介质读取和存入；

(2) 文件应能正确导入和导出，包括Word、Pdf、XML等多种用户要求的格式；

(3) 能支持剪切、复制及粘贴操作；

(4) 支持软件不同版本间的数据转换，对转换前后的数据进行比较、分析，确保数据不改变业务需求，能处理数据中相互矛盾的地方，特别应支持数据转换不成功或意外情况下的回滚。

9.6 用户界面测试

用户界面(User Interface)是指提供给用户用于与软件进行交互的方式，即提供用户输入和系统输出。用户界面是软件与用户交互的最直接的层，界面质量决定了用户对软件的第二印象(安装是第一印象)。随着用户对软件的要求越来越高，用户界面设计越来越重要，而随着用户界面越来越复杂，用户界面测试也变得异常困难。

Ron Patton给出了优秀用户界面的基本构成标准，以此标准为基础，结合个人与其他测试工程师的经验体会，现总结出以下标准：

(1) 规范化

标准和规范是经大量正式的测试、经验和错误所得到的方便用户的规则。部分典型要求如下：

① 第一次打开应用程序时应显示“关于系统”屏幕；

② 应有代表应用程序的正确图标；

③ 所有屏幕、对话框应有与内容相对应的正确标题；

④ 可在Windows的任务条和状态条中显示应用程序；

⑤ 注意数据显示的规范性，如数据精度显示的统一、时间及日期显示格式的统一等。

(2) 灵活性

灵活性主要针对熟练用户而言，如更换界面皮肤、变换界面字体等。但灵活性与稳定性往往相互矛盾。灵活性越大，输入、输出、状态越多，将增加用户理解软件的难度，并增大开发难度和工作量，降低软件稳定性。

(3) 正确性

正确性是一个确定的条件。只要检查足够仔细，一般不难发现这类问题，内容包括：

① 界面显示内容的准确性。例如，对报表中的所有字段值都应有明确的定义，对无意义的字段值，不应显示空白，而应显示“–”或“/”，表示该字段值无意义。

② 界面显示及处理的正确性。例如，确保所有窗体中的对象状态正常，应符合相关的业务规则需要；各种对象访问方法(包括Tab键、鼠标移动和快捷键等)均可正常使用，且在一个激活的界面中快捷键不允许有重复。

(4) 直观性

直观性反映用户学习掌握该软件所耗费的时间及在具体业务流程上的简化，即：

① 易见(Easy to Discover)：用户仅凭观察就知道设备的状态，以及提供可采取的行动。

② 易学(Easy to Learn)：用户不查阅帮助就能对一个陌生的产品有清晰的认识。

③ 易用(Easy to Use)：用户不翻阅手册就能使用软件。

典型的直观性标准包括：

① 界面布局整齐、合理、简洁，具有明显的响应；

② 按功能将界面分块，并应有功能说明或标题；

③ 同一界面的控件数不超过10个，否则采用分页显示；

④ 可写控件能自动获得输入焦点；

⑤ 不应有用户不熟悉的术语，至少应有“帮助”功能及时发挥作用。

(5) 舒适性

舒适性是个模糊的概念。典型的舒适性指标包括：

① 内容的友好性。例如，按用户习惯对统计数据进行分类、排序；界面内容更新后系统应提供刷新功能，或者类似“××操作成功”的消息提示。

② 提示信息的指导性。例如，在复杂业务流程中各功能间的执行顺序应有制约条件，并通过界面提示用户；以反馈(如友好的提示)来弥补性能的不足。

③ 界面美观协调。例如，按钮大小基本相近，与界面大小和空间协调，切忌用太长的名称；前景与背景色搭配合理，反差不宜太大，少用深色，如大红、大绿等。

④ 菜单及按钮中使用快捷方式。例如，Ctrl+D 删除，Ctrl+F 查找，Ctrl+H 替换，Ctrl+N 新记录，Ctrl+S 保存，Ctrl+A 全选，Ctrl+C 复制等。

(6) 实用性

软件的特性应具有实用性，应在进行需求分析的时候明确了解哪些是用户关注的特性，哪些特性用户并不需要。没有必要将软件做得花里胡哨，能够满足用户的基本要求就行。相反，无用的特性越多，不仅不会讨好用户，还会增加无谓的复杂度，降低软件稳定性。例如，在第 1 章的软件缺陷定义中曾提到，用户认为系统交互界面只要符合公司统一的界面风格，系统模块分布简洁明了，用户无须花费长时间、无须思考就能找到所需功能模块即可，建模和数据分析的结果无须采用三维展示。

(7) 一致性

一致性包括被测软件本身以及软件与其他软件的一致程度。重要的是遵循公开的标准和规范，就不会出错。例如，有多个系统展现同一数据源时，应保证其一致性。

(8) 帮助

系统应提供详尽可靠的帮助文档，在用户不知该如何使用软件时通过帮助文件自主寻求解决方法。典型的帮助规则包括：

① 性能介绍和说明与系统性能保持一致；

② 对新系统进行打包时，对于做了修改的地方，应在帮助文档中做相应的修改；

③ 用户操作系统时提供及时调用系统帮助的功能，一般用 F1 功能键；

④ 提供帮助主题词，支持用关键词在索引中搜索所要的帮助；

⑤ 提供联机帮助格式或 HTML 帮助格式。

(9) 独特性

在界面基本框架符合标准和规范的基础上，应具有自己的独特风格，这对于商业软件尤其重要。典型的独特性细则如下：

① 安装界面上有公司介绍或产品介绍，并有本公司的图标；

② 主界面及大多数界面上有公司图标；

③ 登录界面上有本产品标志，并包含公司图标；

④ 帮助菜单的“关于”中有版权和产品信息；

⑤ 公司的系列产品应保持一致的界面风格。

(10) 多窗口应用与系统资源

设计良好的软件应尽可能占用最低限度的资源，要求包括：

① 在主界面载入完毕后自动卸出内存，让出所占用的 Windows 系统资源；

② 防止对系统的独占使用；

③ 窗口被覆盖并重调用后，可以正确地再生；

④ 显示多个窗口时，应将窗口名称适当表示出来；

⑤ 适当加亮活动窗口。

9.7 可安装性测试

可安装性测试(Installation Testing)是指广义的安装测试，包括安装和卸载。狭义的安装测试是以安装手册为依据，对软件的安装过程进行测试的一项活动，目的是验证成功安装系统的能力。用户的第一次体验来自于安装软件的过程，安装程序制作的质量决定了用户对软件的第一印象，并将直接影响用户对软件使用的可接受程度。

安装程序的一般流程为：

(1) 执行启动程序；

(2) 判断是否检测到以前版本，是，则继续执行，否，则先选择目标路径，然后继续执行；

(3) 选择安装选项，并开始安装；

(4) 判断是否重启，是，退出启动程序并重启，然后继续执行，否，则继续执行；

(5) 完成其他遗留的安装任务，并结束安装。

安装测试的目标是确保安装程序能够正确运行，程序能正确安装，且安装后能正确运行。为此，可安装性测试应从如下方面展开测试。

(1) 安装前的测试重点

① 是否需要专业人员安装。若需专业人员安装，则安装对用户要求低，测试工作量较小。否则，应提供清晰简单的安装手册，并以之为基础展开安装测试。

② 确认打包程序的特性，确认对安装环境是否有限制和要求，不同的打包发布程序支持的系统不一样，且至少应在标准配置和最低配置条件下进行安装测试。特别注意开发和测试人员往往默认安装某些程序包，而用户往往是不预先安装这些程序包的。

(2) 安装过程中的测试重点

对于正常安装，应关注以下方面：

① 安装过程与安装手册中描述的所有步骤保持一致，包括所有界面、提示信息等内容；

② 安装过程应符合一般的安装流程，否则应关注哪些步骤被省去，是否对应有默认设置，是否满足大部分用户的意愿或硬件配置；

③ 测试安装过程中的所有默认和典型选项；

④ 测试各种安装组合(包括参数、控件执行顺序、产品组件、产品组件安装顺序等的组合)；

⑤ 安装过程是否简单，容易掌握；

⑥ 安装过程中应有明显、合理的操作提示；

⑦ 应验证软件使用许可证号或注册码；

⑧ 应能识别大部分硬件。

对于安装过程中的异常情况，应考虑：

① 测试安装空间不足的情况。

② 测试异常配置或状态(非法和不合理配置)，如断电、数据库终止、断网等。

③ 安装过程中应允许终止，终止安装后应能确保系统恢复原状。安装软件不应破坏系统原有的系统文件，否则一旦停止安装将造成原有系统无法正常使用。

(3) 安装之后的测试重点

① 能否产生正确的目录结构和文件，文件属性是否正确；

② 动态链接库是否正确；

③ 软件能否正确运行；

④ 是否产生多余的目录结构、文件、注册表信息、快捷方式等；

⑤ 安装后系统是否对其他应用程序造成不正常影响(如操作系统、应用软件等)；

⑥ Web 服务是否有冲突；

⑦ 系统升级后原有应用程序能否正常运行；

⑧ 软件卸载后所有占用的资源、文件、目录、快捷方式等内容都应予以清除，且不应影响到基础的系统文件，不影响系统应保留的用户数据及其他软件的使用。

软件卸载与安装过程相反，测试思想类似，不再具体描述。

9.8 本章小结

本章主要讨论了系统测试的主要测试内容，其中功能测试将占据测试人员的绝大部分时间和精力。性能测试、安全性对测试人员的技术水平要求相对较高，这是有目共睹的。而兼容性测试、用户界面测试等工作则往往被看做没有技术含量的，常由一些新手来承担，其实是一个误区，往往会导致严重的后果，读者可以在实践中自行体会。系统测试还包括对用户文档的测试、可靠性测试、可用性测试等，受篇幅所限，在此不再详细讨论。系统测试完成后在正式交付软件产品给用户之前还需进行验收测试，这方面内容也不在本书讨论的范围之内。

思考与练习

1. 系统测试完成后就可以发布软件了吗？
2. 功能测试是功能性测试吗？
3. 当时间紧迫时，可以不做性能测试吗？
4. 用户界面测试只不过是在界面上东看看西看看，没有什么技术含量，是这样的吗？

第 10 章　测试过程管理

内容提要

软件测试是一个包含诸多复杂任务的过程，它贯穿整个软件开发阶段，前面各章主要从技术和流程的角度讨论了测试用例的设计和测试阶段的主要内容，本章将首先从理论的角度，介绍目前在实践中使用较为广泛的几种软件测试过程模型，接着从管理和规范的角度，从测试用例管理、缺陷管理和测试团队管理三方面分别讨论如何在开展软件测试工作的过程中将这些对象管理好。

10.1　软件测试过程模型

在 IEEE 对软件测试的定义中明确指出，软件测试是使用人工和自动手段来运行或测试某个系统的过程。为了有效控制软件测试的过程，学者们提出了多种软件测试过程模型，对测试活动进行抽象，并与开发活动有机结合，有助于更好地指导测试实践，提高测试过程质量。常见的测试过程模型包括 V 模型、W 模型、H 模型、X 模型等。

10.1.1　V 模型

Paul Rook 在 20 世纪 80 年代后期提出 V 模型，该模型是最具有代表意义的测试模型。V 模型是软件开发瀑布模型的变种，反映测试活动与系统分析和设计的关系，体现了动态测试的过程。V 模型的基本思想如图 10.1 所示，图中箭头表示时间方向。从该图可以看出，左半部分的开发过程自顶向下，严格分为不同的开发阶段，右半部分的测试过程则自底向上，也严格区分不同阶段，且测试活动的展开次序正好与开发的次序相反。从测试与开发过程的关系来看，二者是严格对应的，例如，确认与系统测试对应需求分析，集成测试对应概要设计等。

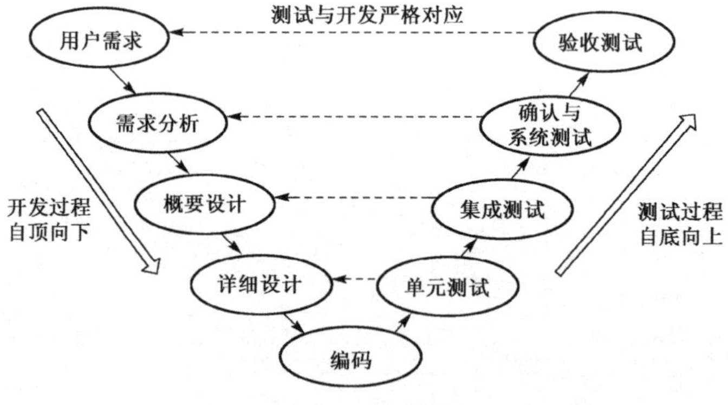

图 10.1　V 模型

V 模型的策略：动态测试行为应与开发行为对应，每个测试阶段的基础是对应开发阶段的提交物，并通过低层测试确保源代码正确，通过高层测试保证整个系统满足用户需求。

V 模型的局限性主要在于：

(1) 测试滞后。测试是编码完成后的阶段，无法快速发现开发早期引入的缺陷，大大增加缺陷修复成本，且当前期开发进度拖延时将导致测试大大缩水。

(2) 测试与开发文档难以一一对应。测试与开发文档之间很少有完美的一对一关系。例如，需求分析文档往往需利用设计文档中的部分内容来为系统测试提供足够的信息。

(3) 缺少静态测试。缺少需求评审、代码审查等静态测试，容易降低测试效率。

10.1.2 W 模型

为解决 V 模型的不足，Paul Herzlich 提出了 W 模型，其基本思想是在 V 模型基础上增加与开发阶段同步进行的测试部分，即开发和伴随的测试过程分别是两个完整的“V”，如图 10.2 所示。其中，开发的 V 字左侧对应需求定义和设计，伴随的测试行为是对开发文档的静态测试，以及对应测试阶段的测试计划、设计和实施的过程；开发的 V 字右侧对应软件实现，伴随的测试行为是对这些实现的动态测试，即测试执行和评估的过程。

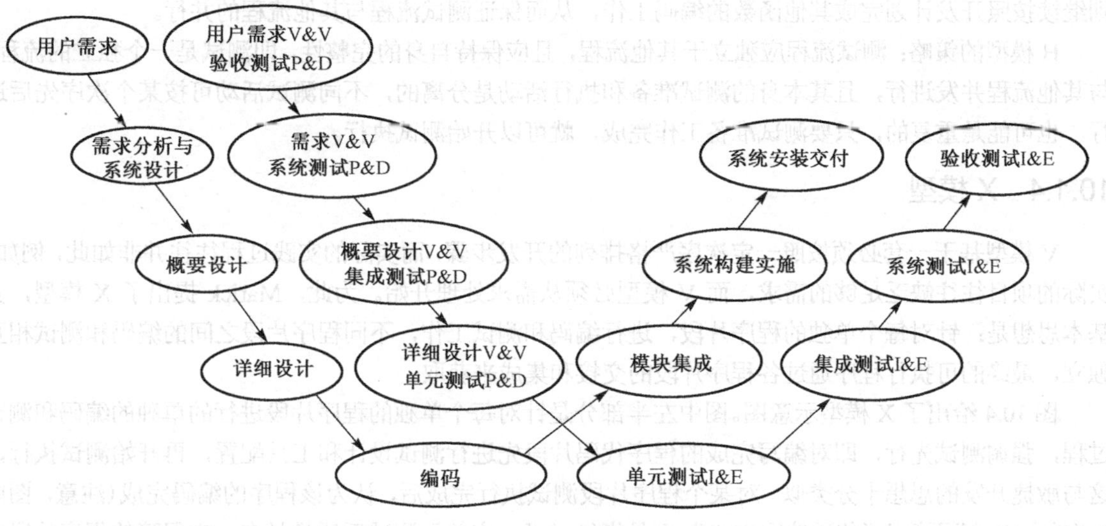

图 10.2 W 模型

W 模型的测试策略：静态测试和动态测试行为伴随整个开发阶段，并与开发行为对应，有助于早期发现缺陷、了解项目难度、评估测试风险，并加快项目进度，降低项目成本。

W 模型的局限性主要在于：

(1) 将软件开发看成需求分析、设计和编码等一系列串行的活动。

(2) 开发、测试之间保持着线性的前后关系，无法支持迭代的开发模型，无法支持变更调整。

(3) 未体现测试流程的完整性。

10.1.3 H 模型

V 模型和 W 模型都把软件开发看做需求→设计→编码的串行活动，具有严格的阶段划分，无法支持迭代和增量开发，且未体现每个测试阶段的完整流程。为此，人们提出了 H 模型，其基本思想是将测试活动独立出来，形成两个阶段的独立的测试流程：

(1) 测试准备阶段：包括测试计划、测试设计和测试实施。

(2) 测试执行阶段：包括测试执行和测试评估。

H 模型的原理如图 10.3 所示，该图说明了软件开发某个阶段对应的测试活动，图中实线表示的为测试流程所包含的活动，虚线则表示其他流程所包含的活动，如设计、编码活动，甚至是软件质量保证这类非开发流程。

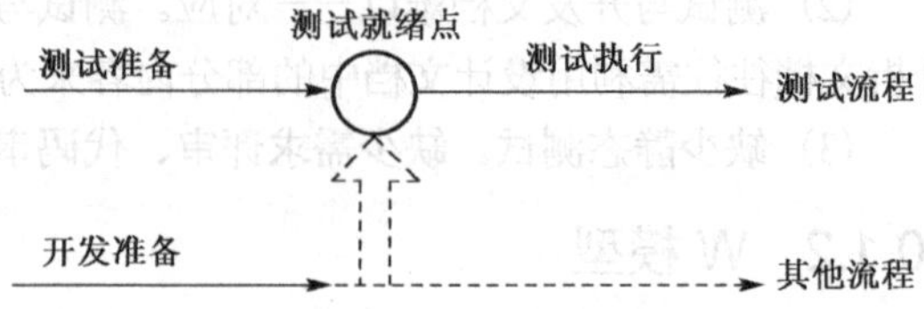

图 10.3 H 模型

由该图看出，在测试就绪点之前要做两方面准备工作：一方面是开发准备，即提供被测对象和测试依据，属于主要开发流程所提供的工件；另一方面是测试准备，即提供测试工件(包括测试计划、测试需求、测试用例、测试脚本、测试环境等)，对应测试计划、设计和实施的过程。一旦测试条件成熟，准备工作就绪，就可以展开测试执行，沿着测试流程展开相关活动。与此同时，对于其他流程而言，在提供了测试对象和测试依据后，即可沿着自己的流程完成后续的活动。以单元测试为例，若需对某个函数单元进行测试，则先通过详细设计得到函数功能要求，并通过编码得到被测函数代码，提供给单元测试，此时，测试团队可根据单元测试的要求对被测函数进行测试设计、实施、执行，开发团队则继续按照开发计划完成其他函数的编码工作，从而保证测试流程与其他流程的并行。

H 模型的策略：测试流程应独立于其他流程，且应保持自身的完整性，即测试是一个独立的流程，与其他流程并发进行，且其本身的测试准备和执行活动是分离的，不同测试活动可按某个次序先后进行，也可能是重复的，只要测试准备工作完成，就可以开始测试执行。

10.1.4 X 模型

V 模型基于一套必须按照一定次序严格排列的开发步骤，而实际的实践过程往往并非如此，例如，实际的项目往往缺乏足够的需求，而 V 模型必须从需求处理开始。为此，Marick 提出了 X 模型，其基本思想是：针对每个单独的程序片段，进行编码和测试工作，不同程序片段之间的编码和测试相互独立，最终的可执行程序通过各程序片段的交接和集成来获取。

图 10.4 给出了 X 模型示意图。图中左半部分是针对每个单独的程序片段进行的单独的编码和测试过程，强调测试先行，即对编写完成的程序代码片段先进行测试设计和工具配置，再开始测试执行，这与敏捷开发的思想十分类似。对某个程序片段测试执行完成后，认为该程序的编码完成(注意，图中的“编码完成”不等于“代码编写完成”，而是指经过了一定单元测试后质量具有一定保障的程序片段)。多个这样的程序片段需进行多次交接和集成，并需对集成的程序再次进行更高级别的测试设计和执行(见图的右半部分)，最终通过测试的成品作为更大规模内集成的一部分，或直接封版提交给用户。

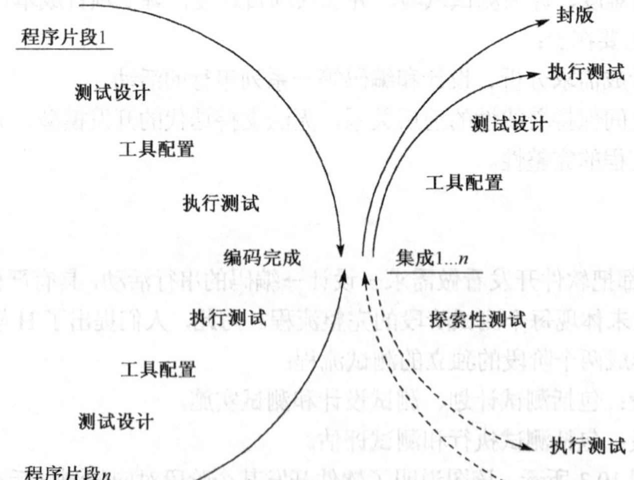

图 10.4 X 模型

实际上，X 模型中清晰地体现了单元测试→集成测试→系统测试的过程，该模型还能处理开发中包括交接、频繁重复的集成等工作，更加贴合实际的项目开发流程。

10.1.5 综合策略

综合上述测试过程模型，建议采用的综合策略：宏观上以 W 模型为基本框架，将软件开发和测试作为两个并行的过程，测试伴随整个开发过程；而微观上对每个测试阶段则以 H 模型为指导，进行独立测试，即只要满足测试执行条件就可以进行独立的测试，并反复迭代测试，直至达到预定目标；当项目小组的开发过程中存在诸多不确定因素时(如需求的变更、对缺陷的修复等)，则可利用 X 模型，针对每个相对独立的系统组成部分，进行相互分离的编码和测试，经多次交接后集成为最终的版本。当然，对于软件企业而言，则应以软件测试成熟度模型(TMM)为指导，努力建立规范的软件测试过程，有关 TMM 的内容，本书不再详细描述。

10.2 测试用例的管理

据说微软关于用户登录功能的测试用例多达 5000 个！一个简单的登录有必要设计那么多测试用例吗？当然，只要时间和成本许可，应尽量给出更多的测试用例，确保测试没有漏洞。那么，谁能设计这么多测试用例？只要掌握了测试用例的设计方法，编写几万、几十万、几百万个测试用例并非难于上青天。然而，伴随着数量激增的测试用例，能在有限的时间内对这么多测试用例全部进行实施、执行和评估吗？如果不考虑成本和进度因素，完全可以，但必须对这些测试用例进行良好的管理。

10.2.1 测试用例报告的撰写

测试用例的核心属性包括 ID、输入和预期输出，为了便于其管理，测试用例报告中还应包含更多内容。测试用例报告实际就是要详细回答如下问题：谁、在何时、针对哪个软件项目、针对哪个程序版本、针对哪个功能模块、针对哪个测试需求、依据什么参考文档、设计了哪些测试用例、这些测试用例规定软件在怎样的测试环境下、以何种方式执行之后应得到怎样的预期结果、这些用例的优先级如何、测试用例之间的约束关系是怎样的。

受成本限制，公司或项目组将根据实际情况对上面的测试用例报告进行瘦身，例如将若干测试用例之间相同的部分集中予以表达，将用例间不同的内容(主要涉及测试用例的 ID、输入、操作步骤和输出等)以列表或大纲形式给出。表 10.1 给出了某项目的设备管理模块中辖区移交子功能(功能编号：Q3.13)的部分功能测试用例，对应测试需求(编号：Q3.13.2，优先级：中)：正二级用户登录，移交的设备树辖区节点中有设备，指定要移交的二级单位无辖区设备，但有正二级用户，辖区节点可成功移交。表中各测试用例的操作步骤为：选中辖区节点 1 处，选择“辖区移交”菜单项，然后在辖区属性对话框中选择 2 处，单击“确定”按钮。在表中不再一一给出。

表 10.1 某项目中辖区移交子功能的部分测试用例

项目/软件	VedioRecord	程序版本	1.0.20110814
功能模块名	辖区移交	编制人	张三
功能特性	修改选中辖区节点的所属二级单位，将辖区移交给其他二级单位负责	编制时间	2011.08.05
测试需求	正二级用户登录，移交的设备树辖区节点中有设备，指定要移交的二级单位无辖区设备，但有正二级用户，辖区节点可成功移交		
测试包	Q3.13.2-TS		
优先级	中		
预置条件	选中的辖区为 A，原属二级单位名称为 1 处，移交的二级单位名称为 2 处		

续表

项目/软件	VedioRecord		程序版本	1.0.20110814
初始化	正二级用户已成功登录系统，进入设备管理界面			
清除环境	恢复预置条件			
测试环境	硬件环境 服务器端：普通 PC(AMD Athlon(tm) II X4 635 Processor 2.90 GHz 内存 4.00 G) 客户端：2 台 PC(Intel(R) Core(TM) 2 Duo CPU T8300 2.40 GHz 内存 2.00 G) 软件环境 服务器端：操作系统—Windows XP，数据库—SQL Server 2005 客户端：操作系统—Windows XP 网络环境 10 M 电信网			
参考文档	2.2 软件需求规格说明书 2011.0804 中关于“辖区移交”子功能的说明			
用例序号	输入条件	操作步骤	预期输出	测试结果
01	1 处无三级用户，无报警设备； 2 处无三级用户，无报警设备	同 SRS 的描述	1 处删去辖区 A； 2 处设备树增加辖区 A 及下属所有设备，所有设备的负责三级用户为空 (注意：对设备树的操作不应影响报警点树)	
05	1 处有三级用户，但辖区 A 无负责三级用户，无报警设备； 2 处无三级用户，无报警设备	同上	1 处删去辖区 A； 2 处设备树增加辖区 A 及下属所有设备，所有设备的负责三级用户为空	
09	1 处有三级用户，且辖区 A 有负责三级用户，无报警设备； 2 处无三级用户，无报警设备	同上	1 处删去辖区 A，A 的所有负责三级用户对应负责辖区清空，辖区与三级用户关系表的负责人改为 0，冲突值不变； 2 处设备树增加辖区 A 及下属所有设备，所有设备的负责三级用户为空	
12	1 处有三级用户，且辖区 A 有负责三级用户，有报警设备； 2 处有三级用户，有报警设备	同上	同上	

表中主要内容的说明如下：

(1) 项目/软件。被测项目或软件的名称，常用英文表示，便于交流和保密。

(2) 程序版本。该软件目前的版本号，一般按照 A-B-C 形式进行命名。

(3) 编制人。编制这些测试用例的测试人员的名字。

(4) 编制时间。编制这些测试用例的日期。

(5) 功能模块。被测模块的名称，可用英文表示，必要时可补充说明被测模块的功能编号。

(6) 功能特性。被测试功能模块的主要功能、详细特性等。

(7) 测试需求。测试所期望达到的目标。

(8) 测试包(Test Suite)。用于明确测试用例的存放位置。一个测试包可包含多个测试用例，也可包含其他测试包。例如，辖区移交子功能的单元测试包中可包含多个测试需求的测试包，而每个测试需求的测试包中将包含多个单元测试用例。测试包便于测试用例设计与实现，测试脚本可按照功能测试包→测试需求测试包→测试用例的层次关系进行存储。注意，一个测试用例可在多个测试包中使用，但最好不这样做，以避免测试用例的变化而导致修改多个测试包。

(9) 优先级。即测试执行的优先次序。测试用例的优先级一般随测试需求的优先级而定，一般分为高、中、低三个级别。优先级越高，越应尽早执行。

(10) 预置条件。执行某个测试用例之前需完成的前期工作。

(11) 初始化和清除环境。为避免测试用例间的关联性和影响性，应确保每个测试用例具有自清除性，通过初始化和环境清理来实现，即在测试用例执行之前应满足某些前提条件，应建立基本执行环境；而在测试用例执行结束之后应根据需要删除某些临时文件，恢复某些系统设置等。

(12) 测试环境。测试用例的执行所需的硬件、软件及网络环境，自动化测试中还需对采用的自动化测试工具进行说明。

(13) 参考文档。测试的依据文档，即测试用例预期输出的定义标准，如需求文档、设计文档、相关规范等。注意：参考文档并非论文写作中所指的参考文献。

(14) 用例序号(ID)。即表中的测试用例序号，每个测试用例应有一个唯一的标识符，用于所有与测试用例相关的文档/表格引用和参考的依据，方便测试用例的跟踪和维护。

(15) 输入条件。提供测试执行中的各种输入条件，包括正常和异常输入情况，以判断软件能否执行基本功能，并具有阻止异常输入的能力。

(16) 操作步骤。提供测试执行过程的步骤。对于复杂的测试用例，往往需将其输入分为多个步骤来完成，除了需清楚描述每个操作步骤之外，操作步骤数量也应控制在 3~9 步，当达到 15 个操作步骤时测试用例的易操作性将大大降低，操作过程非常容易出错。

(17) 预期输出。针对测试输入的每一项，提供对应测试执行的预期结果。预期结果应根据软件需求中的输出而得出。

(18) 测试结果。关于测试用例通过与否的结论，主要包括如下 5 种情况：

① 通过(Pass)：用例执行后实际结果与预期结果完全一致，且未出现其他意外结果；

② 失败(Fail)：用例执行结果与预期结果截然不同，甚至出现完全相反的情况；

③ 警告(Warn)：用例执行结果虽与预期结果不一致，但功能仍然正常实现，如错误提示的文字描述差异等；

④ 阻塞(Block)：用例执行中途受到阻碍，部分步骤或子步骤无法继续执行，测试用例无法顺利进行下去，则标记为阻塞。阻塞可能是由于中间某个步骤出错而导致，也可能是由于某些资源不到位而引起；

⑤ 跳过(Skip)：测试人员不执行测试用例的某个步骤或子步骤即为跳过，注意，阻塞是客观原因导致的，跳过则是测试人员主观原因导致。

测试结果也可能同时覆盖以上 5 种情况中的多种情况。在记录执行结果时，可将执行细节记录到每个步骤。例如，步骤 1 通过，步骤 2 失败，步骤 3 被步骤 2 中的失败所阻塞等。此时应对测试用例指定双重状态，如 Block/Fail、Skip/Pass 等。

在实际使用中，测试用例可以用数据库、Word、Excel、XML 等多种格式进行管理，市面上也有成熟的商业软件工具和方便的开源工具。采用什么格式其实并不重要，重要的是公司或团队内部应采用统一的文档模板，并符合内部的规范要求即可。

10.2.2　测试用例的组织和跟踪

测试用例的组织和跟踪可分 7 个步骤来完成。

(1) 整理模块需求

产品的需求往往不是一次就搞定的，一开始经常会存在很多遗漏、错误理解、不一致、无法测试等各种缺陷，而交到测试小组手中的很可能就是这样的文档。所以并不是一拿到软件就开始测试的。首先应对被测系统各功能模块的需求进行检查、理解和整理。熟悉业务流程、熟悉产品特性，是设计好的测试用例的最重要的前提条件之一。而完善的需求也是测试设计最重要的依据。一旦需求出错，将导致大量无意义的测试用例，只会浪费测试人员的时间，拖延进度。

(2) 撰写测试计划

撰写测试计划是后续测试设计、执行和评估的基础，所有工作都应在良好的计划指导下完成。测试计划的制订除了需要提取测试需求之外，还应对测试工作涉及的人力物力资源、风险等进行多方面考虑。就测试用例而言，主要是提取测试需求。从需求规格说明书可以拟出各方面的测试需求，即需要测试的软件特性和可测试项。例如，系统测试中是否全部内容都需要测试，还是仅进行功能测试、可安装性测试和用户界面测试。一般的提取原则是从大到小，从子系统或大的功能模块进行不断分解，一直达到最小的模块，并得到测试计划书。

(3) 设计测试思路

通过分析测试计划中的测试特性，应设计测试的思路，即对测试需求进一步做细化工作。测试计划中的测试需求仅指出要测试项，此时的测试需求应从测试用例设计的角度来分析，如对正常情况、边界情况和异常情况的测试。以登录时用户身份验证的功能测试为例，需要从正常登录、无效登录的识别这些角度来设计测试。该阶段的交付品是测试设计说明书。

(4) 编写测试用例

根据测试设计，分别设计具体的测试用例，应灵活使用本书第二部分所介绍的测试方法，并遵循第三部分的测试阶段策略。该环节得到的是测试用例的说明书。当然，为了节省时间，减少文档撰写的工作量，测试设计和测试用例可以合并，通过管理工具或简洁的模板来记录，且建议给出具体的测试数据和测试执行步骤的说明。

(5) 评审测试用例

测试用例在设计编写过程中应组织同级互查，编写完成后则应组织专家进行评审，获得通过才可以使用。其中，内部评审工作主要是部门内部同行针对测试策略的评审，重点在于检查测试策略和测试用例的设计思路是否正确，以保证测试用例的有效性。此时，可以组织正式的评审，以用例设计人员讲解、大家共同讨论的形式进行，若时间紧张，也可以直接将文档发给部门同事来交叉评审。而外部评审工作主要由开发部、项目实施部、甚至市场部共同参与，涉及项目经理、测试人员、开发人员、销售人员、甚至客户代表，目的是查找测试人员编写的测试用例是否有遗漏。一般采用非正式评审的形式进行。若时间紧迫可提前启动测试，等评审完成后再修改测试用例。外部评审通常是在测试用例编写完成之后进行。典型的测试用例评审检查单见表10.2。

表10.2　测试用例评审检查单

项目名称	×××××××××××××			
检查人	×××	检查日期	××—××—××	
序号	检查内容	结论	原因	备注
1	入口检查			
1.1	《需求规格说明书》是否评审并建立了基线？	是[] 否[] 免[]		
1.2	是否按照测试计划规定的时间完成测试用例的编写？	是[] 否[] 免[]		
1.3	针对需求新增和变更是否进行了相应的调整？	是[] 否[] 免[]		
1.4	是否按公司定义的模板来编写测试用例？	是[] 否[] 免[]		主要指格式要求
2	设计			
2.1	测试用例是否覆盖了《需求规格说明书》？	是[] 否[] 免[]		确保测试无漏洞
2.2	测试用例编号是否与需求相对应？	是[] 否[] 免[]		确保测试可追溯
2.3	测试用例设计是否包含了正面和反面的用例？	是[] 否[] 免[]		
2.4	每个测试用例是否清楚填写了测试特性、操作步骤和预期结果？	是[] 否[] 免[]		描述太详细易导致工作量过大
2.5	操作步骤和输入数据部分是否清晰，是否具备可操作性？	是[] 否[] 免[]		同上
2.6	测试用例是否包含测试数据、生成办法或输入的相关描述？	是[] 否[] 免[]		
2.7	重点需求的测试用例设计是否至少有3种设计方法？			
2.8	涉及打印、表格、导入、导出的接口是否包含打印位置、表格名称、指定数据库表名或文件位置？	是[] 否[] 免[]		
3	详细内容(可选)	是[] 否[] 免[]		

续表

项目名称	×××××××××××××			
3.1	测试用例是否覆盖业务流程中最长的流程？	是[ ] 否[ ] 免[ ]		
3.2	业务流程中各环节的终止和回退是否存在组合设计？	是[ ] 否[ ] 免[ ]		
3.3	测试用例中是否设定角色和用户？是否有跨流程的角色？	是[ ] 否[ ] 免[ ]		
3.4	存在系统自动生成的输出项是否列出了生成规则？	是[ ] 否[ ] 免[ ]		
3.5	对于查询和表格是否设计了可以产生数据的测试用例？	是[ ] 否[ ] 免[ ]		
3.6	查询结果是否根据条件组合设计至少 3 个测试用例？	是[ ] 否[ ] 免[ ]		
3.7	无法在界面显示的字段是否编写 SQL 语句做后台表查询？	是[ ] 否[ ] 免[ ]		
4	统计			
4.1	测试用例覆盖率是否达到相应的质量指标？	是[ ] 否[ ] 免[ ]		
4.2	测试用例预期缺陷率是否达到相应的质量指标？	是[ ] 否[ ] 免[ ]		

(6) 修改更新测试用例

测试用例经评审之后需根据评审意见进行修改。注意：原则上测试用例应经多次修改才能通过，但实际工作中通常仅进行一次评审，修改测试用例之后就不再进行评审了。

测试用例的更新主要受软件版本的不断修改和升级的影响，如测试用例设计考虑不周、新增功能导致部分测试用例变化等，测试用例修改更新策略如下：

① 若新版本的特性没有变化，只是出现缺陷被用户发现的情况，此时可以修改测试用例，并给出变更记录。且当前修改的测试用例，对目前和以前的版本都有效。

② 若新版本中原有的功能取消，此时仅需在新版本上将对应测试用例设置为无效即可。

③ 若新版本中原有的产品特性发生变化，但属于功能增强，则原有测试用例仅对原版本有效，此时不能修改测试用例，只能增加新的测试用例，新增测试用例仅对当前版本有效。

④ 若新版本中原有产品特性发生变化，且属于完全新增的特性，则需针对新增的特性补充新的测试用例，此时，原有测试用例对原版本和当前版本都有效，新增测试用例仅对当前版本有效。

(7) 执行测试用例

测试用例经修改之后，可从版本控制库中取出测试用例，并在测试用例中记录测试的结果，使用后送入版本控制库，进行版本管理。典型的测试用例生命周期见图 10.5。根据不同类型和规模的软件项目，可对该生命周期进行适当裁剪，以适合实际情况的需要。

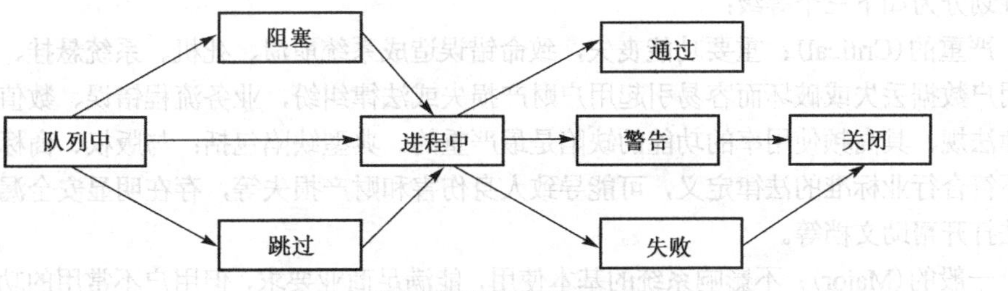

图 10.5　典型的测试用例生命周期

图中各状态含义如下：

① 队列中(In Queue)：表示测试用例在排队等待中；

② 进程中(In Progress)：表示测试正在进行，且可能会持续一段时间，当然，若某测试所需时间不超过两天，则仅需显示该测试在"队列中"；

③ 阻塞(Block)：受到某些执行步骤或外部条件的影响，后续步骤无法进行下去；

④ 跳过(Skip)：测试员决定跳过该步骤，一般在测试用例级别上不谈"跳过"；

⑤ 通过(Pass)：表示测试用例执行结果完全符合预期输出，且没有任何其他额外的输出；

⑥ 失败(Fail)：表示测试用例执行出错，与预期结果的差异较大；

⑦ 警告(Warn)：表示测试用例执行出错，但问题不大，被测软件的功能是正确的，只是有些小偏差而已，例如界面的小问题；

⑧ 关闭(Closed)：所有发现的缺陷都已得到修复。

(8) 分析评估测试用例质量

测试用例全部执行后，需对测试用例的质量进行分析和评估。一方面，从测试用例对代码及对缺陷的覆盖率来衡量测试用例的设计质量。每百行代码的测试用例数目越多，测试用例密度越高，对代码的覆盖程度越高，但太高的覆盖率反而有可能带来成本的激增，效果却不一定很好。所有缺陷中，被测试用例所发现的缺陷率越高，证明测试用例的漏洞越小，当测试用例对缺陷的覆盖率低到一定程度的时候，说明亟需提高测试人员的技术水平了。另一方面，从每轮测试中测试用例的执行率、通过率、平均每天执行测试用例的数目、平均每天执行测试用例的通过率、不同模块的测试用例通过率等指标来衡量测试用例的执行情况。从这些指标可以看出哪些模块可能存在设计不合理或测试覆盖不够全面等问题，并有针对性的对开发或测试过程加以改进。

10.3 软件缺陷的管理

发现软件缺陷是软件测试的重要手段，在不同的测试阶段，多个模块中均可发现不同类型的软件缺陷，只有对其进行良好的管理，才能确保在产品交付时，遗留到用户手中的缺陷最少、严重性最低。下面就从缺陷属性、缺陷报告撰写、缺陷流程等方面讨论与缺陷管理相关的内容。

10.3.1 缺陷的属性

1. 严重性

严重性(Severity)是指缺陷对被测系统造成的破坏程度的大小，它可能是即时的破坏，也可能是一段时间之后对系统带来的毁坏。严重性是对缺陷的客观评价，反映了缺陷自身对软件系统和对用户使用造成的绝对影响。严重性由测试人员设定，但一经设定，不可随意改动。

根据缺陷在法律法规、系统功能、用户体验、生产效率、品牌形象、使用频率等方面的影响，可将严重性划分为如下三个等级：

(1) 严重的(Critical)：重要功能丧失，致命错误造成系统崩溃、死机、系统悬挂、甚至危及人身安全，用户数据丢失或破坏而容易引起用户财产损失或法律纠纷，业务流程错误、数值计算错误等，其中法律法规、具高频使用率的功能的缺陷是最严重的。典型缺陷包括：与版权、商标、产品名称等相关的不符合行业标准的法律定义，可能导致人身伤害和财产损失等，存在明显安全漏洞，在关键版本中无法打开帮助文档等。

(2) 一般的(Major)：不影响系统的基本使用，能满足商业要求，但用户不常用的功能实现未达到预期效果，可能导致用户使用不方便，可能对公司品牌形象有直接影响等。典型缺陷包括：系统响应时间长，用户界面差，界面显示风格不统一，操作复杂或提示信息难以理解，帮助说明描述不清楚，界面刷新有较明显的闪烁，打印报表的内容和格式错误，删除操作无提示等。

(3) 次要的(Minor)：对功能几乎没有影响，产品及属性仍可使用。典型缺陷包括：个别错别字，文字排列不整齐，非常小的标点符号错误，不可行路径等。

注意：严重性低的缺陷通常得不到修复(例如，一般性 Bug 可以遗漏 2%～5%)，但当这类缺陷太多时，应将其补充汇总为一份后续报告，定级为“严重的”，否则也可能导致严重后果。

案例

某公司的一个已发布的软件中，在其法语版本中有一个提示界面错误地采用了英文，该缺陷在用户试用现场被发现。导致该缺陷的原因是程序员为了调试方便而将提示文字的英文字符串直接写入代码，并忘记将其提取出来作为独立资源文件。这个因测试遗漏而导致的缺陷看似不严重，并在发现的当天被修复，然而，就是因为这个小小的缺陷，试用用户放弃了该公司的产品而与其他公司签约，该公司为此损失一笔 158 万元的合同，相关测试人员则受到通报批评和扣除当季全部奖金的处理。

2. 优先级

优先级(Priority)是指缺陷必须被修复的紧急程度。优先级是对缺陷的主观评价，反映了项目小组对缺陷风险的评估结论，若认为缺陷带来的风险不大，则设定该缺陷的优先级别较低，反之，则定级较高。优先级由项目经理负责设置，一经确定，也不能随意改动。

一般地，可将优先级划分为如下三个等级：

(1) 高(High)：缺陷完全阻碍或部分阻碍进一步开发或测试工作，需立刻修复(一般为 48 小时内)或在下 个里程碑之前必须修复。例如，该 Bug 阻碍了产品的版本构建或自动化测试的运行。

(2) 中(Middle)：缺陷需正常排队等待修复，但在产品发布之前必须修复。例如，在顶层和中等级页面/节点上发现的 Bug，具有高法律风险的 Bug，用户产品关键场景的 Bug。

(3) 低(Low)：缺陷对系统影响不大，当时间允许时可考虑修复，有时甚至不修复也能发布产品。例如，在很少使用的功能中发现的 Bug，在低级页面/节点上发现的 Bug。

注意：缺陷优先级随着项目推进可能会发生变化。例如，经评审后将“低”优先级缺陷修改为“中”优先级。缺陷修复工作也并非严格按优先级从高到低展开，受缺陷群集现象影响，修复高优先级缺陷时可能顺便修复同一模块中的低优先级缺陷。

一般地，越严重的缺陷优先级越高，但也存在例外情况。当某个严重的缺陷发生概率极低(如低于 5%)，或仅在极端条件下才引发该缺陷时，其优先级为“低”。特别当产品受到发布压力时，开发方会选择将该缺陷留在下一个发布版本之前再修复。而那些直接关系产品和公司形象的界面类型的缺陷(如公司名称、商标等)严重性多半不高，但会导致明显的用户投诉，必须立即修复或尽快修复。

3. 可重现性

可重现性(Reappearance)指缺陷应在同样的条件下可反复出现，且每次出现的形式完全一样。无法重现的缺陷对开发人员是无意义的，因为无法对缺陷进行定位，意味着无法修复该缺陷，测试人员在测试中应确保缺陷可多次重现，并在缺陷报告中准确地描述出来。

为确保缺陷可重现，应采用如下的措施：

(1) 在测试过程中随时记录操作步骤和被测系统的响应，一旦出现缺陷，可以快速写出执行步骤及出错现象，降低操作导致的不可靠因素，必要时采用屏幕录制工具(如 Wink)协助完成这一过程；

(2) 重复测试至少三次，确保每次执行同样的步骤可得到相同表现的缺陷，同时在缺陷报告中注明重复测试的次数，以提高缺陷报告的可信度；

(3) 对于随机性出现的缺陷(即出现率并非百分之百)，则应尝试使用不同的测试数据、改变测试环境等，试图找到影响缺陷出现的根本原因。

事实上，并非所有缺陷都可以重现，缺陷在如下情况下往往是难以重现的：

(1) 具有累积效应的缺陷，如系统内存泄漏问题需长时间运行才能出现；

(2) 涉及对特殊日期处理的缺陷，如千年虫问题；

(3) 仅在特定运行次数时才出现的缺陷，如 1.3.3 节提到的照片制卷系统中的打印缺陷；

(4) 高严重性的缺陷可能导致测试后无法恢复测试之前的环境，使得缺陷无法重现。

当缺陷确实不可重现时，应在缺陷报告中如实注明，并详细描述为重现缺陷而执行的过程记录。

10.3.2 缺陷报告的撰写

1. 概述

缺陷报告就是记录缺陷各方面信息的文档，一份缺陷报告实际就是要回答如下问题：

(1) 谁，何时，在何处，发现了什么缺陷？

(2) 谁，何时，提出怎样的处理意见？

(3) 谁，何时，如何修复该缺陷？(如果需要修复缺陷的话)

(4) 谁，何时，如何验证该缺陷？测试结果如何？

2. 完整的缺陷报告

表10.3是一个典型的缺陷报告模板。

表10.3 典型的缺陷报告模板

软件名称	VedioRecord	程序版本	1.0.20110824
功能模块名	用户登录	测试人	张三
功能特性	用户输入用户名和密码，登录系统	最后修改时间	2011.08.26
用例编号	DL001		
缺陷编号	001		
缺陷标题	用户第一次登录系统无法修改密码		
严重性	严重	优先级	高
状态	关闭	缺陷类型	代码错误
测试环境	同测试用例 DL001		
分配给	programmer@××××.com		
发送给	projectmanager@××××.com		
详细描述 1. 从登录页面进入 2. 输入用户名(user)和密码(user)，按"登录"按钮(第一次登录)。 预期结果：网站强制用户修改密码，即显示修改密码页面，让用户自由选择修改密码。 实际结果：无法显示修改密码页面，弹出错误提示窗口。 备注：怀疑对需求理解错误			
缺陷相关附件	错误提示窗口界面截图.jpg		
相关缺陷	无		
历史	2011-08-24 11::00 Tester 激活 (此处省略关于缺陷的具体描述) 2011-08-25 10:00 Programmer 修复 (此处省略关于修复的具体描述) 2011-08-26 9:00 Tester 关闭 (此处省略关于复审的具体描述)		
解决方案	已修复		
解决 Build	1.0.20110825		
解决详情	严格按照需求编写代码，当第一次登录时强制跳转到修改密码页面		
相关附件	无		
复审详情	重新执行原来的测试用例，测试通过，缺陷不再出现， 执行测试用例 DL002 后再执行 DL001，即第一次登录系统后不修改密码，然后再次登录系统，仍能测试通过，缺陷不再出现		

该缺陷报告可分为三部分，分别涉及项目组中测试人员、项目经理、程序员这三类不同人员。

(1) 测试人员首次需填写的内容

当测试人员新建缺陷，提交缺陷报告时，需要填写的内容说明如下：

① 项目/软件：被测项目或软件的名称。

② 程序版本：该软件目前的版本号，一般按照A-B-C形式进行命名。

注意，版本信息对缺陷修复至关重要，软件开发过程中会有多个版本，尤其在开发组内部会有多个build版本，在某个build版本中发现的缺陷往往到下一个build版本才能得到修复。程序提交测试或修复后提交测试时，若不在缺陷报告中指明版本号，容易导致测试人员在未修复的版本中验证测试缺陷，从而浪费人力、资源和时间，甚至导致严重事故。国内某次小型飞机失事的事故就是由于弄错了GPS导航系统的版本号，导致经过严格测试的GPS系统并未安装在飞机上并最终酿成机毁人亡的重大事故。

③ 测试人：发现该缺陷的人员的名字，通常是测试人员，也可能是其他人员。

④ 最后修改时间：该缺陷报告最后一次修改的时间，通常是测试人员复审后关闭该缺陷报告的日期。

⑤ 功能模块：被测模块的名称，可用英文表示，必要时可补充说明被测模块的功能编号。

⑥ 功能特性：被测功能模块的主要功能、详细特性等。

⑦ 用例编号：若某缺陷是通过执行某个测试用例而发现的，必须给出该测试用例的编号，形成功能需求→模块→测试需求→测试用例→软件缺陷的对应关系。否则该栏可以为空。

⑧ 缺陷编号：缺陷的身份标识，具有唯一性，便于跟踪和维护。该编号通常按发现的次序进行编号，而非人为编号，因为缺陷属于偶然性因素导致的随机的问题，其出现是不可预知的。

⑨ 缺陷标题：关于该缺陷的摘要性描述，一般不超过20个字，从标题应能反映出缺陷的典型表现、缺陷所在位置等主要信息。

⑩ 严重性：缺陷对被测系统造成的破坏程度的大小，由测试人员设定。

⑪ 状态：缺陷在其生命周期中的某个特定的处理环节。典型的状态包括：

激活(Active)：缺陷第一次出现或重新出现。激活态的缺陷需提交给项目经理或测试经理以划分其优先级，并分配缺陷处理责任人。

已解决(Resolved)：程序员对缺陷做出处理(不一定是修复)，等待测试人员的验证。

关闭(Close)：测试人员认可程序员对缺陷的处理意见。若程序员修复了缺陷，测试人员需对修复后的程序执行验证测试，只有确认缺陷不再出现后才能关闭该缺陷。

⑫ 缺陷类型：表示缺陷的分类。若按开发阶段分类，则需求分析阶段的典型缺陷有模糊的需求、遗漏的需求、相互冲突的需求、不可测的需求等；设计阶段的典型缺陷为遗漏的设计、混乱的设计等；实现阶段的缺陷有消息错误、用户界面错误、遗漏的功能、内存泄漏或程序崩溃等；文档撰写阶段，则有文档的描述错误、与需求设计和执行不一致的缺陷等。

⑬ 测试环境：若该缺陷对应某个测试用例，该栏可为空，否则需额外填写测试环境。

⑭ 发送给：一般是项目经理或测试经理的邮件地址，便于系统自动分发缺陷报告。

⑮ 详细描述：详细记录测试人员的每个操作/重现步骤，指明系统对于每个操作的反馈，如提示信息、呈现界面等，说明预期结果和实际结果，预期结果应与相关测试用例标准保持一致。一般地，还应明确指出缺陷的可重现率及对应的测试尝试。

一般地，测试员发现缺陷后，还应有针对性地改变输入条件(如尝试更多测试数据，改变测试环境设置或操作步骤顺序等)，展开尝试性测试，判断是否在同类情况下均会出现类似的缺陷，称为“隔离措施”。从缺陷群集原则来看，当系统运行出现缺陷时，往往意味着系统针对某一类数据或操作都会出错，这种定向随机测试的思想目的在于找到缺陷的内在规律，帮助程序员更快地定位和修复缺陷。当缺陷不可重现时，这样的描述也有利于程序员分析原因，提高缺陷可重现性。在备注中，测试员可详细描述尝试性测试的过程，并根据经验分析缺陷，供程序员确认和修复缺陷时参考。

⑯ 缺陷相关附件：指测试中用到的测试数据文件、缺陷界面截图、测试日志文件等，有助于程

序员重现缺陷时使用。注意，界面截图中应添加醒目的注释文字，或用粗线条对缺陷进行标记，便于程序员快速了解缺陷位置和形式。

⑰ 相关缺陷：缺陷之间可能存在各种关联，例如某个缺陷必须在另一个缺陷得到正确修复之后才能进行修复，或某个缺陷是在修复另一个缺陷的过程中新引入的等。

⑱ 历史：历史用于记录所有对该缺陷报告进行修改的人员的痕迹，主要包括修改人、修改提交时间、处理措施和修改人给出的有关处理措施的详细描述。任何人只要对缺陷报告中的某些内容存在疑问，或对缺陷处理方式等有意见或建议，都应毫不犹豫地在缺陷报告中写下自己的描述，并自动记录在历史中。而与该缺陷直接相关的测试人员和程序员通过阅读历史也可以得到有益的提示。历史有助于测试人员、项目经理、开发人员等不同角色人员之间的交流，利于缺陷得到最快捷、最合理的处理。

(2) 项目经理需填写的内容

当缺陷报告提交发送给项目经理后，项目经理需要填写的内容如下：

① 分配给：负责确认和处理缺陷的程序员的邮件地址，一般由项目经理指定。

② 优先级：缺陷必须被修复的紧急程度，由项目经理设定。对于高严重性低优先级、或低严重性高优先级的缺陷，应给出优先级划分的理由。

(3) 程序员需填写的内容

当缺陷报告分发给程序员后，程序员需要填写的内容如下：

① 解决方案：即处理意见，指对缺陷的处理方式。典型的处理意见包括：

已修复(Fixed)：即缺陷被改正。程序员通过调试和修改代码，改正缺陷。已修复的缺陷需等待测试人员进行验证测试，确认是否正确修复。

暂缓(Postponed 或 Later)：即受到技术、发布时间压力等因素影响，缺陷不在当前版本中处理。这类缺陷是需要定期讨论的。暂缓的缺陷随着项目推进可能转为需要立即修复的情况。

外部原因(External 或 On hold)：即受外部技术原因(如浏览器、操作系统或第三方软件)而导致的缺陷，程序员无法修复。特别是在非开源情况下，这样的缺陷无法修复。

不修复(Don't fix)：即缺陷严重性太低，或出现概率极低，不值得修复。

重复的(Duplicate)：即该缺陷与某个已提交到缺陷库中的缺陷是同一个问题。

不可重现(Not repro)：即无法触发该缺陷，也没有更多线索来证明存在该缺陷。

符合设计(By design 或 Not a bug)：即这不是一个缺陷，而认为程序本来就是这样设计的，或认为程序运行的情况就是设计要求的预期情况。

显然，后4种情况对应无效缺陷，将直接打回重写或关闭，前3种情况虽承认缺陷有效，但只有"Fixed"才能确保缺陷被修复，至于是否正确修复，还有待测试人员的进一步验证测试。

② 解决 Build：指修复缺陷后的代码版本。

③ 解决详情：在"Fixed"条件下应简要说明如何修复该缺陷，即在哪个版本中、采用怎样的修复步骤(例如，在什么文件中修改了什么函数等)进行缺陷修复。当有效缺陷对应非正常处理方式时，应给出非正常解决的理由。

④ 相关附件：给出必要的附件材料以说明修复的过程及正确修复的证据。

(4) 测试人员需再次填写的内容

当缺陷报告经程序员处理后回到测试人员手中，测试人员还需要填写复审结果，即重新测试的过程，通过执行怎样的测试，确认该缺陷已经复，或发现原来的缺陷并未修复，意见如何等。

3. 第二日问题的缺陷报告

以第二日问题为例，若管理员(充当测试人员角色，来自微软"人人均可测试"的理念)发现了 isLeapYear 函数中的一个缺陷，登录 BugFree(一款开源缺陷管理工具)后填写的缺陷报告见图 10.6。

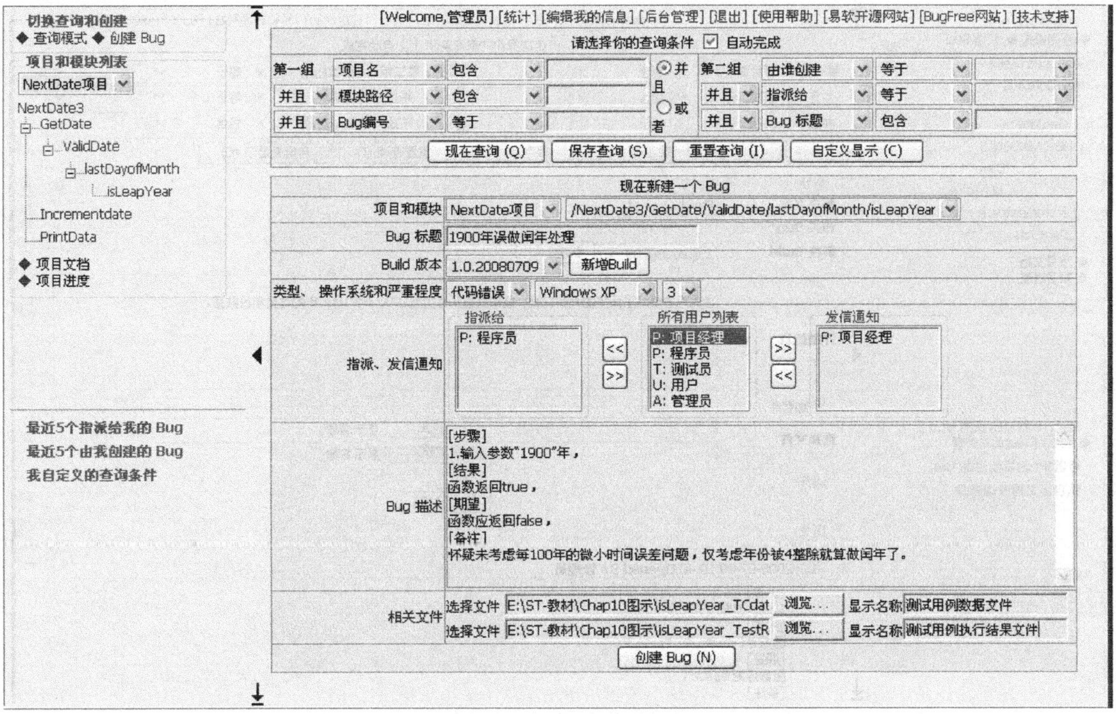

图 10.6 测试人员首次提交缺陷报告需填写的内容

接着，程序员登录后看到有一个缺陷报告发给自己待解决，项目经理和管理员对该缺陷进行了详细的说明，如图 10.7 所示，程序员对缺陷修复后回复的内容如图 10.8 所示。

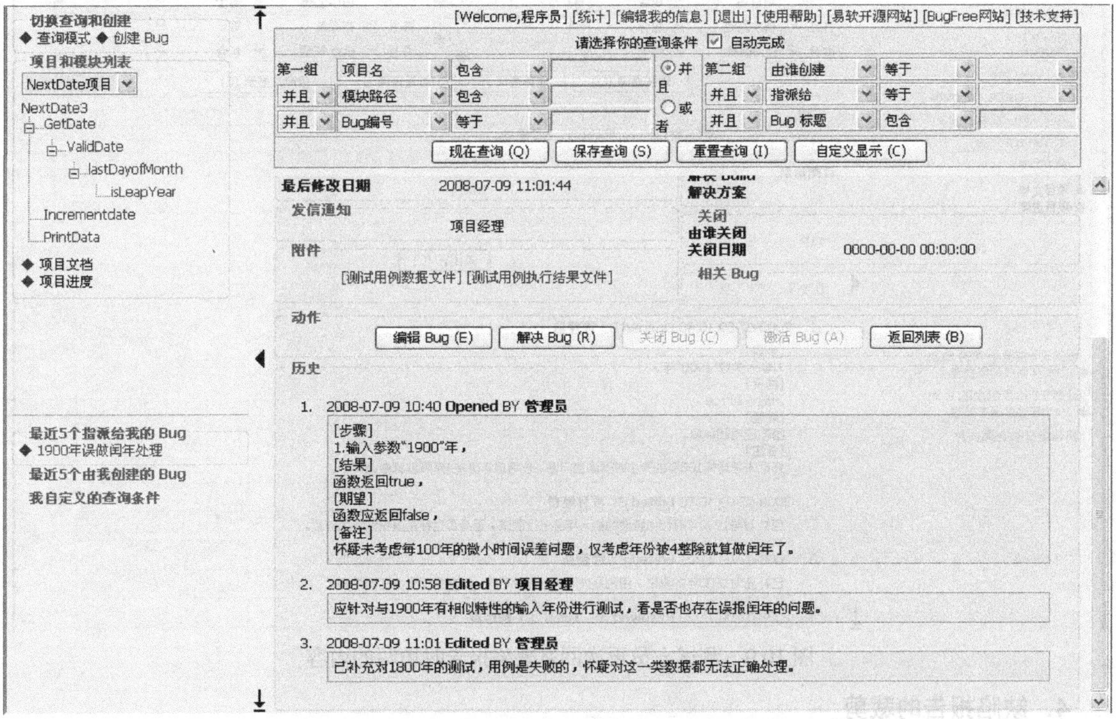

图 10.7 程序员看到的缺陷报告

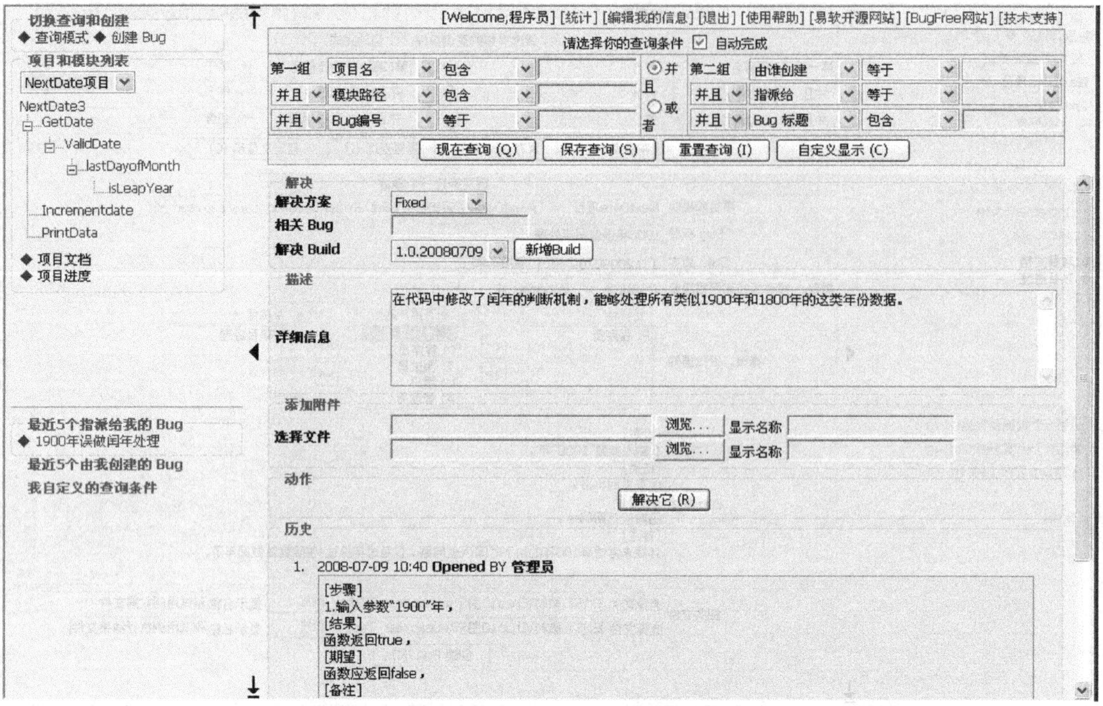

图 10.8 程序员回复缺陷报告时填写的内容

管理员回复后的缺陷报告如图 10.9 所示，单击“关闭它”按钮即可关闭该缺陷。

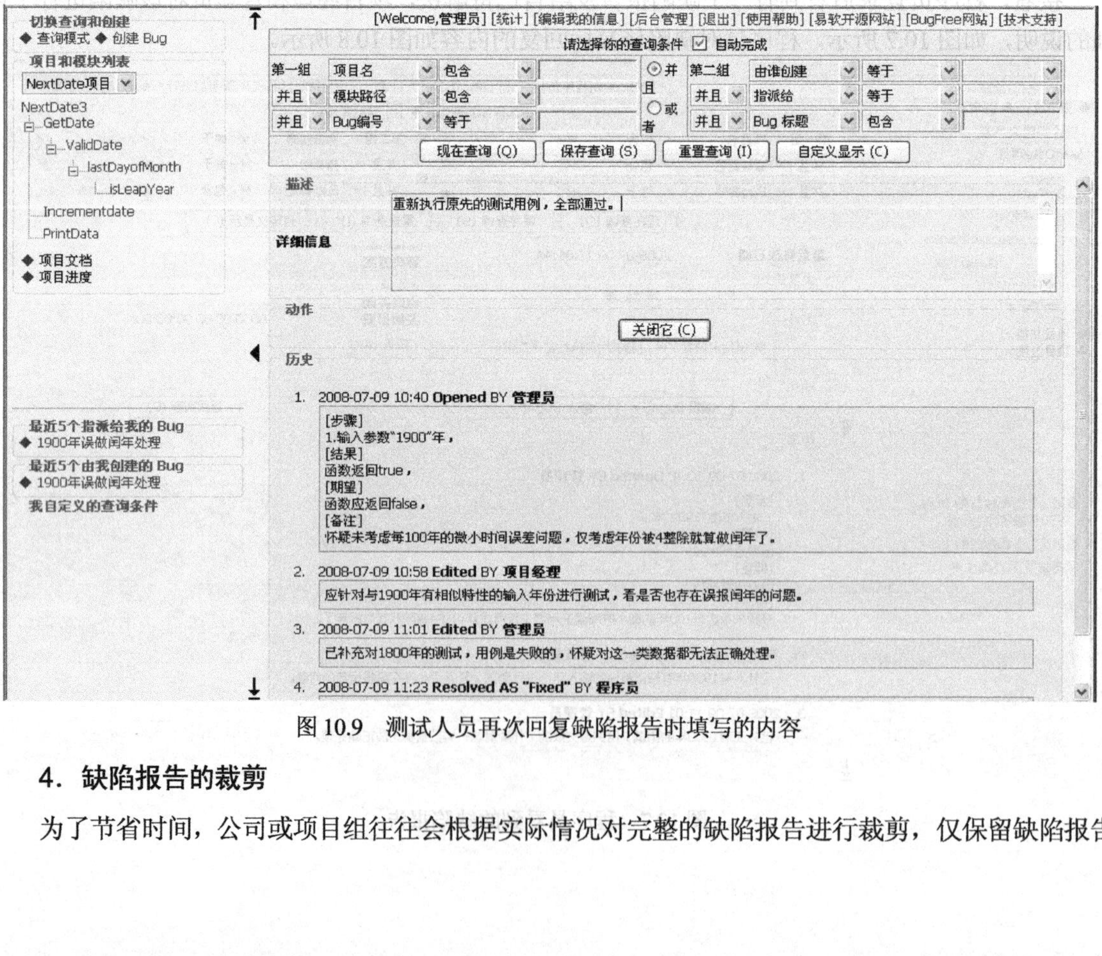

图 10.9 测试人员再次回复缺陷报告时填写的内容

4. 缺陷报告的裁剪

为了节省时间，公司或项目组往往会根据实际情况对完整的缺陷报告进行裁剪，仅保留缺陷报告的主要信息，如表 10.4 所示，缺陷 067 对应的界面如图 10.10～图 10.12 所示。从中可以看出，该缺陷报告仅保留了核心内容，从而可保证缺陷可跟踪，并避免了大量的文档编写工作。

表 10.4　裁剪后的典型缺陷报告

被测对象		VedioRecord			版本	见缺陷新增日期	
编号	详细描述	修改意见	功能模块	测试需求	负责人员	修改过程	重测情况
053	正二级用户修改设备时，若仅修改设备名称，单击“确定”后，系统不做任何处理，即名称未修改。单击其他节点后，名称仍保持原来的值 正二级用户修改设备时，若同时修改设备编号和名称，且编号不为空，此时设备名称可以更新。(此时，矩阵地址可以为空)	设备名称的修改必须与设备编号同时进行修改才能触发。该 bug 与 Bug054 关联。优先级：中	Q3.8	DM1.8	2011.08.24 新增。李四负责	此问题在新版本上未复现	通过
067	正二级用户批量导入设备时，先导入无错误文件，单击“文件校验”，提示校验通过。再导入有错误文件，不校验，直接单击“确定”，则系统出错，见图 Bug067-1。单击进入中断模式后，系统再次提示出错，见图 Bug067-2。再次进入系统后发现部分设备数据已添加到数据库中了，见图 Bug067-3 中的辖区 4 的布控点 1	每次选择需要校验的文件后，应将“确定”按钮变灰，防止在文件校验不通过的情况下进行设备导入。优先级：中			2011.8.30 新增。李四负责	没有问题	通过
103	正处登录，增加辖区“辖区 L”，将一名警员“警员 A”指派负责辖区 L，然后在辖区 L 中增加两台设备，两台设备自动被分派给警员 A 负责。此时若把警员 A 分配给其他辖区，程序出现异常		Q1.11		2011.10.31 新增。李四	ModifyUser.cs/btn_ModifyUser_Click( )中，当用户辖区发生变化时，代码中的内外循环使用了同一个变量导致错误，修改变量名称即可	通过

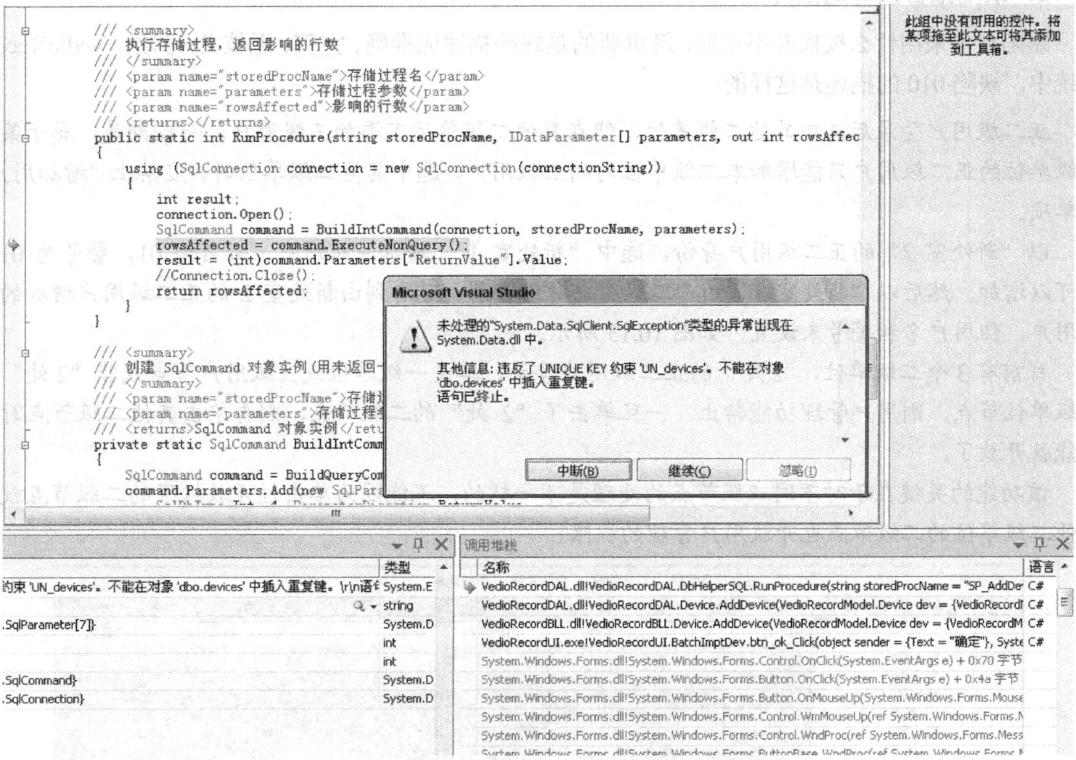

图 10.10　缺陷 067 的缺陷界面图：Bug067-1

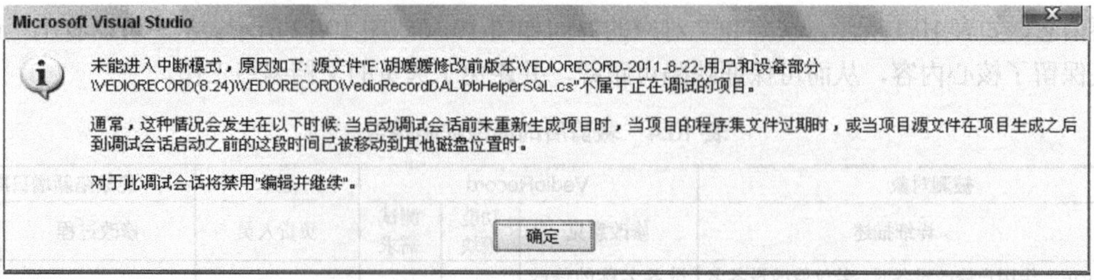

图 10.11 缺陷 067 的缺陷界面图：Bug067-2

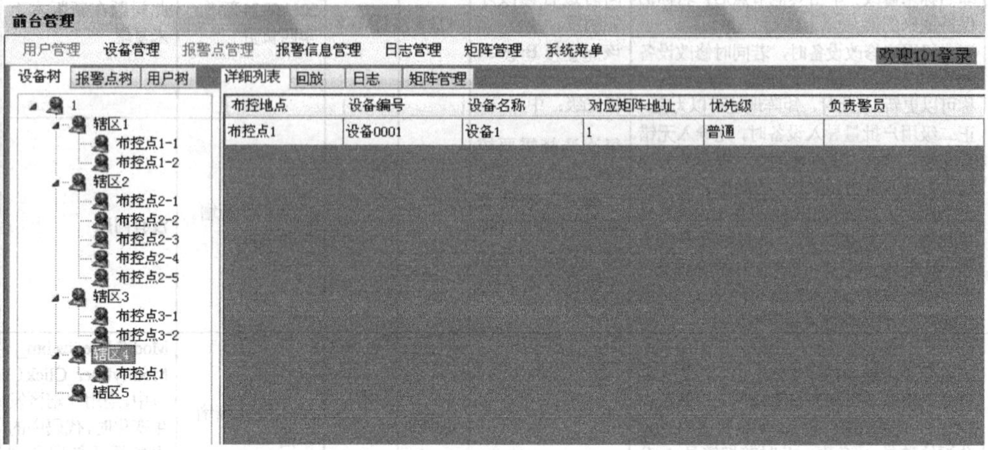

图 10.12 缺陷 067 的缺陷界面图：Bug067-3

5．缺陷报告撰写的技巧

缺陷报告采用什么模板并不重要，最重要的是缺陷描述应准确、完整、无歧义。例如，VedioRecord 系统中，缺陷 010 的描述是这样的：

正二级用户登录后选中其他二级单位，能在其他二级单位下添加三级用户，而预期是：属于某个二级单位的正二级用户只能增加本二级单位内的三级用户，选中其他二级单位时，应禁止“增加用户”菜单项。

以“新处室 2”的正二级用户身份，选中“新处室 1”，增加三级用户，姓名为 01，警号为 01，则可以增加。然后以“新处室 1”的正二级用户身份登录，可看到由新处室 2 的正二级用户增加的三级用户，但用户名和警号未设置，如图 10.13 所示。

目前有 3 个二级单位，“2 处”的正二级用户登录，单击一级单位或三级用户节点或非“2 处”的二级单位节点，则用户管理功能禁止，一旦单击了“2 处”的二级节点，则再单击其他二级节点时，功能就开放了。

该功能的关键在于对不同二级节点的处理是不一样的，不能因为单击过开放权限的二级节点就对其他二级单位的二级节点也开放用户管理的权限。

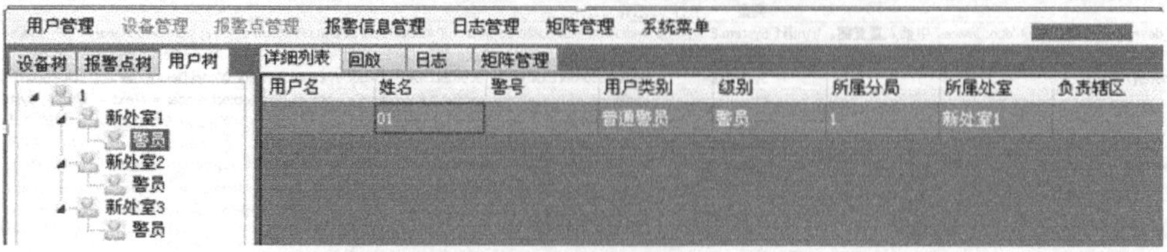

图 10.13 缺陷 010 的缺陷界面图：Bug010

缺陷 010 的描述较清楚，但与其对应的缺陷界面图却难以看懂，不清楚缺陷到底在哪里。而表 10.4 中的缺陷 067 不仅描述简明清晰，对应的三个界面图也一目了然，可惜其修改过程却让人看不懂："没有问题"是什么意思？相比之下，缺陷 103 的描述则非常清楚。

关于缺陷报告的技巧可用一句话来概括，任何人看到该缺陷描述和相关附件，都能准确无误地了解系统究竟怎样与预期不一致，经过怎样的修复后可关闭该缺陷，这就是一个合格的缺陷报告。

10.3.3　缺陷的跟踪和管理

1．缺陷处理的流程

缺陷需要密切跟踪，测试人员发现并提交缺陷报告后，缺陷报告就在测试员、项目经理、开发人员等不同角色之间流转，进入不同的状态。典型的缺陷处理流程如图 10.14 所示。

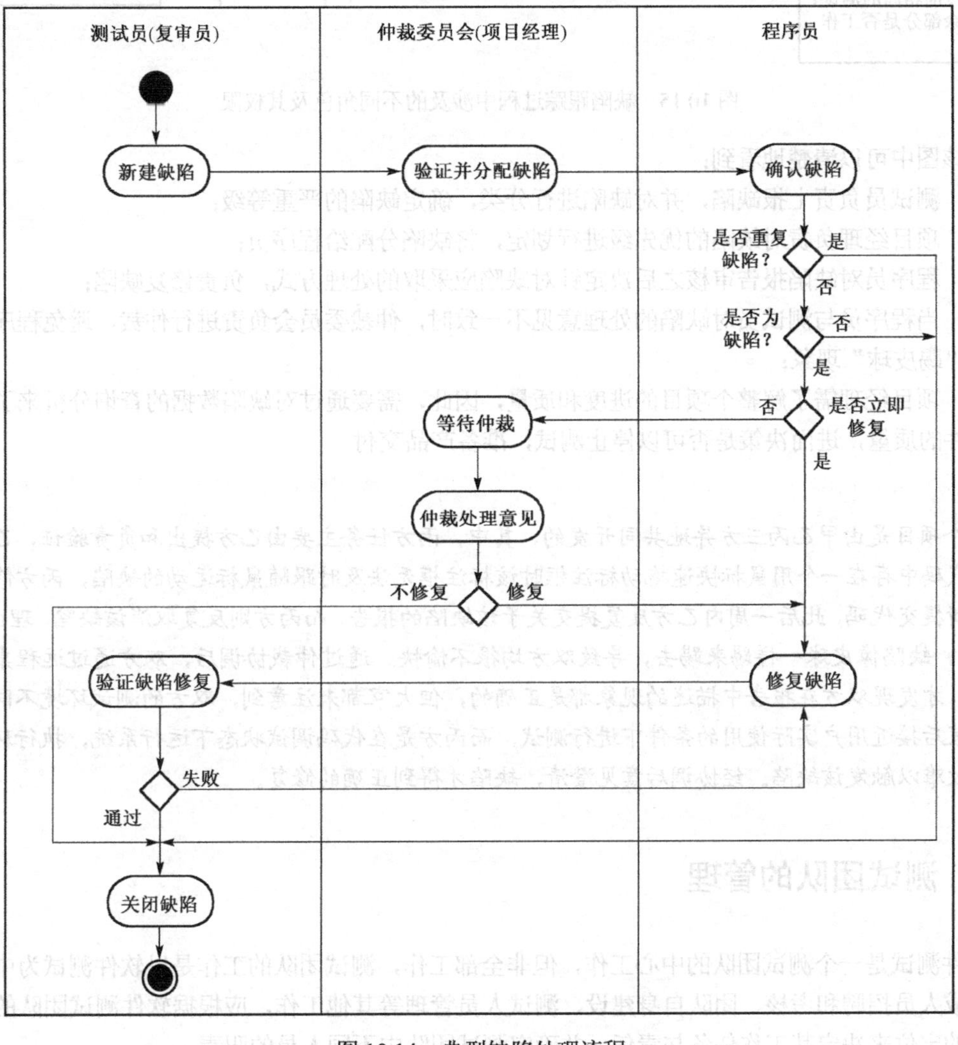

图 10.14　典型缺陷处理流程

2．缺陷跟踪流程中的角色与权限

缺陷的跟踪并非仅为测试人员的任务，在整个软件开发过程中涉及的不同人员均将接触到缺陷，如何划分不同人员的职责，应回答以下问题：

(1) 谁负责上报缺陷？谁控制缺陷的分类、严重性和优先级？谁决定缺陷的处理方式？

(2) 谁负责分配缺陷？谁负责修复缺陷？

(3) 当处理意见不一致时，谁负责进行仲裁？是否允许申诉？

(4) 谁有权查询缺陷数据？谁有权统计缺陷数据？

有关各种角色的权限如图10.15所示。

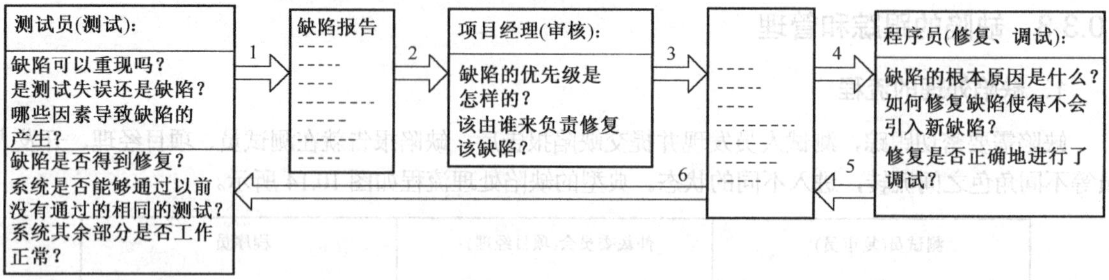

图10.15　缺陷跟踪过程中涉及的不同角色及其权限

从该图中可以清楚地看到：

(1) 测试员负责上报缺陷，并对缺陷进行分类，确定缺陷的严重等级；

(2) 项目经理负责对缺陷的优先级进行划定，将缺陷分配给程序员；

(3) 程序员对缺陷报告审核之后决定针对缺陷应采取的处理方式，负责修复缺陷；

(4) 当程序员与测试员对缺陷的处理意见不一致时，仲裁委员会负责进行仲裁，避免程序员与测试员的"踢皮球"现象；

(5) 项目经理需了解整个项目的进度和质量，因此，需要通过对缺陷数据的查询分析来了解当前被测软件的质量，进而决策是否可以停止测试，准备产品交付。

案例

某个项目是由甲乙丙三方异地共同开发的，其中，丙方任务主要由乙方提出和负责验证，乙方曾发现丙方代码中存在一个用鼠标快速拖动标注框时该标注框无法及时跟随鼠标运动的缺陷，丙方修复该缺陷后重新提交代码，此后一周内乙方反复提交关于该缺陷的报告，而丙方则反复取消该缺陷，理由是"无法重现"，缺陷像皮球一样踢来踢去，导致双方均很不愉快。通过仲裁协调后，双方通过远程桌面控制的方式，才发现双方在报告中描述的现象都是正确的，但大家都未注意到，双方的测试环境不同，乙方是在安装后接近用户实际使用的条件下进行测试，而丙方是在代码调试状态下运行系统，执行环境相对单一，故难以触发该缺陷。经协调后意见澄清，缺陷才得到正确的修复。

10.4　测试团队的管理

软件测试是一个测试团队的中心工作，但非全部工作，测试团队的工作是以软件测试为中心，还需要完成人员招聘和考核、团队自身建设、测试人员管理等其他工作，应根据软件测试团队的规模和在公司的定位来决定其工作任务与责任，并确定测试团队中不同人员的职责。

10.4.1　测试团队的责任

测试团队的主要责任包括：

(1) 尽早并尽可能多地发现软件产品中的严重缺陷；

(2) 督促开发人员尽快修复程序中已发现的软件缺陷；

(3) 帮助项目管理人员制订合理的开发计划；

(4) 分析、总结和跟踪发现的缺陷，便于让项目管理者和项目负责人能清楚地了解软件系统当前的质量情况；

(5) 帮助改善开发流程，提高产品的开发效率；

(6) 督促开发人员遵循良好的编码习惯，提高代码的规范性、可读性和可维护性。

其中，前两项是测试人员的基本职责，其余工作则主要是从过程度量和管理、质量保证及缺陷预防等角度所做的工作。

10.4.2　测试团队组织架构

一个测试团队不仅包含测试实施人员，还包括其他相关人员，典型的测试团队包括如下人员：

(1) 技术支持组：包括系统架构师和业务分析师；

(2) 质量保障组：包括质量保障人员和配置管理人员；

(3) 测试实施组：包括功能测试工程师和性能测试工程师；

(4) 测试开发组：包括软件架构师和研发工程师。

10.4.3　测试团队各角色职责

在一个测试团队中，不同角色的岗位职责如下。

(1) 项目经理

项目经理对整个项目负责，其职责包括：

① 对项目进行管理，对最终的产品质量负责；

② 与用户或客户相关部门的沟通，以及与研发团队的沟通，保证项目顺利进行；

③ 协调测试资源，对各种资源进行计划、分工和管理；

④ 制订项目测试计划和测试方案；

⑤ 组织项目各阶段的评审和验收；

⑥ 对团队成员进行管理，保证团队高效地协同工作。

(2) 测试组长

测试组长对整个测试项目的管理负责，偏重技术，因此，测试组长的综合能力和技术应为小组内最强的，其职责包括：

① 对所负责小组的工作负责，包括制订成员工作计划、检查工作完成情况；

② 辅助编写测试计划、测试结果分析和报告，帮助测试工程师完成工作；

③ 服从项目经理的管理，保质、保量地完成本小组负责的测试任务；

④ 与小组其他成员一起，分析测试需求，设计测试用例，并保证对需求的覆盖；

⑤ 提交软件缺陷报告，并跟踪缺陷处理流程，对本小组提出的缺陷报告负责；

⑥ 协助项目经理进行项目管理工作；

⑦ 与研发团队有效沟通，并协同研发、质量控制及配置管理小组的工作，提供必要的技术支持。

(3) 测试工程师

测试工程师主要负责开发文档的审查、测试的设计、实施和执行，其职责包括：

① 服从项目经理和组长的日常管理，保质、保量、按时完成测试任务；

② 根据软件需求来分析测试需求，设计测试用例，并保证足够的覆盖率；

③ 执行测试用例，提交缺陷报告，并跟踪缺陷的处理；

④ 有义务对项目工作提出建设性建议；

⑤ 与研发等相关部门进行有效沟通。

(4) 实验室管理员

实验室管理员主要负责配置和维护实验室测试环境，以保证稳定的测试环境，具体职责包括：

① 对测试环境所需的网络进行规划和建设，维护网络正常运行；

② 建立和维护测试环境所需的服务器或软件平台；

③ 对测试实验室的软件和硬件资源进行登记、分配和管理；

④ 对测试实验室资源的使用权限进行分配，确保安全、合理地使用；

⑤ 对测试环境进行优化，提高网络、服务器和其他设备的运行性能；

⑥ 协助有关部门，对申请的新资源进行采购和验收。

(5) 内审员

内审员与质量保障人员和配置管理人员的工作有些相似，但侧重点不同，其职责包括：

① 对流程进行审查，并提出流程改进的建议；

② 建立测试文档所需的各种模板；

③ 根据已建立的标准和规范，对测试过程中产生的文档进行质量检查。

(6) 配置管理人员

配置管理人员的职责包括：

① 对被测系统进行配置管理和版本控制；

② 有效管理业务和研发提供的需求和设计文档；

③ 对测试过程中产生的文档进行管理和版本控制；

④ 与客户和研发团队配置管理员进行有效沟通；

⑤ 辅助质量保障人员进行质量控制。

(7) 质量保障人员

质量保障人员的职责包括：

① 制订质量标准，制订质量保障计划；

② 对项目质量进行监督和控制；

③ 制订里程碑的工件验收标准，并对完成情况进行审计；

④ 分析项目风险，为项目经理决策提供支持。

(8) 系统架构师

系统架构师并不隶属于测试部门，他主要的任务是进行软件架构设计，其与测试相关的职责包括：

① 搭建和维护测试环境；

② 数据库备份和恢复；

③ 协助各小组完成测试任务。

(9) 业务分析师

业务分析师也不属于测试团队的主要成员，主要任务是收集用户需求，进行需求分析，为了提高测试人员对被测业务的理解程度，其与测试相关的主要职责包括：

① 对被测业务进行分析，协助项目经理设计测试方案；

② 对测试团队成员进行业务培训和支持；

③ 协助设计深层次的测试用例，执行部分测试工作。

对于一个较为完整的测试部门来说，以上角色的职责会发生些许变化。例如，部门需要一个测试经理的职位，他一般不对具体的项目负责，而是负责整个部门的管理，对产品质量负全面责任，有责任向公司最高管理层反映软件开发或产品中的管理问题，职责包括测试人员的招聘、培训、考核，测试团队结构建立和优化，负责测试部门年度计划、实施和评估，负责测试资源的调配和测试方法的改进等。

10.5　本章小结

无论在哪个测试阶段，都需要对测试过程进行管理，最重要的管理对象就是测试用例、软件缺陷和测试团队。本章先简要说明了典型的测试过程模型，便于对测试过程进行宏观指导，结合测试用例、缺陷和团队管理展开讨论。测试用例是测试团队内部各测试工程师之间进行沟通的有效途径，测试用例报告既要清楚明白，又不能过于冗长，执行测试的人根据用例报告既能准确把握每批用例关注的测试重点，又能根据自己的理解加以适当的变化。缺陷报告是测试团队与开发人员，以及与用户之间有效沟通的主要媒介，缺陷报告也应尽量简洁、清楚，便于程序员在最短时间内重现缺陷、定位缺陷和修复缺陷。测试团队的管理则主要是对人的管理，要点在于不同角色各司其责，注意相互沟通和协调。

思考与练习

1．结合自己所做的项目，按照规范的要求来撰写测试用例报告，提交缺陷报告，进行实践，观察当撰写完整的测试用例报告和缺陷报告时，所需花费的时间和精力怎样，经过裁剪后，该如何撰写测试用例报告和缺陷报告，对于效率的提升有何影响。

2．自学 BugFree 缺陷管理工具，并使用该工具来进行缺陷的管理，观察与使用文档方式管理缺陷有何不同。

第 11 章　测试应用案例实践

内容提要

本章将在前面所讨论的测试方法和测试阶段工作的基础上，围绕典型案例展开测试应用实践。其中，保险金案例和信息采集系统案例是在黑盒测试和白盒测试实践中尝试过的，但本章重点不在测试用例设计，而在于如何展开自动化测试的设计与实现。网络教学平台是一个较为复杂的软件系统，涉及用户类型较多，业务流程更加复杂，本章将讨论如何基于当前流行的功能测试工具 QTP 来实现其部分功能的自动化测试。分布式搜索系统具有突出的性能需求，本章将讨论如何基于当前最流行的性能测试工具 LoadRunner 来实现其核心功能的自动化性能测试。

11.1　保险金案例实践

关于保险金问题的测试用例设计在第 4 章的黑盒测试案例实践中已经讨论得很清楚了，在此不再赘述，最终设计的边界值、决策表和无效等价类的测试用例共 180 个。

11.1.1　自动化测试设计

读者对于自动化测试应该不陌生了，在第 1 章的捉虫实践 4、第 7 章的捉虫实践 3 和 4 中都展开了自动化测试，但均未使用任何测试工具，下面尝试利用现成的工具进行自动化测试实践。

1. 脚本设计原则

对于某个函数的测试实施来说，主要需考虑的问题是：

(1) 该函数是否存在上下级调用关系，若被上层函数所调用，或调用其他下层函数，则需为存在直接调用关系的那些函数另外开发驱动函数或桩函数，以实现对本函数的测试；

(2) 是否需以自动化方式来测试该函数，若需要，则应进一步考虑自动化测试覆盖的范围、支持自动化测试脚本的开发工具、测试脚本的存储等问题。

同为函数的自动化测试，保险金问题的测试需求与 1.5 节捉虫实践 4 中提到的测试需求完全一致，不再赘述。所不同的是，本节使用 Java 语言开发，且基于 Eclipse 和 Ant 工具来完成保险金问题的自动化测试。

2. 测试代码说明

测试代码主要包括两个文件，其中 InsuranceCalculatorTest.java 用于定义测试驱动类，而 XMLToXLS.java 用于定义 XML 文件向 Excel 文件输出报告的过程。该测试脚本的基本思想是从一个名为“测试报告模板.xls”的 Excel 文件中读取全部测试用例数据，测试执行后将结果保存在 report 目录下形如“测试报告-20120604-211255.xls”的 Excel 文件中。受篇幅所限，详细代码见教学资源包。

测试报告结果文件包括 4 个工作薄，其中，第一个工作薄为“概要”，说明测试的统计信息(如图 11.1 所示)，测试人、测试时间等这些具体的测试统计信息在测试执行之前为空。

保险金问题的测试报告							
测试人	ACMengNan		测试时间	2012-06-04 21:12:54		测试共用时(秒)	0.172
测试用例总数	180	失败数	10	错误数	0	通过率	94.44%

图 11.1　测试报告"概要"工作薄中的内容

第二个工作薄为"边界值"，用于提供基于边界的测试用例的测试结果，部分内容如图 11.2 所示，分别将通过和失败的部分测试用例显示在图 11.2(a)、(b)中，图中测试结果、出错信息和测试用时在测试执行后才由系统自动填入对应数据。

ID	输入		预期输出		函数预期返回值	测试结果	出错信息	测试用时(秒)
	年龄	分数	年龄系数	安全驾驶折扣(单位：元)	保险金(单位：元)			
ASS-BVT-001	15	3			–1	通过		0.015
ASS-BVT-002	15	6			–1	通过		0.0
ASS-BVT-003	15	8			–1	通过		0.0
ASS-BVT-004	15	10			–1	通过		0.0
ASS-BVT-005	15	12			–1	通过		0.0
ASS-BVT-006	16	3	2.8	0	2800	通过		0.0
ASS-BVT-007	16	6	2.8	0	2800	通过		0.0
ASS-BVT-008	16	8	2.8	0	2800	通过		0.0
ASS-BVT-009	16	10	2.8	0	2800	通过		0.0
ASS-BVT-010	16	12	2.8	50	2800–50=2750	通过		0.0
ASS-BVT-011	17	3	2.8	0	2800	通过		0.0
ASS-BVT-012	17	6	2.8	0	2800	通过		0.0
ASS-BVT-013	17	8	2.8	0	2800	通过		0.0
ASS-BVT-014	17	10	2.8	0	2800	通过		0.0
ASS-BVT-015	17	12	2.8	50	2750	通过		0.0

(a)　仅包含通过的测试用例

ID	输入		预期输出		函数预期返回值	测试结果	出错信息	测试用时(秒)
	年龄	分数	年龄系数	安全驾驶折扣(单位：元)	保险金(单位：元)			
ASS-BVT-070	60	12	15	250	1250	通过		0.0
ASS-BVT-071	61	3			–1	失败	junit.famework.AssertionFailedError. 计算机结果与预期不符！ expected:<-1>but was:<1500>at com.softwaretesting.InsuranceCalculatorTest.test CalcInsurance(Unknown Source)	0.0
ASS-BVT-072	61	6			–1	失败	junit.famework.AssertionFailedError. 计算机结果与预期不符！ expected:<-1>but was:<1500>at com.softwaretesting.InsuranceCalculatorTest.test CalcInsurance(Unknown Source)	0.0
ASS-BVT-073	61	8			–1	失败	junit.famework.AssertionFailedError. 计算机结果与预期不符！ expected:<-1>but was:<1250> at com.softwaretesting.InsuranceCalculatorTest.test CalcInsurance(Unknown Source)	0.0
ASS-BVT-074	61	10			–1	失败	junit.famework.AssertionFailedError. 计算机结果与预期不符！ expected:<-1>but was:<1250>at com.softwaretesting.InsuranceCalculatorTest.test CalcInsurance(Unknown Source)	0.0

(b)　包含失败的测试用例

图 11.2　基于边界的测试用例的部分测试结果

第 3 个工作薄为"决策表"，提供基于决策表的测试用例的测试结果，内容见图 11.3。

ID	输入		预期输出		函数预期返回值	测试结果	出错信息	测试用时(秒)
	年龄	分数	年龄系数	安全驾驶折扣(单位:元)	保险金(单位:元)			
ASS-DT-001	20	12	2.8	50	2750	通过		0.0
ASS-DT-002	20	6	2.8	0	2800	通过		0.0
ASS-DT-003	30	11	1.8	100	1700	通过		0.0
ASS-DT-004	30	5	1.8	0	1800	通过		0.0
ASS-DT-005	40	10	1	150	850	通过		0.0
ASS-DT-006	40	4	1	0	1000	通过		0.0
ASS-DT-007	52	9	0.8	200	600	通过		0.0
ASS-DT-008	52	3	0.8	0	800	通过		0.0
ASS-DT-009	70	10	1.5	250	1250	通过		0.0
ASS-DT-010	70	4	1.5	0	1500	通过		0.0

图 11.3 基于决策表的测试用例的测试结果

第4个工作薄为“无效等价类”，存储针对无效等价类的用例测试结果，部分内容见图 11.4。

ID	输入		预期输出		函数预期返回值	测试结果	出错信息	测试用时(秒)
	年龄	分数	年龄系数	安全驾驶折扣(单位:元)	保险金(单位:元)			
ASS-IEC-001	–5	12			–1	通过		0.0
ASS-IEC-002	–5	10			–1	通过		0.0
ASS-IEC-003	–5	8			–1	通过		0.0
ASS-IEC-004	–5	6			–1	通过		0.0
ASS-IEC-005	–5	3			–1	通过		0.0
ASS-IEC-006	8	12			–1	通过		0.0
ASS-IEC-007	8	10			–1	通过		0.0
ASS-IEC-008	8	8			–1	通过		0.0
ASS-IEC-009	8	6			–1	通过		0.0
ASS-IEC-010	8	3			–1	通过		0.0
ASS-IEC-011	90	12			–1	通过		0.0
ASS-IEC-012	90	10			–1	通过		0.0

图 11.4 基于无效等价类的测试用例的部分测试结果

11.1.2 JUnit 概述

JUnit 是 Erich Gamma(《设计模式》的作者)和 Kent Beck(极限编程的创始人)为 Java 语言创建的一个简单而有效的单元测试框架，用于构建可重复的单元测试。Junit 很快就成为 Java 中开发单元测试框架的事实标准，JUnit 背后的测试模型(称 xUnit)成为任何语言的标准框架，例如，CppUnit(针对 C 语言)，DUnit(针对 Delphi 语言)，NUnit(针对.NET 开发)，PhpUnit(针对 Php 语言)等。

1. JUnit 自动化测试框架

JUnit 采用 Composite 设计模式构建自动化测试框架，如图 11.5 所示。该模式下，TestSuite(测试包类)可以容纳任何派生自 Test(测试类)的对象，当调用 TestSuite 对象的 run()方法时，将遍历自己所容纳的所有对象，分别调用它们的 run 方法，并分析返回的结果。

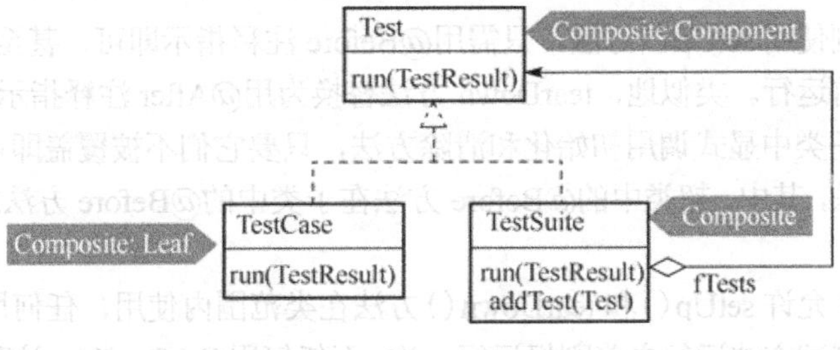

图 11.5　应用 Composite 模式的 TestSuite

2. JUnit 主要的包和类的说明

JUnit 共有 7 个包，核心包是 JUnit.framework 和 JUnit.runner，分别负责整个测试对象的构建和测试驱动。JUnit 框架的骨干可表示为：TestCase + TestSuite + BaseTestRunner = TestResult。

JUnit 包含 7 个核心类，简要说明如下：

(1) Test(测试)类是一个接口类,用来测试和收集测试结果,通过 Test 接口建立 TestCase 与 TestSuite 之间的关联。

(2) TestCase(测试用例)类是 Test 接口的抽象实现，通过对该类继承来开发自己的测试驱动。一般地，一个 TestCase 的派生类实现对一个类的测试，可包含若干测试用例。也可以根据本项目和团队需要来开发自己的 TestCase 测试驱动基类，以便于代码重用。

(3) TestSuite(测试包)类用于聚合多个测试用例。测试某个类时，可能需要创建多个对象，设计多个用例，对应多个测试。该类将这些测试组合成测试包，实现在一个测试过程中完成对被测类的所有测试。

(4) TestRunner(测试运行)类是用于启动测试的用户界面，从而执行测试。

(5) TestResult(测试结果)类用于收集 TestCase 的执行结果,将结果分为 Failure 和 Errors 两种异常,并转发给 TestListener 处理，其中由 Assert 触发的 Failures 是由测试用例抛出的可预测异常，当用例执行结果不同于期望值时抛出，表示用例失败；Errors 是因测试驱动程序本身存在语法等缺陷而抛出的不可预测异常，与测试用例无关。我们可开发自己的 TestResult 类。

(6) Assert(断言)类用于比较实际值与预期值，判断二者是否一致，进而确定用例是否通过。Assert 类可对普通数据类型、字符串等多种情况实现自动检验。

(7) TestListener(测试监听)类用于处理测试结果和提取测试驱动过程的工作特征，当测试中产生事件(开始、结束、错误、失败)时，会通知 TestListener。

关于各类的细节，请读者自行阅读 JUnit 提供的源代码，代码中有详细注释，在此不再多谈。

3. JUnit3 与 JUnit4 的区别

目前 JUnit 已经发展到 JUnit4.9 版本，JUnit4 是配合 JDK1.5 版本的，因此，JUnit4 以上版本较 JUnit3.x 改动较大。JUnit3 强制继承 TestCase 类，以函数命名规则(规定函数名应形如“testXX”)来判断是否是测试方法；而 JUnit4 使用元数据。JUnit3 和 JUnit4 的简单对比如下：

(1) 定位测试

JUnit3 使用命名约定和反射来定位测试。

JUnit4 中的测试是由@Test 注释来识别的。

(2) SetUp 和 TearDown 方法

JUnit3 在运行(test runner)每个测试之前自动调用 setUp()方法，完成初始化字段、打开日志记录、重置环境变量等任务。

JUnit4 中不需强制使用 setUp()方法，只需用@Before 注释指示即可，甚至可用其注释多个方法，使之均在每个测试之前运行。类似地，tearDown 方法替换为用@After 注释指示即可。

JUnit4 不需要在超类中显式调用初始化和清除方法，只要它们不被覆盖即可，测试运行程序根据需要自动调用这些方法，其中，超类中的@Before 方法在子类中的@Before 方法之前被调用，而@After 方法则以反方向执行。

更进一步，JUnit4 允许 setUp()和 tearDown()方法在类范围内使用，任何用@BeforeClass 注释的方法都将在该类中的测试方法运行之前刚好运行一次，而任何用@AfterClass 注释的方法都将在该类中的所有测试都运行之后刚好运行一次。

4. 基于 JUnit4 的测试程序编写

采用 JUnit4 编写测试程序的基本步骤如下：

(1) 添加测试初始化和环境清理方法，完成初始化和清理资源工作

在每个测试之前/之后执行的方法：@Before 和@After；

在整套测试之前/之后执行的方法：@BeforeClass 和@AfterClass；

测试时跳过该方法：@Ignore。

(2) 编写测试类

通过添加@Test 注释，将类的方法标记为一个单元测试方法，方法名可自定义，例如：

```
@Test public void testCalcInsurance() { //... }
```

注意，@Test 注释后可加某些参数，例如，@Test(timeout = 1000) 表示若测试耗时超过 1 秒，则停止测试并报告超时。@Test(expected = ArithmeticException.class)用于测试是否抛出特定异常。

(3) 使用 assertEquals()方法进行比较判断

使用 assertEquals()方法来判断方法返回值是否与预期结果一致，它包含多种重载(delta 指精度范围)：

```
assertEquals(double expected, double actual, double delta)
assertEquals( long expected, long actual)
```

(4) 使用测试集来构建测试包，并将测试用例加入测试包

通过使用测试集用于测试多个类，例如：

```
@RunWith(value = Suite.class)
@SuiteClasses(value = {CalculatorTest.class, ComputerTest.class)
public class CalculatorTests() { //... }
```

(5) 使用参数化测试

通过@Parameters 注释的方法返回包含一组参数的集合，JUnit4 自动将每组参数传入测试方法进行测试，例如：

```
@RunWith(value = Parameterized.class)
public class CalculatorTest() {
    @Parameters public static Collection getTestParameters() { //... }
}
```

11.1.3 基于 Eclipse 的 JUnit4 测试开发

作为 Java 单元测试的事实标准，JUnit 得到了各种开发工具广泛的支持，如 Eclipse 中集成了 JUnit3 和 JUnit4，NetBeans 中可使用 JUnit。下面简要说明如何在 Eclipse 中使用 JUnit4。

(1) 新建 Java 项目时，添加 testsrc 源文件夹，以存放测试类的源文件，如图 11.6 所示。

图 11.6　新建 Java 项目时添加 testsrc 源文件夹

(2) 添加 JUnit 库并选择 JUnit4 版本，在 Java 设置中选择“库”页签并单击“添加库”按钮，在弹出的对话框中选择“JUnit”，如图 11.7 所示。

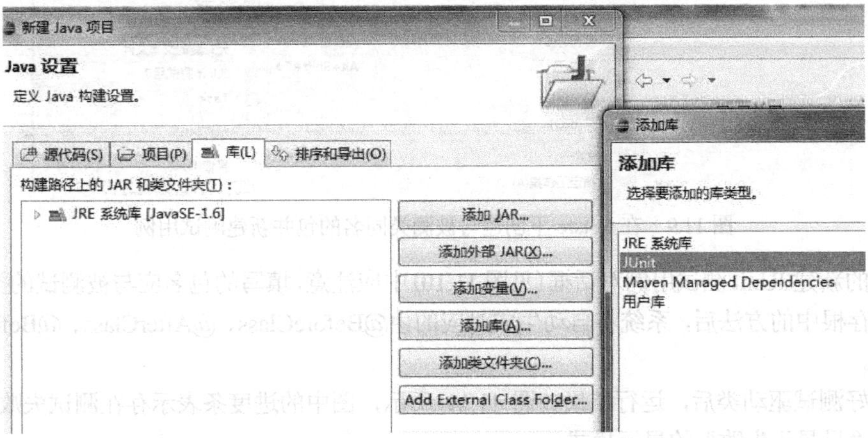

图 11.7　添加 JUnit 库，并选择 JUnit4 版本

(3) 将其他可能用到的库放入项目的 lib 文件夹，在此分别添加 poi 库用来读写 Excel 文件，dom4j 库用来读取 XML 文件，jaxen 库用于在 dom4j 中使用 Xpath 查询语句，如图 11.8 所示。

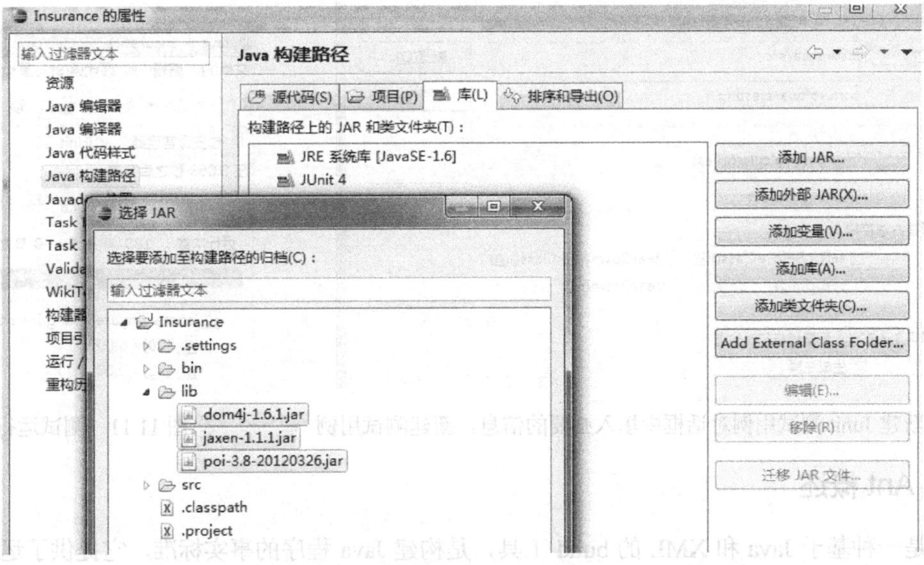

图 11.8　将其他可能用到的库放入项目的 lib 文件夹

(4) 在 src 目录下写好被测试的类后，在 testsrc 下创建一个同名的包，并新建 JUnit 测试用例，如图 11.9 所示。

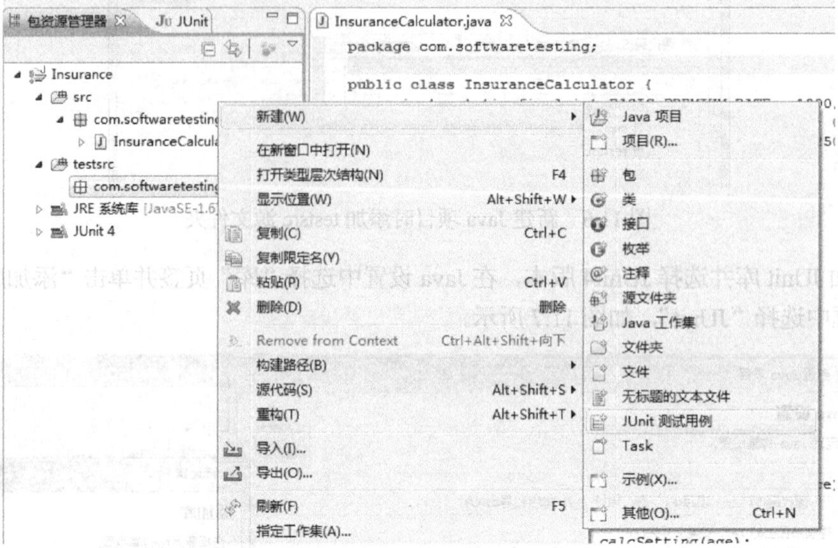

图 11.9 在 testsrc 下创建与被测类同名的包并新建测试用例

在弹出的新建 JUnit 测试用例对话框(见图 11.10)中应注意，填写的包名应与被测试的类保持一致。当勾选方法存根中的方法后，系统将自动生成对应的由@BeforeClass、@AfterClass、@Before、@After 注释的方法。

(5) 写好测试驱动类后，运行结果如图 11.11 所示，图中的进度条表示存在测试失败的情况，且目前选择了“只显示失败”的显示模式。

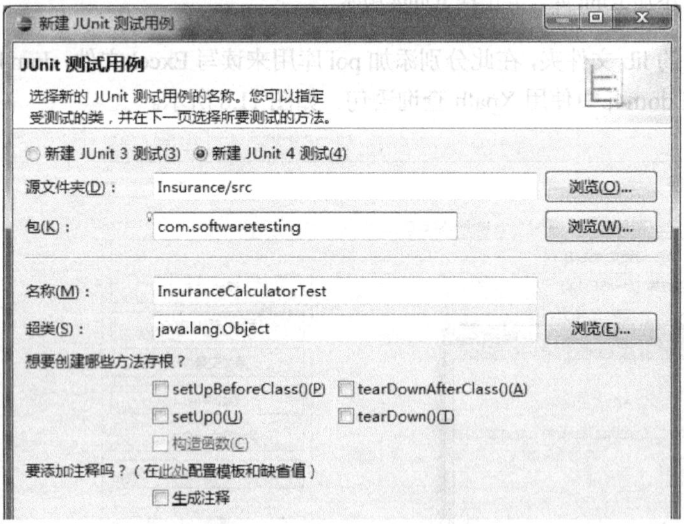

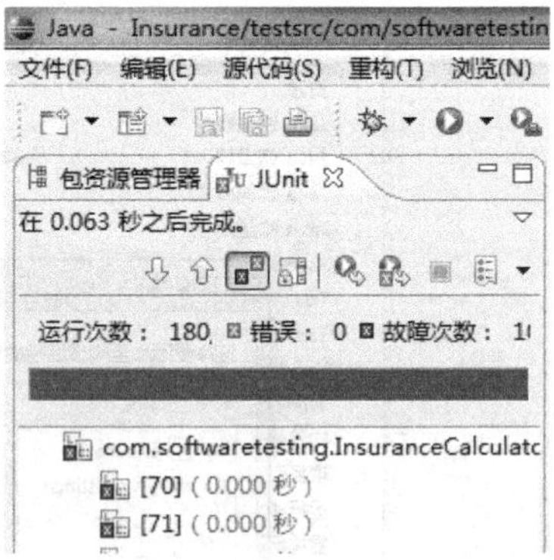

图 11.10 新建 Junit 测试用例对话框中填入必要的信息，新建测试用例

图 11.11 测试运行结果

11.1.4 Ant 概述

Ant 是一种基于 Java 和 XML 的 build 工具，是构建 Java 程序的事实标准，它提供了运行工具的构建，可使用 Ant 配置和启动编译器，生成代码、执行 JDBC 查询及 JUnit 整套测试工具。

1. Ant 的安装配置

Ant 安装配置的步骤如下：

(1) 下载安装包并解压。从 http:://ant.apache.org 下载安装包 apache-ant-1.8.4-bin.zip，解压到计算机上的某个适当的目录，如 C:\Java，解压缩时会自动在该目录下创建所下载的 Ant 分发包的子目录结构，如 C:\Java\ apache-ant-1.8.4。

(2) 配置环境变量。在桌面用鼠标右击“我的电脑”，选择“属性”，在打开的系统属性对话框中选择“高级”页签，并单击“环境变量”按钮，可设置 JAVA_HOME、ANT_HOME 和 PATH，如图 11.12 所示。

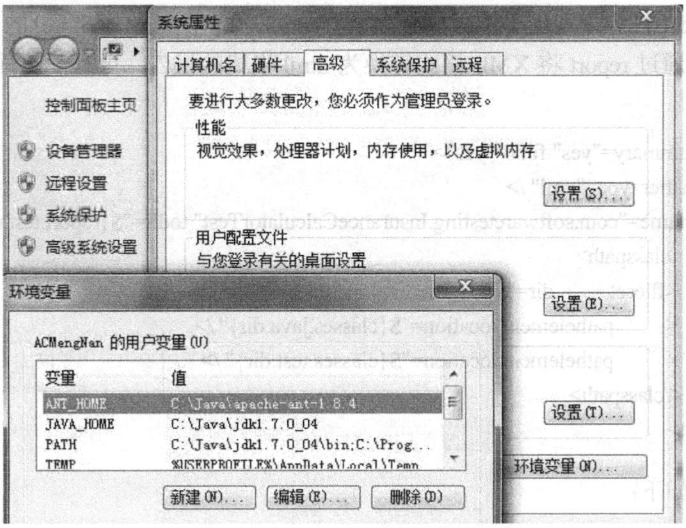

图 11.12　Ant 环境变量的配置

配置完成后，打开 cmd，输入“ant –version”，正常显示则配置成功，此后即可通过在 cmd 中输入命令来执行各种目标(Target)。

2. Ant 的构建文件编写

要定义某个项目中 Ant 要执行的目标，需编写基于 XML 的配置文件，通常为 build.xml，用于描述想应用在项目中的每个任务(Task)，通过调用目标树就可执行各种任务。配置文件可包含若干目标，或称进入点(Entry point)，目标的 depends 属性定义目标间的依赖关系，即某目标完成后才执行此目标。每个目标下包含若干任务，每个任务由实现了特定接口的对象来运行。Ant 内置了很多任务，包括与 JUnit 相关的两个任务 junit 和 junitreport，分别用于执行 JUnit 单元测试和生成测试结果报告。Ant 还支持一些可选任务，但一般需要额外的库才能工作，且可选任务与内置任务是分开单独打包的。

在一个项目内，通过创建属性元素(Property element)来封装特定的设置并重用它们，格式为“${属性名}”，例如：

定义：<property name="classes.java.dir" location="class" />

引用：<delete dir="${classes.java.dir}" />

JUnit 测试项目中主要完成编译、运行测试、生成报告这 3 个目标，开始编译前建议利用 delete 任务清除前次编译结果和临时报告文件，并利用 mkdir 任务在每个目标中创建相应文件夹，特别是将被测试的类和测试类的文件夹分开。利用 javac 任务编译时注意使用 classpathref 添加引用的库。编译测试类时需添加被测试的类的字节码文件，内容如下：

```
<target name="compile.test" depends="compile.java">
        <mkdir dir="${classes.test.dir}" />
        <javac encoding="utf-8" includeantruntime="on" destdir="${classes.test.dir}" srcdir="${src.test.dir}"
classpathref="compile.test.classpathref">
            <classpath>
            <       pathelement location="${classes.java.dir}" />
            </classpath>
        </javac>
</target>
```

junit 和 junitreport 任务分别用于生成单个测试(Test)和整套测试(TestSuite)的 XML 格式的报告，在 junitreport 中还可通过 report 将 XML 格式转换为 html 格式的报告，更易于阅读。

junit 任务如下：

```
<junit printsummary="yes" fork="yes">
        <formatter type="xml" />
        <test name="com.softwaretesting.InsuranceCalculatorTest" todir="${report.test.dir}" outfile="report" />
            <classpath>
            <fileset        dir="${lib.test.dir}" includes="*.jar" />
            <       pathelement location="${classes.java.dir}" />
            <       pathelement location="${classes.test.dir}" />
            </classpath>
        </junit>
```

junitreport 任务如下：

```
<junitreport todir="${report.test.dir}" tofile="report-all.xml">
            <fileset dir="${report.test.dir}">
            <include        name="report.xml" />
            </fileset>
            <report format="noframes" todir="${report.test.dir}" />
</junitreport>
```

为得到满足实际需要的自定义形式的报告，通过编写 Java 程序，利用 Ant 内置的 Java 任务，将 XML 格式转换为 Excel 文件格式即可，代码如下：

```
<target name="convert" depends="test">
        <java classname="com.softwaretesting.XMLtoXLS" fork="yes">
            <classpath>
            <fileset        dir="${lib.test.dir}" includes="*.jar" />
            <       pathelement location="${classes.test.dir}" />
            </classpath>
</java>
</target>
```

另外，还可定义一个 save 目标，将得到的报告保存在以测试时间命名的文件夹中以方便查看，临时的报告文件将在下次测试前被删除。在此分别处理对 Ant 内置任务报告和自定义报告的保存，即定义 save.report 和 save.convert 两个目标，其中 save.report 目标如下：

```
<target name="save.report" depends="report">
    <mkdir dir="${reportfile.test.dir}" />
    <copy todir="${reportfile.test.dir}">
        <fileset dir="${report.test.dir}">
         <include        name="*.*ml" />
        </fileset>
    </copy>
</target>
```

要在 cmd 中执行项目的默认目标，需进入项目文件夹，输入 ant 即可。要执行特定目标，需加上目标名称，如“ant compile”。另外，输入“ant –h”可查看实现各种操作的方法。

受篇幅所限，请读者自行查看 apache-ant-1.8.4-bin.zip 中附带的文档，以进一步了解 Ant 内置任务、属性等内容。

11.1.5　基于 Eclipse 的 Ant 使用

在 Eclipse 平台下要使用 Ant，可遵循如下的步骤：

(1) 在项目根目录下新建 XML 文件，并以 Ant 编辑器的方式打开，如图 11.13 所示。

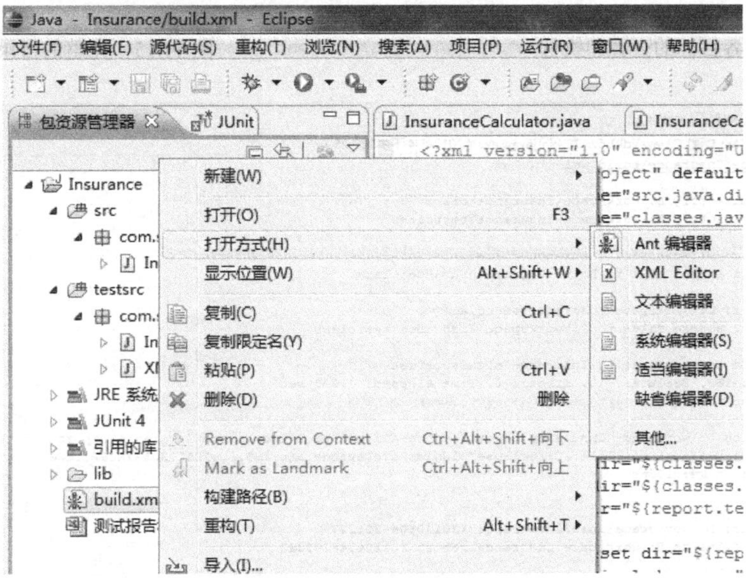

图 11.13　新建 XML 文件并打开

(2) 编写好build.xml 文件后，选择“窗口”→“显示视图”→“Ant” 菜单项，添加构建文件 build.xml，查看各个目标，并选择执行某个目标，如图 11.14 所示。

(3) 为执行 Ant 的 JUnit task，需将 junit.jar 和 org.hamcrest.core.jar 也添加到 lib 文件夹下，以方便在 Ant 的执行中去引用。完整的目录结构如图 11.15 所示，其中 class、testclass 和 report 文件夹是由于 build.xml 中有相关任务，运行一次后会自动生成。

(4) 选择 build.xml 运行默认目标，或在 Ant 视图中选择运行特定目标，在控制台显示运行结果，如图 11.16 所示。

图 11.14 各目标的查看和执行

图 11.15 完整的目录结构

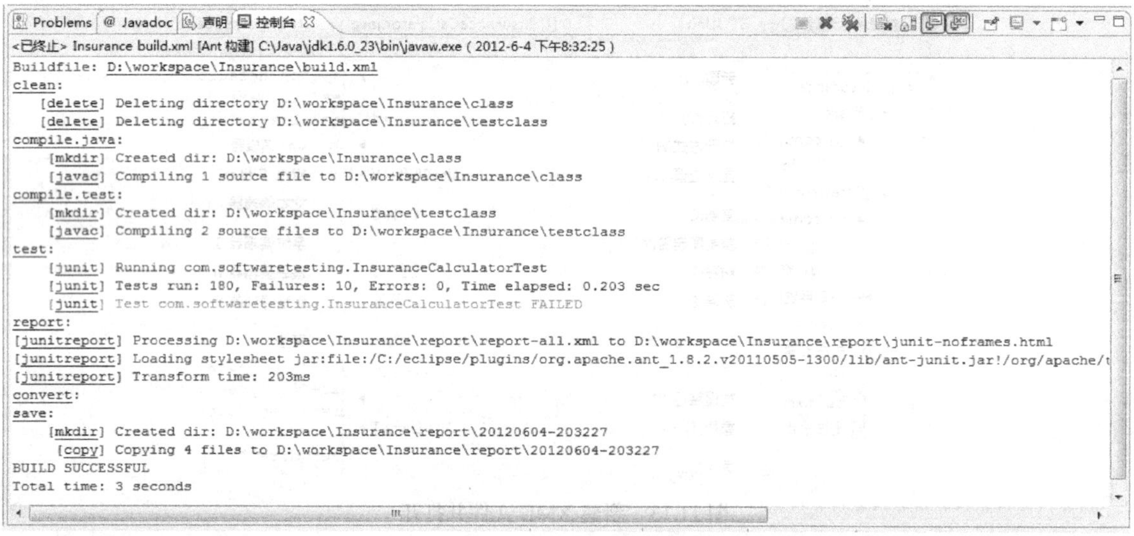

图 11.16 运行结果的显示

11.1.6 测试小结

保险金问题是一个函数级别的测试问题，即使如此，设计的测试用例也可能非常多。当在 Eclipse 平台下基于 Java 进行开发时，应基于 JUnit 提供的测试框架，编写测试脚本，自动完成测试用例的执行，以提高效率。当然，如果对 JUnit 不熟悉，则可能需要花费巨大的精力来编写测试脚本，且得到的测试脚本可能质量也不高，这是需要在制订测试计划时就注意到的。

11.2　信息采集系统案例实践

11.2.1　自动化测试设计

信息采集系统的主要功能是对给定的信息文件和照片文件进行格式及内容的校验，并在信息文件和照片文件正确的情况下对多个文件进行统一汇总导出，其测试重点在于如何考虑到尽可能多的格式及内容无效的情况。对应地，其测试用例的设计就是设计典型缺陷表的过程，通过构建一批典型数据文件，将多种缺陷植入这些数据文件(含信息文件和照片文件)，判断系统能否发现这些数据文件中植入已知的缺陷。因此，不需要额外开发自动化测试脚本，而仅需构建测试数据，测试用例执行的过程实际上就是导入包含典型缺陷的数据文件并运行系统来对这些数据文件进行校验的过程。

表 11.1 给出了一个典型的包含多种缺陷的信息文件数据表。其中，身份证号省略了。备注列是为了说明设计该数据的原因，在实际的信息文件中不包含备注列。

表 11.1　一个典型的被植入典型缺陷的信息文件数据表

学生证号	姓名	性别	民族	出生年月	所属区代码	学校	入学年份	班级	备注
200605002000	李美音	男	汉	19860728	05	中山路小学	2006	0501	学生证号不足 13 位
20060500200	丁一楠	女	汉	19871215	05	中山路小学	2006	0501	学生证号不足 13 位
20060500200051	李崇亮	男	汉	19871009	05	中山路小学	2006	0501	学生证号超过 13 位
200605002000623	陈卓于	男	汉	19871203	05	中山路小学	2006	0501	学生证号超过 13 位
2006050020007	李 薛妮	女	汉	19881015	05	中山路小学	2006	0501	姓名中间带空格
2006050020008	田江	女	汉	19871223	05	中山路小学	2006	0501	姓名前面有空格
2006050020009	肖虎	男	汉	19870618	05	中山路小学	2006	0501	姓名末尾有空格
2006050020010	郑玺	中	汉	19871124	05	中山路小学	2006	0501	性别非男非女
2006050020011	周力	男	汉	1987728	05	中山路小学	2006	0501	出生年月不规范
2006050020012	李框天	男	汉	1988 年 0703	05	中山路小学	2006	0501	出生年月不规范
2006050020013	李应	男	汉	1987.1.26	05	中山路小学	2006	0501	出生年月不规范
2006050020014	严轴	男	汉	19880408	06	中山路小学	2006	0502	区代码与小学所在代码不吻合
2006050020015	吴朝董	男	汉	19870822	05	中山路小学	06	0501	入学年份不规范
20060500200161	汪可	中	汉	1989.1.2	08	中山路小学	2006	0501	多个输入错误
20060500200	彭 阳	男	汉	19871119	05	中山路小学	06	0501	多个输入错误
2006050020018	徐秋呈	男	汉	19870823	05	大成路小学	2006	0501	学校不一致
	李镕生	男	汉	19880711	05	中山路小学	2006	0501	学生证号无数据
2006050020020		男	汉	19880505	05	中山路小学	2006		姓名无数据
2006050020021	王至		汉	19880126	05	中山路小学	2006		性别无数据
2005050020022	冬纪超	男		19871020	06	中山路小学	2006		民族无数据
2006050020023	杨见军	男	汉		05	中山路小学	2006		出生年月无数据
2006050020024	章洋	男	汉	19890716		中山路小学	2006		区代码无数据
2006030020025	罗翊浩	男	汉	19890111	05		2006		学校名无数据
2006050020026	曲福程	男	汉	19861222	05	中山路小学		0501	入学年月无数据
2006050020027	肖温浩	男	汉	19861002	05	中山路小学	2006		班级无数据
2006050020028	乔骞	男	汉	19870312	05	中山路小学	2006		多个输入无数据
2006050020029	朱均	男	汉		05	中山路小学		0501	输入错误或无数据
200605002030	王小海	男	汉		05		2006	0501	输入错误或无数据

针对数据文件格式等方面的缺陷，需要在构建测试用例套包时进行植入，在此不再一一说明。请读者自行尝试。

11.2.2 部分缺陷分析

尽量信息采集系统功能不多，但要考虑的无效情况太多，所以经测试后还是发现了一些缺陷，部分缺陷如表11.2所示。

表11.2 信息采集系统的部分缺陷

序号	缺陷标题	缺陷描述	预期输出	出错原因
01	Excel表中多余空行无法识别	读取Excel表的过程中，当表中存在多余的空行时，系统将其误当做数据格式错误来处理，且认为错误类型为：学生证号为空，姓名为空，性别为空等，即该行每列对应的属性均错误地识别为空属性的情况	读取表中每行数据时，应先确认该行是否为空行，若为空行则不做校验，记录其位置即可，导出时系统应能自动将空行删去	读取信息表中每行数据时，未先识别空行，而是直接按列读取该行中对应列的属性值
02	读取Excel文件时，sheet1的名称不为“sheet1”时弹出错误警告	读取Excel文件时，当第一个工作表(即Sheet1)的名称不为“sheet1”时，系统会弹出错误警告“Database error: ‘Sheet1$’不是一个有效名称。请确认它不包含无效的字符或标点，且名称不太长。”	不应通过工作表的名称来定位数据，当工作表的名称不是标准名称“sheet1”时，也应能读取和识别该表中格式不正确的地方	Excel文件中的数据读取方式不合理，导致无法针对工作表名称发生变化后的文件内容进行读取
03	读取Excel文件时，无法识别07格式的信息文件	当信息文件为07格式时(即扩展名为xlsx)，系统无法读取其内容，也不报错	应能识别07格式的信息文件，并正确读取其中的数据	源代码中按照文件扩展名严格匹配的原则，进行数据读取，凡是不符合扩展名要求的，一律不处理
04	读取Excel文件时，无法处理多张工作表的情况	某个Excel文件中存在多张工作表且第一张工作表名为sheet1时，系统无法读取该工作表的内容，也不报错	应先判断哪个工作表中有数据，当多个工作表同时包含数据时，应读取表头与标准模板的表头相匹配的工作表	Excel文件中的数据读取方式不合理，导致无法处理存在多张工作表的情况
05	当相同的照片文件放置在不同路径下时，系统提示的错误与需求不一致	执行对应测试需求F1.3.6的测试用例01时，错误列表中的记录为“照片名学生证号有问题。”	错误列表中一条记录：找不到照片文件对应的学生信息	仅简单地将该照片文件的学生证号与信息文件中的学生证号匹配，发现不一致而导致
06	Windows 7不兼容的问题	打包的可执行程序在Windows 7系统下无法运行	可执行程序在Windows XP和Windows 7系统下都应正常运行	未针对Windows 7系统做特殊处理
07	登录界面的Tab跳转问题	在系统登录界面输入用户名后，按下“Tab”键，输入光标跳转到密码输入框后自动跳转回到已输入的用户名末尾，且并非每次执行都会出现该错误	输入用户名后按下“Tab”键，输入光标应自动跳转到密码输入框，等待用户输入密码	不详

请大家对照一下自己设计的测试用例，看看测试用例中是否能覆盖以上这些情况。当然，从实际的情况来说，对应缺陷07的情况相对比较少见，其他几种出错情况则较容易测到。

11.2.3 测试小结

信息采集系统是一个系统级别的案例，但由于该系统的主要功能是对文件进行查错，因此，其测试脚本的开发主要在于测试数据文件的设计，而测试数据文件对于该系统而言，其实就是被校验的数据对象，所以该系统的测试不需要额外开发自动化测试脚本。

11.3　网络教学平台案例实践

11.3.1　案例说明

网络教学平台案例来源于课程教学建设的需要，服务于某课程教学。该网络教学平台是一个课程网站，主要功能：通过网络教学平台主要为教师和学生用户提供服务，教师通过教学平台提供课程相关资源、作业的布置及相关自测题，学生通过该平台可随时访问课堂内外与课程相关的教案、课件、案例、实验、软件、阅读材料等资源，可方便地提交课程作业，随时就课程内容进行自测自评，并可在课后与教师就课程相关专题和疑问等展开交流。该网络教学平台的最终目标是使之成为师生之间资源共享、提供实践和增进交流的平台。

该网络教学平台以 Visual Studio 2005 为开发平台，采用 ASP.NET 和 C#语言为开发语言，后台数据库采用 SQL Server 2005 开发实现。

1．系统用户及用例

系统用户主要分为如下 4 类：

⑴ 管理员：负责管理用户和设置用户使用期限。对应系统后台功能。

⑵ 匿名用户：所有访问网站的未登录的用户都是匿名用户。对应系统前台功能。

⑶ 教师用户：本课程的任课教师。对应系统前台功能。

⑷ 学生用户：当前学期学习该门课程的学生。对应系统前台功能。

受篇幅所限，在此仅分析管理员用户的用例，如图 11.17 所示。

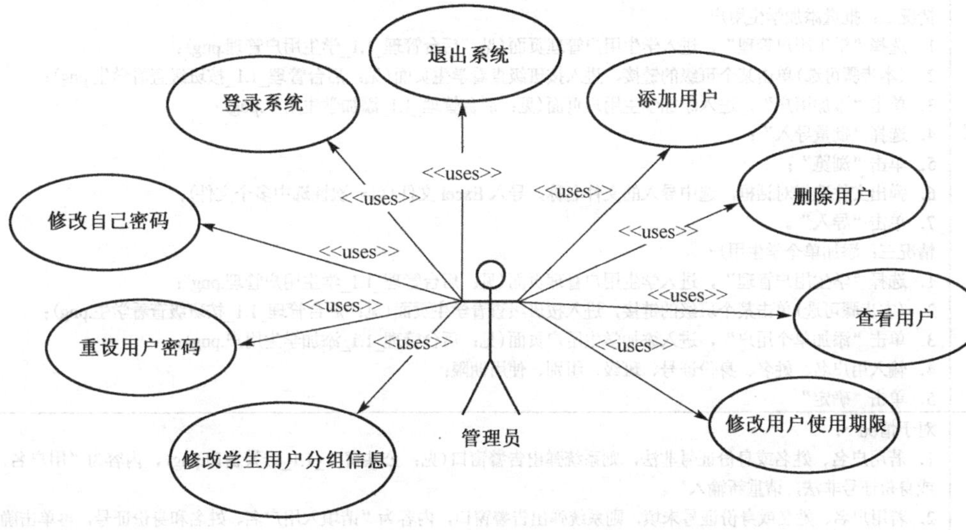

图 11.17　管理员用户的用例

2．软件需求跟踪矩阵

根据管理员用户的用例，可以得到其对应软件需求跟踪矩阵如表 11.3 所示。该表仅列出需求标题和功能简述，其他有关需求状态、变更等内容不再给出。

表 11.3 软件需求跟踪矩阵

SRS 编号	软件需求功能标题	软件需求功能简述	优先级
1.1	添加用户	批量和单独添加用户，并设置用户使用期限	高
1.2	删除用户	删除用户，删除选中的一个或多个用户	高
1.3	按用户类别查看用户	可以查看老师用户和学生用户	高
1.4	修改用户使用期限	修改用户使用期限	中
1.5	重设用户密码	重设用户密码，包括教师用户和学生用户	中
1.6	修改学生用户的分组信息	针对单个学生用户，修改其分组信息	中
1.7	修改自己密码	修改自己的密码	高
1.8	登录系统	登录系统	高
1.9	退出系统	退出系统	高

3．系统需求规格说明

受篇幅所限，仅列出添加用户和删除用户的功能需求说明，分别如表 11.4 和表 11.5 所示。

表 11.4 管理员用户“添加用户”功能的需求说明

功能编号	1.1	功能简述	添加用户
前提条件	以管理员身份成功登录进入管理员首页(见：后台管理_1.1_管理员首页.png)		
触发因素	单击“添加用户”		
执行步骤	情况一：添加教师用户 1．选择“教师用户管理”，进入教师用户管理页面(见：后台管理_1.1_教师用户管理.png)； 2．单击“添加用户”，进入添加教师用户页面(见：后台管理_1.1_添加教师.png)； 3．输入用户名、姓名、身份证号； 4．单击“确定”。 情况二：批量添加学生用户 1．选择“学生用户管理”，进入学生用户管理页面(见：后台管理_1.1_学生用户管理.png)； 2．(本步骤可选)单击某个班级的链接，进入按班级查看学生页面(见：后台管理_1.1_按班级查看学生.png)； 3．单击“添加用户”，进入添加学生用户页面(见：后台管理_1.1_添加学生用户.png)； 4．选择“批量导入”； 5．单击“浏览”； 6．弹出文件选择对话框，选中导入的文件名称，导入 Excel 文件(可一次性选中多个文件)； 7．单击“导入”。 情况三：添加单个学生用户 1．选择“学生用户管理”，进入学生用户管理页面(见：后台管理_1.1_学生用户管理.png)； 2．(本步骤可选)单击某个班级的链接，进入按班级查看学生页面(见：后台管理_1.1_按班级查看学生.png)； 3．单击“添加单个用户”，进入添加学生用户页面(见：后台管理_1.1_添加学生用户.png)； 4．输入用户名、姓名、身份证号、班级、组别、使用期限； 5．单击“确定”		
例外情况	对于情况一： 1．若用户名、姓名或身份证号非法，则系统弹出告警窗口(见：公共窗口_1.1_告警窗口.png)，内容为“用户名、姓名或身份证号非法，请重新输入”。 2．若用户名、姓名或身份证号未填，则系统弹出告警窗口，内容为“请填入用户名、姓名和身份证号，再单击确认”。 3．若单击“取消”，则所有输入框清空。 对于情况二： 1．若未选择任何文件就单击“导入”，则系统将弹出告警窗口，内容为“请选择需导入的文件”。 2．若单击“取消”，则所有输入框清空。 对于情况三： 1．若未输入用户名、姓名、身份证号、班级或组别，则系统弹出告警窗口，内容为“所有项均为必填项，请重新输入”。 2．若用户名、姓名、身份证号或使用期限非法，则系统弹出告警窗口，内容为“用户名、姓名、身份证号或使用期限非法，请重新输入”。 3．若单击“取消”，则所有输入框清空		

续表

功能编号	1.1	功能简述	添加用户
事后条件	1．对于情况一： 显示已添加教师用户之后的用户列表，转入教师用户管理页面(见：后台管理_1.1_教师用户管理.png)。 2．对于情况二和情况三： 显示已添加学生用户之后的用户列表，转入学生用户管理页面(见：后台管理_1.1_学生用户管理.png)		
备注	1．教师用户的用户名为姓名全拼+身份证末 4 位数字。 2．学生用户的用户名为学号。 3．注册用户的初始密码均为“888888”。 4．在添加学生用户页面，默认选中“批量导入”。 5．使用期限默认的起始时间为当前的系统时间，默认的终止时间为起始时间往后推延 3 个月，若终止时间为 2 月 29 日，一律改为 2 月 28 日。 6．使用期限的起始时间不应早于当前的系统时间。 7．使用期限的终止时间不应早于起始时间。 8．当前系统时间超过终止时间时，注册用户变为无效用户，禁止登录，即登录后将提示“该用户已超过使用期限，禁止登录系统”。 9. 用户名不允许重复，否则弹出告警窗口(见：公共界面_1.1_告警窗口.png)，内容为“该用户名已存在，请重新输入”。 10．导入 Excel 文件时，可以同时选择多个文件进行一次性导入。 11．使用期限采用微软的日历形式输入，不容易出错。 12．导入 Excel 文件时，应统一文件格式，全为 xls，或全为 xlsx 文件。 13. 导入 Excel 文件时，若选中的文件名与前次导入的文件名有重复的情况，则禁止重复导入，必须先删除原有的用户，再导入相同用户的文件		

表 11.5 管理员用户“删除用户”功能的需求说明

功能编号	1.2	功能简述	删除用户
前提条件	管理员处于教师用户管理(见：后台管理_1.1_教师用户管理.png)，或学生用户管理页面(见：后台管理_1.1_学生用户管理.png)		
触发因素	单击“删除用户”		
执行步骤	情况一：删除教师用户 1．通过单击复选框选择需要删除的教师用户(可选择多个教师用户)，也可以单击“全选”，选中当前页面的所有教师用户； 2．单击“删除用户”； 3．系统弹出提示窗口(见：公共界面_1.1_提示窗口.png)，内容为“删除选中的用户将导致丢失这些用户的所有信息，是否确认删除？”； 4．单击“是”，则删除所有选中的用户，单击“否”，则不操作，直接返回刚才的页面。 情况二：按班级删除学生用户 1．通过单击复选框选择需要删除的班级(可选择多个班级)，也可以单击“全选”，选中当前页面的所有班级； 2．单击“删除用户”； 3．系统弹出提示窗口，内容为“删除选中的班级将导致丢失这些班所包含的全部学生用户的信息，是否确认删除？”； 4．单击“是”，则删除所有选中的学生用户，单击“否”，则不操作，直接返回刚才的页面。 情况三：针对班级内部删除学生用户 1．单击某个班级的链接，进入按班级查看学生页面(见：后台管理_1.1_按班级查看学生.png)； 2．通过单击复选框选择需要删除的学生用户(可选择多个用户)，也可以单击“全选”，选中当前班级的所有学生； 3．单击“删除用户”，系统弹出提示窗口，内容为“删除选中的用户将导致丢失用户的所有信息，是否确认删除？” 4．单击“是”，则删除所有选中的学生用户，单击“否”，则不操作，直接返回刚才的页面		
例外情况	1．当前未选中任何用户，则单击“删除用户”后弹出警告窗口(见：公共界面_1.1_告警窗口)，内容为“请先选择要删除的用户，再删除用户”。 2．当前无任何用户，则单击“删除用户”后系统警告“当前已无任何用户”		
事后条件	对于情况一： 显示已删除用户之后的用户列表，转入教师用户管理页面(见：后台管理_1.1_教师用户管理.png)。 对于情况二： 显示已删除用户之后的用户列表，转入学生用户管理页面(见：后台管理_1.1_学生用户管理.png)。 对于情况三： 显示已删除用户后的班级学生列表，转入按班级查看界面(见：后台管理_1.1_按班级查看学生.png)		
备注	1．删除单个用户将不删除其所在组的作业，当某个组中所有用户均被删除时，将自动删除该组提交的所有作业。 2．系统可以随时删除有效用户，即在使用期限内的用户		

11.3.2 测试需求分析

对应上述功能需求，得到测试项如表 11.6 所示：

表 11.6 添加用户和删除用户对应的测试需求

SRS 功能编号	测试项编号	内容	测试优先级
1.1	A1.1	添加用户	高
1.2	A1.2	删除用户	高

添加用户的测试需求如表 11.7 所示：

表 11.7 添加用户功能的测试需求

序号	测试需求	优先级
A1.1.1	添加单个教师用户，且输入全部有效，成功添加	高
A1.1.2	添加单个教师用户，且用户名、姓名或身份证号非法，系统告警	中
A1.1.3	添加单个教师用户，且用户名、姓名或身份证号未填，系统告警	低
A1.1.4	添加单个教师用户，且用户名重复，系统告警	高
A1.1.5	添加单个教师用户，且输入全部有效，取消添加	低
A1.1.6	批量添加学生用户，且输入全部有效，成功添加	高
A1.1.7	批量添加学生用户，且未选择任何文件就单击“导入”，系统告警	低
A1.1.8	批量添加学生用户，且输入全部有效，取消添加	低
A1.1.9	批量添加学生用户，且选中的文件名有重复	中
A1.1.10	添加单个学生用户，且输入全部有效，成功添加	高
A1.1.11	添加单个学生用户，且未输入用户名、姓名、身份证号、班级或组别，系统告警	中
A1.1.12	添加单个学生用户，且用户名、姓名、身份证号或使用期限非法，系统告警	中
A1.1.13	添加单个学生用户，且用户名重复，系统告警	高
A1.1.14	添加单个学生用户，且输入全部有效，取消添加	低
A1.1.15	各页面的链接	高
A1.1.16	添加单个教师用户，且身份证号重复，系统告警	高

删除用户的测试需求如表 11.8 所示：

表 11.8 删除用户功能的测试需求

序号	测试需求	优先级
A1.2.1	删除教师用户，成功删除	高
A1.2.2	删除教师用户，且未选中用户就删除，系统告警	低
A1.2.3	删除教师用户，无任何用户就删除，系统告警	低
A1.2.4	按班级删除学生用户，成功删除	高
A1.2.5	按班级删除学生用户，且未选中用户就删除，系统告警	低
A1.2.6	按班级删除学生用户，无任何用户就删除，系统告警	低
A1.2.7	针对班级内部删除学生用户，成功删除	高
A1.2.8	针对班级内部删除学生用户，且未选中用户就删除，系统告警	低
A1.2.9	按班级删除学生用户，无任何用户就删除，系统告警	低
A1.2.10	各页面的链接	高
A1.2.11	删除教师用户，删除取消	中
A1.2.12	按班级删除学生用户，删除取消	中
A1.2.13	针对班级内部删除学生用户，删除取消	中

11.3.3　测试用例设计

根据测试需求，从每个功能需求的前提条件、执行步骤、例外情况和备注中逐一抽取业务流程，结合等价划分和边界值设计测试用例。本章重点不在测试用例设计，故仅列举部分用例。

1．添加用户的部分测试用例

对添加用户功能，仅针对测试需求 A1.1.1、A1.1.2 给出部分测试用例，见表 11.9、表 11.10。

表 11.9　测试需求 A1.1.1 对应的测试用例

测试需求	A1.1.1			
描　　述	添加单个教师用户，且输入全部有效，成功添加			
优 先 级	高			
预置条件	处于添加教师用户页面，且数据库中尚无任何教师用户			
编制时间	2009-8-11			
用例序号	输入条件	操作步骤	预期输出	备注
01	用户名：liwen2222 姓名：李文 身份证号：420611100000002222	1．输入用户名、姓名、身份证号； 2．单击“确定”	成功添加用户，并转入教师用户管理页面，刷新教师用户列表	
02	用户名：chengjun6666 姓名：程军 身份证号：420888888888886666	同上	同上	
03		1．执行用例 02； 2．执行用例 01	同上	检验教师用户是否按添加的次序进行显示

表 11.10　测试需求 A1.1.2 对应的部分测试用例

测试需求	A1.1.2			
描　　述	添加单个教师用户，且用户名、姓名或身份证号非法，系统告警			
优 先 级	中			
预置条件	处于添加教师用户页面，且数据库中尚无任何教师用户			
编制时间	2009-8-11			
用例序号	输入条件	操作步骤	预期输出	备注
01	用户名：liwen 姓名：李文 身份证号：420611100000002222	1．输入用户名、姓名、身份证号； 2．单击“确定”	系统告警：用户名、姓名或身份证号非法，请重新输入	用户名非法，仅包含姓名，不包含身份证尾号
02	用户名：liwen2223 姓名：李文 身份证号：420611100000002222	同上	同上	用户名非法，身份证尾号错误
03	用户名：2222 姓名：李文 身份证号：420611100000002222	同上	同上	用户名非法，仅包含身份证尾号
04	用户名：2222liwen 姓名：李文 身份证号：420611100000002222	同上	同上	用户名非法，身份证尾号与姓名位置颠倒
05	用户名：liwen2222 姓名：李文李文李文李文李文 身份证号：420611100000022222	同上	同上	姓名非法，姓名长度超限

2. 删除用户的部分测试用例

对删除用户功能，仅针对测试需求 A1.2.1、A1.2.4 给出测试用例，见表 11.11、表 11.12。

表 11.11 测试需求 A1.2.1 对应的测试用例

测试需求	A1.2.1			
描　　述	删除教师用户，成功删除			
优 先 级	高			
预置条件	处于教师用户管理页面，且数据库中有 3 个教师用户(按添加的次序依次为：武剑洁、程君和曹雄)			
编制时间	2009-8-2			
用例序号	输入条件	操作步骤	预期输出	备注
01	选中的教师用户：武剑洁	1. 点选教师用户； 2. 单击“删除用户”； 3. 系统提示是否删除； 4. 单击“是”	选中用户被删除，刷新教师用户管理页面	删除单个教师用户，删除第 1 个
02	选中的教师用户：曹雄	同上	同上	删除单个教师用户，删除最后 1 个
03	选中的教师用户：程君	同上	同上	删除单个教师用户，删除中间的 1 个
04		1. 执行用例 01； 2. 执行用例 03	同上	连续删除
05	选中的教师用户：武剑洁，曹雄	1. 点选多个教师用户； 2. 单击“删除用户”； 3. 系统提示是否删除； 4. 单击“是”	同上	删除多个教师用户，同时删除首、尾用户
06	选中的教师用户：武剑洁，程君，曹雄	1. 单击“全选”； 2. 单击“删除用户”； 3. 系统提示是否删除； 4. 单击“是”	所有用户被删除，刷新教师用户管理页面	删除所有教师用户

表 11.12 测试需求 A1.2.4 对应的测试用例

测试需求	A1.2.4			
描　　述	按班级删除学生用户，成功删除			
优 先 级	高			
预置条件	处于学生用户管理页面，且数据库中有 3 个班(0601、0602 和 0603 班)的学生用户			
编制时间	2009-8-2			
用例序号	输入条件	操作步骤	预期输出	备注
01	选中的班级：0601 班	1. 选择需删除的班级； 2. 单击“删除用户”； 3. 系统提示是否删除； 4. 单击“是”	删除选中的班级的所有用户，刷新学生用户管理页面	删除第 1 个班的所有学生用户
02	选中的班级：0603 班	同上	同上	删除最后 1 个班的所有学生用户
03	选中的班级：0602 班	同上	同上	删除中间那个班的所有学生用户
04		1. 执行用例 01； 2. 执行用例 02	同上	连续删除
05	选中的班级：0601 班和 0602 班	1. 选中需删除的班级； 2. 单击“删除用户”； 3. 系统提示是否删除； 4. 单击“是”	删除选中的班级的所有用户，刷新学生用户管理页面	删除多个班的所有学生用户
06	选中的班级：0601 班、0602 班、0603 班	1. 单击“全选”； 2. 单击“删除用户”； 3. 系统提示是否删除； 4. 单击“是”	删除选中的所有班级的所有用户，刷新学生用户管理页面	删除所有班级的所有学生用户

11.3.4　自动化测试设计

使用 QTP 进行功能测试时，应时刻注意，使用工具的最终目的不是为了给领导展示实施自动化测试的过程，而是为了切实提高测试效率，因此，关键仍然在于测试的设计。

1．测试设计原则

该教学平台已进行过较为详细的手动测试，为了提高后续版本的回归测试效率，将部分功能的测试改为自动化方式执行。基本原则如下：

(1) 针对大量的重复性手动测试，尽量改为自动化方式，即只要能够通过系统自动读入的方式执行的测试，均改为自动化方式进行，且注意每个测试脚本包含的流程不要太复杂。

(2) 对于某些无法用自动化方式实现的测试，仍采用手动测试。例如，在添加教师用户测试用例中，需测试身份证号码超过 18 位时系统告警的情况，若用自动化测试将无法输入身份证号的第 19 位数字，这时 QTP 会报错，脚本将中断，针对这类测试用例只能通过手动测试实现。而其他正常的输入数据，可以通过自动化测试来实现。

(3) 对于交叉功能的测试，仍采用手动方式执行，例如涉及多类用户频繁登录和退出系统的流程，自动化测试脚本的开发和维护将十分繁琐和困难。

2．测试重点

对于管理员用户的功能测试，最重要的功能模块是添加用户，即测试的重点。对各用户之间的交叉功能测试，重点应放在用户超过使用期限后无法登录、用户被删除后无法登录等内容。

3．测试难点

基于 QTP 进行自动化功能测试的难点在于：

(1) 预置条件的设置。例如，测试添加教师用户时，如何设置预置条件以保证每次添加用户时，系统环境一致。

(2) 参数的设置。例如，设计 3 组输入数据，如何将这 3 组数据写入测试脚本。

(3) 检查点的插入。例如，添加用户后，如何添加检查点来验证添加的用户是否成功，以及如何验证添加的用户是否按顺序添加。

11.3.5　QTP 概述

QTP（Quick Test Professional）采用关键词驱动测试的理念执行测试，用于执行重复的手动测试，简化测试创建和维护工作，主要用在回归测试中，或测试同一软件的新版本。

(1) QTP 测试的 3 个阶段

使用 QTP 测试包括 3 个阶段：创建测试或组件、运行测试或组件以及分析结果。创建测试或组件就是测试人员在被测试软件系统上录制会话，或建立对象库并在关键字视图中手动添加步骤来创建测试或组件，再使用编程语句修改测试或组件；运行测试或组件即执行测试脚本包含的步骤；执行完测试脚本后将生成一个测试报告，根据该报告的内容分析被测软件的功能特性。

(2) QTP 测试的注意事项

① 使用 QTP 进行测试时，应了解 QTP 的加载项。

QTP 可通过选择不同的加载项来使用特殊的方法、属性和各种特殊选项，创建最适合被测应用程序的测试或组件。内置的加载项包括 Web、ActiveX 和 Visual Basic，特别是 Web 加载项可对网页和应用程序进行测试，可以测试的 Web 的对象有超链接、图像、图像映射以及 Viewlink 对象。在实际应用中可根据自己的需要选择不同的加载项，当然，为最大程度提高性能和对象识别的可靠性，一般仅加载所需要的加载项。

② 了解 QTP 对浏览器的要求。

以 QTP10.0 为例，该版本支持的浏览器有 IE6.0、7.0、8.0，Mozilla FireFox1.5、2.0、3.0，Netscape8.x。实际录制网页脚本时可能还会碰到无法录制脚本的问题，一般解决的方法：确保在 IE 工具栏“工具”→“Internet 选项”→“高级”，勾选“启用第三方浏览器扩展”；检查 IE 浏览器的加载项中是否启动 BHOManager Class，如果没有，则在 IE 工具栏“工具”→“管理加载项”中启用 BHOManager Class。否则将无法在 IE 中识别对象。

③ QTP 的 3 种录制模式。

QTP 有 3 种录制模式：正常录制模式，模拟录制模式和低级录制模式。QTP 的正常录制模式是默认设置，可录制应用程序中的对象以及在这些对象上执行的操作，可识别应用程序中位于屏幕任何位置的对象；当使用特定类型的对象和操作时，正常录制模式可能无法满足要求，例如录制通过拖动鼠标产生的签名，此时应使用模拟录制模式，以录制在屏幕或应用程序窗口中执行的精确鼠标和键盘操作，但无法在 QTP 中编辑模拟录制的步骤；低级录制模式下，无论 QTP 是否识别特定对象或特定操作，都可以在应用程序中的任何对象上录制，所以若被测对象的精确坐标非常重要，则选择该录制模式。

④ QTP 的对象库。

脚本中用到的对象都必须存在对象库中，若在脚本中使用了某个对象而对象库中并不存在，运行脚本时就会出现找不到相应对象的错误。

⑤ 设置 Action 的执行次数。

若执行数据列表中的多组测试数据，应设置 Action 的执行次数，在 QTP 的“当前 Action” →“Action Call Properties”中勾选“Run on all rows”，或勾选“Run from row ( ) to row ( )”，仅选择其中指定的几行参数来执行。

⑥ 预置条件的设置。

QTP 脚本在运行前均有预置条件。一般地，一系列测试脚本的执行顺序按业务流程进行，且部分预置条件是上一个脚本运行后的结果。然而，有些脚本的预置条件是前面的脚本运行完后不能提供的，此时可通过两种方式实现该脚本的预置条件：第一，通过人为设置来严格达到预置条件的要求，但过于依赖时间和测试员；第二，在脚本中添加设置预置条件的语句。

(3) QTP 的合理应用

QTP 测试的重点不是实现测试的自动化，而是提高测试效率。在实际的测试过程中，如何合理地应用 QTP 是使用 QTP 的难点所在。软件系统开发的初期是不适合用 QTP 进行测试的，此时，待测系统还不稳定，如果这时就采用 QTP 进行测试，将需要投入大量的成本，且一旦被测系统发生重大改变，将影响很多的自动化测试和组件。总的来说，QTP 主要是用于回归测试，它最大的好处是可以重用，在被测系统改动不大的情况下，由 QTP 将之前的用例全部执行一次，使用回归的次数越多，使用率越高，就越能体现使用 QTP 的优势。

11.3.6 基于 QTP 的功能测试

1. 测试环境

该网络教学平台的测试环境如表 11.13 所示。

表 11.13　测试环境

硬件环境	软件环境
处 理 器 ：Intel(R) Core(TM) 2 Duo CPU CPU 主频：1.83 GHz 内　　存：2.00 GB 硬　　盘：160 GB 系统类型 ：32 位操作系统	操作系统：Windows 7 开发平台：Visual Studio 2005 开发语言：C# 数 据 库：SQL Server 2005 测试工具：QTP10 测试脚本语言：VBscript 浏 览 器：IE8.0

2．测试脚本开发

（1）测试脚本编写的一般步骤

测试脚本，也就是测试用例的实现过程，一般步骤为：

① 录制，将用例中需要测试的具体步骤用 QTP 录制下来；

② 脚本增强，修改脚本以满足测试的需要，如添加检查点等；

③ 测试数据添加，如果脚本中进行了参数化，将需要测试的数据添加到数据列表中；

④ 对象库管理，如果修改脚本时用到了新的对象，则将该对象添加到对象库中便于识别。

（2）测试脚本开发(以成功添加教师用户为例)

以添加教师用户的测试为例，针对有效用户的测试见表 11.9 中测试需求 A1.1.1 对应的测试用例。这些用例实现步骤较简单：输入用户名、姓名、身份证号，单击“确定”按钮，为此需设计 3 组测试数据，且要验证是否成功添加以及是否按添加的次序来显示。对应地，设计测试脚本应考虑每组数据输入时的预置条件、检查点插入问题和参数输入问题。验证教师用户是否添加成功时，脚本中需添加检查点。而 3 组测试数据的输入步骤并不相同，不能采用参数化来实现，为此，通过循环，在每次循环时执行各组测试数据。对应表 11.9 中用例 01 的脚本代码如下：

```
If i=1 Then
Browser("管理员登录").Page("管理员首页").Link("教师管理").Click
Browser("管理员登录").Page("教师用户管理").WebButton("添加用户").Click
Browser("管理员登录").Page("添加教师用户").WebEdit("ctl00$ContentPlaceHolder1$tbxU").Set " liwen2222"
Browser("管理员登录").Page("添加教师用户").WebEdit("ctl00$ContentPlaceHolder1$tbxN").Set "李文"
Browser("管理员登录").Page("添加教师用户").WebEdit("ctl00$ContentPlaceHolder1$tbxI").Set "420611100000002222"
Browser("管理员登录").Page("添加教师用户").WebButton("确定").Click
Browser("管理员登录").Dialog("来自网页的消息").WinButton("确定").Click
Browser("管理员登录").Page("教师用户管理").WebElement("ctl00$ContentPlaceHolder1$Grid_2").Check CheckPoint("ctl00$ContentPlaceHolder1$GridView1$ctl02$chkCheck_2")
Browser("管理员登录").Page("教师用户管理").WebCheckBox("ctl00$ContentPlaceHolder1$chkA").Set "ON"
Browser("管理员登录").Page("教师用户管理").WebButton("删除用户").Click
Browser("管理员登录").Dialog("来自网页的消息").WinButton("确定").Click
Browser("管理员登录").Dialog("来自网页的消息").WinButton("确定").Click
End If
```

该脚本中，当 i=1 时，执行用例 01；当 i=2 时执行用例 02；当 i=3 时执行用例 03，这样一个脚本中实现 3 组用例，即 3 组输入数据。脚本中为教师姓名添加了检查点，名为 ctl00$ContentPlaceHolder1$GridView1$ctl02$chkCheck_2，可在对象库中查看检查点的具体内容，如图 11.18 所示，其中，该检查点期望值为“李文”。

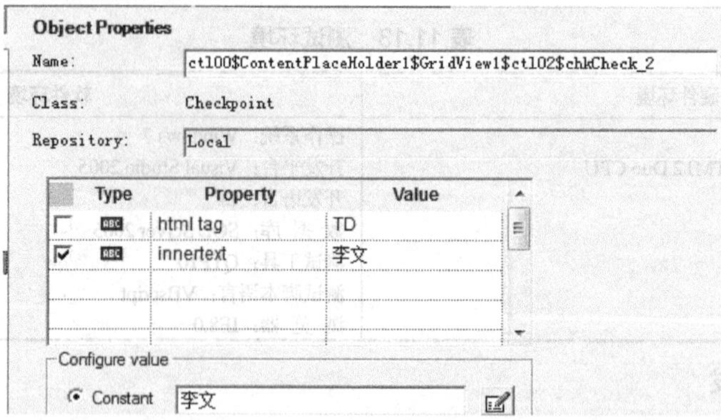

图 11.18　在对象库中查看检查点详情

为保证在该脚本下运行的所有测试用例具有相同的预置条件，需将添加到数据库中的教师用户删除，因此，检查点添加成功后还应添加删除教师用户的脚本。至此，用例01的脚本完成。

(3) 测试脚本开发(以添加教师用户的有效性校验为例)

仍以添加教师用户为例，当输入数据无效时对应的部分测试用例见表11.10，完整的用例应为8个，此时，所有执行步骤完全相同，可直接通过参数化输入测试数据。相应脚本如下：

```
Browser("管理员首页").Page("添加教师用户").WebEdit("ctl00$ContentPlaceHolder1$tbxU").Set DataTable("UserName", dtLocalSheet)          '参数化用户名
Browser("管理员首页").Page("添加教师用户").WebEdit("ctl00$ContentPlaceHolder1$tbxN").Set "武剑洁"
Browser("管理员首页").Page("添加教师用户").WebEdit("ctl00$ContentPlaceHolder1$tbxI").Set DataTable("ID", dtLocalSheet)          '参数化身份证号
```

相应的测试数据放在本地数据列表中，如图11.19所示。

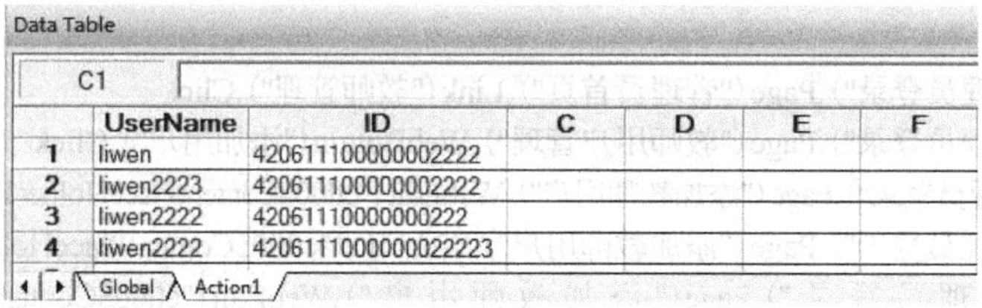

图 11.19　添加教师用户输入无效数据表

通过设置QTP的Action执行次数以执行数据列表中的每一组数据，在当前Action上单击鼠标右键，打开“Action Call Properties”对话框，勾选“Run on all rows”，如图11.20所示。

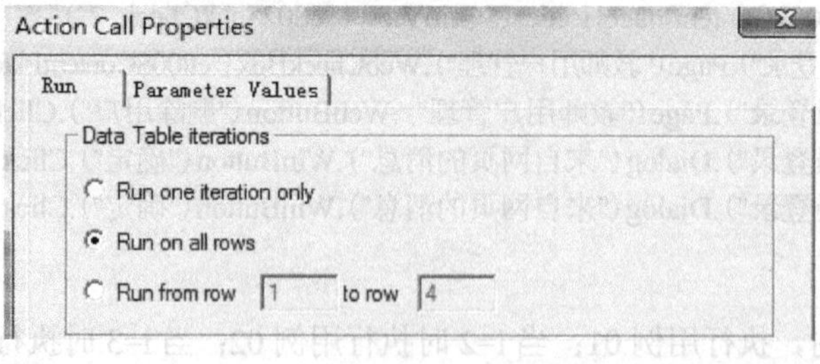

图 11.20　“Action Call Properties”对话框中执行属性的设置

为检测无效数据输入时系统是否告警，须在脚本中添加语句来判断系统是否告警，并将结果写入测试报告中，相应语句如下：

```
If Browser("管理员首页").Page("添加教师用户").WebElement("输入不正确").Exist(5) Then
'这个 IF 条件句用来验证身份证输入是否合法
Reporter.ReportEvent micPass,"身份证验证","身份证号非法，不足 18 位"
'若不合法，将报告写入测试结果中
```

至此，表 11.10 中测试用例的脚本完成。

3. 测试执行

脚本编写完成后，即可执行测试脚本。表 11.10 中测试用例脚本的执行过程部分截图如图 11.21～图 11.23 所示。可以看到，当用户名末 4 位与身份证号不相同时，系统告警。

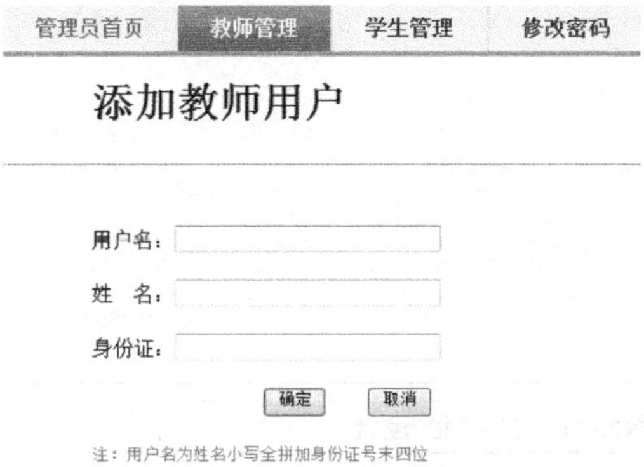

图 11.21　准备添加教师用户

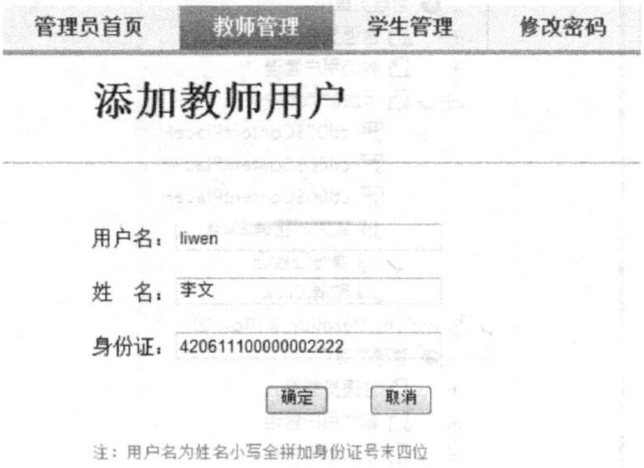

图 11.22　输入无效的用户名

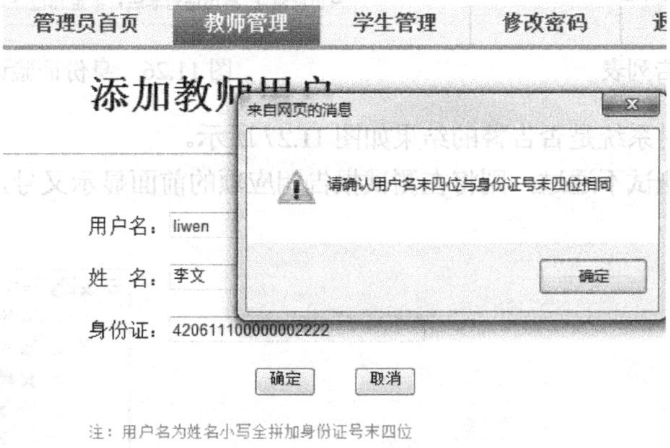

图 11.23　提示用户名无效

在实际执行过程中可能会碰到这样的情况，运行测试脚本时，一些随机生成的验证码无法用脚本来输入，这时需要在脚本运行的过程中手动添加这些内容，且手动添加内容时，时间不能过长，否则脚本执行将中断，如图 11.24 所示。

图 11.24　手动输入验证码

4. 测试结果分析

测试脚本执行完成后，QTP 自动生成测试报告，列表如图 11.25 所示。图中打勾的表示测试通过，未发现缺陷。

测试结果中身份证验证的结果如图 11.26 所示。

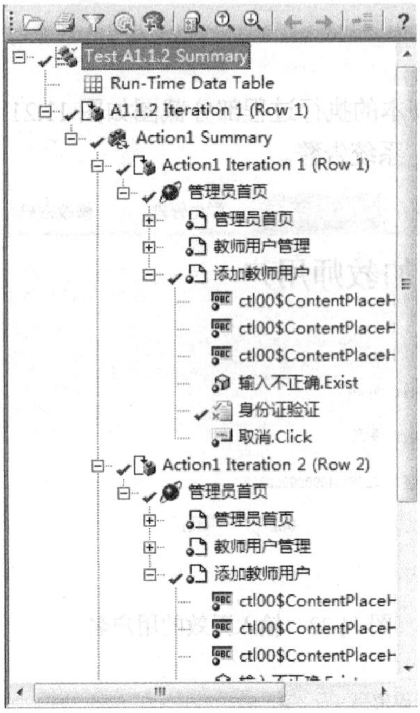

图 11.25 测试报告列表

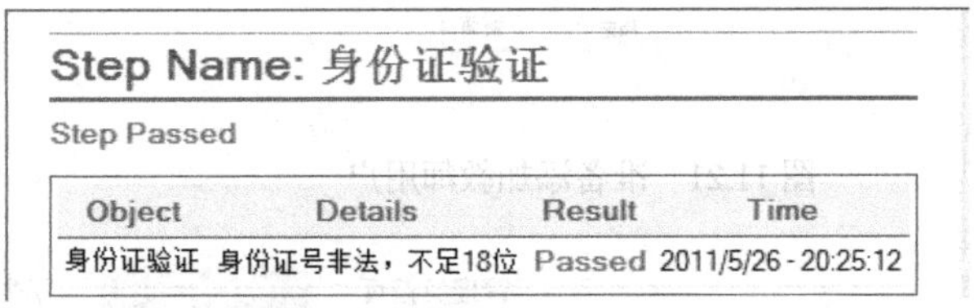

图 11.26 身份证验证结果图

验证输入无效数据时系统是否告警的结果如图 11.27 所示。

当测试脚本执行后测试不通过，则将在测试报告相应项的前面显示叉号，图 11.28 给出了测试脚本 A1.1.4 的执行结果。

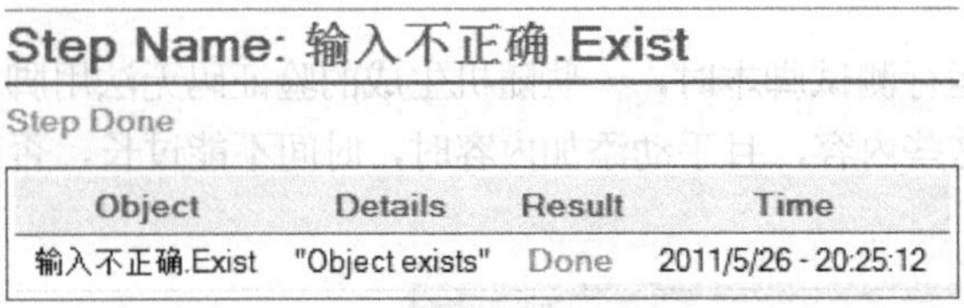

图 11.27 系统告警验证

图 11.28 测试脚本 A1.1.4 的执行结果(发现缺陷的测试报告)

从图 11.28 可以看出，用户名重复时存在 Bug，详细内容见图 11.29，测试报告中指出错误原因为“用户名重复 系统没有告警，出现功能错误”，对应的缺陷写入缺陷报告，不再给出示例。

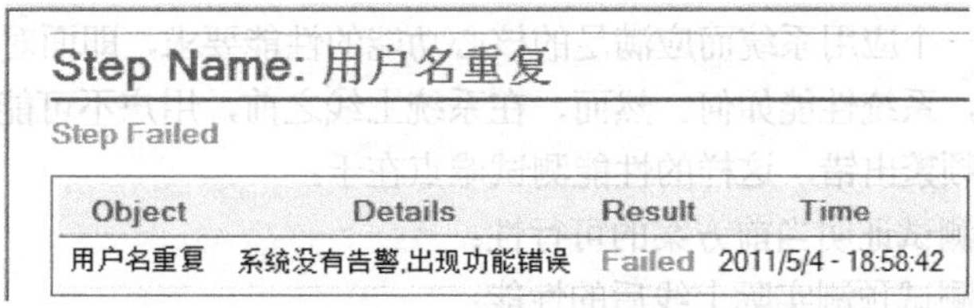

图 11.29　用户名重复

实际上，在详细的手动测试之后，基于 QTP 对该网络教学平台进行自动化测试后又发现了 20 个缺陷。

11.3.7　测试小结

网络教学平台是一个典型的 Web 应用系统，包含多类用户、多个子系统、提供较多功能，在功能测试的层面上，当流程、界面稳定时，可采用 QTP 工具进行自动化功能测试。良好的测试效果关键取决于测试用例的设计，以及如何根据测试用例的要求来构建测试脚本，通过原始的录制、回放方式得到的脚本肯定是不满足要求的，而设计得过于复杂，包含太多流程、操作和校验点的脚本也是不适用的。

11.4　分布式搜索系统案例实践

11.4.1　案例说明

分布式搜索系统是一个基于 B/S 模式的图书馆馆藏文献查找系统，系统核心功能是提供智能搜索服务，即授权用户登录系统后，通过输入一些描述信息，如文献题目、作者、书评、目录、内容简介等内容，这些内容可能是完整的，或者仅给出部分词汇，也可能只是与文献相关描述有一定关联而已，系统需通过自动对用户输入进行理解，并在资料库中进行搜索匹配，然后将与用户输入最匹配的馆藏文献以一定的排序方式呈现给用户，用户通过浏览文献来查阅各馆藏文献的具体描述信息，并判断该文献是否是自己所需要借阅的文献。

该系统的核心特点是：

(1) 海量数据的分布式存储。由于文献数量众多，每个馆藏文献不仅包含标题、作者、出版社等基本信息，还可能包含多种格式的附件，且文献数量将随着时间的推移呈逐步上升趋势。面对 TB 级的文献存储量，必须采用分布式存储方式对其进行存储。

(2) 分布式搜索方式。系统用户数量众多，且分散在多个地点，用户数也呈稳步上升趋势，为保证为用户提供快速的搜索响应，必须采用分布式搜索方式。

(3) 高稳定、可靠的系统部署。对于一个庞大的系统而言，必须保证整个系统部署的稳定、可靠，一旦系统停止服务，即使极短时间，也很可能导致投诉电话被打爆。

(4) 智能化的搜索。用户在搜索文献时并不知道系统中有哪些文献，其输入可能很不专业，系统需自动对用户输入进行词法、语法甚至语义分析，然后基于专业特性计算文献匹配度，同时为用户推荐更多相关文献。

11.4.2　自动化测试设计

分布式搜索系统的本质是基于分布式存储和分布式搜索提供一个稳定、可靠的 T 级海量数据智能搜索服务，其中，智能搜索的效果主要通过查全率、查准率、用户反馈等指标加以衡量，不再详述。

在此主要考虑的是作为一个应用系统而应满足的核心功能的性能要求，即面对T级海量数据，面对大量用户的并发搜索请求，系统性能如何。然而，在系统上线之前，用户不可能提供实际的数据，且一旦上线，不能允许系统频繁出错，这样的性能测试难点在于：

(1) 如何通过性能测试证明当前方案的可行性；

(2) 如何通过性能测试预测实际上线后的性能；

(3) 如何通过性能测试来寻找系统进一步优化的方向。

本例的重点：通过模拟上线后的用户并发数，对系统核心业务进行压力测试，收集参数，证明方案的可行性，并进行可能的优化。

11.4.3　LoadRunner 概述

LoadRunner 是惠普公司开发的一款性能测试工具，主要用于 C/S 和 B/S 结构的软件系统测试。该产品通过模拟虚拟的并发用户数来对系统进行测试。与 WinRunner 不同，LoadRunner(简称 LR)可以跨平台使用，适用于 Windows、Linux 等多种操作系统下。LoadRunner 是最好的企业级软件性能测试工具之一。

LR 的运行机制是通过用一台或几台计算机产生成千上万虚拟用户，模拟实际用户行为，虚拟用户(Vuser)通过执行典型业务流程模拟设计用户的操作，对于 Vuser 执行的每个操作，LR 向服务器或类似的企业系统提交输入信息，增加 Vuser 的数量可以增大系统上的负载。

若要模拟较多用户负载的情况，可通过 Controller 设定虚拟用户数执行一系列任务的 Vuser，如观察 1000 个 Vuser 同时登录系统并进行搜索时服务器的行为。通过使用 LR 将客户端/服务器的性能测试需求划分为多个场景，通过场景定义每个测试会话中发生的事件。例如，场景将定义并控制要模拟的用户数量和他们执行的操作、持续运行事件及运行模拟操作所用的计算机等。

LR 提供多种 Vuser 类型，适于各种特定负载测试环境。Vuser 使用 Vuser 脚本进行描述，脚本中包含在方案中独立并录制服务器性能的函数。LR 由如下 3 部分构成：

(1) VuGen：脚本生成器，是 LR 用于开发 Vuser 脚本的主要工具，可用于录制和运行脚本。录制脚本时，VuGen 将生成各种函数，定义录制会话过程中执行的操作，并将函数插入到 VuGen 编辑器中，创建基础 Vuser 脚本。

(2) Controller：控制器，通过手动和基于目标的两种方法来设计场景，并通过设置场景模拟用户行为，在场景运行期间自动收集应用服务器软、硬件相关数据，存放到小型数据库文件中，从而独立监控和分析系统性能和功能。

(3) Analysis：分析器，当运行完成，数据收集工作完成后，通过该分析器对测试结果数据进行分析，包括各种图表，并可根据需要进行合并，还可以比较两次运行结果之间的差异，利于系统的性能调优，最终的输出结果也可通过该分析器以 Word 或 HTML 格式输出。

11.4.4　基于 LoadRunner 的性能测试

1．测试环境

(1) 硬件环境

2 台主服务器，配置分别为：

① AMD Athlon(tm) II X4 635 Processor 2.90 GHz，内存 4.00 GB

② Intel(R) Core(TM) 2 Duo CPU T8300 2.40 GHz，内存 2.00 GB

2 台从服务器，配置均为：AMD Athlon(tm) II X2 240 Processor 2.81 GHz，内存 2.00 GB

1 台测试客户端，配置为：CPU:Intel (R) Core (TM) i5-2410M CPU 2.30 GHz，内存 2.00 GB

(2) 软件环境

操作系统：Ubuntu 10.04，Windows XP

软件配置：Jdk1.6.0_29，Tomcat6.0.35，Apache 2.22，Solr3.5.0

(3) 系统部署

系统部署如图 11.30 所示。

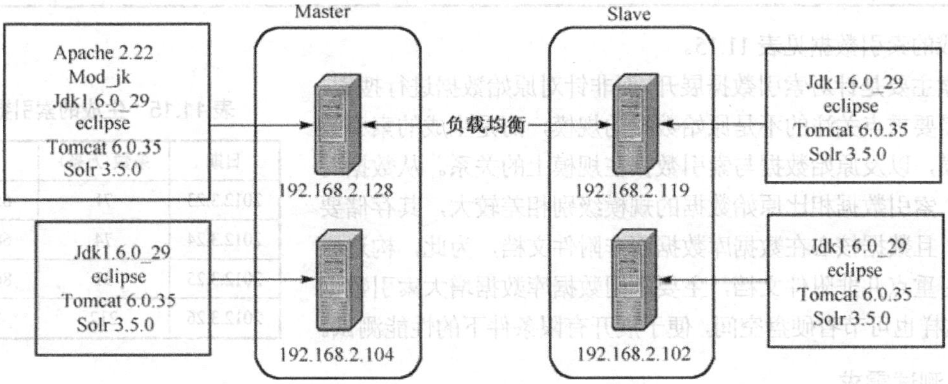

图 11.30　系统部署图

(4) 网络环境

网络环境如图 11.31 所示。

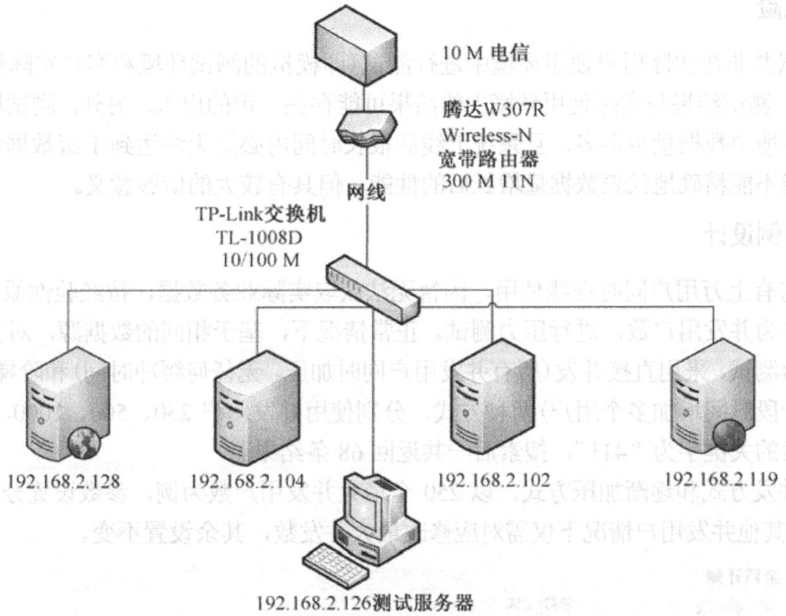

图 11.31　网络环境部署

从该测试环境可看出，网络设备和环境条件非常有限，远未达到商业应用的相关配置要求。

2. 测试数据

测试所用原始数据见表 11.14(在此仅截取 2012 年 3 月 23 日到 3 月 26 日之间的数据)：

表 11.14　原始数据

日期	PDF(GB)	HTML(GB)	XML(GB)	DOC(GB)	数据库数据(万条)	总量(GB)
2012.3.23	25.5	1.1	0.3	3.3	60	30.6
2012.3.24	25.5	1.1	0.3	3.3	63	30.6
2012.3.25	25.5	1.1	0.3	3.3	80	30.8
2012.3.26	25.5	1.1	0.3	3.3	201	32

生成的索引数据见表 11.15。

搜索主要是针对索引数据展开，而非针对原始数据进行搜索，因此，需要重点关注的不是原始数据的规模，而是生成的索引数据的规模，以及原始数据与索引数据在规模上的关系。从数据对比看出，索引数据相比原始数据的规模级别相差较大，其存储要求不高，且数据核心在数据库数据而非附件文档，为此，构造原始数据时重点并非附件文档，主要利用数据库数据增大索引数据规模，这样也可节省硬盘空间，便于展开有限条件下的性能测试。

表 11.15　生成的索引数据

日期	条数(万条)	容量
2012.3.23	71	650 MB
2012.3.24	74	682 MB
2012.3.25	91	862 MB
2012.3.26	212	2 GB

3．测试需求

测试主要针对搜索模块。性能要求：分别在 250、500、1000、1500、2000 的并发用户数条件下，要求系统的平均响应时间不大于 3 秒。

4．测试风险

本性能测试并非在实际用户使用环境中进行测试(即模拟的测试环境和客户实际使用环境配置差别较大)，因此，测试结果与实际使用环境中的结果可能存在一定的出入。另外，测试环境中的数据量相比实际使用环境中数据量少得多，且系统上线后很长时间内必然无法达到 T 级数据量的测试要求，系统目前的性能不能精确地代表数据量增长后的性能，但具有较大的借鉴意义。

5．测试用例设计

预估系统将有上万用户同时在线使用，因暂无法获取实际业务数据，按经验性原则，取 10%(即 1000 人左右)作为并发用户数，进行压力测试。正常情况下，基于相同的数据源，对关键字搜索操作进行并发的压力测试，采用直接并发(所有并发用户同时加压，无任何缓冲时间)和阶梯逐渐加压(在一定时间内每隔一段时间增加多个用户)两种方式，分别使用并发用户 250、500、1000、1500、2000 个进行测试。搜索的关键字为“411”，搜索后一共返回 68 条结果。

针对直接并发方式和逐渐加压方式，以 250 个最大并发用户数为例，参数设置分别如图 11.32 和图 11.33 所示，其他并发用户情况下仅需对应修改最大并发数，其余设置不变。

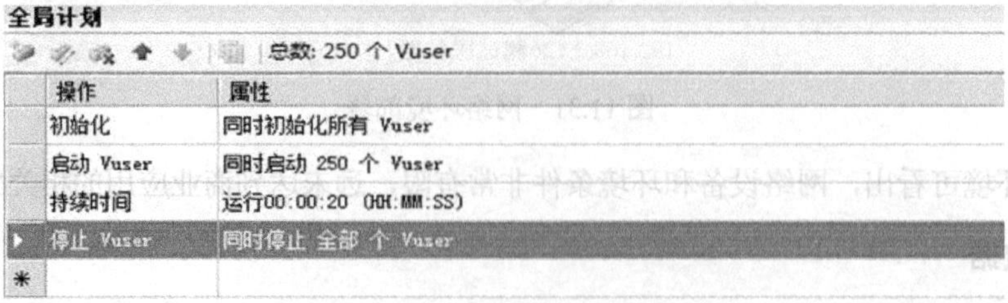

图 11.32　直接并发方式下的参数设置

无论是哪种加压方式，测试时都忽略脚本的思考时间，即用户实际操作中的思考和停顿时间，这样对系统产生的压力更大。具体设置如图 11.34 所示。

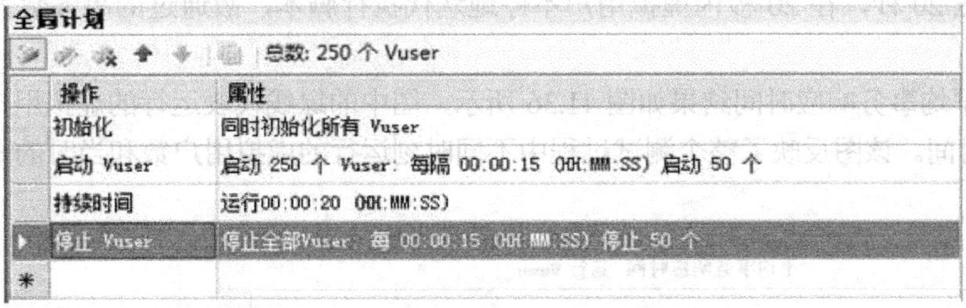

图 11.33　逐渐加压方式下的参数设置

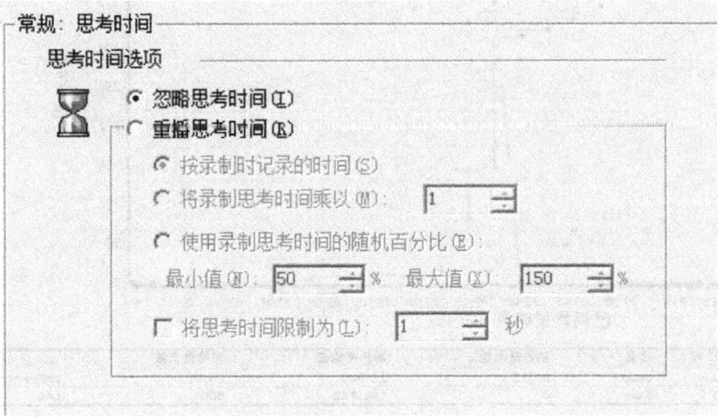

图 11.34　忽略思考时间的设置

6. 场景模型及测试结果

针对该测试共设计 10 个场景，其中场景 1～5 采用直接并发的测试方式，场景 6～10 采用逐渐加压的测试方式。受篇幅所限，在此仅给出两个场景的测试结果。

(1) 场景 2 的测试结果

场景 2 的设置如表 11.16 所示。

表 11.16　场景 2 的设置

场景编号	Search_500		
验证功能	搜索		
测试目的	被测系统是否能够满足大并发用户数搜索的要求		
前置条件	无		
并发用户数	500 个		
方法	总共有 500 个用户，所有用户都同时初始化，并同时启动，持续时间 20 秒，然后同时退出		
用例名称	并发用户数	期望值(秒)	备注
并发用户搜索	500 个		平均响应时间

测试结果如图 11.35 所示。

事务名称	SLA Status	最小值	平均值	最大值	标准偏差	90 Percent	通过	失败	停止
search	⊘	0.023	3.963	115.184	15.208	3.244	426	21	0

图 11.35　场景 2 的测试结果

图中最小值、平均值、最大值分别指搜索的响应时间，单位为秒，90 percent 指 90%的搜索响应时间在 3.244 秒以内。通过、失败、停止分别表示通过、失败和停止的事务数。在此设置的测试场景是持续加压 20 秒，在 20 秒内虚拟用户不停地迭代执行脚本，故通过的事务数大于最大并发用户数。

场景 2 的平均事务响应时间结果如图 11.36 所示，图中的绿线代表运行的虚拟用户数，紫线代表平均事务响应时间。该图反映了整个测试过程中不同时刻运行的虚拟用户数和当时的平均事务响应时间之间的关系。

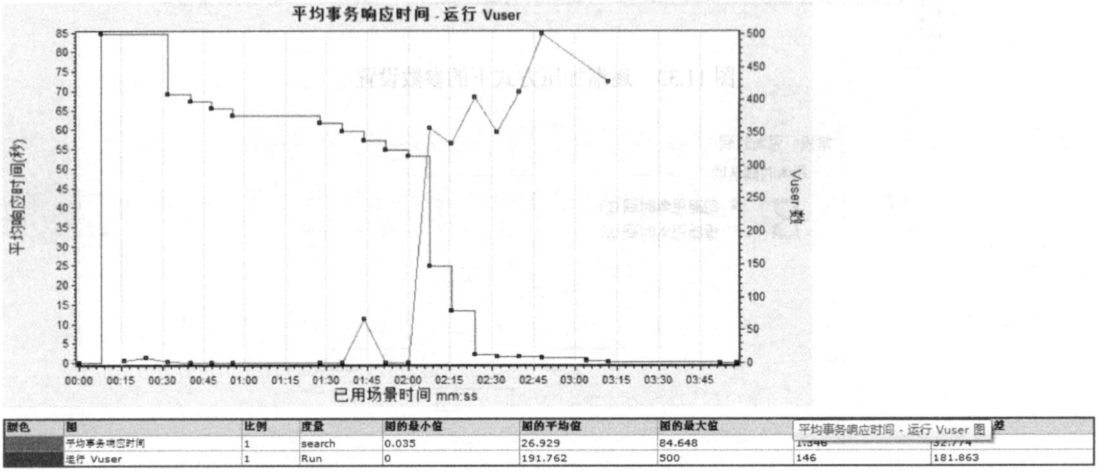

图 11.36　场景 2 的平均事务响应时间结果

平均事务响应时间百分比结果如图 11.37 所示。该图显示的是多少百分比的搜索事务在对应的响应时间内完成。该图表示 86%的搜索事务都是在 2.927 秒内完成的。

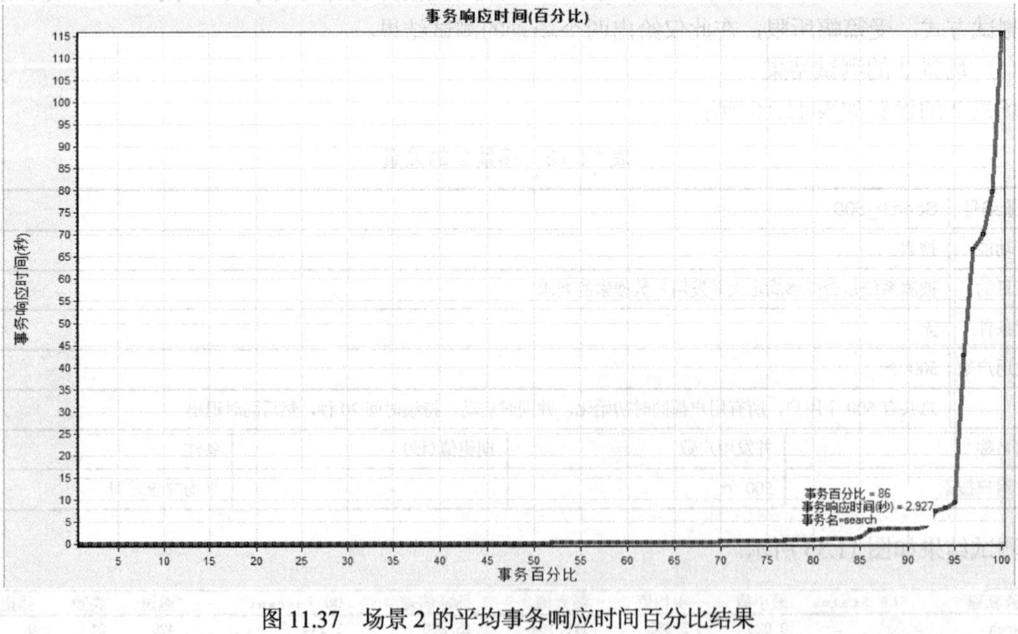

图 11.37　场景 2 的平均事务响应时间百分比结果

服务器(IP 为 192.168.2.102)的资源情况如图 11.38 所示，其他服务器资源使用情况不再列出。

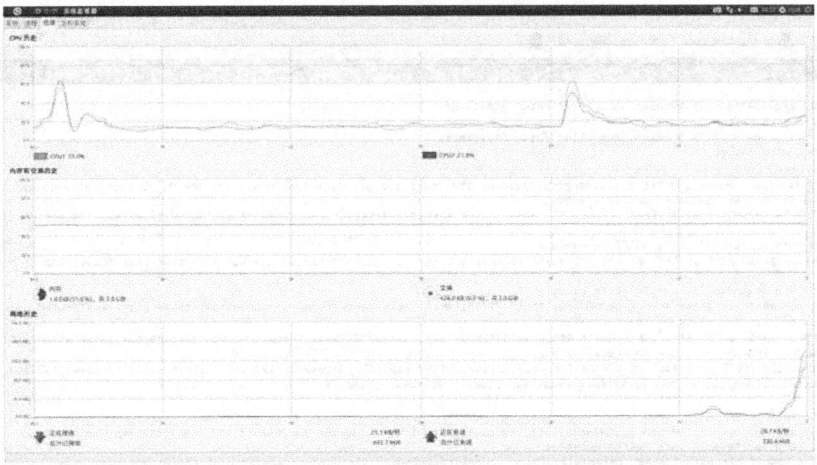

(a) 并发前的情况

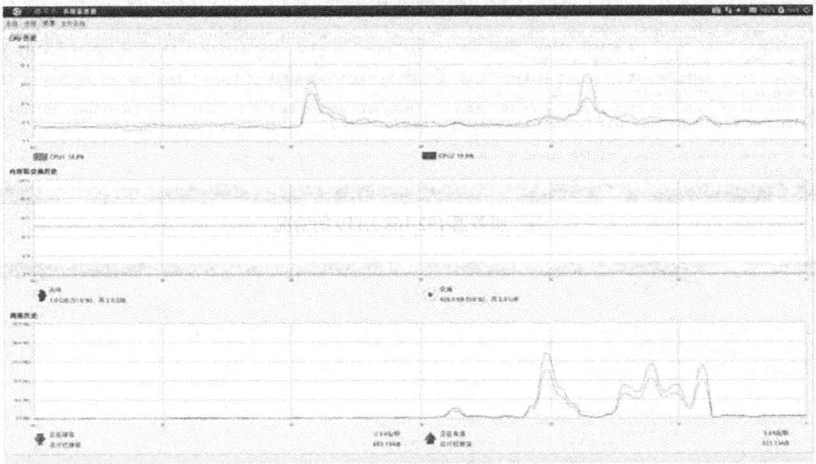

(b) 最大并发的情况

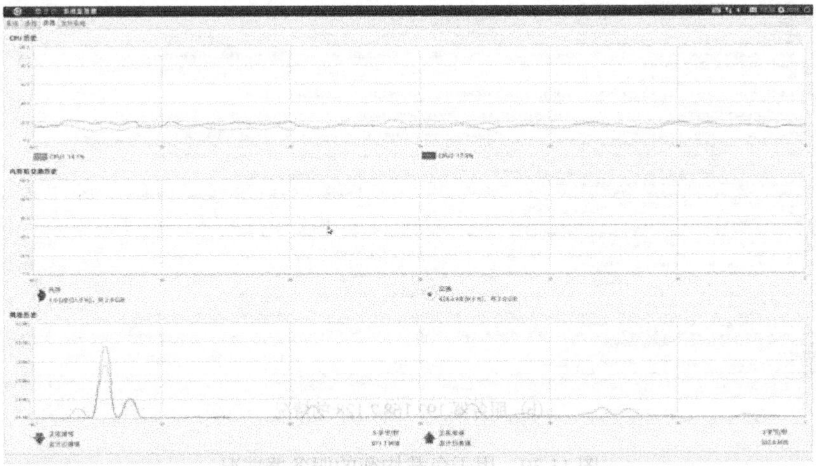

(c) 并发后的情况

图 11.38　场景 2 的平均事务响应时间百分比结果

用于负载均衡的服务器的情况如图 11.39 所示。

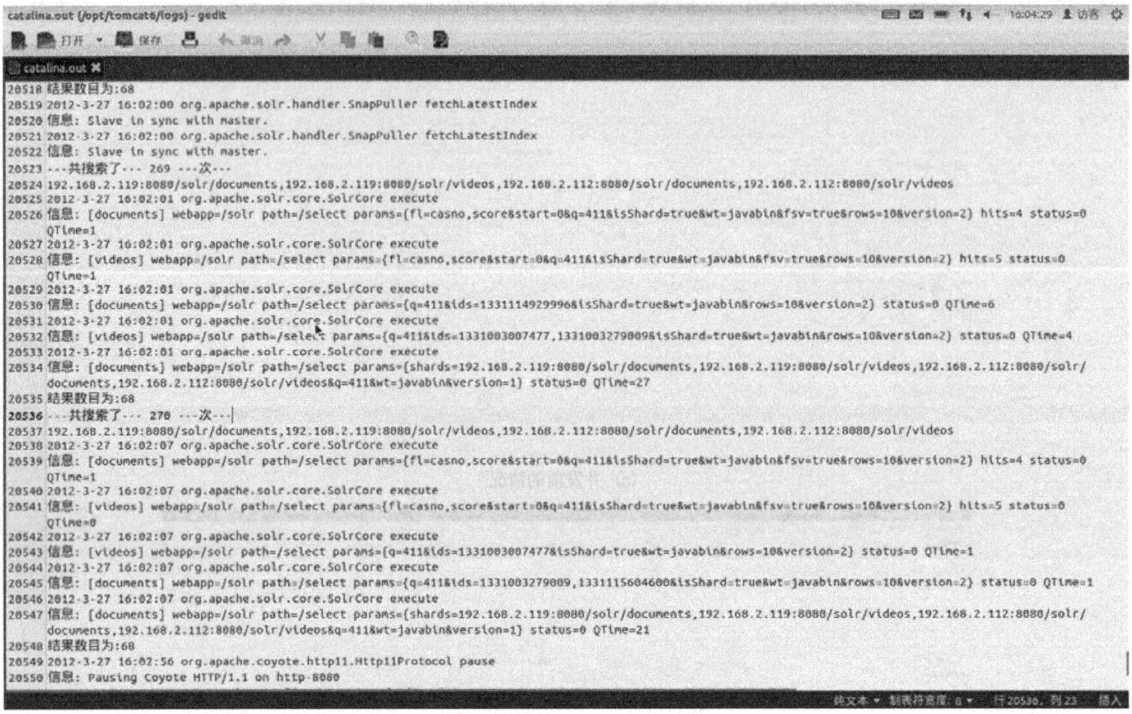

(a) 服务器 192.168.2.119 的情况

(b) 服务器 192.168.2.128 的情况

图 11.39 用于负载均衡的服务器情况

(2) 场景 7 的测试结果

场景 7 的设置如表 11.17 所示。

表 11.17　场景 7 的设置

场景编号	Search_500		
验证功能	搜索		
测试目的	被测系统是否能够满足大并发用户数搜索的要求		
前置条件	无		
并发用户数	500 个		
方法	总共有 500 个用户，所有用户都同时初始化，然后按照 50 个/15 秒的速度递增，达到最大后持续时间 20 秒，最后按照 50 个/15 秒的速度退出		
用例名称	并发用户数	期望值(秒)	备注
并发用户搜索	500 个		平均响应时间

测试结果如图 11.40 所示。

事务名称	SLA Status	最小值	平均值	最大值	标准偏差	90 Percent	通过	失败	停止
search	⃠	0.015	0.918	99.48	4.68	1.861	8,096	7	37

图 11.40　场景 7 的测试结果

平均事务响应时间结果如图 11.41 所示。

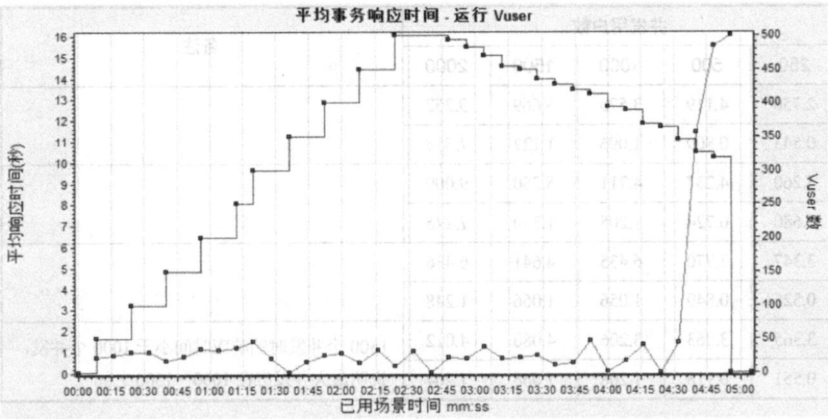

颜色	图	比例	度量	图的最小值	图的平均值	图的最大值	图的中间值	图的标准偏差
	平均事务响应时间	1	search	0.035	1.892	16.056	0.838	3.768
	运行 Vuser	1	Run	0	320.724	500	369	156.015

图 11.41　场景 7 的平均事务响应时间结果

平均事务响应时间百分比结果如图 11.42 所示，表明 95%的搜索事务在 2.822 秒内完成的。

服务器资源情况不再列出。

7．测试结果分析

表 11.18 给出了历次测试结果的比较，表中数据表示事务响应时间，斜体表示异常数据。

从直接并发方式的事务响应时间(百分比)图可看出，90%甚至 95%的事务响应时间在 3 秒以内，只有少数事务受限于硬件和网络环境一直在等待，而导致最终的平均响应时间很长，且由于通过的事务数普遍在 400～500 左右，设想如有 4～5 个事务由于等待导致其响应时间为 90 秒左右，则 5×90=450 秒，平均到 400～500 个事务上就很容易将最终平均事务响应时间提高 1～2 秒。此原因也适用于所有直接并发方式中的部分异常数据。

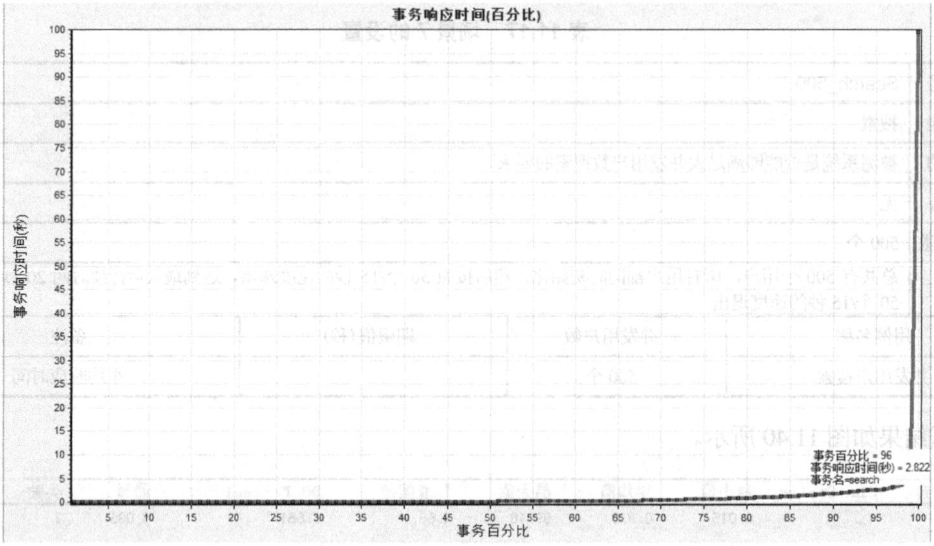

图 11.42　场景 7 的平均事务响应时间百分比结果

表 11.18　多次测试结果的比较

日期	类型	并发用户数					备注
		250	500	1000	1500	2000	
2012.3.23	直接并发	2.750	4.119	3.575	3.669	9.252	
	逐渐加压	0.543	0.809	1.096	1.127	*1.324*	
2012.3.24	直接并发	3.260	4.237	4.711	5.250	9.009	
	逐渐加压	0.680	0.724	1.205	1.310	*1.218*	
2012.3.25	直接并发	3.347	3.770	6.435	4.641	6.436	
	逐渐加压	0.525	0.849	1.056	1.066	1.248	
2012.3.26	直接并发	3.365	3.963	3.206	4.080	4.012	1500 个并发时的响应时间小于 1000 个并发，说明最大并发应在 1000～1500 之间
	逐渐加压	0.551	0.918	1.208	*1.068*	*1.264*	

从逐渐加压的响应时间中可看出，1500 个并发用户与 1000 个并发条件下的响应时间差别不大，估计是达到了最大并发量，因此根据拐点法判断系统所能承受的最大并发数应该在 1000～1500 之间。2000 个并发超过了当前测试环境配置下系统所能承受的最大用户量，故 2000 个并发下的测试数据部分可能出现异常，不具备比较性，仅供参考。

从对服务器日志的截图中可看出，2 台搜索服务器 192.168.2.119 和 192.168.2.128 基本平均分配了所有的搜索请求(含失败的请求)，因此负载均衡的配置达到预期目标。

从有关服务器资源的截图可看出，CPU 使用率基本稳定在 80%以下，有的甚至更低。内存使用率在 60%以内。因此，CPU 和内存使用正常。然而，从网络资源的曲线发现，在逐渐加压的情况下，网络使用波动明显，不时出现为 0 的情况，说明实验环境的网络不稳定，且现在实验所用的网络设备从硬件上来说也并不符合做服务器企业级的要求。

总之，在当前有限条件的测试环境下，90%～95%的搜索事务达到 3 秒的预期响应时间，目前服务器能承受的最大并发用户数达到 1000，达到预期要求。另外，测试设置大于实际应用中的压力，如忽略思考时间、测试持续时间为 20 秒等。因此，采用的方案和技术切实可行，可以满足项目需求。

11.4.5 测试小结

分布式搜索系统案例是一个面向商业应用的系统，其性能主要体现在对其核心功能——快速、稳定、可靠的搜索服务上，其性能测试的关键点在于：如何针对核心业务进行性能测试以验证方案的可行性，以及如何在缺乏实际数据的条件下，通过性能测试来说明该方案在未来实际应用中是否满足用户的性能需求。实际上，该系统的功能虽然少于网络教学平台，但涉及的技术点和工具更多，采用开源工具 Solr 以实现分布式搜索，开源工具的可靠性对系统功能的稳定可靠具有重要的影响，这些在系统测试中都是需要关注的，在此不再详述。

11.5 本章小结

本章选取 4 个典型案例展开测试实践。保险金案例是典型的函数级案例，自动化测试的重点在于如何基于现成的自动化测试框架 JUnit 来实现自动化单元测试设计，并编写测试脚本。信息采集系统案例是以无效数据校验为功能的系统，无须特别编写测试脚本，其核心是构建测试数据文件，测试执行是利用已实现的功能直接手动执行的。网络教学平台案例基于 QTP 来实现自动化功能测试，通过分析功能需求→抽取测试需求→设计测试用例→录制基础测试脚本→根据测试用例修改测试脚本→执行测试脚本→查看测试结果，来完成功能测试。分布式搜索系统案例是基于 LoadRunner 来实现性能测试的，通过分析核心用户需求→找出关键业务→构建测试环境和测试数据→开发测试脚本→执行测试→分析测试结果，来判断系统的性能，并给出有关性能的结论。无论被测系统的规模大小如何，测试的核心仍然是测试设计，即测试的目标是什么，围绕该目标如何设计测试用例，自动化测试无非是考虑如何利用工具来支持以自动方式执行测试而已。

思考与练习

1．自动化功能测试适合在什么阶段使用？

2．请从 Web 应用测试的角度谈谈在网络教学平台的系统测试阶段，还要从哪些方面考虑测试，并说明可以使用的测试工具。

3．请针对分布式搜索系统谈谈该系统还需从哪些方面展开性能测试。

举报电话：（010）88254396；（010）88258888
传　　真：（010）88254397
E-mail:　 dbqq@phei.com.cn
通信地址：北京市海淀区万寿路 173 信箱
　　　　　电子工业出版社总编办公室
邮　　编：100036